普通高等教育"十四五"系列教材

水力机械设计理论与方法

主　编　符　杰

副主编　吕文娟　史广泰　石建伟　金永鑫

中国水利水电出版社
www.waterpub.com.cn
·北京·

内 容 提 要

本书以一元理论、二元理论和三元理论设计方法为主线，较系统地介绍了水力机械转（叶）轮叶片及相应过流部件的水力设计方法。全书共分为 12 章：第 1 章为水力机械转（叶）轮叶片的水力设计方法概述；第 2～7 章为混流式、轴流式、水斗式水轮机和水泵水轮机转轮及反击式水轮机其他过流部件水力设计方法介绍；第 8～11 章为离心泵和混流泵叶轮、压水室、吸水室和过渡流道、轴流泵叶轮等过流部件的水力设计，泵的轴向力及径向力的计算和平衡等；第 12 章采用数字化软件（CFturbo）对反击式水轮机、叶片泵及其过流部件进行水力设计。

本书可作为普通高等院校能源与动力工程专业以及与水力机械相关专业的本科生和研究生教材，同时也可作为从事水力机械及工程教学和研究工作的教师和相关工程技术人员的参考书。

图书在版编目（CIP）数据

水力机械设计理论与方法 / 符杰主编. -- 北京 : 中国水利水电出版社, 2023.12
普通高等教育“十四五”系列教材
ISBN 978-7-5226-2278-1

Ⅰ. ①水… Ⅱ. ①符… Ⅲ. ①水力机械－机械设计－高等学校－教材 Ⅳ. ①TK7

中国国家版本馆CIP数据核字(2024)第022508号

书　名	普通高等教育“十四五”系列教材 **水力机械设计理论与方法** SHUILI JIXIE SHEJI LILUN YU FANGFA
作　者	主　编　符　杰 副主编　吕文娟　史广泰　石建伟　金永鑫
出版发行	中国水利水电出版社 （北京市海淀区玉渊潭南路 1 号 D 座　100038） 网址：www.waterpub.com.cn E-mail：sales@mwr.gov.cn 电话：（010）68545888（营销中心）
经　售	北京科水图书销售有限公司 电话：（010）68545874、63202643 全国各地新华书店和相关出版物销售网点
排　版	中国水利水电出版社微机排版中心
印　刷	天津嘉恒印务有限公司
规　格	184mm×260mm　16 开本　18.5 印张　450 千字
版　次	2023 年 12 月第 1 版　2023 年 12 月第 1 次印刷
印　数	0001—1000 册
定　价	**52.00** 元

前言

在水力机械转（叶）轮中，液体的实际流动是非常复杂且具有三维特性的运动，即液流运动参数不仅随着空间三个坐标而变化，同时对任一固定的空间点来说，液流的运动参数还随时间而改变。因此，在转（叶）轮的叶片设计中，为了能应用数学和流体力学的方法研究水流的运动，通常都根据具体情况再给予某些具体的假定来进行模拟，即用既较简单又近似，而且又有一定规律的流动来代替转（叶）轮中实际的复杂流动。目前对于叶片式转（叶）轮中的水流运动，有三种不同的假设，故而有三种不同的转（叶）轮设计理论，即一元理论、二元理论和三元理论及其相应的设计方法。

本书主要以一元理论、二元理论和三元理论为主线，以混流式水轮机、轴流式水轮机、水斗式水轮机、水泵水轮机、离心泵、混流泵、轴流泵为例，对水力机械转（叶）轮叶片的常见设计理论予以系统介绍，对其水力设计的流程和参数选取等进行了详细讲解；对反击式水轮机的蜗壳、固定导叶、活动导叶、尾水管等其他过流部件进行了设计；对叶片泵的压水室、吸水室和过渡流道等过流部件的水力设计，对泵的轴向力及径向力的计算和平衡等进行了详细的讲解。通过数字资源以案例的形式展示了当前流行的 CFturbo 软件对反击式水轮机、叶片泵及其过流部件进行水力设计的流程和对应的参数选择方法。编者结合多年教学经验，在查阅借鉴了大量相关文献的基础上，从教材结构、内容以及适应现代教学的要求等各个方面进行归纳总结，完成了本教材的编写，力求满足现代能源动力类的人才培养要求。

本书由符杰任主编，吕文娟、史广泰、石建伟、金永鑫任副主编。其中第 6 章、第 8～11 章由符杰编写，第 1 章由史广泰编写，第 2～5 章由吕文娟编写，第 7 章由石建伟编写，CFturbo 软件相关数字资源由金永鑫编写。另外，成涛、钟卫、潘笑宇、杨泷等参与了部分章节的文字和图表处理工作。全书由符杰负责统稿。

在本书编写过程中，西华大学/青海理工大学李正贵教授等提出了许多宝贵意见。本书还凝聚了我的同事、朋友和研究生的心血，还参阅并引用了不少文献与研究成果，在此一并致谢！

本书的出版还得到了“能源与动力工程”国家一流本科专业、四川省自然科学基金杰出青年科学基金（2024NSFJQ0012）、西华大学研究生教育教学改革与实践项目（YJG202311）和四川省2021—2023年高等教育人才培养质量和教学改革项目的资助，以及西华大学研究生院、能源与动力工程学院等的大力支持，在此表示衷心感谢！

由于编者水平有限，书中欠妥疏漏之处在所难免，恳切希望各兄弟院校的教师和学生在使用本书时给予关注，并将意见和建议及时反馈给我们，以便完善。

编者

2023年12月

目录

第1章 概述

在水力机械中，实际液体的流动是具有三元特性的非常复杂的运动，即流体运动参数不仅随着空间三个坐标而变化，同时对任一固定的空间点来说，流体运动参数还随时间而改变，因此流动是不定常的。一般来说，任意流体的运动参数 v 是空间三个坐标和时间的函数，即

$$v=f(x,y,z,t) \tag{1.1}$$

在水力机械内，流体运动的复杂性还在于其过流通道是由引流部件、导流部件、转（叶）轮和排流部件等按照顺序排列的几何形状各不相同的部件所组成，流体在这样的过流通道中流经每一个部件时的流动均有其特殊的规律。转（叶）轮性能的好坏，直接影响机组性能的好坏。如其水力性能（效率、过流能力、水头或扬程等）、空蚀性能、工作稳定性以及它们对变工况的适应能力等，在很大程度上取决于转（叶）轮性能的好坏。另外，水力机械的整体结构也与转（叶）轮的形状和尺寸密切相关。更重要的是，转（叶）轮是水力机械中直接进行能量转换的部件，是水力机械的心脏，是水力机械最关键的部件。因此，它们性能的好坏，对整个机组有着极其重要的意义。

利用现代技术手段不断提高现有转（叶）轮的技术参数和性能指标，研制出性能良好的新转（叶）轮，是流体机械工作者的一项重要任务和职责。因此，不仅需要在生产过程中保证制造工艺的精度，还要求设计者具备扎实的理论知识和丰富的设计经验，只有这样才能获得性能良好的转（叶）轮。那么，什么样的转（叶）轮才算性能良好，依据什么设计理论、采用怎样的设计方法才能使转（叶）轮具有良好的性能，这就是本书所要介绍的主要内容。

1.1 水力机械转（叶）轮的设计要求和任务

为设计出性能良好的转（叶）轮，首先要从对转（叶）轮的设计要求和任务谈起。

1.1.1 转（叶）轮设计要求

要使设计合理，并使转（叶）轮具有良好的性能，则必须满足下列设计要求：

(1) 在一定的使用水头或扬程下，转（叶）轮应具有尽可能高的比转速，特别是较大的过水能力。

比转速是流体机械中的特有名词和专用术语，它是代表不同种类、型式、形状和性能的流体机械的一个综合性指标和相似判别数，是流体机械中的一个重要参数，也是水力机械设计中的一个主要参考数据。在转（叶）轮设计中尽量把比转速提高，是有实际经济意义的。下面就以水轮机为例说明其经济意义所在。

目前大中型水轮机的运行效率均已达到 90%以上，连混流式水轮机模型转轮的最优效率都达到了 93%以上，最高都已接近甚至达到了 96%，再提高其效率较为困难，且潜

力也不大，故效率对比转速的影响不是很显著。其表达式为

$$n_s = 3.13 n_{11} \sqrt{Q_{11} \eta} \tag{1.2}$$

式中：n_s 为水轮机的比转速；n_{11} 为水轮机的单位转速；Q_{11} 为水轮机的单位流量；η 为水轮机的效率，常用百分数表示。

由式（1.2）可知，若提高水轮机的比转速，则意味着提高它的单位转速 n_{11} 和单位流量 Q_{11}。

水轮机的单位转速计算公式为

$$n_{11} = \frac{nD_1}{\sqrt{H}} \tag{1.3}$$

式中：n 为转轮旋转的速度，r/min；D_1 为转轮直径；H 为水轮机的设计水头。

将 n 用 ω 表示，$n = \frac{60\omega}{2\pi}$，则式（1.3）可改写成

$$n_{11} = \frac{60\omega D_1}{2\pi\sqrt{H}} = \frac{60u}{\pi\sqrt{H}} = \frac{60K_u\sqrt{2gH}}{\pi\sqrt{H}} = \frac{60}{\pi}\sqrt{2g}K_u = cK_u \tag{1.4}$$

其中

$$c = \frac{60}{\pi}\sqrt{2g}$$

式中：K_u 为水轮机的圆周速度系数；c 为常数；g 为重力加速度，取 9.81m/s^2；ω 为旋转角速度；u 为圆周速度（牵连速度）。

另外，由水轮机基本方程式可推导出其最优单位转速 n_{110}。

由速度三角形知：

$$u_1 = v_{u1}(1 + \tan\alpha_1 \cot\beta_1)$$

所以

$$v_{u1} = \frac{u_1}{1 + \tan\alpha_1 \cot\beta_1}$$

式中：u_1 为转轮进口圆周速度；v_{u1} 为转轮进口绝对速度在圆周方向的分量；α_1 为进口绝对速度与圆周速度的夹角；β_1 为进口相对速度与圆周速度的夹角。

在无冲击进口、法向出口条件下，水轮机的基本方程式为

$$Hg\eta_s = u_1 v_{u1} = \frac{u_1^2}{1 + \tan\alpha_1 \cot\beta_1}$$

所以

$$u_1 = \sqrt{Hg\eta_s(1 + \tan\alpha_1 \cot\beta_1)}$$

又

$$n = \frac{60u_1}{\pi D_{1p}}$$

$$n_{11} = \frac{nD_1}{\sqrt{H\eta_s}} = \frac{60D_1}{\pi D_{1p}} \frac{u_1}{\sqrt{H\eta_s}}$$

所以

$$n_{110}=\frac{60D_1}{\pi D_{1p}}\sqrt{g(1+\tan\alpha_1\cot\beta_1)} \tag{1.5}$$

式中：D_{1p} 为转轮进口平均直径；η_s 为水轮机水力效率。

由此可见，最优单位转速 n_{110} 的大小只与转轮进口的几何参数有关，即取决于转轮的进口条件。

由式（1.4）可见，要提高水轮机的单位转速，就要提高它的圆周速度系数。合理的叶片绘型，正确选择叶片进口安放角、进口边的位置和叶片数，以及改变转轮的结构，使之尽量减小过流通道中的阻力等，都可以使水轮机的圆周速度系数增大，从而提高其单位转速和比转速。

水轮机的单位流量计算公式为

$$Q_{11}=\frac{Q}{D_1^2\sqrt{H}}$$

可改写成

$$Q_{11}=\frac{Fv}{D_1^2\sqrt{H}}=\frac{Fk_v\sqrt{2gH}}{D_1^2\sqrt{H}}=\frac{F}{D_1^2}k_v\sqrt{2g}=C'k_vF_1 \tag{1.6}$$

其中

$$C'=\sqrt{2g}$$

$$F_1=\frac{F}{D_1^2}$$

式中：F_1 为转轮直径为 1m 时的过水断面面积；k_v 为通过转轮过水断面面积 F_1 时的流速系数；C'为常数；F 为过水断面面积；v 为绝对速度。

可见，要使转轮具有较大的过流能力，提高其单位流量 Q_{11}，可通过增大 F_1 和 k_v 来实现。单位流量的大小主要取决于转轮出口处的条件。

试验研究和已经运行的水电站实践经验表明，只要合理地选择流道形状，提高转轮流道过流断面面积的潜力是很大的。如采用更平的上冠曲线，适当地减少叶片数，增大导水机构及转轮叶片的高度；对中高比转速的混流式水轮机转轮，采用较大的下环锥角，增大转轮的出口直径 D_2（工艺上有时也有通过切割叶片出口边来实现加大 D_2 的，但这将使空蚀性能变差）等，都可或多或少地增加转轮流道的过流断面面积，尤其是转轮出口处的最小过流断面面积。

为提高流速系数 k_v，设计中应尽量改进叶片绘型，使所设计的叶片形状更符合转轮中水流运动的实际情况，以减小水流在转轮中的阻力来加大流速系数。

若综合采取上述各种措施，可大大提高转轮的过流能力，增大其可通过的单位流量。

总之，通过上述的分析，可以找到提高水轮机比转速的途径：

1）合理地选择转轮的叶片数和过流通道，尽可能增大过流断面面积，提高水轮机的过流能力，使其具有较大可通过的单位流量。

2）采用合理的叶片绘型方法，使设计出的叶片光滑，尽量符合转轮中水流实际运动的情况，减小阻力，增大流速系数，从而提高单位转速和单位流量。当然，减小水力阻力，既可提高水轮机的效率，又有助于比转速的提高。

在一定的使用水头下提高水轮机比转速的意义在于：对相同转轮直径的水轮机，将获得更大的功率和更高的转速；或要发出同样多的电量，在相同水头下可使机组尺寸缩小。这从下式可见是必然的结果：

$$P=9.81Q_{11}D_1^2H^{\frac{3}{2}}\eta \tag{1.7}$$

式中：P 为水轮机功率。

同样，对相同叶轮直径的泵而言，在相同扬程和介质的情况下可输送更多的流量，或输送相同的流量可减小泵的尺寸。从而，减少了（无论是水工建筑还是机组制造、安装）材料消耗和造价以及运输成本，带来巨大的经济效益。

从式（1.7）即水轮机功率公式上看，提高单位转速 n_{11} 与功率并没有直接的关系。但 n_{11} 的提高可使水轮机（或泵）与电机的转速提高，这就使电机的尺寸减小，而降低机组重量和材料消耗，同样可降低机组的成本。

但应注意的是，当比转速 n_s 提高时，可能使空蚀性能变差。因为 n_s 增加，n_{11} 和 Q_{11} 均提高，这就使转轮内水流的各种速度都相应地加大，因而将使空蚀条件恶化，性能变坏。因此，比转速的提高受到空蚀条件的制约。

3）从式（1.7）还可看出，具有一定过流能力的水轮机，其功率与它的使用水头的3/2次方成正比。因此提高具有一定过流能力的水轮机的使用水头，即提高了其使用比转速，能更显著地获得上述的经济效益。可是水轮机的最大使用水头，主要是由它的强度、刚度和空蚀性能所决定的。因此，为了提高水轮机的使用水头，必须设法降低它的空蚀系数，改善各主要零部件的受力条件，加强关键受力部件、受力部位的强度和刚度。这样，可提高转（叶）轮的使用比转速，即同样比转速的转（叶）轮可以用到更高的使用水头或扬程（压力）。

保证转轮内不发生翼型空蚀的条件为

$$H_s\leqslant 10-\frac{\nabla}{900}-K_\sigma\sigma_m H \tag{1.8}$$

式中：H_s 为水轮机的吸出高度；∇为水轮机安装位置的海拔高程；K_σ 为水轮机的空化安全系数；σ_m 为模型空化系数；H 为水轮机水头，一般取设计水头。

这就是说，要保证转轮内不发生翼型空蚀，水轮机的空化系数和使用水头决定了它的安装吸出高程。一个已确定的水电站，在不改变水轮机空蚀系数的条件下，要提高水轮机的使用水头，势必要降低水轮机的安装吸出高程，而这往往会加大电站开挖量（这是传统习惯上的认识，但也应根据具体机组的空蚀性能及其具体情况来确定），增加电站的投资；且有时因地理、地质条件等的限制，降低安装吸出高程是不可能的。所以，为了提高水轮机的使用水头，而又不致引起开挖量的增加，必须使所设计的水轮机转轮具有更小的空化系数。

为达到减小水轮机空化系数的目的，最根本的办法是：①降低叶片两面的平均压差；②使叶片背面压力分布均匀；③提高转轮叶片背面最低压力点的压力值。

转轮背面压力大小及分布情况与水轮机的工作参数（H、n_{11}、Q_{11}）、流道形状、叶片总表面积及其几何形状等因素有关。所以，这就要求在转轮设计中采取下列具体措施：

a. 合理选择转轮过流通道的几何参数和形状，包括叶片数、叶片长度、叶片在流道中的位置，以及过流断面面积沿流道长度上的变化规律等。但从空蚀的角度出发，总希望降低叶片两面的平均压差和提高转轮叶片背面最低压力点的压力值。

b. 采用合理的绘型方法进行叶片绘型。它包括选用合理的背面负荷沿翼型长度上的分配规律，使叶片背面得到均匀的压力分布，提高叶片背面最低压力点的压力值，从而达到降低转轮空蚀系数的目的。

提高水轮机的使用水头受到强度和刚度方面的限制，主要在于叶片上。因而，要提高水轮机的使用水头，必须设法加强叶片的强度和刚度。其主要办法是：①改善叶片受力条件，尽量减小作用在叶片上的实际应力；②采用高强度的材料提高叶片的许用应力（但不能使制造成本增加过多）。

反击式水轮机叶片上所受的应力主要是弯曲应力，它与作用在其上的弯曲力矩成正比，而与叶片断面模数成反比，即

$$\sigma=\frac{M}{W} \tag{1.9}$$

式中：M 为叶片上的弯曲力矩；W 为叶片断面模数。

而作用在叶片上的弯曲力矩为

$$M\propto\frac{PB}{Z} \tag{1.10}$$

式中：B 为转轮叶片翼展长（对混流式转轮，为叶片的高度；对轴流式转轮，为叶片的宽度）；Z 为转轮叶片数；P 为作用在叶片上水流的合力。

对一定直径的转轮，P 和使用水头、单位流量成正比，而与单位转速成反比，即

$$P\propto\frac{HQ_{11}}{n_{11}} \tag{1.11}$$

则

$$M\propto\frac{HQ_{11}B}{Zn_{11}} \tag{1.12}$$

水轮机叶片断面模数为

$$W\propto L\delta^{2} \tag{1.13}$$

式中：L 为叶片长度（流面翼型的长度）；δ 为叶片厚度。

因此，作用在叶片上的应力为

$$\sigma=K\,\frac{Q_{11}HB}{n_{11}ZL\delta^{2}} \tag{1.14}$$

由式（1.14）可以看出，在保持水轮机具有一定单位流量和单位转速的条件下，当提高它的使用水头时，为了不增加叶片上所承受的应力值，就应该通过减小转轮叶片翼展长 B（通常以降低导叶的高度来实现）、加大叶片长度 L 和叶片厚度 δ、加多叶片数 Z 来实现。但应指出的是，L、Z、δ 的不适当增加或 B 的不适当减小，都会不同程度地减小转轮的过水断面面积，而相应地减小水轮机的过流能力。B 的减小和 δ 的增加还可能恶化转轮的空蚀性能。因此，在设计中选定这些参数时，必须全面、综合地考虑转轮的性能和经济效果。

综合以上的分析可知，虽由于强度、刚度和空蚀条件等的限制，对于一定比转速的水轮机只适用于一定的水头范围，但随着科学技术的发展和人们对水轮机工作机理认识的不

断深入，在一定水头下提高水轮机的使用比转速是有可能的，而且潜力还很大。事实上，目前各国都有提高水轮机使用比转速的明显趋势。所以在新转轮的设计中，应尽量地提高其比转速，以获得它所带来的巨大经济效益。

(2) 所设计出的转轮应具有较高的最大水力效率和平均效率。通过水轮机的水流作用于转轮上的有效水头为

$$H_e = H\eta_s = \frac{u_1 v_{u1} - u_2 v_{u2}}{g} = \frac{\omega}{g}\frac{\Gamma_1 - \Gamma_2}{2\pi} \tag{1.15}$$

式中：H_e为水轮机有效水头；Γ_1为转轮进口速度环量；Γ_2为转轮出口速度环量。

由此可见，要使通过水轮机的单位质量水流传递给转轮H_e这么大的能量，则水流必须在转轮中保持按式（1.15）所示的环量变化。但在能量转换过程中，伴随着环量的变化，必然产生能量损失。为使转轮获得较高的水力效率特别是较高的平均效率，就应该在转轮正常工作范围内的任何工况下都能使这部分能量损失降低到最小。水流在转轮中的损失不外乎摩擦损失、撞击损失、漩涡损失或脱流损失。这就要求在水力设计中使叶片形状尽可能符合实际水流的流动情况，避免撞击和脱流，减小漩涡损失。摩擦损失的大小与水流和转轮流道接触面面积及表面粗糙度有关。因此，在设计中选择转轮流道时要求在尽可能增加过流断面面积的同时，减小水流与转轮的摩擦面积。这里需要指出的是，减小摩擦面积和改善转轮的空蚀性能是有矛盾的，设计中一定要慎重，应综合考虑这一矛盾的两个方面。

(3) 转轮应具有良好的空蚀性能和工作稳定性以及对变工况的适应能力。改善转轮的空蚀性能，提高其运行稳定性对延长机组寿命、保证运行安全和降低电站成本等都具有重要的实际意义。工作稳定性也是水轮机和泵工作中的一项主要性能指标，并且与能量和空蚀性能同等重要。水轮机的工作稳定性是指在水轮机运行中对机组的振动（尾水管、顶盖和电机机架等主要部件处的振幅与频率）、主轴的摆度、机组的出力和引水室压力（工作水头）的动荡，以及噪声、强度等状况的衡量尺度。特别是在非设计工况下的运行区内，衡量上述主要标志性指标是否在允许范围内，不仅表明了转（叶）轮对变工况的适应能力，而且直接关系到机组能否正常、安全、稳定运行。因此，在水轮机和泵乃至整台机组的设计中必须保证它们具有良好的工作稳定性。影响机组稳定性主要有三个方面的因素：水力、电气和机械。那么，在水力设计中要提高转（叶）轮的工作稳定性，就只能先从水力上分析导致转（叶）轮产生工作不稳定的原因，然后采取相应的应对措施来改善液流的流动条件。至于电气与机械原因，应分别在电机及电气设计和机械（结构）设计中考虑。

水轮机对变工况的适应能力主要取决于转轮的空蚀和水力稳定性这两个方面的性能。有限叶片数的转（叶）轮，在工作中水流与叶片间的作用在空间任意一点上的作用力都是周期性变化的（这是因为水流进入转轮不能保证完全轴对称，叶片形状也绝非完全几何相似，而转轮又是以一定的转速做周期性的旋转）。对于叶片不能随工况变化而转动的定桨或混流式转轮来讲，当它们在非设计工况运行时，特别是在低负荷区运行时，由于叶片不能完全符合实际水流的运动情况，而迫使水流转向和改变速度大小，所以在叶片区可能产生空蚀，或在叶片后产生大大加强了的周期性变化的附加漩涡（即卡门涡列），这常常是引起水轮机工作不稳定而使机组振动和对变工况适应能力差的主要因素之一，也是使叶片

产生疲劳裂纹乃至断裂的主要水力因素之一。尤其是在转轮出口处的涡流，若形成了旋转的涡带，不仅在尾水管中造成空腔产生空腔空蚀，而且这种涡带还将周期性地冲刷尾水管边壁，引起尾水管周期性振动和水压脉动，并伴有噪声。这种情况的发生对机组来说最危险，其破坏性也最严重。为了避免和减轻这一水力不利因素，设计中应使叶片出口边在工艺允许的条件下尽可能薄，并且将出口边背面倒圆，其倒圆半径 R 值根据叶片的厚度和具体液流条件而定。这样，可避免或减轻液流在叶片出口处出流时卡门涡列的形成，也可调节卡门涡列的频率和振幅。另外，水流如果不是轴对称的，将产生非对称的径向力。尤其是在转轮出口处，水流不轴对称地出流将产生非对称性的径向力，而引起机组转动部分运行中的周期性摆动（反映在主轴摆度上），也是造成机组工作不稳定和振动的另一重要水力原因。所以在设计和制造中，一定要使叶片在同一圆周上的开口均匀，开口偏差尽可能小。

此外，叶片的形状对水轮机的工作稳定性也有较大的影响。对混流式水轮机来说，略具有反S形和X形的叶片形状，可使转轮的工作稳定性较好。这是由于具有反S形的叶片使出口水流速度减小，改善了空蚀性能；同时使开口偏差的相对不均匀度减小，从而使径向力趋于对称。而X形的叶片，则考虑了沿转轮不同高度上水流的不同进口角和翼型头部应在位置的差异。

（4）转轮过流通道应具有较好的几何形状、合理的结构及其良好的工艺性，使之便于准确地制造出来。

随着科学技术的发展，计算能力的提高，20世纪90年代以来，研制出了混流式X形（即所谓现代型）的转轮叶片。这种叶片的混流式转轮，不仅能量性能优秀，而且空蚀性能和运行稳定性也较为优良，所以，在大中型混流式机组中正在取代传统的叶片形状，已成为当今国内外水电市场上主导的叶片形状。但遗憾的是这种叶片在运行中存在产生裂纹的隐患，严重威胁机组的正常、安全运行。可见X形叶片的设计思路和设计方法还存在不足，有必要更新设计理念，进一步完善其设计方法。针对这一问题，国内外专家和水电行业的技术人员已从各个方面进行广泛、深入、细致的研究工作。虽目前还存在不同学术观点的争论，但相信这一问题在不久的将来会得到圆满的解决。

1.1.2 转（叶）轮水力设计的关键和任务

1. 转（叶）轮水力设计的关键

转（叶）轮的设计任务就是要设计出性能良好的转轮或叶轮。通过前述对它们的分析可以看出，完成这一任务并达到设计要求，转（叶）轮水力设计的关键在于以下两点：

（1）正确地选择设计参数（n_{11d}、Q_{11d}）和合理地确定转（叶）轮流道的几何形状。也就是说在转（叶）轮水力设计中首先应合理地确定出：①流道轴面投影的几何形状和尺寸；②叶片数；③叶片进、出口边的位置；④沿流道过流断面的面积变化规律等。

（2）从液流在转（叶）轮中的实际运动情况出发，合理地进行叶片绘型。

2. 转（叶）轮水力设计的任务

（1）叶片绘型。叶片绘型的主要任务如下：

1）按所选定的流道形状和几何参数，确定所要采用的液流在转（叶）轮中的运动规律（即确定流速场）。

2）确定计算流面（包括个数和位置）。

3）在各计算流面上求出无厚度叶片（即叶片骨线）形状。

4）按强度和刚度要求使叶片具有一定的厚度（即在叶片骨线上加厚）。

5）为了初步估计所设计的转（叶）轮水力性能和空蚀性能，要检查转（叶）轮中液流流速变化的均匀性和翼型表面的压力分布。

6）为了使所设计的转（叶）轮能够准确地制造出来，最后要画出叶片的木模加工图，并检查其表面的光滑性和叶片间的开口值，分析其工作稳定性。

（2）上冠、下环（泵的前、后盖板）设计。水轮机转轮的上冠、下环或泵的前、后盖板的过流表面必须严格保证确定的转（叶）轮流道的几何形状，其余部分按结构需要和强度、刚度要求进行设计。

除此之外，还必须计算出相关设计环节所必需的液流方面的基本数据，如作用于叶片和导叶上的水力与水力矩、转（叶）轮的水推力，以便提供给结构、电机和运行控制等方面的设计者开展计算与设计工作。

1.2 水力机械转（叶）轮水力计算中的基本方程及假设

在水力机械转（叶）轮中，液流的实际流动是非常复杂、具有三维特性的运动，即液流运动参数不仅随着空间三个坐标而变化，而且对任一固定的空间点来说，液流的运动参数还随时间而改变。因此，流动是不定常的。

经过长期的运行实践和对水力机械各个过流部件中所发生的水力现象进行试验研究，人们积累了大量的实践经验和资料，也认识了一些流动规律，并建立了水力机械的相应设计理论和流体动力学计算方法。但由于水力机械转（叶）轮中液流运动的复杂性，对有些流动现象产生的机理，特别是其内部的流体动力学的影响因素与规律还不能充分地认识，还理解不透，加之数学上的困难，以至于完全用数学分析的方法来描述或计算转（叶）轮中的液流实际运动，目前还是不可能的。因此，必须抓住一些关键性的因素，忽略一些次要的因素，对转（叶）轮中的液流运动作一些必要的简化，并且使简化后的问题既可以用数学的方法来分析、描述，又能反映出实际流动的主要规律、特征和本质。

如对于水轮机而言，试验研究表明：在稳定工况下，水流在蜗壳、导水机构和尾水管中的绝对运动以及在转轮中（稳定工况）的相对运动随时间的变化都不大，因此都可以近似地认为是定常运动。在流动不脱体的情况下，水流黏性的影响主要体现在附着于固体边壁的边界层中，在边界层以外的绝大部分区域中可以忽略水流黏性的影响。在水轮机中，除了尾水管以外的流道内水流的运动都是收缩的流动。在此条件下得到的边界层是非常薄的。所以，在研究水轮机流道内的速度分布、转轮中水流绕翼型的环量、叶片上的压力和速度分布等的计算，以及与此有关的空蚀等问题时，均可以在忽略黏性的条件下进行。但在水轮机水力损失的研究与计算中，必须运用边界层理论来分析问题，并要考虑黏性的影响。

根据上述分析，在对水力机械转（叶）轮中的液流运动计算时，可作出如下的基本假设：①液流是无黏性的（理想流体）；②液流的运动是定常的。

由于对液流作了理想流体的基本假设，在进行转（叶）轮的水力计算时，就可以引用理想流体的任何运动都必须遵循的基本规律——欧拉运动微分方程。

为方便起见，对旋转的水力机械一般习惯于用圆柱坐标系（r，θ，z）。由流体力学可知，以圆柱坐标系（r，θ，z）表示的理想流体的运动微分方程式为

$$\left.\begin{aligned}\frac{\partial v_r}{\partial t}+v_r\frac{\partial v_r}{\partial r}+v_\theta\frac{\partial v_r}{r\partial\theta}+v_z\frac{\partial v_r}{\partial z}-\frac{v_\theta^2}{r}=F_r-\frac{1}{\rho}\frac{\partial p}{\partial r}\\ \frac{\partial v_\theta}{\partial t}+v_r\frac{\partial v_\theta}{\partial r}+v_\theta\frac{\partial v_\theta}{r\partial\theta}+v_z\frac{\partial v_\theta}{\partial z}+\frac{v_rv_\theta}{r}=F_\theta-\frac{1}{\rho}\frac{\partial p}{r\partial\theta}\\ \frac{\partial v_z}{\partial t}+v_r\frac{\partial v_z}{\partial r}+v_\theta\frac{\partial v_z}{r\partial\theta}+v_z\frac{\partial v_z}{\partial z}=F_z-\frac{1}{\rho}\frac{\partial p}{\partial z}\end{aligned}\right\}\tag{1.16}$$

式中：F_r、F_θ、F_z 为作用在单位质量液体上的质量力在三个坐标方向上的分量；$-\frac{1}{\rho}\frac{\partial p}{\partial r}$、$-\frac{1}{\rho}\frac{\partial p}{r\partial\theta}$、$-\frac{1}{\rho}\frac{\partial p}{\partial z}$为作用在单位质量液体上的法向表面力在三个坐标方向上的分量；v_r、v_θ 和 v_z 为绝对速度 v 在三个坐标方向上的分量。

由于水力机械在运行中转（叶）轮是转动的，因此在研究转（叶）轮中的液流运动时，将坐标系（r，θ，z）设在转（叶）轮上，可将相对运动转化成绝对运动，略去了牵连运动。这样又把问题进行了简化，且比较方便。此时运动微分方程式的形式变为

$$\left.\begin{aligned}\frac{\partial w_r}{\partial t}+w_r\frac{\partial w_r}{\partial r}+w_\theta\frac{\partial w_r}{r\partial\theta}+w_z\frac{\partial w_r}{\partial z}-\frac{w_\theta^2}{r}-\omega^2r-2w_\theta\omega=F_r-\frac{1}{\rho}\frac{\partial p}{\partial r}\\ \frac{\partial w_\theta}{\partial t}+w_r\frac{\partial w_\theta}{\partial r}+w_\theta\frac{\partial w_\theta}{r\partial\theta}+w_z\frac{\partial w_\theta}{\partial z}+\frac{w_rw_\theta}{r}+2w_r\omega=F_\theta-\frac{1}{\rho}\frac{\partial p}{r\partial\theta}\\ \frac{\partial w_z}{\partial t}+w_r\frac{\partial w_z}{\partial r}+w_\theta\frac{\partial w_z}{r\partial\theta}+w_z\frac{\partial w_z}{\partial z}=F_z-\frac{1}{\rho}\frac{\partial p}{\partial z}\end{aligned}\right\}\tag{1.17}$$

式中：F_i、$-\frac{1}{\rho}\nabla p$（矢量形式）分别为作用在单位质量液体上的质量力和表面力（总压力）；ω 为转（叶）轮的旋转角速度；ω^2r 为牵连加速度；$2w_\theta\omega$、$2w_r\omega$ 分别为哥氏加速度 $2\omega\sqrt{w_\theta^2+w_r^2}$ 在切向和径向的分量；其他各项分别为液流质点相对加速度在三个坐标轴（r，θ，z）方向上的分量。

若假设转（叶）轮中的相对运动为定常的，又因质点所流经转（叶）轮的高度差和水头（扬程或压力）相比很小，因此可忽略质量力（即 $F_i=0$），则式（1.17）可改写为

$$\left.\begin{aligned}\frac{1}{\rho}\frac{\partial p}{\partial r}=-\frac{\partial w_r}{\partial t}-w_r\frac{\partial w_r}{\partial r}-w_\theta\frac{\partial w_r}{r\partial\theta}-w_z\frac{\partial w_r}{\partial z}+\frac{w_\theta^2}{r}+\omega^2r+2w_\theta\omega\\ \frac{1}{\rho}\frac{\partial p}{r\partial\theta}=-\frac{\partial w_\theta}{\partial t}-w_r\frac{\partial w_\theta}{\partial r}-w_\theta\frac{\partial w_\theta}{r\partial\theta}-w_z\frac{\partial w_\theta}{\partial z}-\frac{w_rw_\theta}{r}-2w_r\omega\\ \frac{1}{\rho}\frac{\partial p}{\partial z}=-\frac{\partial w_z}{\partial t}-w_r\frac{\partial w_z}{\partial r}-w_\theta\frac{\partial w_z}{r\partial\theta}-w_z\frac{\partial w_z}{\partial z}\end{aligned}\right\}\tag{1.18}$$

同样，用圆柱坐标系表示的定常流动的连续性方程式可写为

$$\frac{\partial w_r}{\partial t}+\frac{\partial w_\theta}{r\partial\theta}+\frac{\partial w_z}{\partial z}+\frac{w_r}{r}=0\tag{1.19}$$

由式（1.18）和式（1.19）可见，在一定的角速度和流量下，四个方程式有四个未知数 p、w_r、w_θ 和 w_z，因此方程组是封闭的。只要给出运动的初始条件和边界条件，从理论上就可求得转（叶）轮内液流运动的速度和压力，即

$$p=p(r,\theta,z)$$
$$w_r=w_r(r,\theta,z)$$
$$w_\theta=w_\theta(r,\theta,z)$$
$$w_z=w_z(r,\theta,z)$$

但方程式（1.18）中的各式都是二次的偏微分方程，即便是对液流作了理想流体、流动为相对定常的、忽略其质量力（即 $F_i=0$）等基本假设的条件下，流体的运动微分方程中的各式依然还都是二次的偏微分方程，而流体在转（叶）轮中流动的边界条件及初始条件极为复杂，难以准确给定，何况在实际流体、非定常和不可忽略质量力的情况下，就更困难。想运用已知的数学知识较准确地描述其流动都很困难，甚至是不可能的，更不要说是对其求解了。所以，在实际计算时就不得不再依据流体力学的基本理论，针对某具体流体机械和不同的情况与问题，再提出一些具体的假设，作进一步的简化。因此，根据所提出的具体假设的不同，相应地就产生了水力机械转（叶）轮的不同设计理论和各种不同的水力设计计算方法，如一元、二元和三元的设计理论，以及升力法、保角变换法、奇点分布法和统计法等。

那么，进行了简化处理后的结果究竟如何呢？无疑，最后还是要用试验（物理试验或数值试验）来验证这样的处理和所采用的计算方法的合理性与准确程度。

1.3　水力机械转（叶）轮叶片的水力设计方法

1.3.1　混流式或离心式转（叶）轮叶片的水力设计方法

为了合理地设计出满足前述各项要求、性能优良的转（叶）轮，必须了解流体质点在转（叶）轮中的运动情况。为此，要对流速场进行分析和必要的水力计算。现以水轮机为例来分析流体质点在转（叶）轮中的运动情况。

如图 1.1 所示，混流式水轮机的转轮位于流道从径向变为轴向的拐弯处，转轮中的流面是一个空间曲面（称喇叭面或花篮面）。其中的水流运动情况是很复杂的，而且各流层的厚度是变化的。

从轴面流动来看，在流道拐弯处，水流在有势流动的影响和离心力的作用下，使靠近上冠处水流压力增加，轴面速度减小；而靠近下环处则相反。由此，致使轴面速度 v_m 值沿过水断面自上冠向下环增大，如图 1.2 所示的 v_{ma}（v_{ma} 为流道拐弯引起的 v_m 分布）。另外，导叶出口的水流是绕水轮机轴线旋转着（即具有环量）而进入转轮的，其沿过水断面在圆周方向的分速度 v_θ，也是自上冠向下环逐渐增大，并且其离心力也是从上冠向下环逐渐增大。因而由 v_θ 产生的离心力将使轴面速度从上冠向下环逐渐减小，如图 1.2 中的 v_{mb}（v_{mb} 为导叶出口水流引起的 v_m 分布）。这正好与 v_{ma} 的分布规律相反。因此，混流式转轮的轴面速度分布规律不仅复杂，而且又因比转速的不同（轴面流道形状也就不同）而异。

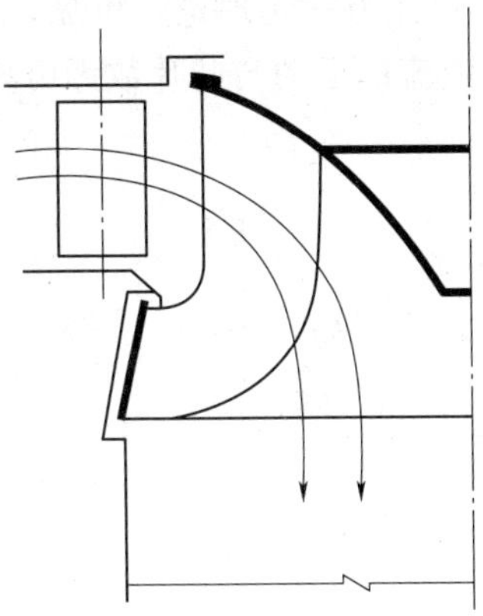

图 1.1 混流式转轮中的流面及流层厚度变化示意图

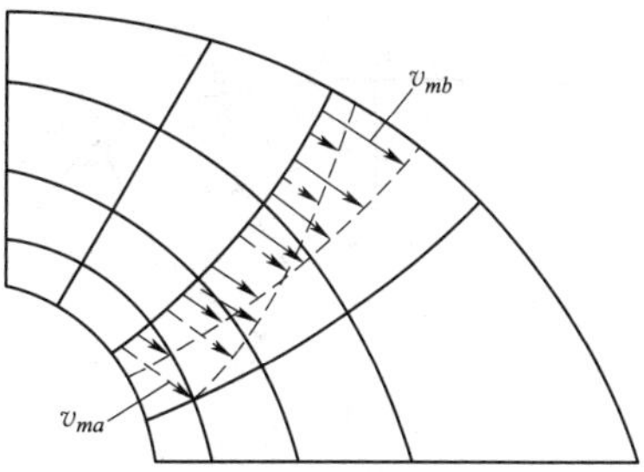

图 1.2 转轴中轴面速度的分析

从水流流过混流式转轮叶栅的情况来看，叶片工作面的压力高、速度低，而叶片背面则相反。在每两个叶片组成的流道内，从一叶片工作面到另一叶片背面之间的速度分布如图 1.3 所示。泵中的速度分布也是这样，即也是靠近工作面小，靠近叶片背面大；但因泵叶片的工作面刚好与水轮机的相反，所以其速度大小的分布也刚好与图中所画的变化方向相反。

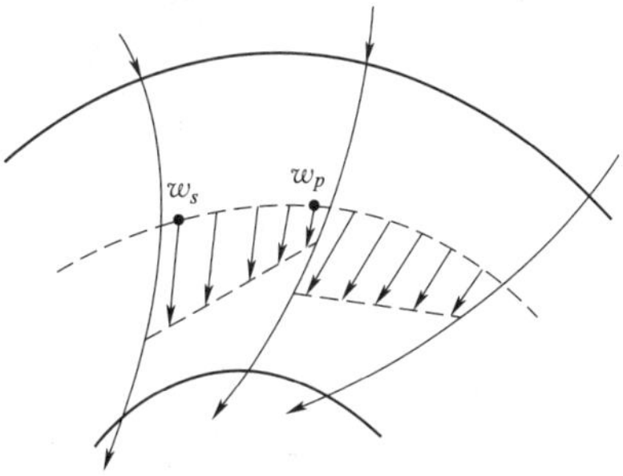

图 1.3 转轮叶片流道内的速度分布

由于液流在水力机械的转（叶）轮中流动的复杂性，目前还不能完全用数学和流体力学的方法进行描述和计算。所以，在转（叶）轮的叶片设计中，为了能应用数学和流体力学的方法研究水流的运动，通常都根据具体情况再给予某些具体的假定来进行模拟，即用既较简单又近似，而且又有一定规律的流动来代替转（叶）轮中实际的复杂流动。于是，根据对流动情况的假设和简化的不同，其设计思路和设计出发点也就不同。目前对于叶片式转（叶）轮中的水流运动，有三种不同的假设，故而有三种不同的转轮设计理论，即一元理论、二元理论和三元理论及其相应的设计方法。

由于转（叶）轮中液流质点的相对运动是空间运动，故其速度应由三个坐标来确定。为方便和使问题简化，三个坐标轴可以这样来选取：①以轴面流线 l_m 作为一个坐标轴；②以轴面液流过流断面与轴面的交线 m 作为一个坐标轴；③以圆周方向 $r\theta$ 作为一个坐标轴。

确定转（叶）轮内液流质点 A 的相对轴面速度所需的坐标如图 1.4 所示，由上述三个坐标轴即可决定转（叶）轮中液流质点相对速度的大小及方向。如果设计转（叶）轮时，认为速度大小只随坐标轴 l_m 上的位置而改变，而在 m 和 $r\theta$ 坐标轴方向上是均匀分布的，即速度不随 m 及 $r\theta$ 而改变，以这种对转轮中水流运动规律的认识为出发点的设计理论称为一元理论。如果认为液流质点的运动速度是由在 l_m 及 m 两个坐标轴上的位置来决定的，而与 $r\theta$ 无关（即在圆周上是均匀分布的），则称为二元理论。如果认为液流质点的运动速度是由其在三个坐标轴上的位置来决定的，则称为三元理论。可见，一元理论、二元理论就是轴对称流动的理论，此时转（叶）轮中液流的运动与叶片数无穷多时的相对运动一样。

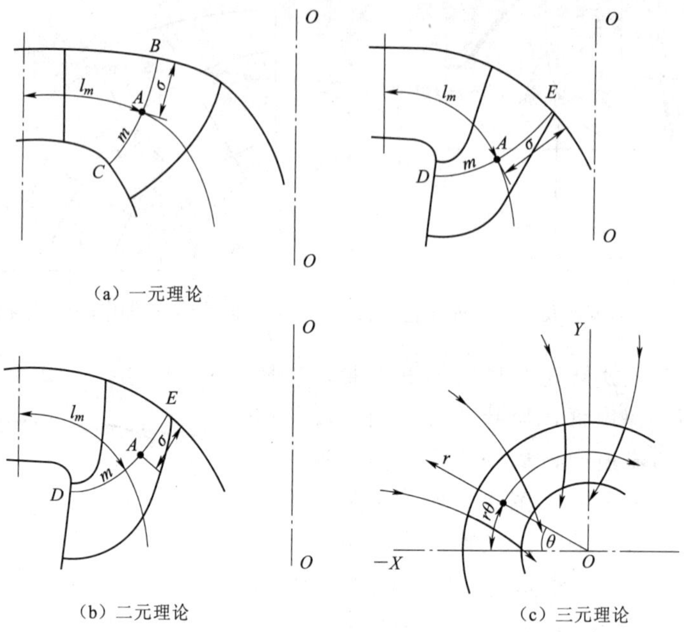

图 1.4　确定转轮内流体质点 A 的相对轴面速度所需的坐标

一元理论设计方法的设计思路或出发点是在假设转（叶）轮叶片数无穷多、液流的运动是轴对称的、轴面速度沿过水断面又是均匀分布的基础上进行转（叶）轮设计。在这样的假设条件下，可用任一轴面流线来表示转（叶）轮中所有的轴面运动，且转（叶）轮中的轴面速度只需要用一个表明质点所在过水断面位置的坐标即可确定。如在图 1.4（a）中，轴面水流在 A 点的速度，只需用包含 A 点的过水断面母线 BC 所在的位置 l_m（l_m 是所求断面至起始断面的流线长度）即可确定。

一元理论设计方法的特点是：只保证了转（叶）轮叶片的进、出口角度，而叶片中间部分的形状任意性很大，理论上不够严格；但计算简单，被采用的历史较长，积累了丰富的经验。实际上，按这种方法设计出了很多性能优良的转（叶）轮，所以它仍然是一种有实用价值的设计方法并沿用至今。目前有些国家还依然以它作为低比转速混流式水轮机转轮、离心泵叶轮的主要设计方法。在此基础上，对于一般离心泵叶轮的水力设计广泛采用速度系数法，对于低比转速的离心泵还常采用加大流量设计法、无过载设计法等。

低比转速混流式水轮机，转轮轴面流道拐弯的曲率半径较大，而且叶片大部分位于拐弯前的径向流道内，拐弯对 v_m 的影响较小，沿过水断面 v_m 的分布比较均匀；低比转速离心泵虽叶轮流道拐弯的曲率半径较小，但其叶轮流道宽度却很窄。在这两种流体机械的转（叶）轮中，实际水流的运动情况接近于一元理论的假设，故一元理论多用于低比转速转（叶）轮的设计。

二元理论设计方法的设计思路或出发点同样是假设转轮叶片数无穷多，液流运动是轴对称的，但认为转（叶）轮流道中的轴面速度沿过水断面是按某种规律且不均匀分布的。其中一种观点认为是按 $\omega_u=0$ 的有势流动规律分布的；而另一种观点却认为是按 $\omega_u\neq0$ 的非有势流动规律分布的。因此，轴面上任意一点的运动必须由确定该点所在的轴面位置及该点在轴面位置上的两个坐标来决定，如图 1.4（b）所示。所以，在该点处液流质点的运动参数也应由这两个坐标来决定。这两个坐标为包含 A 点的过水断面母线 DE 所在的位置 l_m 和 A 点在该过水断面上距上冠线的长度 σ，即 $v_{mA}=f(l_m,\sigma)$。中高比转速的混流式水轮机转轮轴面流道拐弯的曲率半径较小，拐弯对轴面流速的影响较大，在离心力的作用下轴面速度沿过水断面自上冠向下环增大。这种实际流动情况与二元理论中假定轴面流动为有势流动的分布规律较接近。故二元理论（$\omega_u=0$）的方法多用于中高比转速的混流式水轮机转轮、离心泵叶轮和混流泵叶轮的水力设计。在中高比转速离心泵叶轮的水力设计中，还常采用轴面液流为给定速度分布的二元理论（$\omega_u\neq0$）叶片绘型法。

用二元理论的方法设计中高比转速的转（叶）轮，在理论上较一元理论严格，设计出来的转轮实际效果也较好，因而得到了广泛应用。

在二元理论的设计中，也有人认为液流是按非有势流动规律分布的，由此，则根据经验给定其轴面速度分布规律的办法（即 $\omega_u\neq0$）进行设计。这在理论上更具合理性。因此对轴面速度分布规律按试验测定或研究结果给定，可使所设计出来的转轮叶片形状较好地符合转轮中的实际水流情况。我国近年来采用这种方法进行了转轮的设计，并获得了一定成果。因而这种方法是一种很有前途的二元理论设计方法。但由于对流场测定资料依赖性大和尚未积累成熟的经验，因此在实际设计中还没被普遍推广和广泛应用。

这里需指出，无论是一元理论还是二元理论，都假定液流是理想液体，并且进入转（叶）轮前的液流均是定常、轴对称的流动。也就是说包围转（叶）轮的任何封闭围线上的速度环量是一个常数，即 $\Gamma_1=\text{const}$。因此，在进入转（叶）轮前的空间任意一点，液流的速度矩必为常数。另外，由于假定流动是轴对称的，即叶片数无限多，那么翼型就需要无限薄。这样一来同一圆周上各点速度的大小和方向均相同，因此，转轮内的液流运动只需用转轮的任一个轴面上的流动即可表征；同时，流经转（叶）轮的液流流线和翼型骨线完全重合。因此，一元理论和二元理论的转（叶）轮的水力设计实质就是根据给定的流动规律，在简化的近似回转流面上求解出流线，然后将该流线作为翼型骨线按要求绘制翼型，再按某种规律串连成叶片。

三元理论设计方法的设计思路或出发点是：从有限叶片数转（叶）轮叶栅中的实际水流运动情况出发，认为水流不是轴对称的，不同轴面上的运动情况是各不相同的，在同一轴面上轴面速度的分布也是不均匀的。因此转轮中各点的轴面速度应由该点的三个坐标来决定。由此可见，三元理论在理论上更加严格，更加符合实际流体质点的复杂空间运动情况。三元理论设计的实质是把一个实际三维的复杂流动，简化为两个流动参数相关的相对流面 S_1 和 S_2 上的二元流动，在分别求解出这两个相对流面上的流场解后，再通过这两个流场的交互迭代，逐次逼近来得到三维流动的解。其在求解两个相对流面上的流场过程中的具体计算法很多，如流线曲率法、有限差分法、矩阵法、有限元法、边界元法、有限体积法、有限分析法和奇点分布法等，可根据要计算的问题和方便或熟悉程度来进行选择。

三元理论设计方法的主要优点在于可对转轮内部的流动进行解析或数值计算，因而，可计算出不同工况下转（叶）轮叶片上的速度分布和压力分布。这不仅可对设计出的转（叶）轮进行性能预估，更重要的是可对所设计的叶片上的速度分布和压力分布进行有效的控制，从而控制了转（叶）轮中的能量损失和空蚀性能。此外，这种三维解计算转（叶）轮内部流动的设计方法［即计算流体力学（computational fluid dynamics，CFD）辅助设计法］，还有助于转（叶）轮工作过程的分析和设计方法的比较和选定，以及减少模型方案的试验。但由于这种设计方法出现得较晚，计算极为复杂，工作量大，经验不多，过去很少有人采用。目前，随着计算机的广泛应用和功能的增强、运算速度加快、存储容量加大，这种设计方法将越来越广泛地被采用，已成为最接近实际流动的设计方法。

除上述介绍的以理论分析计算为基础的设计方法外，还有一种以性能优良的已有转（叶）轮模型为基础的设计方法，即统计法（也称为类比法或者数字设计法）。统计法的设计出发点是：根据对已有性能优良的转（叶）轮，统计分析出其叶片几何参数和形状与使用水头（扬程）和工作性能之间的关系，设计出符合性能要求的新转（叶）轮。具体设计过程中，根据设计参数的要求，对比分析已有比转速相近的优秀转（叶）轮流道、叶片参数和形状，对其进行适当修改，初步设计出所需转（叶）轮方案。然后通过试验结果对比、分析，进一步修改、完善，再经试验验证达到设计要求，即完成了设计。这种设计方法的突出特点是计算工作量小、快捷，能在较短的时间内设计出性能较优良的转（叶）轮。它不仅适用于新转（叶）轮的设计，更适用于叶片的改型和修型；它不仅适用于混流式或离心式水力机械，也适用于轴流式与贯流式，乃至水斗式等所有水力机械的转（叶）轮设计。但它理论上不严密，依靠经验成分较大，且需要有大量已有性能较优良的转（叶）轮资料或数据库作为基础。同样，还有某些特殊用途的泵（如无堵塞泵、自吸泵、隔膜泵、往复泵等）也均有其各自不同的设计方法。

1.3.2 轴流式转（叶）轮叶片的水力设计方法

液流在流体机械中特别是在转（叶）轮中的运动，是很复杂的三维空间流动。但任何一种复杂的空间运动，都可以认为是三个互相垂直运动分量的合成。为了方便，在研究液流在轴流式转（叶）轮中的运动时，选取柱坐标系，即坐标（r，θ，z）来进行分析。其中 z 轴与机组轴线重合，其方向对于水轮机与水流运动的方向相反，即向上为正；对于泵，则与液流方向相同为正。r 轴与矢径同向。θ 为从某一起始轴面算起的幅角。这样，液流各质点的速度在所选定的坐标系中可分解为三个分速度：径向速度 v_r、轴向速度 v_z 及圆周速度 v_u。

除此之外，还用 v_m 表示绝对速度 v 在 r、z 平面上的投影，即轴面速度。则

$$v_m = v_r + v_z \tag{1.20}$$

由流体力学知识可知，直接求解液流运动的基本方程式以获得三维解析解就目前的科技水平来说还是不可能的，即便是要求得较准确的近似解也是困难的。因此，截至目前，水力机械转（叶）轮的水力计算与设计仍是在某些假定下，将复杂的三维流动简化成二维的平面流动来求解的。前已述及，为使复杂、难以计算的问题简化成易于计算的问题，就要抓住反映问题实质的主要因素，忽略影响较小的次要因素，根据求解问题的实际情况作出

近似而又不失其真实性，且能反映出问题本质的一些假设。那么，在轴流式转（叶）轮的水力计算与设计中对液流的运动又作出了哪些基本假设呢？下面仍以水轮机为例进行简单介绍。

1. 转轮中水流运动的基本假设（圆柱层间无关性假设）

由于轴流式和混流式水轮机均采用径向式导水机构，因而水流在导水机构这段过流通道中（转轮进口前）具有相同的流动特征和流动图像，即水流基本上都是在垂直于水轮机轴线方向上的平面运动；而在流出转轮后，则基本上又都是平行于水轮机轴线的方向。水流的这种流动方向的改变虽相同，但改变的过程却不相同。对于混流式水轮机，因为转轮位于流道的拐弯处，所以水流方向的改变是在转轮中完成的，即水流的方向是在转轮中由径向变为轴向的。混流式转轮中的水流流面呈如图1.1所示的喇叭形曲面。而对于轴流式水轮机，水流的转向在其进入转轮前即已完成，水流在转轮区域基本上是轴向流进又轴向流出，所以水流的流面或流动图像基本上是如图1.5所示的圆柱面。当然，水流在轴流式水轮机中的运动也是一种复杂的空间运动，但其径向速度 v_r 很小，接近于0，因此，为了在研究和设计转轮时更方便，认为水流在流经轴流式转轮叶片区域时是沿着与轴心线同心的圆柱面上流动的，各圆柱层流面上的液流质点之间不存在相互的作用和干扰，各圆柱层间无关。根据上述对水流在转轮区域中的流动图像的分析，在轴流式转轮的水力计算与设计中，除仍假定水流在转轮中的流动是定常的、轴对称的和在轴面上是有势的之外，还对水流作出了一条更重要的基本假设，即在液流质点流经转轮区域时各圆柱层流面上的水流运动互不干涉。这一假设简称为（流面）圆柱层间的无关性假设。

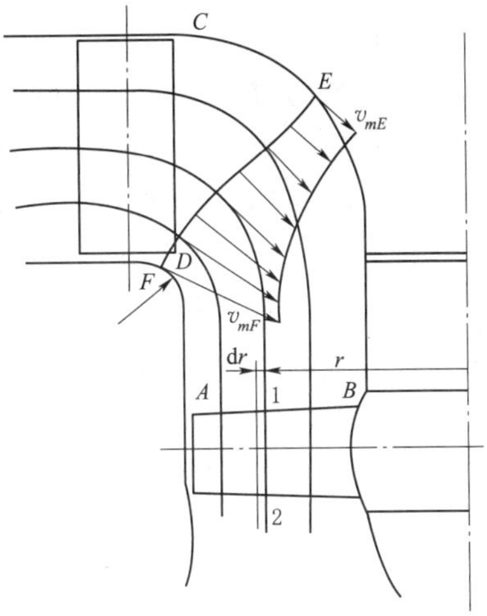

图1.5 轴流式转轮的轴面流道及水流运动分析

尽管实际上由于叶片表面上的压力分布不均、黏性力的作用，以及轮毂和转轮室成球形等因素的影响，水流在叶片区域内有些紊乱而不能完全按圆柱层流动，即圆柱层间水流质点的相互作用和交换是存在的，但试验证明，在计算工况及其附近，这种径向的运动和作用是很微小的。就其速度而言，径向速度等于轴向速度的5%～6%，即 $v_r \approx (5\% \sim 6\%) v_z$，而其各层间的相互作用力就更小，可忽略不计。为了保证水轮机有足够高的效率，通常总是希望机组运行在设计工况附近。因此，在设计计算转轮内的流动时可以忽略水流的径向相互作用和速度径向分量，这样做的结果与水流在转轮区内的实际流动具有足够的近似性。于是按照圆柱层间的无关性假设，就可以将转轮流道分成许多无限薄的圆柱层，而分别研究在每一流层上的水流运动。

如用半径为 r 和 $(r+\mathrm{d}r)$ 的两个同轴圆柱面去切割转轮叶片，就得到一无限薄的圆柱层，将此圆柱层沿母线展开就得到一组与其他圆柱层无关的平面无限直列叶栅（图1.6）。这样，圆柱层间的无关性假设就把轴流式转轮叶栅的计算简化成平面无限直列叶栅的计算了。

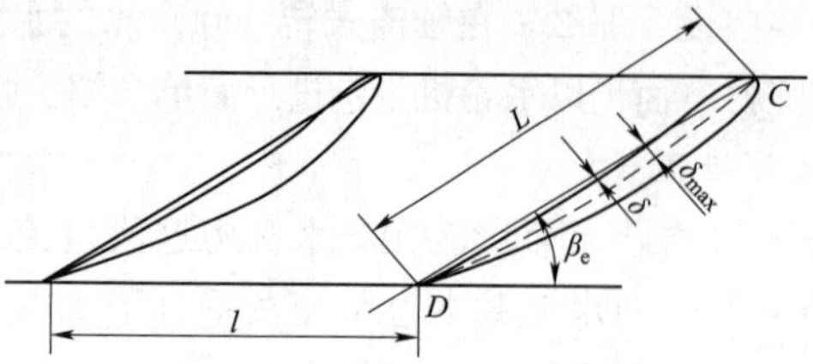

图 1.6 由圆柱层展开的平面无限直列叶栅

2. 导叶出口至转轮进口之间的水流运动

水流流出导水机构后，在进入转轮前，再不受其他任何外力矩的作用，因此，在这一区域内水流做等速度矩运动。由于轴流式水轮机流道在导叶出口后到转轮进口前这一段的轴面投影正是由径向转 90°弯而变为轴向的，而导叶在径向开度或接近径向开度时，对水流没有周向作用力或有很小的周向作用力，那么也就不存在或存在有很小的离心力，所以在这段流道中的水流在轴面内可视为有势流动，因而水流运动的速度分布就只取决于流道的形状。

于是，在转弯半径较小的 F 点轴面速度 v_{mF} 比转弯半径大的 E 点的轴面速度 v_{mE} 大，如图 1.5 所示。由此，在转轮进口前，轮缘 A 处的轴面速度 v_{zA} 大于轮毂 B 处的轴面速度 v_{zB}。也就是说，在转轮进口前，水流的轴向速度沿半径方向的分布是不均匀的，而是由轮毂向轮缘逐渐增大，并且对一系列不同比转速轴流式转轮的测试表明，这种不均匀的程度还和导叶的开度有关。随着导叶开度的减小，v_{z1} 的分布不均匀程度将减小。在导叶相对开度$\overline{a}_0=50\%\sim55\%$时，$v_{z1}$ 的分布趋于均匀；而在开度非常小时，轮毂处的轴向速度反而比轮缘处的大（水流所受导叶周向作用力和离心力增大的结果）。图 1.7 即是对一直径 $D_1=460$mm 的轴流式水轮机模型转轮进行叶片进、出口前后速度场测量时的断面及测点布置图。

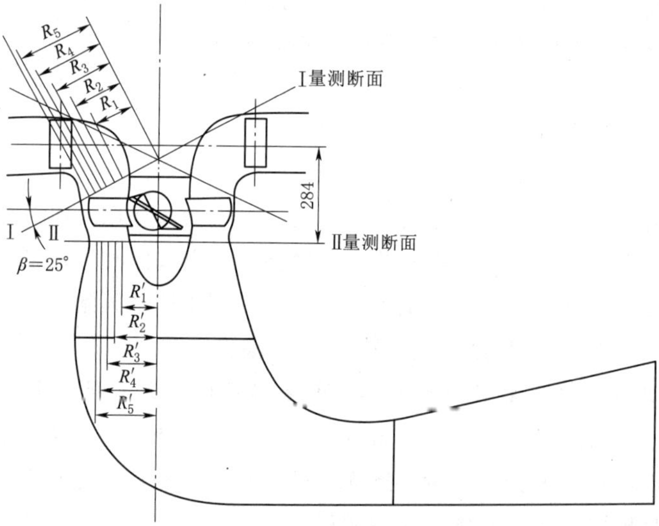

图 1.7 轴流式转轮速度场的测试示意图

轴向速度 v_{z1} 沿转轮进口不均匀分布是由水流进入转轮前的 90°转弯所引起的。由于水流转弯时受离心力的影响，轮缘处的轴向速度增大，轮毂处的减小。此外，由于进入转轮前的水流具有一定的速度矩，这一旋转运动产生的离心力则使同一轴截面上的半径大处的压力增大、流速减小。上述两种离心力对轴向速度分布的影响是相反的。因此，水流的轴

向速度 v_{z1} 沿转轮进口边的分布规律是很复杂的，它随着具体条件的不同而有较大的变化。

除了轴向速度 v_{z1} 不均匀分布外，在模型水轮机上进行速度场的实测表明，轴流式转轮进口的速度矩 $v_{u1}r_1$ 或环量 Γ_1 沿半径也是不均匀分布的，在各种工况下均由轮毂向轮缘方向增大。

如前面对流动图像分析中所述，采用径向导水机构时，导叶出口边不同高度上的水流方向相同，即水流在垂直于水轮机轴线方向的平面流动。于是在导叶出口 C、D 处（参见图 1.5）的速度三角形应如图 1.8 所示。由此可见，既然由轴面有势流动得出 $v_{mD}>v_{mC}$，则必有 $v_{uD}>v_{uC}$，即导叶下部的环量 Γ_D 大于导叶上部的环量 Γ_C。因此，导叶出口处的环量不均匀性仍保持到转轮进口前，以致轮缘处的环量 Γ_{1A} 大于轮毂处的环量 Γ_{1B}。这与模型试验和真机实测的结果是一致的。

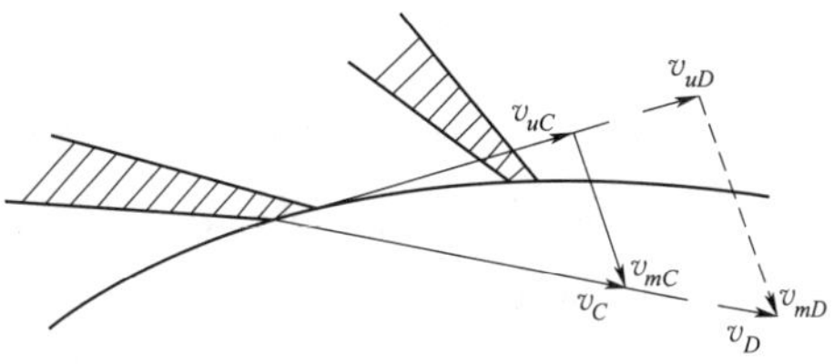

图 1.8 不同高度上导叶出口速度三角形

对于这个问题，还可以这样来理解，即转轮进口速度矩的不均匀分布与水流离开导叶后由于转弯而产生的离心力的影响有关。因为在这个离心力的作用下，导叶出口的水流轴面速度 v_{m0} 由顶盖向底环方向增大，而径向导水机构导叶出口角沿导叶高度是相等的，在不发生脱流的条件下，导叶出口液流角 α_0 沿导叶高度亦应相等。

$$v_{u0}=v_{m0}\cot\alpha_0 \tag{1.21}$$

式中：v_{u0} 为转轮进口前绝对速度在圆周方向的分量；v_{m0} 为转轮进口前轴面速度；α_0 为导叶出流角。

由式（1.21）可见，沿导叶高度上 v_{u0} 的分布规律应和 v_{m0} 相同。由此，就使得沿导叶出口高度上的速度矩 $v_{u0}r_0$ 不是一个常数值，而是由顶盖向底环方向逐渐增大。又因为在导叶和转轮之间水流的速度矩应保持不变，所以转轮叶片进口前的速度矩也是由轮毂向轮缘的方向逐渐增大。

试验表明，这种速度矩 $v_{u1}r_1$ 分布不均匀性的变化规律和轴向速度分布不均匀性的随工况不同而变化的规律类似，即也是随着导叶开度的减小而减小。

由于转轮进口的速度矩沿半径并非常数，因此，实际进入转轮前的水流也并非是有势流动。

3. 轴向速度沿半径的分布规律

前已分析出当导叶处于径向开度或接近径向开度时，导叶对水流不产生或产生很小的作用力，使 $v_{zA}>v_{zB}$。此时以及导叶处于不同开度时，v_z 沿半径的变化规律得由试验来确定。因为当导叶处于不同开度时，导叶对水流作用力的大小不同，那么对水流运动的影响程度也就不同，所以只能定性地说轴向速度 v_z 沿半径的分布规律与导叶开度也有关。在不同的导叶开度下，有势流动和导叶作用力的大小对水流运动速度的影响，就不一定是谁起主导作用，因此轴向速度 v_z 的分布如何就不好下结论。对不同比转速的轴流式转轮进行的试验也表明，轴向速度 v_z 沿半径的分布规律，主要是由导叶相对开度 $\overline{a}_0$ 决定的，而受运行工况（n_{11} 和 φ）的影响与受导叶相对开度 $\overline{a}_0$ 的影响规律很相似，且影响较小，以至于可忽略不计。而且对于不同的导叶开度，转轮进口前的轴向速度沿半径又都是按直线规律变化的，但其斜率却因开度的不同而异。这种分布规律可用下式表示：

$$v_{z1}=(a+b\bar{r})v_{zav} \tag{1.22}$$

其中

$$\bar{r}=\frac{r}{D_1}$$

$$v_{zav}=\frac{4Q}{\pi(D_1^2-d_B^2)}$$

式中：$\bar{r}$ 为被计算的圆柱面的相对半径，表示被计算的圆柱断面的半径 r 与转轮直径 D_1 之比；a、b 为两个系数，它们随导叶开度不同而变化，由试验得出了它们随导叶相对开度而变化的关系曲线，如图1.9所示；v_{zav} 为叶片进口前水流的轴向平均速度。

由图1.9可见，影响 v_{z1} 分布规律的系数 b 是随导叶开度的增加而增加的。当 $\bar{a}_0=55\%$ 时，$b=0$。说明这时的轴向速度 v_{z1} 的分布规律与半径无关，是沿半径均匀分布的。当 $\bar{a}_0>55\%$ 时，$b>0$，且 b 随 $\bar{a}_0$ 增大的增加速度比 a 随 $\bar{a}_0$ 增大而减小的速度快；当 $\bar{a}_0<55\%$ 时，$b<0$，且 b 随 $\bar{a}_0$ 的减小而下降的速度比 a 随 $\bar{a}_0$ 减小而增大的速度快，所以，$v_{z1A}<v_{z1B}$。

系数 a、b 根据导叶相对开度 $\bar{a}_0$ 确定。而 $\bar{a}_0$ 可按设计的单位流量 Q_{11} 及单位转速 n_{11}，由图1.10中的曲线确定。当然也可以参考已有比转速相近的转轮开度来确定。

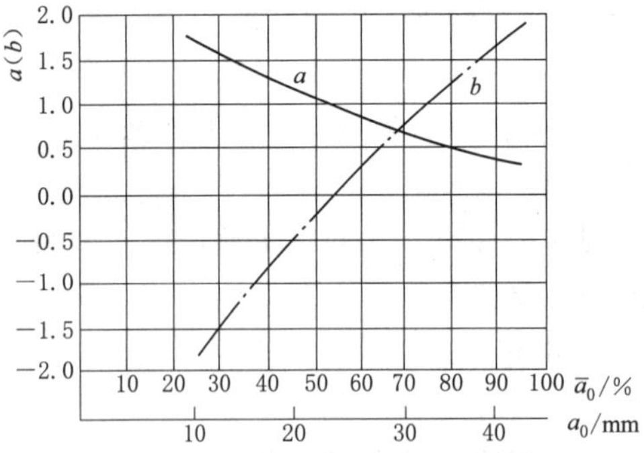

图1.9 系数 a、b 与导叶相对开度的变化关系

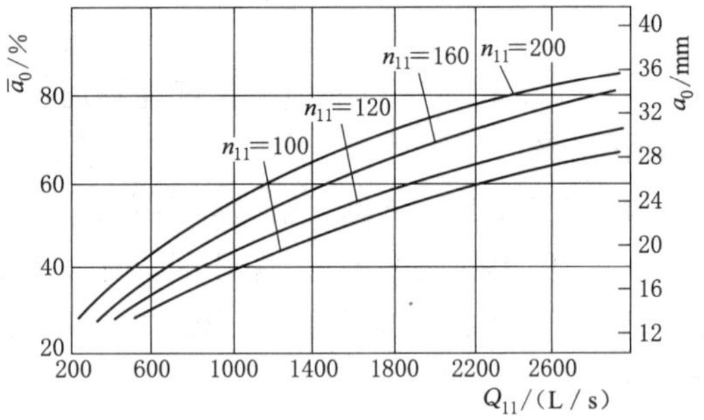

图1.10 对 $\bar{d}_B=0.4$ 转轮的导叶开度与流量的关系

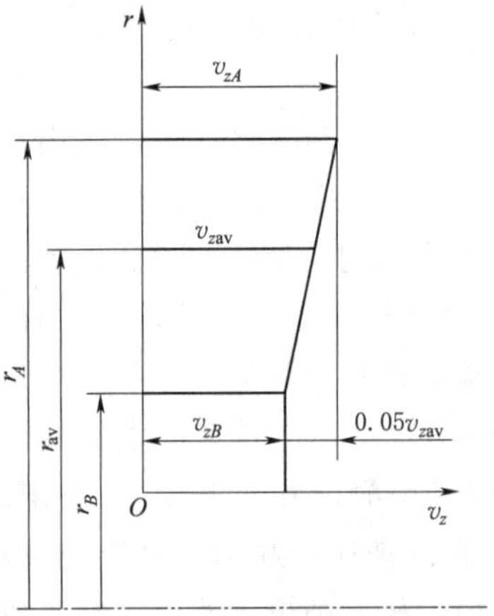

图1.11 轴向速度沿半径的分布规律

也有人在设计轴流式水轮机时，假定轴向速度沿半径按直线规律变化，且在轮缘处比在轮毂处大5%的平均值。据此，通过积分即可求出具有平均速度的直径 D_{av}：当 $\bar{d}_B=0.4$ 时，$D_{av}=0.74D_1$；当 $\bar{d}_B=0.5$ 时，$D_{av}=0.78D_1$。

再说明一点，由于轴流式转轮流道为圆柱形，故轴流式转轮出口处的轴向速度 v_{z2} 的分布规律可认为与进口轴面速度 v_{z1} 分布规律完全相同，如图1.11所示。

4. 环量沿半径的分布规律

环量沿半径的分布也是不均匀的，从分析和试验都证实了这一点。图1.12所示是转轮出口速度矩分布随导叶开度的变化规律曲线。

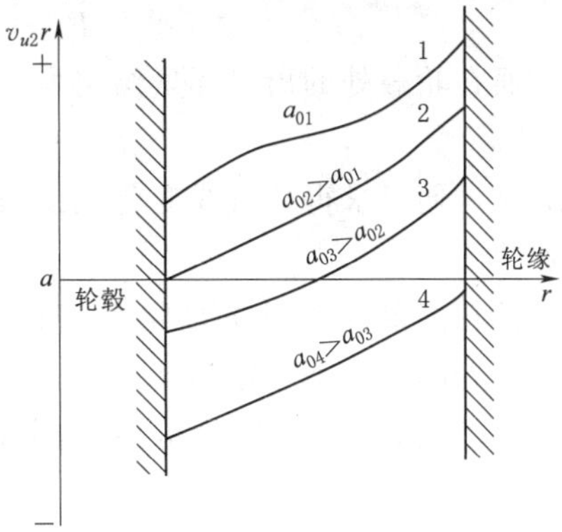

图 1.12 转轮出口速度矩分布随导叶开度的变化规律

由图 1.12 可见，不论开度如何，其分布规律均是由轮毂向轮缘增加的。只不过是随开度的不同，数值上不一样而已，且也有一定的规律性。导叶开度越小，转轮出口处的正环量越大；随导叶开度的增大出口环量逐渐减小，当导叶开度达到一定值时，轮毂处的出口环量等于 0；再增加导叶开度，轮毂处的出口环量变为负值，当导叶开度增大到一定数值时，轮缘处的出口环量也变为负值。这显然不是所希望的。从能量转换的水力效率及空蚀性能的角度来考虑，显然要采用图中的曲线 2 或 3 为宜。

由图 1.12 还可以看出，在导叶各种开度下，转轮出口处的水流不可能全都是轴向流动的，而只能在某些开度下的某个（$\Gamma=0$ 的）圆柱面上的水流才是轴向流动的。

为避免各圆柱层间引起附加漩涡，根据水轮机的基本方程式，转轮进、出口的环量差对各圆柱层来说都应该是相同的，因此，进、出口环量的分布规律应完全相同，只是在数值上相差一个由水轮机基本方程确定的 $\Delta\Gamma=\Gamma_1-\Gamma_2$ 的常数量。

在轴流式转轮的水力设计中，一般均假设进口环量沿半径按直线规律分布。至于直线的斜率如何选择，则有下列几种方法：

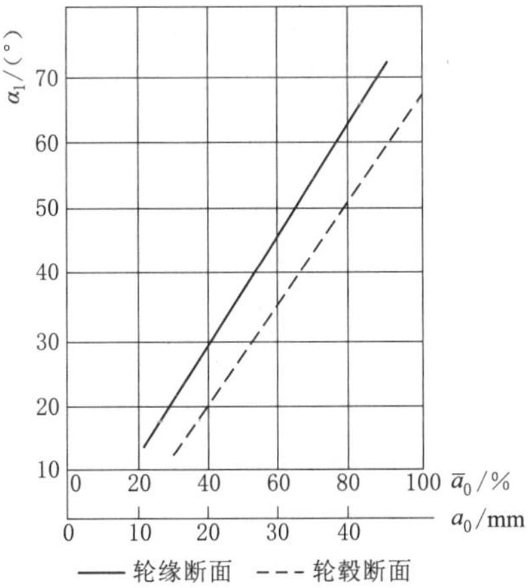

图 1.13 转轮进口前的绝对速度与圆周方向的夹角 α_1 随 $\bar{a}_0$ 变化的关系

（1）参考试验曲线选取环量分布规律的直线斜率。图 1.13 是对导叶相对高度 $\bar{b}_0=0.4D_1$，轮毂比 $\bar{b}_B=0.4D_1$ 的转轮进行试验所得到的曲线。它表示转轮进口前的水流速度方向与圆周方向的夹角 α_1 随导叶相对开度 $\bar{a}_0$ 的变化曲线。图中实线表示半径为 $r_A=0.5D_1$ 的轮缘处圆柱面上的 α_1 值；虚线则表示 $r_B=0.2D_1$ 轮毂处圆柱断面上的 α_1 值。试验表明，对于不同的导叶相对高度和轮毂比的水轮机，$\alpha_1=f(\bar{a}_0)$ 曲线的差异很小。因此，图 1.13 可适用于各种不同比转速的轴流式水轮机。

选取环量分布的方法是：先根据导叶相对开度 $\bar{a}_0$ 值，由图 1.13 查出轮缘和轮毂处的 α_1 值，再按 $v_{u1}=v_{z1}\cot\alpha_1$ 求出轮缘与轮毂处的 v_{u1} 值，从而计算出速度矩 $v_{u1}r$ 和环量 Γ_1 值。根据假设 $v_{u1}r$ 环量沿半径按直线规律变化，则由两点式直线方程，可计算出各圆柱面上的 $v_{u1}r_1$ 和 Γ_1 值。同时根据进、出口环量分布规律相同，由满足基本方程式 $\Delta\Gamma=\Gamma_1-\Gamma_2$ 的关系便可求得出口环量的分布。计算中所用的轴向速度 v_{z1} 之值，在前面求轴向速度分布规律时已求出。

（2）认为轮缘处环量比轮毂处环量大，而直接给定直线的斜率。

在轮缘处的出口环量给定为

$$\Gamma_{2A}=0.2\Delta\Gamma=0.2(\Gamma_1-\Gamma_2)$$

而在轮毂处的出口环量给定为

$$\Gamma_{2B}=-0.2\Delta\Gamma=-0.2(\Gamma_1-\Gamma_2)$$

这样便可求得按直线变化规律的直线斜率和其他各圆柱面上进、出口环量之值，如图1.14所示。

按轮缘和轮毂处的环量差值为（0.3～0.35）$\Delta\Gamma$ 给定直线的斜率，如图1.15所示，但轮毂处的 Γ_{2B} 不一定为0。

按 $\Gamma_{2B}=0$，而 $\Gamma_{2A}=m\Delta\Gamma$ 给定直线的斜率（具体方法可见文献［1］～［3］）。

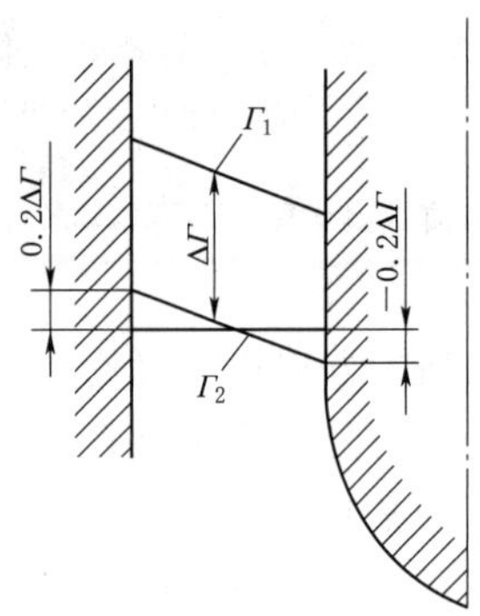

图1.14 环量沿半径的分布规律之一

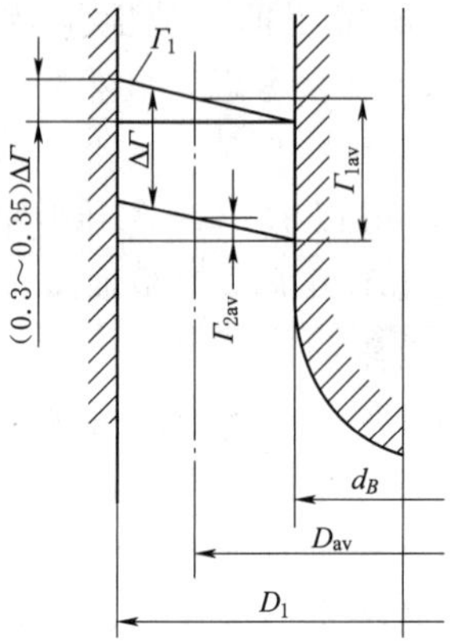

图1.15 环量沿半径的分布规律之二

实践证明，按上述轴向速度和环量沿半径不均匀分布设计出的转轮，更接近试验结果，比认为它们均匀分布设计出的转轮有较好的技术经济指标和空蚀性能。其原因可解释如下：

1）按速度不均匀分布，在计算时采用的转轮进、出口速度的大小和方向更接近于水流的（真实）流动情况。

2）按上述环量的不均匀分布，增大了轮缘处的进口环量，从速度三角形可以看出，轮缘处的相对速度减小，这就使得水力损失减小，同时使叶片进口安放角增大，如图1.16（a）所示。

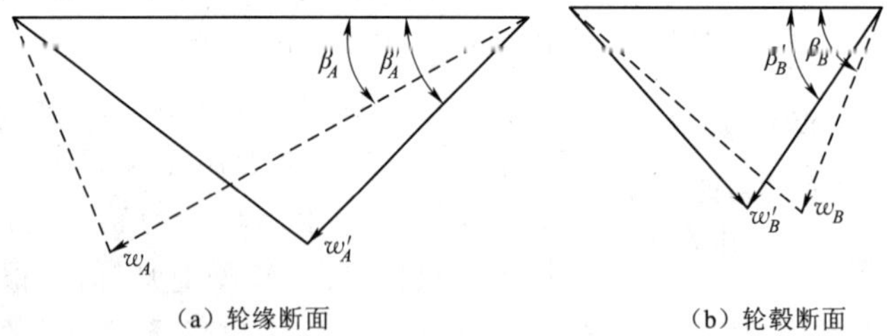

图1.16 转轮进、出口速度三角形

此情况下，虽因轮毂处环量的减小而减小叶片安放角，增加了相对速度［图1.16（b）］而使损失增加，但轴流式转轮的主要过流区是靠近轮缘处（因此处不仅过流面积大，而且流速也大)，而轮毂处过流面积小且流速本身也不大，过流量远小于轮缘处，故对转轮水力性能影响也小。而轮缘处的流动情况对转轮性能的影响很大，更能决定转轮的性能。所以改善轮缘处流动情况，就改善了整个转轮的水力性能和空蚀性能。

3）由于按上述这种轴向速度和环量的不均匀分布，轮缘和轮毂处的翼型安放角差值减小，即减小了叶片的扭曲度，这显然减小了各圆柱层间的水流相互作用，更接近于圆柱层间的无关性假设，而改善了水力性能。这从速度三角形很容易看出。因为 $\beta_{1A}<\beta_{1B}$，而 $\beta'_{1A}>\beta_{1A}$、$\beta'_{1B}<\beta_{1B}$，所以

$$(\beta'_{1B}-\beta'_{1A})<(\beta_{1B}-\beta_{1A}) \tag{1.23}$$

这就使各圆柱面上的 v_u 值更趋于接近（由速度三角形可以很直观地看出），而减小了各圆柱层上的水流相互作用，减小了水流内部损失。

5. 轴流式转轮叶栅的设计方法

轴流式转轮的水力设计也必须从分析水流在水轮机中的实际流动情况入手，合理地选择流道几何参数，正确地进行叶片绘型等。但正如前述，水流在轴流式转轮内绕流叶片的流动，可转化为平面绕流问题，并利用机翼和叶栅理论来解决。

在叶栅理论中，求解叶栅绕流常用的计算方法有升力法、保角变换法和奇点分布法。

（1）升力法。升力法是利用单个翼型的动力特性，并考虑组成叶栅后翼型间的相互影响来设计转轮叶片的方法。在积累了大量试验数据的条件下，这种方法能够方便而准确地设计出性能优良的转轮。它是一种半经验半理论的设计方法。同时这种方法建立得最早，积累了丰富且成熟的经验，计算工作量也小。因此它仍是目前轴流式水力机械转轮设计广泛采用的设计方法之一。

（2）保角变换法。保角变换法是将平面直列叶栅的绕流保角地变换为一已知的流动图像来对问题加以研究。在水轮机中，尤其是对轴流式转轮叶栅进行设计计算时，常将其保角地变换成计算平面上的单位圆的绕流问题来处理。这是因为：①单位圆的绕流问题最简单；②单位圆的绕流问题已在流体力学中得到了很好的解决。所以，对接近平面直列叶栅的绕流问题，只要能找到保角变换的函数，平面叶栅的绕流问题就可以采用保角变换法来解决。它可以解决弯度不大的薄翼组成的叶栅的正问题、反问题。它是一种理论性较强的方法，计算工作量大，目前在转轮设计上还很少采用。但由于它是其他方法的理论基础，因此是一种很有价值的方法。

（3）奇点分布法。奇点分布法是用一系列分布在翼型骨线上的涡和源（汇）等奇点形成的封闭曲线来代替叶片，认为这些涡、源（汇）对一平行水流作用相当于转轮叶片的作用，从而设计出叶片。它的突出优点是能有目的地控制翼型表面各点的速度和压力分布，从而可设计出空蚀性能较好的转轮。它对试验资料的依赖性较小，但计算工作量是相当大的，致使其应用曾受到影响。但随着科学技术的不断发展，尤其是计算技术和计算工具不断更新和性能的逐步提高，这种方法已得到广泛的应用。因此，以前在轴流式转轮设计中只介绍采用这种方法进行翼型设计，目前，多将其和升力法相结合进行叶片及转轮的水力设计。

除上述三种设计方法外，在轴流式转轮设计中也常采用 1.3.1 节所述的统计法。还要指出，长期以来，国外一些机构曾利用水轮机模型试验台对各种比转速的轴流式转轮进行

了系统的试验研究，测量了不同工况下导水机构出口以及转轮进、出口的速度和压力分布。这些研究成果虽然揭示了轴流式水轮机转轮内水流的主要运动规律和转轮几何参数与运行工况对水轮机性能的影响趋势，修正了一些计算假定，补充了轴流式转轮水力计算的理论和方法，但较准确的定量关系仍未找到。另外，为了使问题简化，在将复杂的三元流动简化为二元流动来求解的过程中又提出来一些假设。然而，作出这些假设后转轮中实际水流的运动规律与原图像并不完全一致，简化后的水流只是近似地反映出实际水流的主要运动规律和对叶栅性能的主要影响趋势，因而很难求得准确解。那么，据此设计出的转轮其性能如何，还必须经试验来验证。因此，为设计出高性能的轴流式转轮，还必须深入开展转轮设计过程的试验研究和理论探讨，其目的就是要揭示水轮机过流部件中水流运动的真实规律，为进一步完善设计理论、改进计算方法提供可靠的依据。

第 2 章 反击式水轮机埋入部件的水力设计

反击式水轮机埋入部件主要包括尾水管、基础环（轴流式水轮机还有转轮室）、座环、引水室、水轮机室里衬和埋设管路等，本章主要介绍引水室、座环及尾水管部件的水力设计。

2.1 反击式水轮机引水室水力设计

引水室是反击式水轮机的第一个过流部件，是反击式水轮机的重要组成部分。在水轮机工作过程中引水室的主要作用是将水流引入导水机构并保证沿圆周均匀供给，然后进入转轮。设计时引水室应满足以下基本要求：①尽可能减少水流在引水室中的水力损失以提高水轮机效率；②保证水流在导水机构内形成一定的速度环量，在蜗壳内的平均流速和局部流速不超过水力损失所允许的流速范围，同时不应使蜗壳断面尺寸过大；③保证水流轴对称地进入导水机构，流量沿导水机构均匀分布，在主要运行工况下，水流均以不大的冲角绕流导叶；④蜗壳的外形尺寸、断面尺寸及结构等应满足水电站的厂房布置和水轮机的结构要求；⑤保证蜗壳具有足够的强度及选用合适的材料，以保证结构上的可靠性和抵抗水流的冲刷。

为了适应不同流量和水头条件，反击式水轮机引水室有不同的形式和结构。一般可分为开敞式引水室、罐式引水室和蜗壳式引水室三大类型。

1. 开敞式引水室

开敞式引水室（图 2.1）是在水轮机导水机构外围构成一个开敞的水槽，以保证水流轴对称进入转轮，虽然引水室内水力损失很小，但平面尺寸常常很大。由于这种引水室常常是用砖石及混凝土做成的，所以只能用于较低水头及小型水轮机。

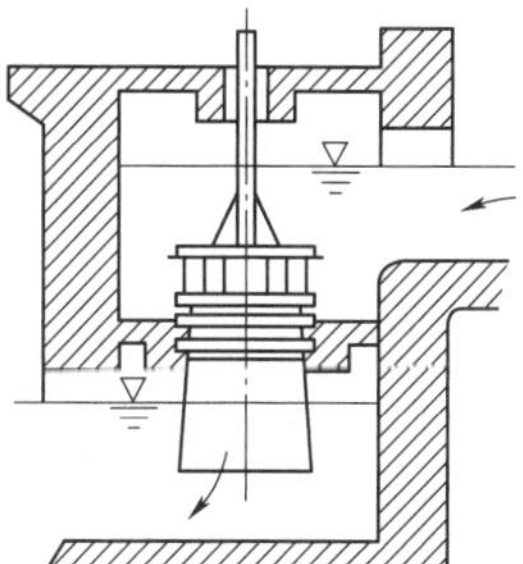

图 2.1 开敞式引水室

2. 罐式引水室

罐式引水室属于闭式结构，常见的有两种：一种如图 2.2（a）所示，水流沿轴向进入水轮机，在进入导水机构前急剧转弯致使水流不均匀，因此这种引水室只适用于小型水轮机；另一种如图 2.2（b）所示，用于贯流式水轮机，进入水轮机的水流方向不转弯，在这种引水室中水流是均匀轴对称状，水力损失很小。但是水流在导水机构前不能形成环量，转轮所要求的进口环量全靠导叶形成，它只适用于低水头电站。

3. 蜗壳式引水室

蜗壳式引水室的外形很像蜗牛壳，故通常简称蜗壳。为保证向导水机构均匀供水，蜗壳的断面逐渐减小，同时它可在导水机构前形成必要的环量以减轻导水机构的工作强度。

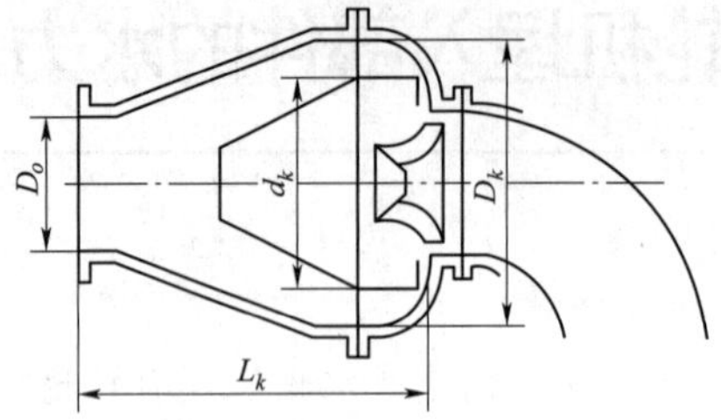

（a）水流沿轴向进入水轮机

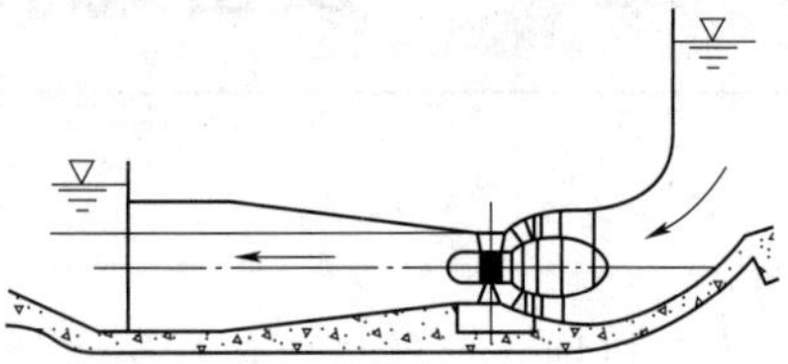

（b）进入水轮机的水流方向不转弯

图 2.2　罐式引水室

蜗壳应采用适当的尺寸以保证水力损失较小，又可减小厂房的尺寸及降低土建投资。它是用钢筋混凝土或金属制造的闭式布置，可以适应各种水头和流量的要求。蜗壳是反击式水轮机中应用最普遍的一种引水室形式。

水轮机蜗壳水力设计的主要任务是：选择蜗壳形式、计算和选择蜗壳主要参数以及绘制蜗壳的水力单线图等。

2.1.1　蜗壳中水流运动的规律及主要参数的确定

2.1.1.1　蜗壳中水流运动的规律

研究蜗壳中水流运动的主要目的是找到蜗壳中水流运动的规律，寻求蜗壳水力计算合理的数学物理模型。

从水力观点上看，蜗壳的作用是使水流形成环量，其内的水流具有明显的切向分速度。设某点的切向分速度为 v_u，该点与水轮机中心的距离为半径 r，则该点的速度矩为 $v_u r$。由于水轮机蜗壳内的流动理想上是轴对称有势流动，故速度矩为常数，即 $v_u r = k$（k 为蜗壳常数，取决于蜗壳的形式和尺寸）。通常将按这一特性计算蜗壳的方法称为等速度矩法。

为了从理论上进一步分析蜗壳中的水流运动情况，可假定蜗壳各断面的高度 b 相等，即 $b=\text{const}$，则此时可将水轮机蜗壳中的流动近似看作涡、汇共同诱导的平面流动。令涡的强度为 Γ，在垂直于流动平面方向单位长度上汇的流量为 Q。于是涡、汇共同诱导的水流复势函数为

$$W(z)=\frac{Q}{2\pi}\ln z+\frac{\mathrm{i}\Gamma}{2\pi}\ln z \tag{2.1}$$

以 $z=r\mathrm{e}^{\mathrm{i}\varphi}$ 代入上式并分解其虚部，得到流函数 Ψ 的表达式

$$\Psi=\frac{1}{2\pi}(Q\varphi+\Gamma\ln r) \tag{2.2}$$

令 $\Psi=\text{const}$，得流线方程为

$$Q\varphi+\Gamma\ln r=\text{const}$$

或

$$\ln r=\ln B-\frac{Q}{\Gamma}\varphi$$

其中

$$\ln B=\text{const}$$

于是在极坐标（r，φ）中，流线方程为

$$r=Be^{\frac{-Q}{\Gamma}\varphi} \tag{2.3}$$

式中的常数 B 根据边界条件 $r=r_0$ 时，$\varphi=\varphi_0$ 来决定。

式（2.3）为等角螺线方程，也就是说流线是等角螺线，如图 2.3 所示。因此，将蜗壳外形设计成等角螺线的形状，可使蜗壳内的水力损失最小。根据工作参数不同的水轮机所要求的 Γ 值和 Q 值，可按式（2.3）计算出不同外形尺寸（不同的 r 与 φ 的组合关系）的蜗壳。

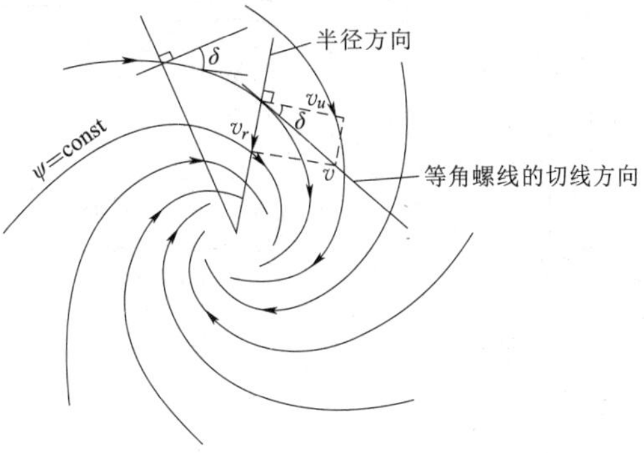

图 2.3　蜗壳内水流流线

根据等角螺线的性质可知，等角螺线与任一半径向量的夹角为常数，若用 δ 表示流速 v 与其圆周分量 v_u 的夹角（图 2.3），则有 $\tan\delta=\frac{Q}{L}=\text{const}$，即 δ 为常数。这一关系也可从流函数得到，即对式（2.2）的流函数取偏导数，可分别得到圆周速度 $v_u=\frac{\Gamma}{2\pi r}$和径向速度 $v_r=\frac{-Q}{2\pi r}$。

于是有

$$\tan\delta=\frac{v_r}{v_u}=\frac{-Q}{\Gamma}=\text{const}$$

由上式也可知，当夹角 δ 一定时，在给定的蜗壳中，若流量 Q（对应于 v_r）改变，速度环量 Γ（对应于 v_u）也将成正比地改变。当 Γ 为常数时，在指定的形成一定环量的蜗壳中有 $v_u r=\text{const}$，而径向速度是轴对称的。在水轮机蜗壳水力计算中均认为蜗壳中的水流均匀进入导水机构并多假设蜗壳中水流的速度矩为常数。在此基础上推导出适用于工程设计的蜗壳水力计算方法。

2.1.1.2　蜗壳类型的选择

水轮机蜗壳可分为金属蜗壳和混凝土蜗壳两种，如图 2.4 和图 2.5 所示，根据水电站的水头进行选择。一般应用水头在 40m 以内的机组中，通常采用混凝土蜗壳，这类蜗壳的断面形状呈 T 形或 Γ 形，蜗壳包角为 135°～270°，如图 2.5 所示；当应用水头超过 40m 时，一般选用铸造或焊接的金属蜗壳，这类蜗壳的断面呈圆形或椭圆形，其包角在 345°～360°范围内，一般应用在中高水头的机组中，如图 2.4 所示。若水头大于 40m 仍要采用混凝土蜗壳，须在蜗壳内加钢板里衬，但会使成本增加，甚至还会超过采用金属蜗壳的成本，此时应进行技术经济比较才能决定采用哪种蜗壳形式。

2.1.1.3　主要参数的选择

蜗壳主要参数的选择是蜗壳水力设计的重要内容之一。对大型水轮机应在不同方案技术经济分析比较的基础上进行蜗壳主要参数的选择。

在进行蜗壳水力设计之前，除了选定蜗壳的类型之外，还要选择确定蜗壳的断面形

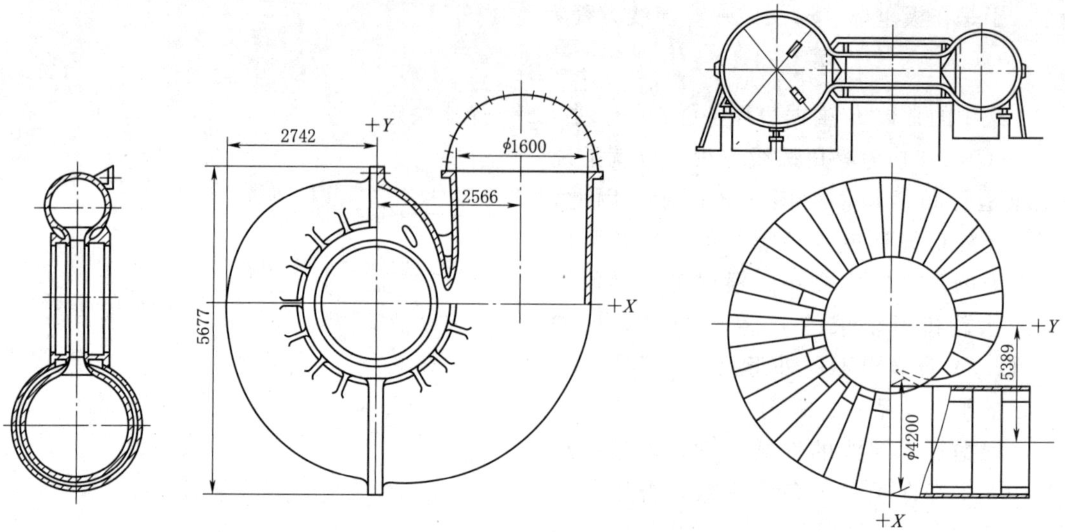

（a）金属铸造　　（b）钢板焊接

图 2.4　金属蜗壳

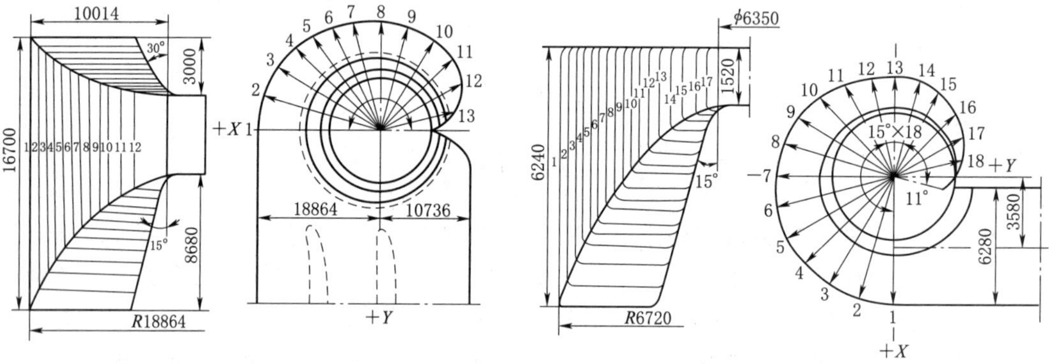

（a）包角φ=180°，T形断面混凝土蜗壳　　（b）包角φ=270°，Γ形断面混凝土蜗壳

图 2.5　混凝土蜗壳

状、包角和进口断面的平均流速。

1. 蜗壳的断面形状及其变化规律

金属蜗壳的工作水头较高，承受较大的内水压力。如前所述，金属蜗壳大部分采用圆形断面，只是在尾部采用椭圆形断面，以便与高度不变的座环蝶形边相接。将蜗壳各断面重叠地绘制在同一张图中，就可以看出面积小的断面是椭圆形，如图 2.6（a）中断面 5 所示。若蜗壳各断面与座环蝶形边相接点为 D（图 2.7），则在标准结构座环中过 D 点所作的蝶形边的切线与导水机构中心线呈 55°夹角。目前大、中型水轮机蜗壳与座环的连接有时也采用无蝶形边的箱形结构。

混凝土蜗壳通常采用多边形断面，呈 T 形或 Γ 形。如图 2.6（b）、（c）所示，直线构成的多边形断面所用的模板比圆形断面的简单，而且可以根据需要沿水轮机轴线向下或向上延伸，减小蜗壳的径向尺寸，但仍保持其断面面积及水流流速不小于原值。

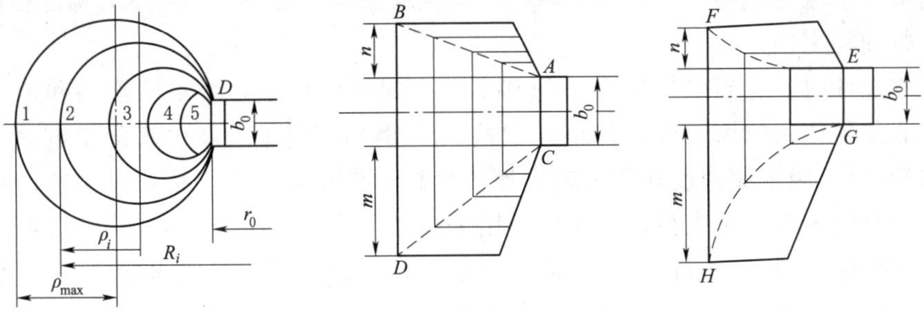

（a）金属蜗壳　（b）T形混凝土蜗壳　（c）Γ形混凝土蜗壳

图 2.6　蜗壳断面形状的变化

混凝土蜗壳断面从进口至鼻端的变化是有规律的。将各个断面重叠地画在一张图上，各断面外侧的顶角和底角应分别位于直线 AB 和 CD 上［图 2.6（b）］或曲线 EF 和 GH 上［图 2.6（c）］，这就是断面变化规律。曲线 EF 和 GH 一般为向内弯的抛物线，其特点是各断面的高度尺寸在进口部分降低较多，径向尺寸较大，按 $v_u=\text{const}$ 的规律设计时，各断面的平均流速增加较慢，有利于蜗壳中的水流运动。

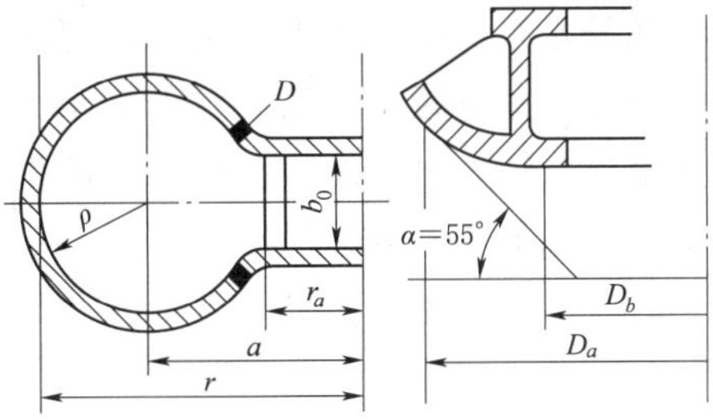

图 2.7　座环蝶形边的倾角

2. 蜗壳包角 φ_0 的选择

蜗壳包角 φ_0 是蜗壳进口断面与鼻端断面之间的夹角，它是蜗壳的主要参数之一，反映了蜗壳包围导水机构的程度，它将会影响蜗壳的尺寸、水力性能以及水电站的投资和水轮机的效率。通常取座环特殊固定导叶的出水边作为蜗壳的鼻端，取垂直于引水管道轴线的 $+X$ 方向断面作为蜗壳的进口断面。

按包角的大小可将蜗壳分为完全蜗壳和不完全蜗壳。完全蜗壳包角 φ_0 等于或接近于 360°（$\varphi_0=345°\sim360°$）；不完全蜗壳包角 φ_0 小于 345°（一般取 $\varphi_0=135°\sim270°$）。对于高水头的水电站，一般选取完全包角的金属蜗壳，通常采用 $\varphi_0=345°$；对低水头大流量的水电站，通常采用 $\varphi_0=180°$的不完全包角蜗壳；对厂房布置有特殊要求时，也可采用 $\varphi_0=135°$的蜗壳；有时为了减小蜗壳的进口断面宽度和便于蜗壳与进水管的连接，还可采用 $\varphi_0=270°$的大包角蜗壳。

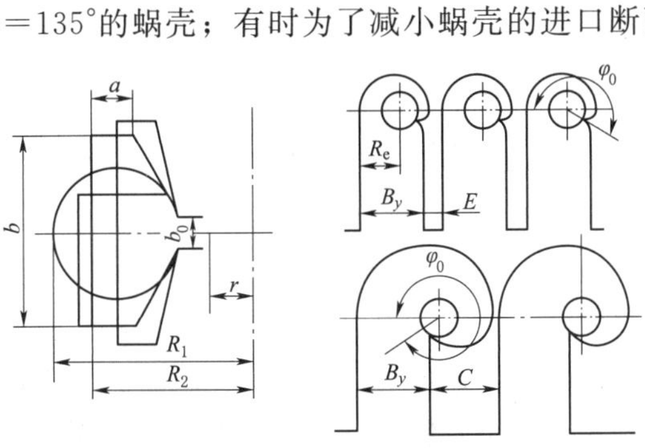

图 2.8　蜗壳所占位置比较

合理选择蜗壳包角具有重要意义。小包角蜗壳的平面尺寸比大包角蜗壳要小得多，如图 2.8 所示，因而缩小了机组间距，降低了水电站造价。但包角的减小将使水力效率降低，在蜗壳非蜗形部分，进入导水机构水流速度的大小和方向沿圆周方向是变化的，从而加大了导水机构的水力损失，而且这种不均匀的速度分布还会影响转轮进口水流的不均匀性，增加转轮内部流动的水力损失，产生不对称的径向力，影响机组运行的稳定性。

在工程设计时，应当根据完全蜗壳和不完全蜗壳的特点，对不同水头和流量的水电站，考虑起主导作用的因素来选择蜗壳包角 φ_0。例如，对中、高水头的水电站（多采用混流式水轮机），因水流速度和压力较大而流量相对较小，蜗壳平面尺寸较小，此时决定机组间距的是发电机定子直径，因此应采用全包角的金属蜗壳，以获得较好的水力性能，同时也能满足强度要求。对低水头大流量的水电站（多采用轴流式水轮机），其机组间距主要取决于蜗壳的平面尺寸，故采用不完全蜗壳。

3. 蜗壳进口断面平均流速的选择

蜗壳进口断面平均流速 $\overline{v}_0$ 与蜗壳的尺寸及蜗壳水力损失等因素有关。若 $\overline{v}_0$ 较大，则蜗壳和导水机构中的水力损失相应增大，反之亦然。在流量相同的条件下，$\overline{v}_0$ 越大，则蜗壳断面尺寸可减小，从而减少对水电站的投资；$\overline{v}_0$ 越小，则水力损失小，但蜗壳断面尺寸增加，加大水电站的土建工程量和蜗壳钢板用量。因此，应慎重选取，以求在技术、经济上得到最优的蜗壳尺寸。

通常情况下，$\overline{v}_0$ 是由水轮机的设计水头来决定的，即

$$\overline{v}_0 = k_v \sqrt{H} \tag{2.4}$$

式中：k_v 为蜗壳进口断面流速系数。对混凝土蜗壳，一般取 $k_v=0.8\sim1.0$；对金属蜗壳，一般取 $k_v=0.7\sim0.9$。

根据设计水头 H，金属蜗壳进口断面流速系数 k_v 也可以从图 2.9（a）中的曲线选定，其中曲线 1 表示 1960 年以前国内生产的产品统计曲线，曲线 2 表示 1960—1970 年国内生产的产品统计曲线，曲线 3 表示推荐曲线；混凝土蜗壳进口流速可按图 2.9（b）中的曲线确定。

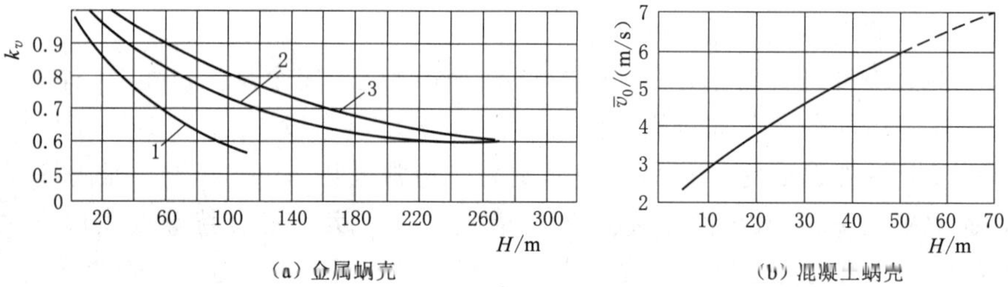

图 2.9　蜗壳进口断面流速、流速系数与设计水头的关系曲线

同时，$\overline{v}_0$ 也可从其他资料图表中直接查得。对大型水轮机的蜗壳，应进行专门的模型试验研究和综合技术经济比较来确定蜗壳进口流速。

2.1.2　金属蜗壳的水力设计

选定了蜗壳的形式、包角及进口断面平均流速后，对金属蜗壳进行水力计算，就是在给定设计水头、设计流量、导水机构高度及座环尺寸的条件下，确定蜗壳各断面的形状和尺寸，并绘制出蜗壳单线图，列出蜗壳断面尺寸表，以便制造及作为蜗壳强度计算和水电站厂房设计的依据。

金属蜗壳和座环的连接方式不同，其水力设计方法也不同，本节介绍两种常用的设计方法。

2.1.2.1 与座环蝶形边相切或相接的金属蜗壳水力设计

金属蜗壳与座环的连接结构尺寸如图 2.10 所示。其中，R_a 为固定导叶外切圆半径；r_D 为座环蝶形边半径；h 为蝶形边到导水机构水平中心线高度；α 为蝶形边锥角，一般取 55°；r_1 为蝶形边锥角顶点所在半径；ρ 为蜗壳断面半径；R_0 为蜗壳外缘半径。

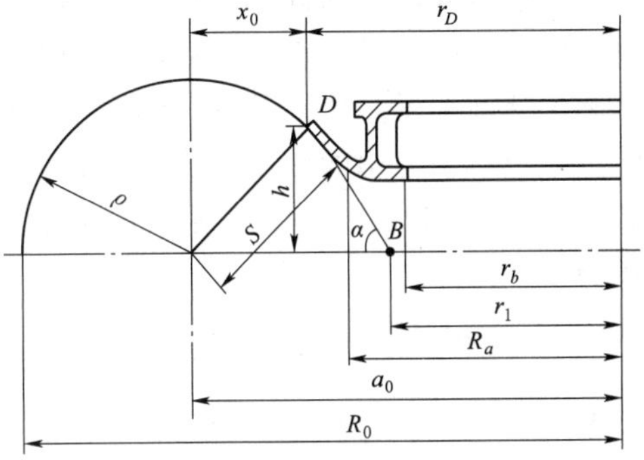

图 2.10 金属蜗壳与座环的连接结构尺寸

图 2.10 所示的其余符号含义，将在下面的计算中进行介绍。

水流沿圆周均匀地向导水机构供水，故蜗壳任意断面的流量为

$$Q_i = \frac{\varphi_i}{360°} Q_r \tag{2.5}$$

式中：Q_i 为流过任意断面的流量，m^3/s；φ_i 为任意断面至蜗壳鼻端的包角，(°)；Q_r 为水轮机的设计流量，m^3/s。

蜗壳各断面的包角 φ_i 可由蜗壳分节来确定。一般情况下，蜗壳的节数应考虑钢板利用率、制造和安装要求，各节间角度不一定相等。前部各节主要考虑钢板的有效利用，后部各节则主要考虑制造工艺。表 2.1 给出了国内生产的机组中金属蜗壳分节的大致范围，可供参考。

表 2.1　金属蜗壳的节数

转轮直径 D_1/m	节　数	各节角度/(°)	转轮直径 D_1/m	节　数	各节角度/(°)
≤2	<20	15	3.3～4.5	23～28	10～14
2～3.3	20～23	13～15	4.5～6.5	28～35	7～13

1. 蜗壳进口断面的计算

选定蜗壳包角 φ_0 和进口断面平均流速 $\overline{v}_0$ 后，根据额定流量即可求出进口断面面积。

蜗壳进口断面的流量为

$$Q_0 = \frac{\varphi_0}{360°} Q_r \tag{2.6}$$

蜗壳进口断面面积为

$$F_0 = \frac{Q_0}{\overline{v}_0} = \frac{\varphi_0}{360°} \frac{Q_r}{\overline{v}_0} \tag{2.7}$$

进口断面的半径为

$$\rho_0 = \sqrt{\frac{F_0}{\pi}} = \sqrt{\frac{\varphi_0}{360°} \frac{Q_r}{\pi \overline{v}_0}} \tag{2.8}$$

蜗壳中心线到主轴中心线的距离为

$$a_0 = r_D + x_0 = r_D + \sqrt{\rho_0^2 - h^2} \tag{2.9}$$

蜗壳断面的外圆半径为

$$R_0=a_0+\rho_0 \tag{2.10}$$

2. 蜗壳其余断面的计算

蜗壳其余断面的计算是按照水流运动规律 $v_u r=\text{const}$ 来进行的。由于受到与座环连接的影响，蜗壳圆形断面从进口开始延续至某一断面时，将过渡为椭圆形断面，因此蜗壳进口断面的形状与尺寸确定后，剩下的问题就是求出任意包角处蜗壳断面的形状与尺寸。对于圆形断面，就是要找到 ρ_i 与 φ_i 的关系。式（2.5）给出了流量 Q_i 与包角 φ_i 的关系，在给定水流在蜗壳中的流动规律后，即可计算出蜗壳各断面的尺寸。

如图 2.11 所示，取任意某一个断面，该断面与蜗壳鼻端断面成 φ_i 角，流过该断面的流量为

$$Q_i=\int_{r_a}^{R_i} v_u b\,\mathrm{d}r \tag{2.11}$$

以 $v_u r=k$ 代入式（2.11），得

$$Q_i=k\int_{r_a}^{R_i}\frac{b}{r}\mathrm{d}r \tag{2.12}$$

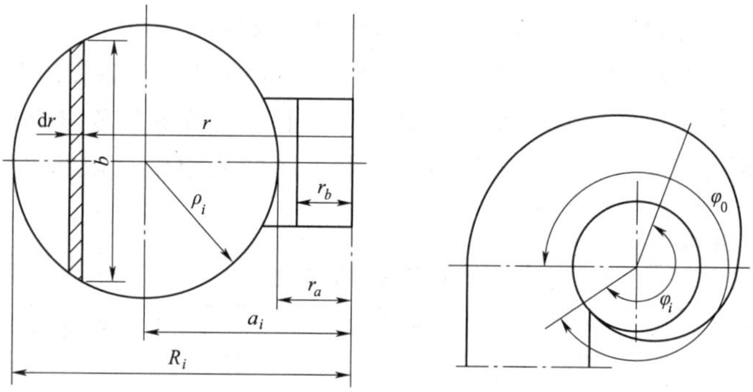

图 2.11　蜗壳任意断面过流量的计算

由图 2.11 的几何关系可知

$$\left(\frac{b}{2}\right)^2+(r-a_i)^2=\rho_i^2$$

由此得到

$$b=2\sqrt{\rho_i^2-(r-a_i)^2}$$

式中：b 为所取断面上微小面积的高度；ρ_i 为所取断面的半径；a_i 为所取断面的圆心至水轮机中心线的距离。

将 b 值代入式（2.12），得

$$Q_i=2k\int_{r_a}^{R_i}\frac{\sqrt{\rho_i^2-(r-a_i)^2}}{r}\mathrm{d}r$$

将 $R_i=a_i+\rho_i$，$r_a=a_i-\rho_i$ 代入上式，积分得

$$Q_i=2\pi k\left(a_i-\sqrt{a_i^2-\rho_i^2}\right) \tag{2.13}$$

联立式（2.13）和式（2.5），化简可得

$$\varphi_i=\frac{720^\circ\pi k}{Q_r}(a_i-\sqrt{a_i^2-\rho_i^2}) \tag{2.14}$$

令$\frac{720^\circ\pi k}{Q_r}=C$，则

$$\varphi_i=C(a_i-\sqrt{a_i^2-\rho_i^2}) \tag{2.15}$$

或

$$\rho_i=\sqrt{2a_i\frac{\varphi_i}{C}-\left(\frac{\varphi_i}{C}\right)^2} \tag{2.16}$$

式（2.15）和式（2.16）为蜗壳任一圆形断面的半径 ρ_i 与 φ_i 的关系式。显然，为了算出 φ_i 处的 ρ_i，需首先求出 a_i 和 C 值，常数 C 称为蜗壳系数。

图 2.12 为金属蜗壳与座环相连接的几何关系，D 是座环蝶形边外圆周上的点，由 D 点作蝶形边的切线和垂线，分别与导水机构的中心线相交，得出长度分别为 L 和 S 的两条曲线。当 $\rho_i=S$ 时，圆形断面在 D 点与座环的蝶形边相切，当 $\rho_i>S$ 时，各圆形断面均在 D 点与座环的蝶形边相接。蝶形边的半径 r_D 及高度 h 由座环尺寸系列确定。

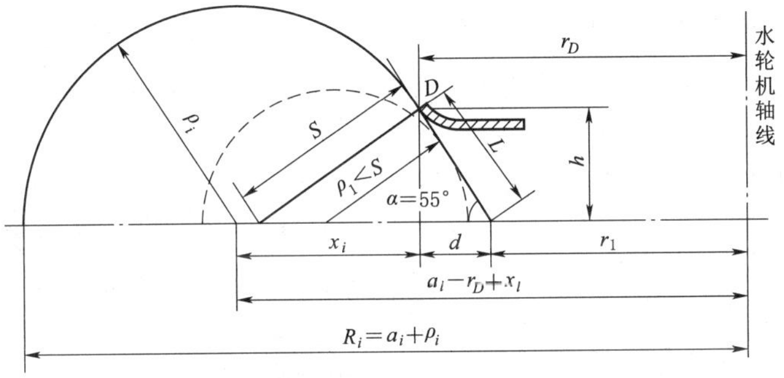

图 2.12　金属蜗壳与座环相连接的几何关系

由图 2.12 所示的几何关系可得各断面 a_i 值的计算式为

$$a_i=r_D+\sqrt{\rho_i^2-h^2} \tag{2.17}$$

蜗壳系数 C 可由进口断面的边界条件确定。由选定的蜗壳包角 φ_0 和进口平均流速 $\overline{v}_0$ 按式（2.8）计算出进口断面半径 ρ_0，再由式（2.17）计算出进口断面的 a_0，然后将 φ_0、a_0 及 ρ_0 代入式（2.15）即可算出常数 C。

由图 2.12 可知，$x_i=\sqrt{\rho_i^2-h^2}$，因此有

$$x_i=\frac{\varphi_i}{C}+\sqrt{2r_D\frac{\varphi_i}{C}-h^2} \tag{2.18}$$

式（2.18）中 r_D、C 和 h 均为已知，故给定一个 φ_i 值即可求得相应断面的 x_i 值。至此，已经能够完全确定圆形断面的 ρ_i 与 φ_i 关系。按下列计算式即可求得蜗壳相应断面的几何尺寸，即

$$\left.\begin{aligned}\rho_i&=\sqrt{x_i^2-h^2}\\a_i&=r_D+x_i\\R_i&=a_i+\rho_i\end{aligned}\right\}\tag{2.19}$$

为了方便，计算可列表进行，见表 2.2。

表 2.2　　计算金属蜗壳圆形断面尺寸

断面号	φ_i	$\dfrac{\varphi_i}{C}$	r_D	$2r_D\dfrac{\varphi_i}{C}$	h^2	$\sqrt{2r_D\dfrac{\varphi_i}{C}-h^2}$	x_i	x_i^2	ρ_i	a_i	R_i

当计算圆形断面半径 $\rho_i<S$ 时，蜗壳的圆形断面就无法与座环蝶形边在 D 点相切（或相接）。这时蜗壳断面形状就改为椭圆形，其计算方法是将圆形断面和椭圆形断面按面积相等关系换算。即椭圆形断面的计算方法是先求出在指定 φ_i 处所需的圆形断面面积，再将此面积转换为面积相等的椭圆。

由图 2.12 可见，在 $\rho_i<S$ 的情况下，式（2.17）已不适用，应采用下列关系式：

$$a_i=r_1+\frac{\rho_i}{\sin\alpha}\tag{2.20}$$

式中：r_1 为座环蝶形边锥角顶点至水轮机轴线的距离，可由 $r_1=r_D-h/\tan\alpha$ 计算得出。

将式（2.20）代入式（2.16），即可得到 $\rho_i<S$ 时圆形断面半径为

$$\rho_i=\frac{1}{\sin\alpha}\frac{\varphi_i}{C}+\sqrt{\left(\frac{\varphi_i}{C}\right)^2\cot^2\alpha+2r_1\frac{\varphi_i}{C}}\tag{2.21}$$

于是，该圆形断面的面积 $A_1=\pi\rho_i^2$。

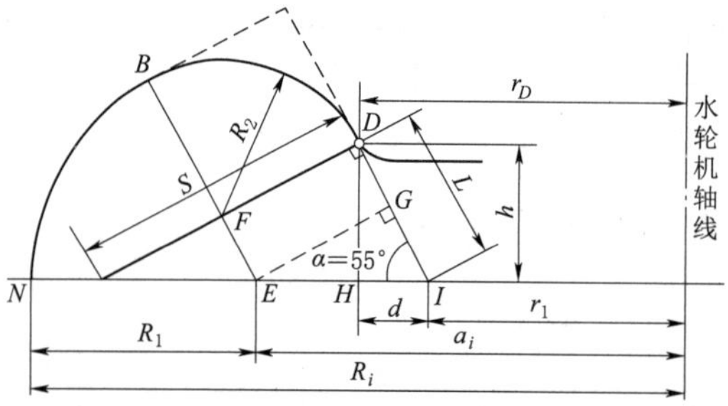

图 2.13　与蝶形边相切的金属蜗壳椭圆形断面尺寸

根据椭圆形断面面积与圆形断面面积相等的原则，求出椭圆形断面的尺寸。为了避免蜗壳椭圆形断面伸入座环内，保证蜗壳的实际断面面积与计算值相符，应使椭圆形断面位于座环蝶形边外圆所在的圆柱面之外。为了计算方便，这里将椭圆形面积与三角形 IHD 面积的两倍一起计算，并以 A 表示它们的面积之和，如图 2.13 所示。

由图 2.13 所示的几何关系即可得到椭圆形断面的计算公式。

$$R_1=L+R_2-R_2\cot55°=L+0.3R_2\tag{2.22}$$

$$L=\frac{h}{\sin55°}\tag{2.23}$$

$$R_2=\sqrt{1.045A+0.81L^2}-1.348L\tag{2.24}$$

$$A=\pi\rho_i^2+hL\cos55°\tag{2.25}$$

$$a_i=r_1+\frac{R_2}{\sin55°}=r_1+1.221R_2\tag{2.26}$$

$$R_i=a_i+R_1\tag{2.27}$$

计算椭圆形断面尺寸时，必须先确定椭圆开始的断面，即求出 $\rho_i=S$ 的断面。由图 2.12 可知，此时

$$\varphi_{i(\rho=S)}=(r_D+1.43h-\sqrt{r_D^2-h^2+2.86hr_D})C \tag{2.28}$$

凡是 $\varphi_i<\varphi_{i(\rho=S)}$ 的断面，都应采用椭圆形断面。

同样，计算可按表 2.3 的格式进行。

表 2.3　　计算金属蜗壳椭圆形断面尺寸

断面号	φ_i	$\frac{\varphi_i}{C}\frac{1}{\sin\alpha}$	$\left(\frac{\varphi_i}{C}\right)^2\cot^2\alpha$	$2r_1\frac{\varphi_i}{C}$	ρ_i	A	R_2	R_1	a_i	R_i

根据以上计算结果，即可绘制出蜗壳水力单线图，如图 2.14 所示。

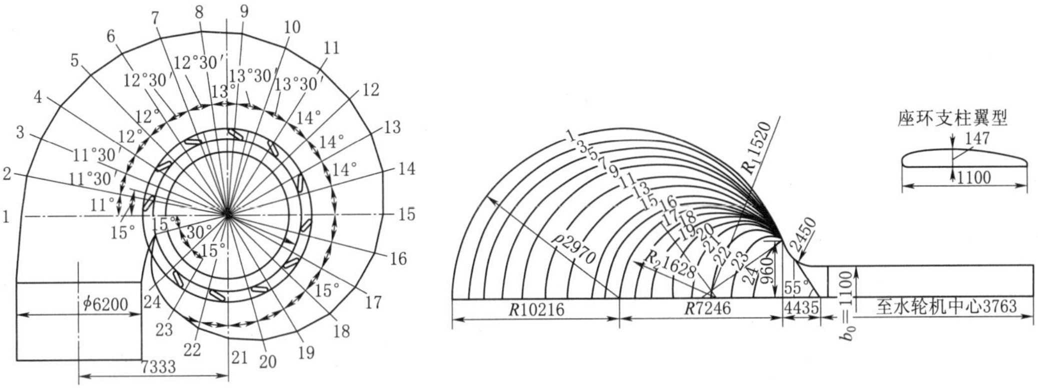

图 2.14　金属蜗壳水力单线图

2.1.2.2　与无蝶形边座环连接的金属蜗壳水力设计

当蜗壳与无蝶形边座环相接时，蜗壳的断面一般为圆形，因此又称为全圆蜗壳，如图 2.15 所示。这种座环的固定导叶外切圆离座环与蜗壳的连接点较近，固定导叶伸入蜗壳圆形断面内较多，如按上述方法计算，则蜗壳断面积相对减小，所以应按整圆被切割后的断面形状计算。

1. 进口断面的计算

选定包角 φ_0 和进口断面平均流速 $\overline{v}_0$ 后，根据额定流量即可求出进口断面面积。

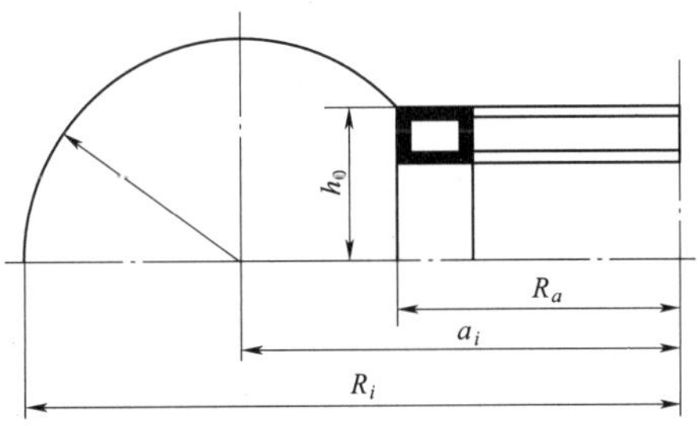

图 2.15　与无蝶形边座环相接的蜗壳断面尺寸

进口断面的流量为

$$Q_0=\frac{\varphi_0}{360°}Q_r$$

进口断面面积为

$$F_0=\frac{Q_0}{\overline{v}_0}=\frac{\varphi_0}{360°}\frac{Q_r}{\overline{v}_0}$$

其计算方法是先按上式计算出进口断面面积 F_0，再假定进口断面的半径为 ρ_0、面积为 F_1，求得中心距为

$$a_0=R_a+\sqrt{\rho_0^2-h^2} \tag{2.29}$$

断面面积为

$$F_1=\rho_0^2\left[\frac{\pi}{2}+\arcsin\frac{a_0-R_a}{\rho_0}+\frac{a_0-R_a}{\rho_0}\sqrt{1-\left(\frac{a_0-R_a}{\rho_0}\right)^2}\right] \tag{2.30}$$

当假定断面面积 F_1 与计算的进口断面面积相差不超过 5%时，则把假定的半径 ρ_0 作为进口断面半径，否则继续试算，直至满足要求。

2. 蜗壳其余断面的计算

因为

$$Q_i=K\int_{R_a}^{R_i}\frac{b(r)}{r}\mathrm{d}r=\frac{\varphi_i}{360^\circ}Q_r \tag{2.31}$$

所以

$$\varphi_i=\frac{360^\circ}{Q_r}K\int_{R_a}^{R_i}\frac{b(r)}{r}\mathrm{d}r$$

令

$$C_1=\frac{360^\circ}{Q_r}K\text{，}\ I_i=\int_{R_a}^{R_i}\frac{b(r)}{r}\mathrm{d}r$$

将 $b(r)=2\sqrt{\rho_i^2-(r-a_i)^2}$，$R_i=a_i+\rho_i$ 代入后积分，整理得

$$I_i=a_i\left(\pi+2\arcsin\frac{a_i-R_a}{\rho_i}\right)-\sqrt{a_i^2-\rho_i^2}\left(\pi+2\arcsin\frac{a_i^2-\rho_i^2-a_iR_a}{\rho_iR_a}\right)-2\sqrt{\rho_i^2-(a_i-R_a)^2} \tag{2.32}$$

其中

$$a_i=R_a+\sqrt{\rho_i^2-h_0^2} \tag{2.33}$$

式中：h_0 为连接点至断面水平中心线高度，由座环尺寸系列确定。

按依次减小的进口断面半径 ρ_0，相应假定一系列的 ρ_i 值，由式（2.32）计算相应的 I_i，再求出包角 φ_i，即

$$\varphi_i=C_1I_i$$

式中：常数 C_1 由进口断面确定。

把假定的断面半径 ρ_i 与计算所得的包角 φ_i 值绘制成 $\rho_i=f(\varphi_i)$ 曲线。在蜗壳的分节数确定后，各节的实际包角 φ_i 也就确定了。于是可从 $\rho_i=f(\varphi_i)$ 曲线上查得实际包角相对应的半径 ρ_i，从而可求出 a_i 和 R_i 的值，根据计算结果可绘制蜗壳的各节断面图。

上述计算方法所得的圆形断面，直接与座环上的连接点相交，一般不出现椭圆形断面转换的问题，但在尾部少量几节出现 $\rho_i\leqslant h_0$ 时，可以适当放大断面成半圆形与座环连接，如图 2.16 所示。

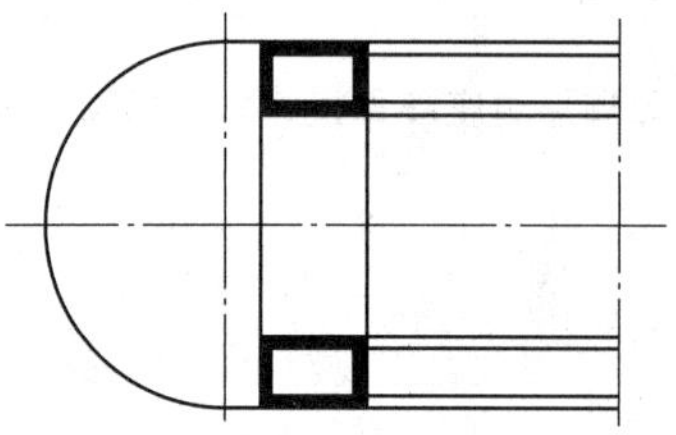

图 2.16　与无蝶形边座环连接的蜗壳尾部断面形状

2.1.3　混凝土蜗壳的水力设计

混凝土蜗壳的水力设计是按速度矩守恒的基本假定进行的，即 $v_u r = k$。由于断面形状为非圆形断面，此时流过任意断面的流量为

$$Q_i = \int_{r_a}^{R_i} \mathrm{d}Q = \int_{r_a}^{R_i} v_u b(r)\mathrm{d}r = k\int_{r_a}^{R_i} \frac{b(r)}{r}\mathrm{d}r \quad (2.34)$$

式中：k 为蜗壳常数；Q 为通过任意断面的流量；R_i 为任意断面半径；r_a 为固定导叶外径；$b(r)$ 为任意断面微元高度；r 为微元至机组中心线半径，如图 2.17 所示。

具体的设计方法如下。

1. 混凝土蜗壳包角的选择

如前所述，一般混凝土蜗壳的包角 φ_0 在 135°～270°范围内，根据国内设计和运行经验，蜗壳包角可按推荐表 2.4 选择。其中包角 135°只有在水工建筑有特殊要求时才采用，一般情况下，常用的最小包角为 180°。

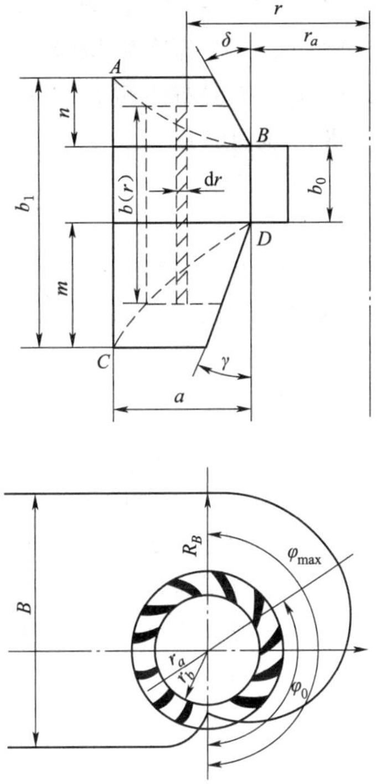

图 2.17　混凝土蜗壳

表 2.4　　混凝土蜗壳包角的取值范围

H/m	φ/(°)
<25	135～225
25～40	225～270

2. 混凝土蜗壳断面形状的选择

混凝土蜗壳断面形状共有四种，各断面形状及相应参数取值范围见表 2.5。

表 2.5　　混凝土蜗壳各断面形状及相应参数取值范围

形　状	平顶Γ形 ($n=0$)	下伸T形 ($m>n$)	对称T形 ($m=n$)	上伸T形 ($m<n$)
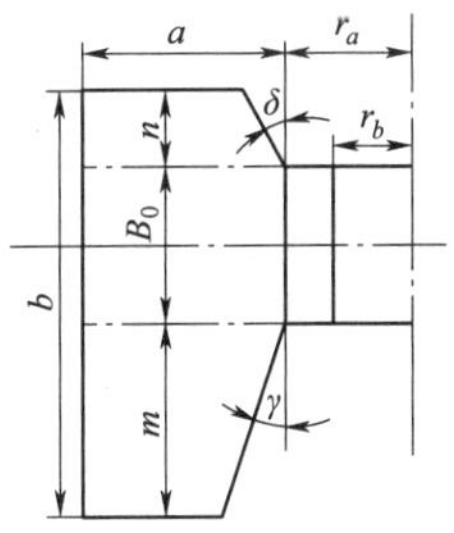	$\frac{b}{a}=1.5\sim1.85$	$\frac{b-n}{a}=1.2\sim1.85$	$\frac{n}{a}=1.2\sim1.7$	$\frac{b-m}{a}=1.2\sim1.85$
	$\frac{b}{a}=\frac{m+n+B_0}{a}\leqslant2.0\sim2.2$			
	$\delta=20°\sim35°$，常用 $\delta=30°$			
	$\gamma=10°\sim15°$	$\gamma=10°\sim20°$	$\gamma=20°\sim35°$	$\gamma=20°\sim30°$

混凝土蜗壳进口断面形状常用的是平顶，即 $n=0$ 形。采用这种断面形状可以减小水下部分混凝土体积，有利于导水机构接力器或其他辅助设备的布置。当水电站水下部分用作泄水道或希望减少开挖时才采用 T 形断面，甚至采用 $m=0$ 的平底断面。

蜗壳的横向总宽度 B 可根据不同的蜗壳包角按表 2.6 选择。

表 2.6　　　**混凝土蜗壳的横向总宽度 B**

φ_0	$\varphi_0 \leqslant 180^\circ$	$\varphi_0 = 200^\circ \sim 225^\circ$	$\varphi_0 > 225^\circ$
B	$B=R_B+0.95D_1$	$B=R_B+1.1D_1$	按具体条件确定

3. 混凝土蜗壳水力设计计算

常用的方法有图解积分法和数值解法。这里介绍一种比较完善的数值解法，它可以准确地一次求出混凝土蜗壳的水力单线图。关于图解积分法可参阅有关设计手册及教材。

进口断面流量为

$$Q_0 = k\int_{r_a}^{R_0} \frac{b(r)}{r}\mathrm{d}r = \frac{\varphi_0}{360^\circ}Q_r \tag{2.35}$$

任意断面流量为

$$Q_i = k\int_{r_a}^{R_i} \frac{b(r)}{r}\mathrm{d}r = \frac{\varphi_i}{360^\circ}Q_r \tag{2.36}$$

且进口断面上：

$$\frac{\varphi_0}{360^\circ}\frac{Q_r}{k_v\sqrt{H_r}} = ab - \frac{1}{2}(n^2\tan\delta + m^2\tan\gamma) + B_0(r_a - r_b) \tag{2.37}$$

式中：k_v 为蜗壳流速系数，$k_v = 0.8 \sim 1.0$。

对于中间断面，变化规律有两种：一种是直线分布规律；另一种是抛物线分布规律。

(1) 当为直线分布规律变化时：

$$m_i = m\frac{a_i}{a}$$

$$n_i = n\frac{a_i}{a}$$

故

$$\varphi_i = \frac{360^\circ}{Q_r}k\left[B_0\ln\frac{a_i+r_a}{r_b} + n\frac{a_i}{a}\ln\frac{a_i+r_a}{r_a+n\dfrac{a_i}{a}\tan\delta} + m\frac{a_i}{a}\ln\frac{a_i+r_a}{r_a+m\dfrac{a_i}{a}\tan\gamma}\right.$$
$$\left. - r_a\ln\left(1+m\frac{a_i/a}{r_a}\tan\gamma\right)\cot\gamma - r_a\ln\left(1+n\frac{a_i/a}{r_a}\tan\delta\right)\cot\delta + m\frac{a_i}{a} + n\frac{a_i}{a}\right] \tag{2.38}$$

(2) 当为抛物线分布规律变化时：

$$m_i = m\left(1-\sqrt{1-\frac{a_i}{a}}\right)$$

$$n_i = n\left(1-\sqrt{1-\frac{a_i}{a}}\right)$$

故

$$\varphi_i = \frac{360^\circ}{Q_r}k\left[B_0\ln\frac{a_i+r_a}{r_b} + m_i\ln\frac{a_i+r_a}{r_a+m_i\tan\gamma} + n_i\ln\frac{a_i+r_a}{r_a+n_i\tan\delta}\right.$$
$$\left. - r_a\ln\left(1+\frac{m_i}{r_a}\tan\gamma\right)\cot\gamma - r_a\ln\left(1+\frac{n_i}{r_a}\tan\delta\right)\cot\delta + m_i + n_i\right] \tag{2.39}$$

其中

$$k=v_u r$$

$$r_a+a_i=R_i$$

式中：r_a、r_b 为座环固定导叶的进、出口边半径；R_i 为任意中间断面的最大外侧半径。

（3）在 a_i 的变化范围，即 $a_i=0\sim a$ 内任取若干个点，计算出相应断面的 φ_i、R_i，从而绘制出 φ_i-a_i 曲线及 φ_i-R_i 曲线，即可得到蜗壳的平面图和水力单线图，如图 2.18 所示。

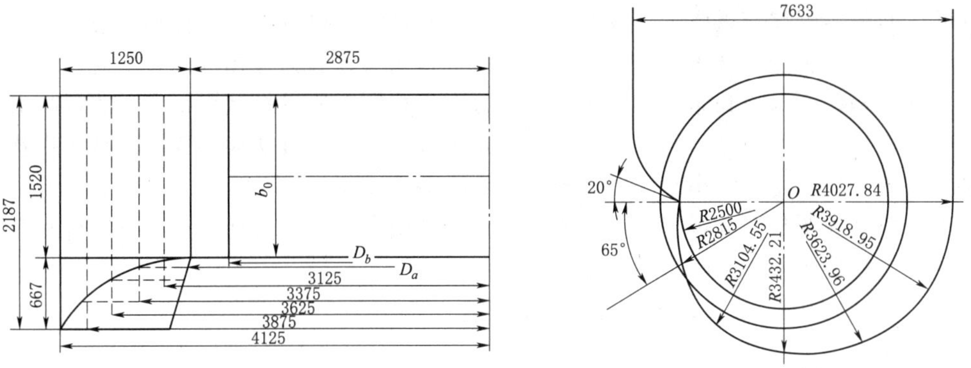

（a）平面图　　（b）水力单线图

图 2.18　混凝土蜗壳的平面图和水力单线图

2.2　座环结构与固定导叶的水力设计

2.2.1　座环结构

座环是反击式水轮机的基础部件，除了承受水压力作用外，还承受整个机组和机组段混凝土的重量，因此座环在结构上要求有足够的强度和刚度。

座环的基本结构由上环、下环和固定导叶组成。

整体铸造蜗壳的座环是和蜗壳做成整体，座环也就是蜗壳的一部分。焊接蜗壳的座环可分为两种形式：一种是带蝶形边的座环，蝶形边锥角一般取 55°，这是常用的一种座环，如图 2.19 所示，可以是铸造结构、铸焊结构或全焊结构；另一种是无蝶形边的座环，适用于钢板焊接结构，如图 2.20 所示，其特点是上下环为箱形结构，刚度良好，与蜗壳连接点远离支柱中心，改善了受力状况。上下环外圆焊有圆形导流板，改善座环进口的绕流条件。试验表明，不带蝶形边的座环其水力性能与带蝶形边的没有明显差别。

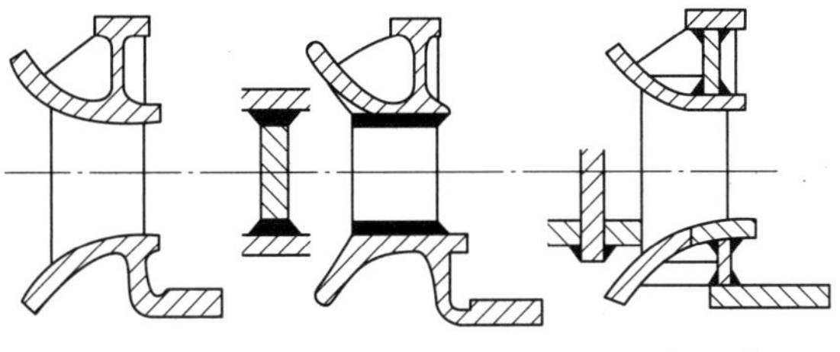

（a）铸造结构　　（b）铸焊结构　　（c）全焊结构

图 2.19　带蝶形边的座环

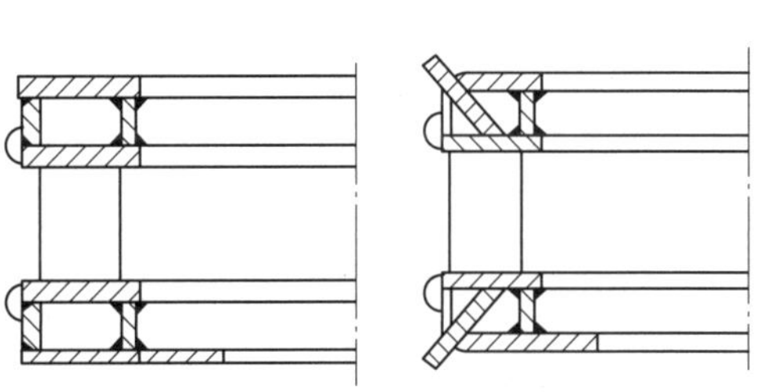

图 2.20　无蝶形边的座环

座环的尺寸与转轮型号、直径、结构形式等有关。其固定导叶的形状又取决于水力和强度计算，所以影响座环尺寸的因素很多，不可能完全统一，但是在进行初步设计时可以选用制造厂家推荐的尺寸系列。

2.2.2　固定导叶的水力计算

固定导叶是支承座环、传递轴向载荷的支柱，又是过流表面，所以必须有足够的强度和刚度，同时应有良好的水力性能。对于大型特别是高水头水轮机，蜗壳、固定导叶和活动导叶之间的匹配比较重要，三者匹配得当将会降低水轮机各引水部件的水力损失。

通常，完全蜗壳（金属蜗壳）各固定导叶进口角可以认为是相等的，不完全蜗壳（混凝土蜗壳）蜗状引水室和非蜗状引水室流速分布不相同，所以蜗状引水室和非蜗状引水室固定导叶进口角也不相等。蜗状引水室各固定导叶进口角也可认为相等，但是非蜗状引水室各固定导叶进口角的大小则和固定导叶位置有关。

下面分别介绍与完全蜗壳（金属蜗壳）连接的固定导叶水力计算和与不完全蜗壳（混凝土蜗壳）连接的固定导叶水力计算。

2.2.2.1　与完全蜗壳连接的固定导叶水力计算

1. 固定导叶断面形状

（1）认为固定导叶不改变水流的环量，其骨线为对数螺旋线，并以蜗壳水流出口角为螺旋角。其计算公式为

$$r=R_b e^{m\alpha\theta} \tag{2.40}$$

式中：θ 为固定导叶的包角，rad；r 为与包角对应的半径，m；R_b 为固定导叶内切圆半径，m；m 为蜗壳水流出口角的正切函数，即 $m=\tan\alpha$；α 为蜗壳水流出口角，(°)。

由式（2.40）可知，当 $\theta=0°$时，$r=R_b$；当 θ 为某一角度时，可以求得与之对应的 r 值，这样便可绘制固定导叶骨线，再按强度要求加厚成流线型断面（图 2.21）。

（2）认为固定导叶改变水流的环量。为此将蜗壳水流的出水角作为固定导叶进口角，而固定导叶出口角取成和活动导叶处于最大和最优开口之间时的进口角 α_{op}，即 $\alpha_1=\alpha$；$\alpha_0=\alpha_{op}$（角度关系参见图 2.22），在导叶进、出口角之间用切圆绘出骨线，然后按强度要求加厚成流线型断面。这是目前常用的设计方法。

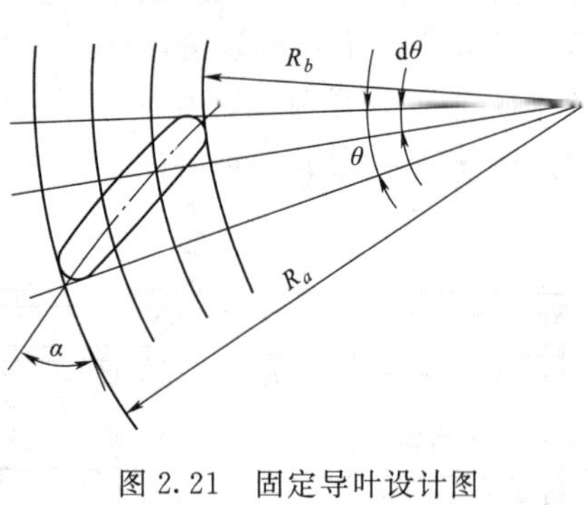

图 2.21　固定导叶设计图

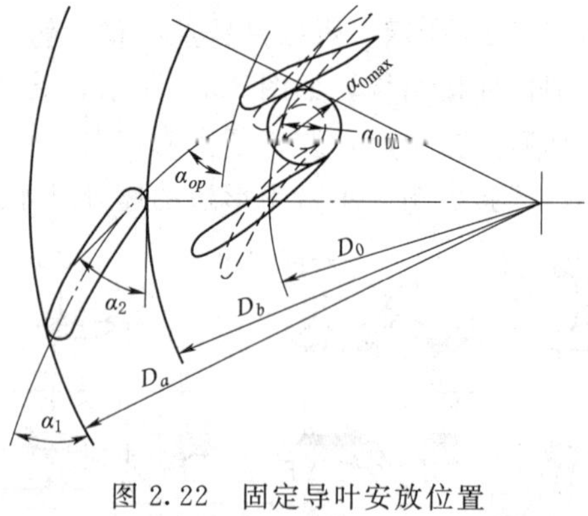

图 2.22　固定导叶安放位置

2. 固定导叶安放位置

按对数螺旋线绘制的固定导叶的出口端位置大致对准活动导叶处于最大和最优开口之

间的进口端，自此起沿圆周均布。按蜗壳水流出口角作为固定导叶进口角的设计方法中，固定导叶进口端位置按固定导叶的强度条件与进、出口角形成的骨线形状具体确定。与蜗壳尾部连接的固定导叶形状和位置主要服从尾部结构，使尾部有较好的流线，允许与水力计算结果有所差异。

3. 固定导叶数

固定导叶数一般为活动导叶数的一半或数量相等，并沿圆周均布；有时也按等强度原则，在蜗壳进口处增加固定导叶数，后部则相应减少，这对减薄固定导叶厚度和改善上下环应力有一定意义。

2.2.2.2 与不完全蜗壳连接的固定导叶水力计算

因为混凝土蜗壳由蜗形和非蜗形两部分组成，所以这两部分固定导叶也不相同，其中蜗形部分的固定导叶的叶形设计、安放位置和数量的确定方法与上述金属蜗壳座环设计方法相同，非蜗形部分可按后述方法进行设计。如图2.23所示，A 点为进入蜗形部分的第一个固定导叶，它的进水角和出水角与蜗形部分其他的固定导叶相同。B 点位于蜗壳尾部，该固定导叶的形状由水电站布置和蜗壳水力计算确定。其进水角 α_b 取决于绝对速度的方向，也与该点所具有的蜗壳形状有关。当其绝对速度或其圆周方向的切向速度 v_u 的方向与转轮旋转方向一致时，α_b 为正，反之为负。

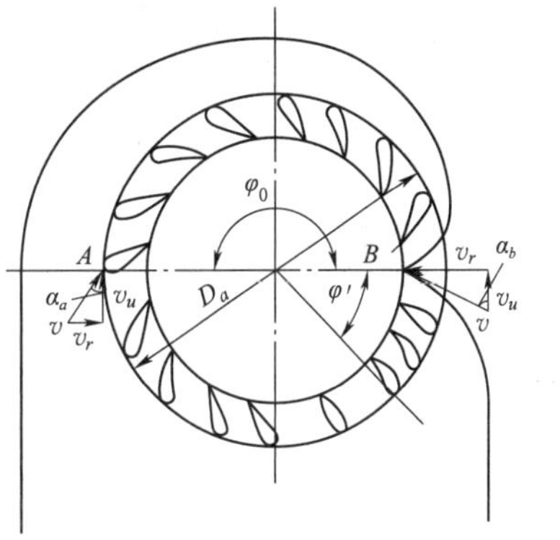

图 2.23　非蜗形部分固定导叶计算

除了上述两个固定导叶外，非蜗形部分其余固定导叶的形状、数量和分布位置可按下面方法设计。

1. 进水角度的确定

设蜗壳包角为 φ，则非蜗形部分包角 $\varphi_1=360°-\varphi$，在此角度范围内各固定导叶进口角以直线规律变化，即

$$a_1\varphi_1+b_1=\cot\alpha \tag{2.41}$$

其中

$$\cot\alpha=\frac{v_u}{v_r}$$

式中：a_1、b_1 为定值系数。

对于 A 点：

$$\varphi_1=\varphi,\quad \alpha=\alpha_a$$

$$a_1=\frac{\cot\alpha_a-\cot\alpha_b}{\varphi_1}$$

对于 B 点：

$$\varphi_1=0°,\quad \alpha=\alpha_b\text{(注意正负号)}$$

$$\cot\alpha=\cot\alpha_b=b_1$$

代入式（2.41）得

$$\cot\alpha_n=\frac{\cot\alpha_a-\cot\alpha_b}{\varphi_1}\varphi_n+\cot\alpha_b \tag{2.42}$$

式中：φ_n 为非蜗形部分每一固定导叶进口角，(°)，由 B 点开始算起。

每个固定导叶进口角可列成表 2.7 进行计算。计算所得的各个 α_n 中，根据有关文献介绍，尾部的几个固定导叶进口角 α_n 可适当放大，使固定导叶的形状更适合水流流动情况。

表 2.7　　固定导叶进口角的计算

固定导叶编号	φ_n	$\dfrac{\cot\alpha_a-\cot\alpha_b}{\varphi_1}$	$\cot\alpha_b$	$\cot\alpha_n$	α_n

2. 出口角度的确定

非蜗形部分固定导叶的出口角度与蜗形部分相同，其设计方法与金属蜗壳座环相同。即采用对数螺旋线计算方法决定出口角，或把出口角度取成与活动导叶最大开口与最优开口之间的进口角相同。

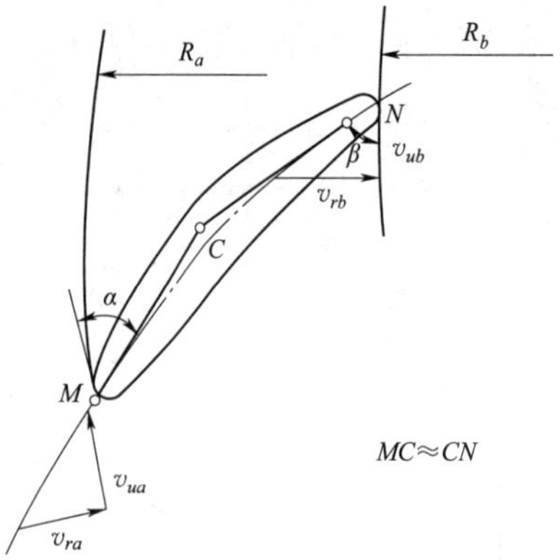

图 2.24　固定导叶骨线的绘制

3. 固定导叶的骨线绘制

确定进口角与出口角后，可参照图 2.24 绘制固定导叶的骨线，再按强度要求加厚成流线型叶形。

4. 固定导叶数量和分布位置选择

固定导叶的数量应考虑水力和强度的需要。一般靠近尾部 90°象限内，因要求水流有较大的扭曲，而且叶形长度较短，应力较高，常常采用和活动导叶数相同的布置，而其余部分则为活动导叶的一半。

2.2.2.3　包角为 180°的混凝土蜗壳非蜗形部分固定导叶进口角推荐值

对包角为 180°的混凝土蜗壳，国外曾进行流速场的测定，其非蜗形部分固定导叶前的流速方向如图 2.25 所示。实测结果与现行计算数值有若干差异，现行计算的进口角偏

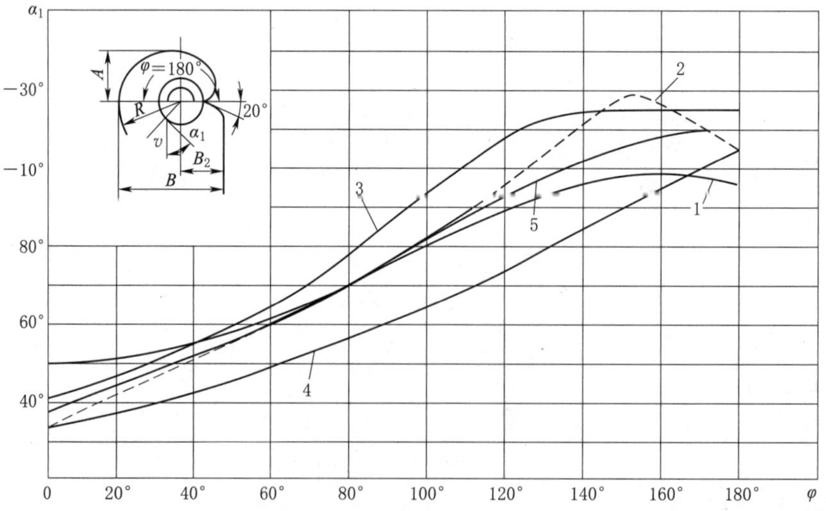

图 2.25　$\varphi=180°$混凝土蜗壳非蜗形部分的流速分布

1、2、3—实测曲线；4—现行计算曲线；5—推荐曲线

小，实测结果表明，沿圆周方向固定导叶前进口角的不同变化与蜗壳参数（如 φ_1、B、A 和 B_0 等）有关。对于一般蜗壳，当 $\varphi_1=60°$时，水流基本上保持其来流方向；当 $\varphi_1=120°$时，固定导叶前的水流趋于径向。

为此，对包角为 180°的混凝土蜗壳，其非蜗形部分固定导叶的进口角建议按图 2.25 推荐的曲线 5 取值，具体数值见表 2.8。

表 2.8　$\varphi=180°$混凝土蜗壳非蜗形部分固定导叶进口角推荐值　　单位：(°)

包角 φ	0	30	60	90	105	120	135	150	165	180
固定导叶进口角	≈40	50	60	75	85	92.5 (−87.5)	100 (−10)	30 (−15)	30 (−20)	30 (−20)

当 $\varphi_1=0°$时，如前所述 $\alpha_1=\alpha_a$ 决定于蜗壳常数 k，一般 $\alpha_0\approx40°$；当 $\varphi=180°$时，$\alpha_1=\alpha_b$ 决定于蜗壳尾部的结构，与水电站的水工建筑有关，一般 $\alpha_b\approx-70°$。

2.3　尾水管设计

2.3.1　尾水管的作用和类型

1. 尾水管的作用

尾水管是反击式水轮机特有的部件，水斗式水轮机无尾水管。尾水管的性能直接影响水轮机的能量指标。反击式水轮机尾水管的主要作用是：①将从水轮机转轮流出的液流引向下游；②利用下游水面至转轮出口处的高程差，形成转轮出口处的静力真空（如果转轮安装在下游水位以下，则该作用不存在）；③回收转轮出口处的部分动能，并将其转换为转轮出口处的动力真空。

2. 尾水管的基本类型

(1) 直锥形尾水管。当尾水管的轴线为直线时，称为直锥形尾水管。这是一种最简单的扩散形尾水管。因为在直锥形尾水管内部水流流速均匀，水力损失较小，恢复系数 η_w 比较高，一般可以达到 83%以上，多用于小型立式机组（转轮直径 D_1 为 0.5～0.8m）。对于大型水电站，如果采用直锥形尾水管，将会带来巨大的基础开挖工作量，非常不经济，有时甚至是不可能的。

(2) 弯肘形尾水管。为了减少基础开挖量，大型水电站中的水轮机尾水管通常采用弯肘形尾水管，弯肘形尾水管的中心线有 90°或接近 90°的转弯。目前应用最广泛的如图 2.26 所示的弯肘形尾水管由三部分组成：进口锥管、肘管和出口扩散管。进口锥管是一个竖直安放的圆锥扩散管；肘管大致是一个 90°的弯管，其进口断面为圆形，出口断面为矩形，以混凝土肘管（图 2.27）为例，肘管由圆环面 A、斜圆锥面 B、斜平面 C、水平圆柱面 D、垂直圆柱面 E、水平面 F、垂直面 G 以及底部水平面 H 所组成，显然肘管的形状比较复杂；出口扩散管是一个水平放置的扩散管，扩散管的进、出口断面均为矩形，但出口断面的矩形面积大于进口断面的矩形面积。这种尾水管尽管水力性能不如直锥形尾水管，恢复系数为 0.6～0.75，大约比直锥形尾水管的恢复系数小 10%，但因其挖深小，可以降低水电站造价，故在大多数立式反击式水轮机中普遍适用。

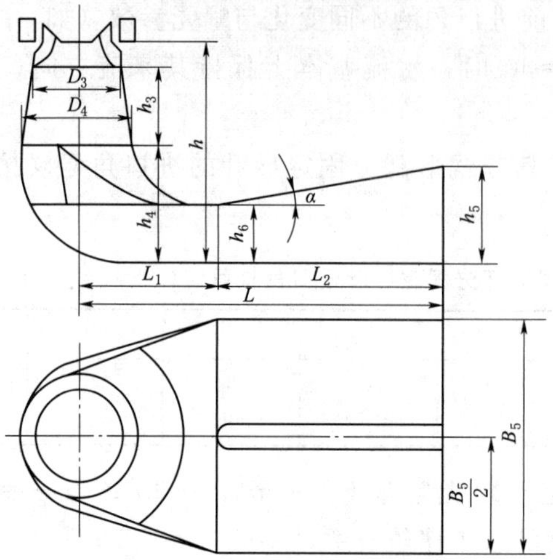

图 2.26　弯肘形尾水管

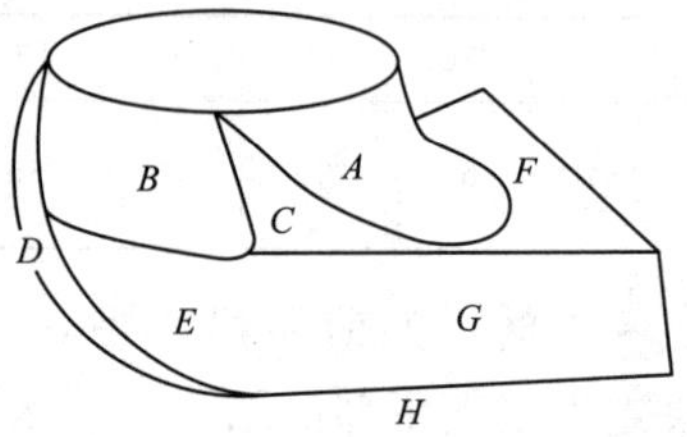

图 2.27　弯肘形尾水管的肘管

2.3.2　尾水管的特性

由于尾水管能够回收部分水流能量，能够影响水轮机的效率（特别是高比转速水轮机），另外尾水管中水流状态对机组运行的稳定性也有很大影响，因此，设计时需要仔细研究尾水管的结构，并分析其水流运动特点。

1. 直锥形尾水管中的水流运动

为讨论问题方便，首先假定转轮出口水流为均匀轴向流动，此时直锥形尾水管中的水流运动与水力学中直锥形扩散管的情况一样，尾水管的扩散角和长度对水流流态有较大影响。

当水流进入直锥形扩散管后，沿水流流动方向的管路中的过水断面逐渐增大，水流流速下降，压力升高，压力增高对水流流动产生阻滞作用；另外，由于水流的黏性，靠近管壁处的流速小，而管路中间的流速大，这种差异达到一定程度后，在管壁处将出现回流，如图 2.28 所示。

以下分析直锥形尾水管（图 2.29）内的水力损失。仍假设在尾水管中的水流为轴向流动，并沿过水断面各点的流速均匀分布。

尾水管内总的水力损失 h_w 应为沿程摩擦损失 h_1 和扩散损失 h_2 之和。首先分析沿程摩擦损失 h_1。为了计算 h_1，在图 2.29 中取一段长度为 dx 的微元管段，摩擦损失为 dh_1，根据水力学理论，其微元摩擦损失为

$$dh_1=\lambda\frac{1}{D}\frac{v^2}{2g}dx$$

全管总摩擦损失为

$$h_1=\int_0^L\lambda\frac{1}{D}\frac{v^2}{2g}dx \tag{2.43}$$

根据前面的假设和图 2.29 的几何关系，可得到

$$v=\frac{Q}{F}=\frac{4Q}{\pi D^2}$$

$$D=D_2+2x\tan\frac{\theta}{2}$$

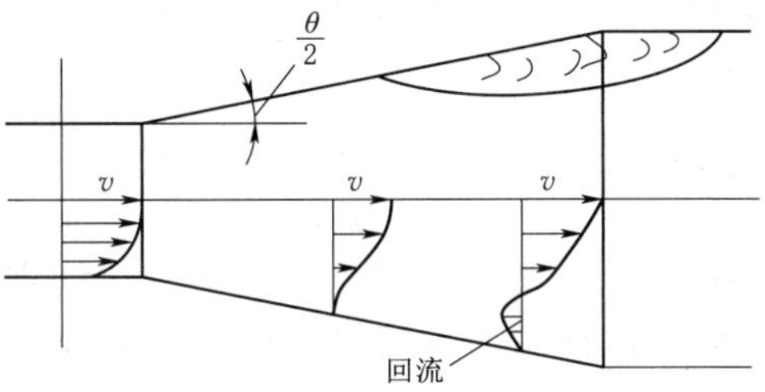

图 2.28 直锥形扩散管中的水流运动情况

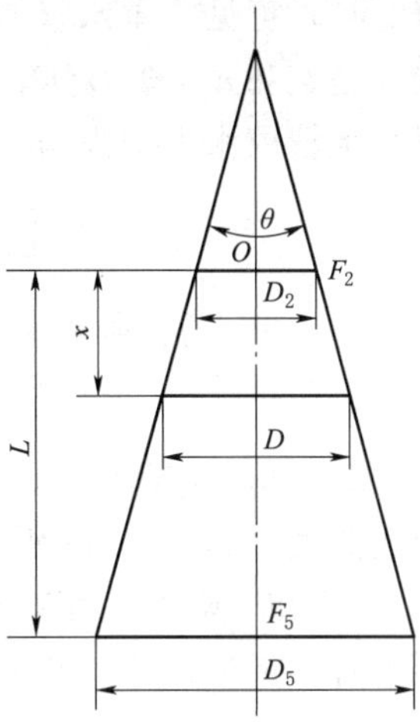

图 2.29 直锥形尾水管

将 v、D 值代入式（2.43），并认为 λ 是常数，积分后，得到

$$h_1=\frac{\lambda Q^2}{g\pi^2 D_2^4\tan\dfrac{\theta}{2}}\left[1-\frac{1}{\left(1+2\dfrac{L}{D_2}\tan\dfrac{\theta}{2}\right)^4}\right]=\frac{\lambda}{8\tan\dfrac{\theta}{2}}\frac{v_2^2-v_5^2}{2g} \tag{2.44}$$

式中：L 为直锥形尾水管总长；θ 为直锥形尾水管锥角；D_2 为直锥形尾水管进口直径。

下面分析扩散损失 h_2。根据试验数据，当锥角 $\theta=0°\sim40°$时，其扩散损失可按以下经验公式计算：

$$h_2=3.2\left(\tan\frac{\theta}{2}\right)^{1.25}\frac{(v_2^2-v_5^2)^2}{2g} \tag{2.45}$$

于是直锥形尾水管中总的水力损失为

$$h_w=\frac{\lambda}{8\tan\dfrac{\theta}{2}}\frac{v_2^2-v_5^2}{2g}+3.2\left(\tan\frac{\theta}{2}\right)^{1.25}\frac{(v_2^2-v_5^2)^2}{2g}$$

将上式代入尾水管恢复系数 η_w 的表达式，得

$$\eta_w=\frac{\dfrac{v_2^2}{2g}-\left(h_w+\dfrac{v_2^2}{2g}\right)}{\dfrac{v_2^2}{2g}} \tag{2.46}$$

并令

$$\frac{v_5}{v_2}=\left(\frac{D_2}{D_5}\right)^2=\frac{1}{\left(1+2\dfrac{L}{D_2}\tan\dfrac{\theta}{2}\right)^2}=n$$

得到直锥形尾水管的恢复系数为

$$\eta_w=1-\left[\frac{\lambda}{8\tan\dfrac{\theta}{2}}(1-n^2)+3.2\left(\tan\frac{\theta}{2}\right)^{1.25}(1-n^2)+n^2\right] \tag{2.47}$$

由式 (2.47) 可见，尾水管的恢复系数与尾水管的绝对尺寸无关，而仅取决于尾水管的几何形状，是 θ 和 n (即 L/D_2) 的函数。

直锥形尾水管内水力损失与出口动能损失之和为

$$\xi=(1-\eta_w)\frac{v_2^2}{2g}$$

因此 $(1-\eta_w)$ 即为直锥形尾水管的总阻力系数或总摩阻系数，记作

$$\xi^*=1-\eta_w$$

利用式 (2.47)，并设 $\lambda=0.015$，$L/D_2=3$，可以计算出不同 θ 角下的总摩阻系数。计算结果绘成曲线，如图 2.30 所示。

由图 2.30 可知，对每一相对管长 L/D_2 都有对应于相对损失为最小的锥角 θ。在此锥角下，尾水管的损失最小，恢复系数最大，将此锥角称为最优锥角。当 $L/D_2=3$ 时，对应的最优锥角 $\theta=13°\sim14°$。

同理，若给出一系列的相对管长 L/D_2 值，可求得各相对管长下的最大恢复系数 η_w 值对应的最优锥角 θ 值，如图 2.31 所示。

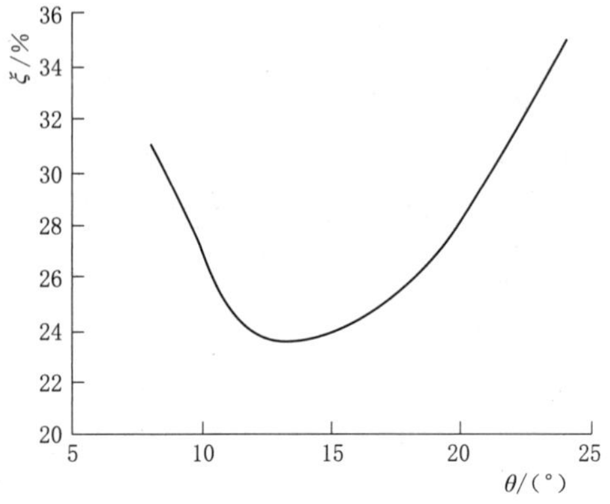

图 2.30　当 $L/D_2=3$，直锥形尾水管中的水力损失与锥角的关系

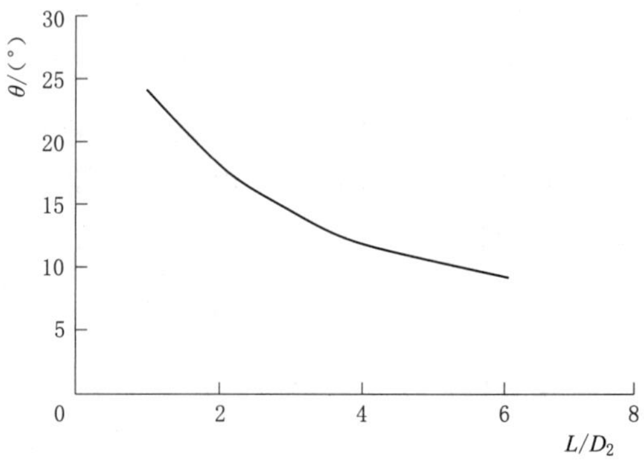

图 2.31　不同相对管长直锥形尾水管的最大恢复系数值对应的最优锥角

以上分析的是当水流为轴向流动并沿过水断面为均匀分布时的水力损失情况，实际水轮机在大部分运行工况下，水流并非完全轴向流动，而且有某种程度的旋转，即存在有圆周速度分量 v_u。同时沿过水断面的流速分布也是不均匀的，这样，尾水管中实际的水力损失与按上述假设推出的结果有所不同。

对直锥形尾水管的试验表明，尾水管进口断面的水流旋转程度对尾水管的恢复系数有很大影响。当水流为轴向流动时，尾水管恢复系数并非最大，只有当水流有微小正环量而旋转时，尾水管恢复系数才达到最大，其原因是微小正环量所产生的离心力将阻止和减少水流在边壁的脱流现象，从而提高恢复系数。

尾水管进口动能由水流轴向运动动能和圆周方向动能组成，即 $\frac{v_2^2}{2g}=\frac{v_{m2}^2}{2g}+\frac{v_{u2}^2}{2g}$。旋转形式的动能 $\frac{v_{u2}^2}{2g}$ 比轴向运动动能 $\frac{v_{m2}^2}{2g}$ 更难以被尾水管的扩散所回收，因此降低了恢复

系数。

若正向旋转分量再增加，那么强烈旋转的水流就会在尾水管中形成涡带，产生空腔空蚀和压力脉动，使尾水管甚至整个机组产生振动。当尾水管进口产生反向旋转分量时，不管其值大小如何，均会引起尾水管中的水流撞击，进而增加尾水管中的水力损失。

2. 弯肘形尾水管中的水流运动

在弯肘形尾水管中水流由转轮流出后首先进入直锥管，然后进入肘管，并在肘管中改变流向。水流流经弯曲部分时，流场发生变化，压强沿离开曲率中心的方向增大而流速则相对降低（图 2.32），亦即水流由直锥段进入肘管段转变时，靠近管外壁压力增大（$P_1>P$），流速降低，而管内壁则压力减小（$P_1<P$），流速增大，因此，管内壁水流收缩而管外壁水流扩散，形成涡流滞水区 2，水流从肘管段流入水平扩散段时，由于离心力的作用逐渐消失，断面压力分布又趋于均匀，原来在弯管段内具有较高压力的水流进入水平扩散段时压力要降低，水流加速而且有收缩趋势，靠近管内壁原来压力较低、流速较高的水流在进入水平扩散段后，压力增高而流速降低，使水流呈扩散趋势形成另一个涡流滞水区 1。除上述滞水区外，大多数运行工况下，在直锥段和肘管段中还存在一种螺旋形运动的水流，这种形态的水流一直到扩散段才会逐渐消失。

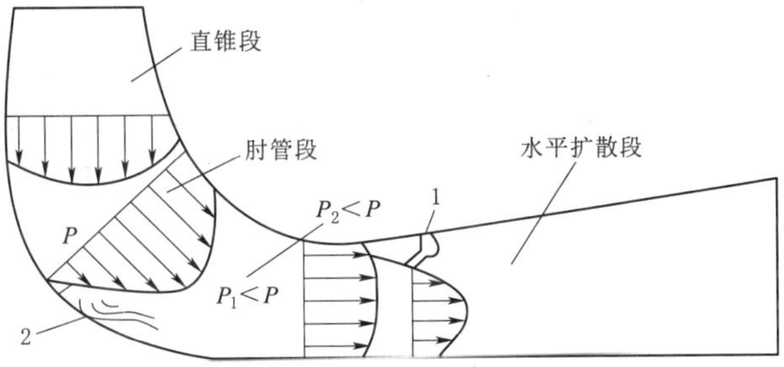

图 2.32　弯肘形尾水管内的流速分布

肘管段处于水流转弯位置，其内部水流的不均匀程度加剧，水流紊乱，故其内部水力损失很大，必须特别注意设计肘管的形状和沿轴心线的扩散规律。转弯处的曲率半径 r_1 和 r_2（图 2.33）对肘管水力损失产生重要影响。曲率半径越小则产生的离心力越大，压力梯度也越大，水力损失就越大。此外，肘管的进、出口断面面积 F_1、F_2，以及两断面间沿轴心线的肘管对弯肘形尾水管的性能影响最大而且形状很复杂，难以用理论详细计算，必须经过模型试验才能确定性能优良的肘管。根据长期实践经验，一般推荐使用定型的肘管。扩散规律对肘管中的水力损失影响也很大。

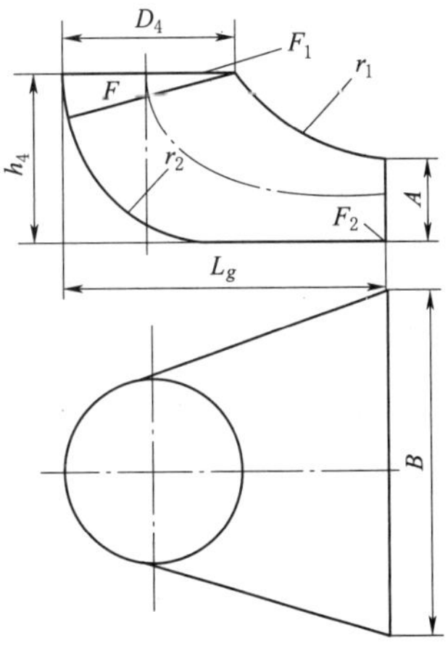

图 2.33　肘管示意

由于尾水管出口流速的不均匀性，出口动能损失值大于按平均流速计算所得的值，若实际出口动能损失为 h_5，则 $h_5=\alpha\dfrac{v_5^2}{2g}$。其中 α 为出口动能损失的校正值，直锥形尾

水管的 $\alpha=1.3\sim1.5$，转桨式水轮机的 $\alpha=1.5\sim2.5$，混流式及轴流定桨式水轮机的 $\alpha=3\sim7$。水平扩散段加支墩后使水流均匀，可使 α 值降低 20%～30%。

2.3.3 尾水管的水力设计

在设计尾水管时，首先要根据机组和水电站的具体条件来确定和选择尾水管。目前，在小型水轮机上多采用圆形断面的直锥形尾水管，而对于大型立式水力发电机组，由于土建投资占水电站总投资的比例很大，为了尽量降低水下开挖量和混凝土浇筑量，往往选用弯肘形尾水管。

1. 直锥形尾水管的设计

由于直锥形尾水管结构简单，设计时一般按下列步骤进行。

（1）根据经验公式，确定尾水管的出口流速 v_5，即

$$v_5=0.008H+1.2$$

（2）确定尾水管出口断面面积 F_5 和直径 D_5，即

$$F_5=\frac{Q}{v_5},\ D_5=\sqrt{\frac{\pi}{4}\frac{Q}{v_5}}=0.886\sqrt{\frac{Q}{v_5}}$$

（3）确定锥角 θ 和管长 L。根据扩散管中水力损失最小的原则，一般选锥角 $\theta=12^\circ\sim16^\circ$，管长 L 可由进口断面面积 $F_2(D_2)$ 和出口断面面积 $F_5(D_5)$ 以及锥角 θ 算出。

（4）决定排水渠道的尺寸。为保证尾水管出口水流畅通，排水渠道必须有足够的尺寸，对于立式小型水轮机，可参考图 2.34 进行设计。先根据当地的具体条件，按 $h/D_5=0.6\sim1.0$ 确定 h 值，然后再根据图 2.35 中的曲线，由 h/D_5 查出 b/D_5，从而计算出 b 值，取 $c=0.85b$。

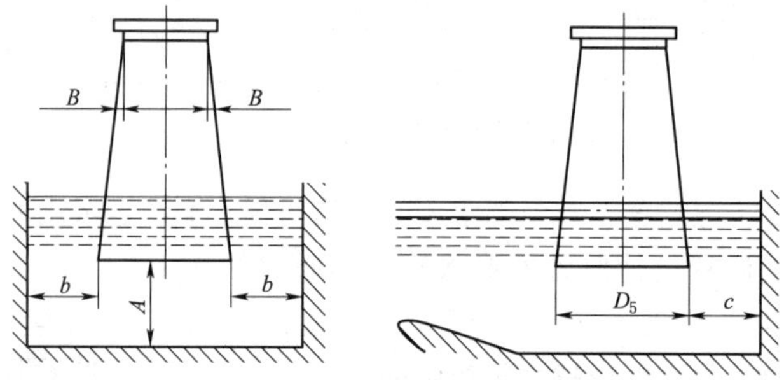

图 2.34 排水渠道断面

2. 弯肘形尾水管的设计

弯肘形尾水管的几何形状比直锥形尾水管复杂，整个尾水管由不同形状的断面组合而成。弯肘形尾水管的设计就是根据水电站机组的具体条件选择尾水管各部分几何参数的尺寸，这些几何参数的选择原则使设计出的尾水管要有较高的综合经济指标。一方面要求尾水管有较高的能量指标，即恢复系数要大，这样会给水电站带来长期的经济效益；另一方面又要求土建工程量小，即减少水电站建设的一次性投资。而这两种要求往往是矛盾的，例如为了提高尾水管的恢复系数，应增加尾水管高度 h，但 h 的增加将会带来水电站开挖量及混凝土浇筑量的增加，因此在选择设计弯肘形尾水管时应综合考虑各方面的因素。

弯肘形尾水管的性能主要受以下几个几何参数影响。

(1) 尾水管高度 h（或相对高度 h/D_1）。尾水管高度 h 是指水轮机导水机构底环平面至尾水管底板平面之间的距离（图 2.36），高度 h 越大，直锥段的长度可以取大一些，因而降低其出口即肘管段进口及其后部流道的流速，这对降低肘管中的损失较有利，尾水管高度变化对水轮机的效率特别是在大流量情况下影响很显著。

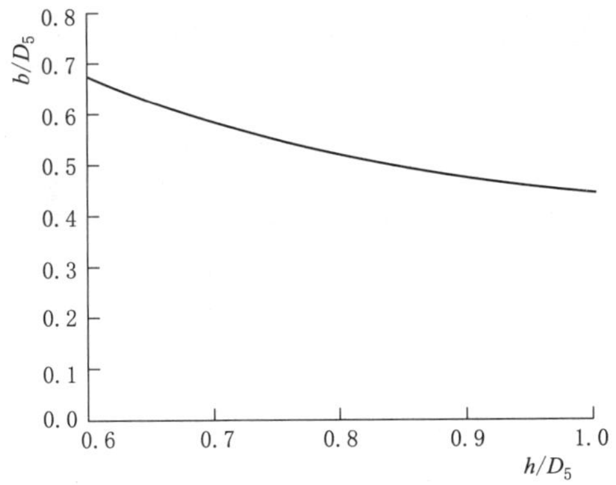

图 2.35 排水渠道尺寸选择曲线

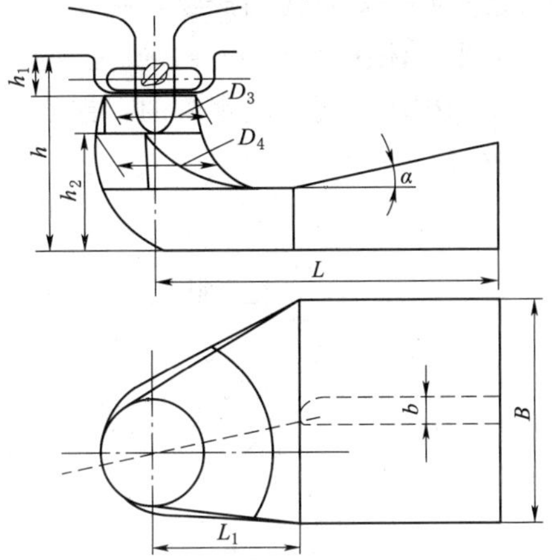

图 2.36 弯肘形尾水管

尾水管高度对水轮机的运行稳定性影响很大，特别是混流转桨式水轮机因叶片角度不能调整而容易产生偏心涡带及振动。实践及研究表明，采用较大的深度可改善尾水管偏心涡带所引起的振动，因此常常需要限制尾水管高度的最小值。

但是，尾水管高度又是影响工程量的最直接的一个因素。水下部分的开挖和施工常常很困难而且牵涉面较广，甚至因地质条件的限制而要求尾水管设计必须小于某一数值，出现施工与运行之间的矛盾。

设计一般类型水电站水轮机尾水管时，可参考以下数据：对转轮进口直径 D_1 小于转轮出口直径 D_2 的混流式水轮机取 $h \geqslant 2.6D_1$；对轴流转桨式水轮机取 $h \geqslant 2.3D_1$。在某些情况下必须要求降低尾水管深度时则前者取 $h_{min} \leqslant 2.3D_1$，后者取 $h_{min} \leqslant 2.0D_1$。对转轮直径 $D_1 > D_2$ 的高水头混流式水轮机则可取 $h \geqslant 2.2D_1$。

最新研究成果表明，在尾水管的各种控制几何参数中，最重要的是高度，它直接影响直锥管的锥角和弯肘管的设计。尾水管各断面的宽度和高度的合理匹配有利于提高其水力性能。在保证尾水管有良好面积变化规律的前提下，可以适当调整包括宽度在内的其他参数，以达到尾水管性能最优的目的。

对直锥管而言，当高度增加后，锥角减小，管内流动条件将有所改善。在同样的位置，水流压力脉动半径将减小，在同样的来流条件下，其压力脉动幅值将变小。相反，当高度较小时，为了保证尾水管内水流动能的回收，锥管锥角必将变大，水流易发生脱流现象，使压力脉动幅值变大，效率下降。

在肘管中，内壁的曲率半径越大，即过渡半径越小，则水流越容易分离，涡流就越强烈，只有适当地减小曲率半径，即增大内壁圆弧半径，使其型线变化平缓，才能有效地防止水流脱流，减小水流阻力，提高尾水管的效率。而要想增大肘管内壁圆半径，就必须提高肘管高度，只有当整个尾水管高度提高后，才能使肘管高度得到保障。因此，适当提高尾水管高度将有利于肘管的设计。

（2）肘管形式。肘管形式十分复杂，它对整个尾水管的性能影响很大，以前所建的水电站中，一般选用定型的标准混凝土肘管，如图 2.37 所示，这种标准混凝土肘管是苏联于 20 世纪 50—60 年代的产物，图 2.37 中的各线性尺寸列于表 2.9 中。此外，当尾水管中水流的平均流速大于 6m/s，或是水流中的含沙量比较多的时候，为了防止水流对混凝土的冲刷和破坏，要在尾水管的直锥段铺设金属里衬。当工作水头高于 200m 时，还要采用金属肘管。

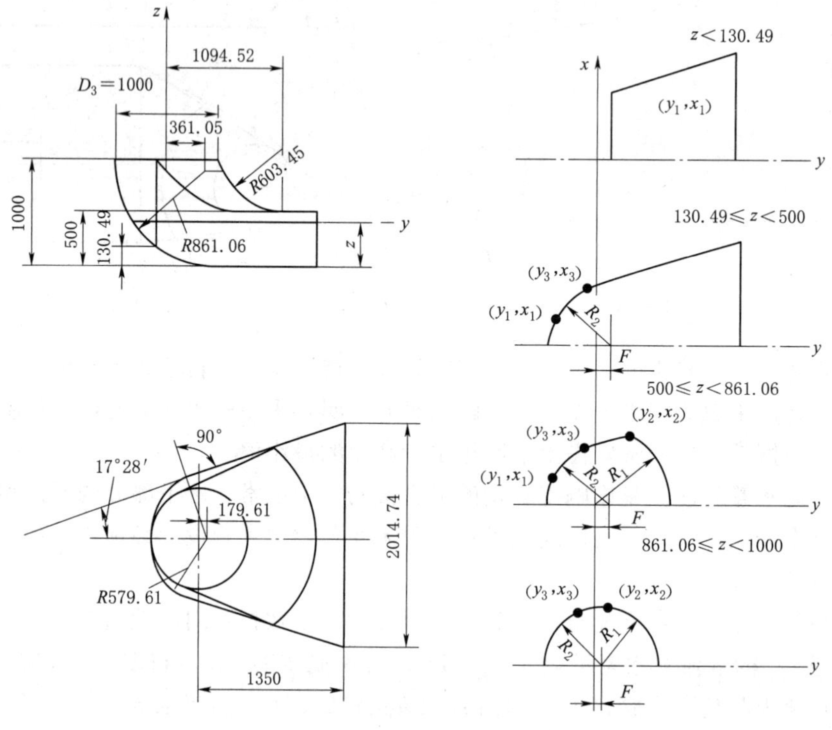

图 2.37　混凝土肘管

表 2.9　　**标准肘管尺寸**　　单位：mm

z	y_1	x_1	y_2	x_2	y_3	x_3	R_1	R_2	F
50	−71.90	605.20	−732.67	813.12	94.36	552.89	1094.52		
100	41.70	569.45	−496.96	713.07	99.93	545.79	854.01		
150	124.56	542.45	−360.21	671.28	105.50	537.70	761.82	579.61	79.61
200	190.69	512.72	−276.14	639.26	111.07	530.10	696.36	579.61	79.61
250	245.60	479.77	−205.27	612.27	116.65	522.51	645.77	579.61	79.61
300	292.12	444.70	−142.56	588.39	122.22	514.92	605.41	579.61	79.61
350	331.94	408.13	−85.20	566.55	127.79	507.32	572.02	579.61	79.61
400	366.17	370.44	−31.21	545.98	133.30	499.73	546.87	579.61	79.61

续表

z	y_1	x_1	y_2	x_2	y_3	x_3	R_1	R_2	F
450	395.57	331.91	21.35	525.97	138.93	492.15	526.40	579.61	79.61
500	420.63	292.72	75.71	505.26	144.50	484.54	510.90	579.61	79.61
550	441.86	251.18	150.07	476.94	150.07	476.95	500.00	571.65	71.65
600	459.48	209.85						563.63	63.69
650	473.74	168.80						555.73	55.73
700	484.81	128.09						547.77	47.77
750	492.81	87.764						539.86	39.80
800	497.84	47.859						531.84	31.84
850	499.94	7.996						523.88	23.88
900	500.00	0						515.92	15.92
950	500.00	0						507.96	7.96
1000	500.00	0						504.0	0

尾水管的肘管、高度、长度及出口宽度对其性能影响很大。对肘管的进口高度和长度的比值，传统的标准尾水管为 $h_2/L_1 \approx 0.77$。而我国建设或建成的几个具有先进水平的水电站中，该系数取值为：二滩电站，$h_2/L_1 \approx 1.306$；大朝山电站，$h_2/L_1 \approx 1.27$；三峡电站，$h_2/L_1 \approx 1.138$。这主要是尾水管的高度普遍比原来高、传统的标准肘管断面形状不规则、水流流态不理想且水力损失较大的缘故。现在普遍采用的弯肘形尾水管，其断面形状由圆到椭圆再到圆角矩形断面过渡。其断面形状变化平缓，各断面的面积变化规律合理，因此其水力性能更好。

(3) 尾水管水平长度（或相对长度）。水平长度 L 是机组中心到尾水管出口的距离。肘管形式一定时，长度 L 决定了水平扩散段的长度。增加 L 可使尾水管出口动能下降，提高水轮机效率。但太长将增加沿程水力损失和增大厂房水下部分尺寸。增加 L 的效益不如增加高度 h 显著，通常取相对长度 $L/D_1 = 4.5$。有些水电站因水工建筑的要求，尾水管的出口中心线往往需要偏离机组中心线（图 2.38）。此时，肘管水平段的俯视图按以下方法绘制：偏心距 d 由水工建筑物要求决定，肘管的水平长度 L 保持标准值。在以上两条件下，肘管两侧面夹角的角平分线过机组中心线，即图 2.38 所示的两个角 θ 相等。而肘管段的断面形状则保持不变。当水电站厂房位于地下时，为尽量减少厂房和尾水流道

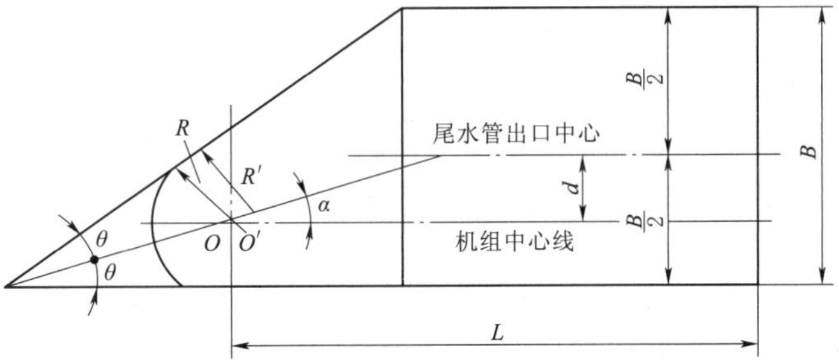

图 2.38　偏离机组中心线的尾水管

的尺寸，通常采用窄高型尾水管。此时厂房的挖深不是主要矛盾，可以用加大深度来弥补因宽度缩小带来的不利影响。

(4) 尾水管宽度（或相对宽度）。如果将尾水管宽度增加，则在肘管出口可以在保证截面面积的情况下采用较小的高度，这可以使肘管内壁的型线变化更加平缓，减小水流在肘管内壁的脱流程度，有利于尾水管的设计。相反，如果尾水管宽度太小，将不利于尾水管的水力设计。

一般情况下，取尾水管宽度 B 为两机组间距减去相邻两尾水管之间的墩墙厚度。对于混流式水轮机，取相对宽度 $B/D_1=2.7\sim3.3$；对于轴流转桨式水轮机，取相对宽度 $B/D_1=2.3\sim2.7$。如果宽度在 12m 以上时，在扩散段中间需要增设支墩，支墩宽度取 $(0.1\sim0.15)B$。

此外，通过适当地调整尾水管的其他控制参数，可以保证尾水管的宽高比（截面上宽度和高度的比值）在较大的范围内变化而基本上不影响尾水管的水力性能。

3. 窄高型尾水管的设计

在修建地下式水电站厂房时，曾经一度直接采用普通弯肘形尾水管的设计数据，结果大大增加了土石方开挖量，提高了水电站的造价。如果适当增加尾水管高度，就可以保证蜗壳与肘管之间的岩基；减小水平扩散段的宽度，便可以保留两个相邻尾水管之间的岩基，避免上部岩基失稳，这种尾水管称为窄高型尾水管。窄高型尾水管主要应用于混流式水轮机，尾水管的直锥管采用直锥形扩散管，肘管采用圆形或椭圆形断面，水平扩散管从椭圆形断面过渡到圆角矩形断面，宽度沿 L 保持不变，如图 2.39 所示。

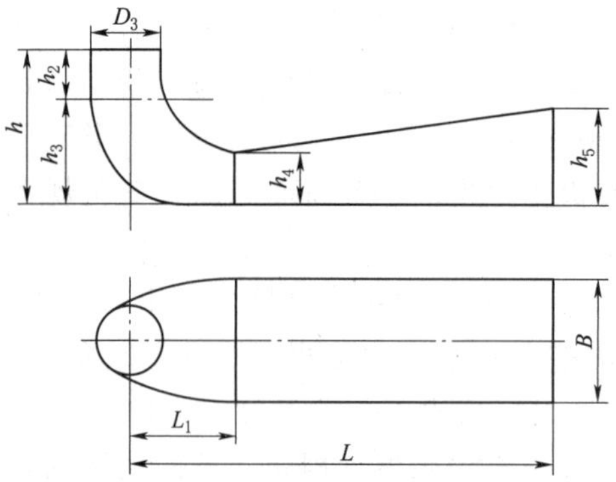

图 2.39　窄高型尾水管单线图

(1) 窄高型尾水管的主要几何参数选择。进口锥管的出流速度大小，对其后肘管及水平扩散管中的水力损失均有影响，而进口管段的高度与肘管的高度共同构成整个尾水管高度，因此它的最优几何参数必须按照尾水管总损失最小的原则确定。例如，当高度和肘管形状一定时，锥角加大，进口管段内的损失增加。但出口流速减小，又使肘管和水平扩散管中的损失降低。进口锥管的最优锥角必须根据此两项损失总和最小的原则确定。

尾水管高度 h 对尾水管的恢复系数和相对损失影响显著。适当增加高度 h 可以提高水轮机效率，从水电站收益方面来看是有利的。尾水管高度还关系到水电站厂房水下部分的高度尺寸，对于地面水电站，增加尾水管高度会使基础工程量增加，进而使整个水电站投资增加，但对于地下式水电站，增加尾水管高度却便于保留住蜗壳与肘管之间的岩基，从而减少工程量。

试验资料表明，窄高型尾水管的水力损失仅为普通尾水管的 1/2 左右。这主要是因为锥管高度增加，极大地减小了肘管中的水力损失，窄高型尾水管相对高度一般为 $h/D_1=3.0\sim4.5$。

尾水管长度对尾水的出口断面面积有直接影响，是尾水管出口动能损失大小的一个决定性因素，水平扩散管的最优扩散度也与其长度有关。增加 L 可使尾水管出口动能下降，提高效率，但太长将增加沿程损失及厂房水下部分尺寸。对地下式水电站厂房，则应根据地下式厂房布置要求、水轮机调节条件、水力性能等因素适当加长，一般可取 $L/D_1=6.0\sim7.0$ 或更长。

尾水管宽度的选择在很大程度上取决于厂房布置及厂房形式，为减小厂房及尾水管尺寸，常采用长的窄型尾水管。此时，厂房的挖深一般不是主要矛盾，可通过加大深度来弥补宽度的不足，只要保证对水流流速作适当控制以及一定的过流断面面积，尾水管就对水轮机效率影响不大，对地下式厂房可取 $B/D_1=1.5\sim2.4$。

（2）窄高型尾水管的肘管设计。

1）肘管断面变化规律的确定。在已选定扩散度的情况下，采用不同的扩散度沿尾水管的分配对尾水管的性能有较大影响，在弯肘形尾水管中，由于肘管形状复杂，影响也最大，因此锥管段及水平扩散段一般都采用均匀扩散。而肘管的断面变化规律则有所不同，一般有两种情况：一种是采用扩散、收缩、扩散的形式，如标准肘管，扩散度分布曲线如图 2.40 中的曲线 1；另一种是采用连续扩散形式，扩散度曲线比较平缓，如图 2.40 中的曲线 2。

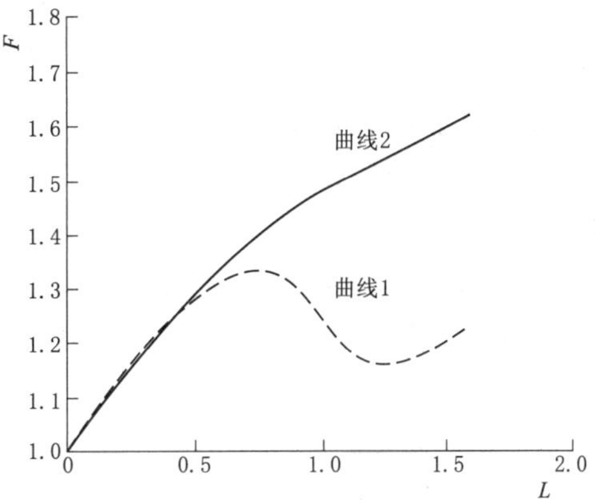

图 2.40　肘管断面变化规律

2）肘管的设计方法。肘管如图 2.41 所示，其断面形状进口为圆形，其余均为非圆形。肘管的内、外侧分别由不同半径（R_1、R_2 和 R_3、R_4）的两段圆弧光滑连接而成，曲率半径 R_1、R_2 和 R_3、R_4 对肘管的水力损失影响较大，应使水流不因转弯过急而增大水力损失，一般内侧半径不小于 $0.4D$，外侧半径不小于 $1.0D$，否则会增加水力损失。

设计肘管时，应根据所设计水电站的具体情况，确定肘管高度 h_1、长度 L_1、宽度 B 及肘管出口高度 h_2，分别以不同半径 R_1、R_2 和 R_3、R_4 的圆弧光滑连接肘管的内、外侧，在分析已投入运行的优良的水轮机尾水管所采用的肘管断面面积沿长度的变化规律的基础上，确定肘管的断面面积变化规律，并将其相对值换算成便于使用的绝对值（以曲线形式表示）。将肘管分成若干断面（如图 2.41 中的断面 1～10），由用绝对值表示的肘管断面面积变化规律曲线查出各断面相应的面积，并计算出其宽度 $W=F/H-\pi H/4+H$（其中肘管的断面高度 H 由图 2.41 中直接量出，断面中的半径 R 为 $H/2$），即可确定各断面的几何尺寸。将肘管各断面的宽度值点入肘管平面投影图中，以曲线光滑连接，即可得到肘管平面投影图。

窄高型尾水管结构简单，具有优良的能量和空化性能且稳定性好，适宜于在地下式水电站厂房和要求减小尾水管宽度的地面水电站厂房中广泛采用。此外，对于抽水蓄能水电站，在设计尾水管的时候，还应当适当考虑水泵水轮机在水泵工况下运行时，尾水管起着

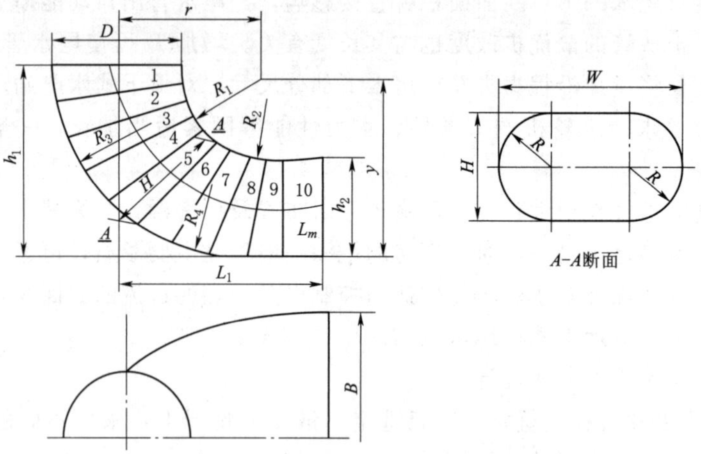

图 2.41　窄高型尾水管肘管单线图

常规泵站吸水管作用的问题。

最后要强调的是，尾水管中的实际水流，沿半径水流轴向速度和切向速度的分布都不均匀，流动状态复杂。因此，不能完全通过计算得出流速分布，还必须进行模型试验，从中得出某些规律，以供分析和设计之用。常见的弯肘形尾水管和窄高型尾水管的三维结构如图 2.42 所示。

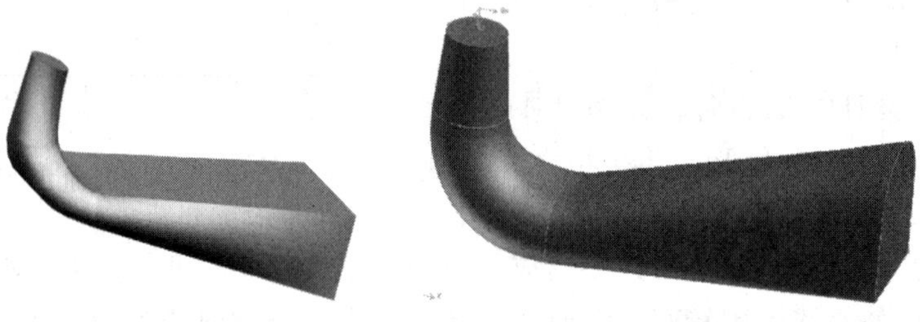

（a）弯肘形　　　　（b）窄高型

图 2.42　尾水管三维结构形状

第 3 章 反击式水轮机导水机构

水轮机作为动力原动机，其运行工况经常会发生改变，例如机组负荷（出力）变化时，必须改变通过水轮机的过流量，以使水轮机的功率与负荷平衡。导水机构作为反击式水轮机的重要基本过流部件之一，同时也是最理想的工况调节机构，是机组进行负荷调节的主要手段，在机组工况变化时，能快速地改变液流方向和流量，水力损失小，调节灵活，广泛地用于反击式水轮机。

故反击式水轮机导水机构的作用主要是形成和改变进入转轮水流的环量，协同引水室向转轮均匀供水，保证水轮机具有良好的水力特性，调节流量，以改变机组出力，在正常与事故停机时，封住水流，停止机组转动。

3.1 导水机构的工作原理

图 3.1 中绘出了径向式导水机构水平断面中的一个导叶和一个转轮叶片。如果忽略摩擦损失的影响，在导叶出口到转轮进口之间的空间内，水流可以看成势流运动，圆周方向速度变化遵守动量守恒定理，对于某一微小流束，可近似地认为导水机构出口速度矩等于转轮进口速度矩。因此，根据图 3.1 中的速度三角形可以有以下关系：

$$v_{u0}r_0=v_{m0}\cot\alpha_0 r_0=\frac{Q}{2\pi r_0 b_0}\cot\alpha_0 r_0=\frac{Q}{2\pi b_0}\cot\alpha_0 \tag{3.1}$$

式中：b_0 为导叶高度，m；α_0 为导叶出流角，(°)。

在转轮中水流非法向出口的情况下，由转轮出口速度三角形可写出转轮的出口速度矩为

$$v_{u2}r_2-u_2r_2-v_{m2}\cot\beta_2 r_2=r_2^2\omega-\frac{Q}{A}\cot\beta_2 r_2 \tag{3.2}$$

式中：A 为水轮机转轮出口过流面积；r_2 为转轮出口半径。

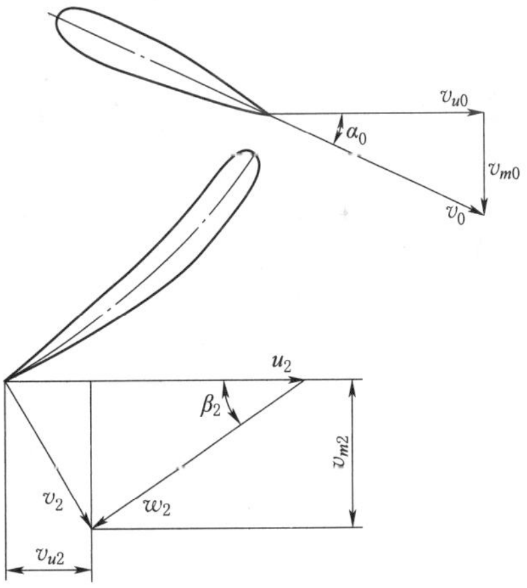

图 3.1 导叶出口及转轮出口的水流速度三角形

将式（3.1）和式（3.2）代入水轮机基本方程式，则有

$$\frac{\eta_h Hg}{\omega}=v_{u0}r_0-v_{u2}r_2=\frac{Q}{2\pi b_0}\cot\alpha_0-r_2^2\omega+\frac{Q}{A}\cot\beta_2 r_2 \tag{3.3}$$

从式（3.3）中解出流量，即

$$Q=\frac{r_2^2\omega+\dfrac{\eta_h gH}{\omega}}{\dfrac{1}{2\pi b_0}\cot\alpha_0+\dfrac{r_2}{A_2}\cot\beta_2} \tag{3.4}$$

式（3.4）称为水轮机流量调节方程。从该方程可看出，在水轮机转速和水头不变的情况下，流量调节可以通过改变以下三个参数来实现：

（1）改变导叶高度 b_0。实际工程中可用一个筒形阀来完成。但这是一种节流调节方式，会造成较大的水头损失。

（2）改变导叶出流角 α_0。该方法是水轮机中普遍采用的调节方式。

（3）改变 β_2 角。此方法适用于转轮叶片能改变安放角度的轴流转桨式水轮机。实际上，轴流转桨式水轮机是通过同时转动导叶及转轮叶片的角度来调节流量的。所以，在这种形式的水轮机中，流量的变化是 α_0 和 β_2 两个量同时改变的结果。在混流式水轮机中，由于叶片固定在上冠和下环之间，不能改变位置，故而只能用改变导叶出流角 α_0 的方法（即转动导叶）来实现流量调节。

大、中型导水机构，按其导叶轴线布置位置可区分为三种形式：①径向式导水机构，水流流经导水机构的轴面流线是径向的，主要应用于混流式、轴流式水轮机，结构简单，应用广泛；②轴向式导水机构，轴面流线与水轮机轴平行，广泛应用于贯流式水轮机；③斜向式导水机构，水流沿着与转轮轴同心的圆锥面流过导水机构，结构比较复杂，一般应用在灯泡贯流式和斜流式水轮机中。

3.2 导水机构中的水力损失

导水机构实际上是一个不动的环列叶栅。为了定性地分析导水机构中的水力损失，可用一个相应的所谓等值直列平板叶栅来代替。平板叶栅中平板的长度 L 取值与导叶叶型弦长相等；栅距为相邻两个导叶转动轴心的距离，即 $t=\pi D_0/Z_0$；绕平板叶栅的固定进口水流角 β_1 相当于蜗壳所形成的角度 δ；叶栅的不同安放角 β_e 相当于导水机构的不同开度；叶栅前后运动速度 w_1 与 w_2 的几何平均值 w_m 为叶栅的特征速度。

叶栅的阻力按下式计算：

$$R_x=C_x\rho\,\frac{w_m}{2}b_0L \tag{3.5}$$

其中

$$w_m=\frac{Q_{11}\sqrt{H}}{\pi\dfrac{D_0}{D_1}\dfrac{b_0}{D_1}\sin\beta_m}$$

如果以 h_g 代表导水机构的水头损失，则阻力为

$$R_x=\gamma h_g t b_0\sin\beta_m$$

因此得到导水机构的相对水力损失为

$$\zeta_g=\frac{h_g}{H}=\frac{1}{2\pi^2 g}C_x\frac{\frac{L}{t}}{\left(\frac{D_0}{D_1}\right)^2\left(\frac{b_0}{D_1}\right)^2\sin^3\beta_m}Q_{11}^2 \tag{3.6}$$

式中：ζ_g 为导水机构相对水力损失；C_x 为平板叶栅的阻力系数，它是特征流速 w_m 与平板间的夹角即冲角 a 的函数，冲角越大阻力系数越大；β_m 为特征流速 w_m 与圆周方向的夹角，(°)。

可以根据式（3.6）分析影响导水机构中损失的各种因素：导水机构中的损失与单位流量的平方成正比，与导叶相对高度 b_0/D_1 的平方成反比，与相对直径 D_0/D_1 的平方成反比，与叶栅稠密度 L/t 成正比；此外，导水机构的水力损失还与开度 a_0 存在一定的关系。

导水机构中的水力损失与开度的关系比较复杂，为研究清楚它们的关系，首先研究开度变化时叶栅与水流相对位置的关系。根据第 2 章关于蜗壳水流运动的阐述，蜗壳中水流按势流等速度矩规律运动，因此蜗壳的轮廓线和中心线都是流线，即使流量变化，蜗壳中流线的形状仍然不变，就是说 $\tan\delta=v_u/v_r$ 不会变。出流角在固定导叶的出口也保持不变。由此可认为导水机构的进口水流的方向是不变的。当导水机构开度较大时，叶栅的安放角 β_e 大于进口水流角 β_1，这时水流冲向导叶背面，冲角为负值；当导水机构开度很小时，相对位置就发生了变化，此时水流冲向导叶正面，冲角变成正值。由此可知介于以上两种状况之间必然有一冲角等于 0 的工况，导水机构在该工况附近工作时水力损失较小。

根据式（3.6）可以看出，当开度增加时，一方面出口水流角 β_2 增加，因而 β_m 增加，水力损失是减少的，且 β_m 在一定范围内增加时叶栅冲角减小，阻力系数 C_x 下降，也导致水力损失减少；另一方面当开度增加到超过某一数值后，冲角又逐渐增加，阻力系数 C_x 增加，这会使损失增加。以上两个因素共同影响的结果使得开度增加时，开始时水力损失减小，一直减小到某一值后，水力损失又逐渐增加。

根据式（3.6），对实际的水轮机可以求出不同开度时相对损失的数值（由于平板叶栅与导叶环列叶栅的差别，所求出的数值只能用来进行定性分析）。图 3.2 绘出了高比转速水轮机及低比转速水轮机导水机构的相对水力损失和相对开度变化的关系曲线。图中 $\overline{a}_{0\max}$ 为实际水轮机中允许的最大相对开度。由图可见，各种比转速水轮机在导水机构相对开度很小或很大时，其相对水力损失都较大。在相对开度 $\overline{a}_0=30\%\sim70\%$ 时，相对水力损失最小，且损失不到总水头的 1%。相对开度过大或过小都会引起损失的显著增加。尤其对低比转速水轮机，在小相对开度下导水机构损失更为严重，可达总水头的 8%～10%。这

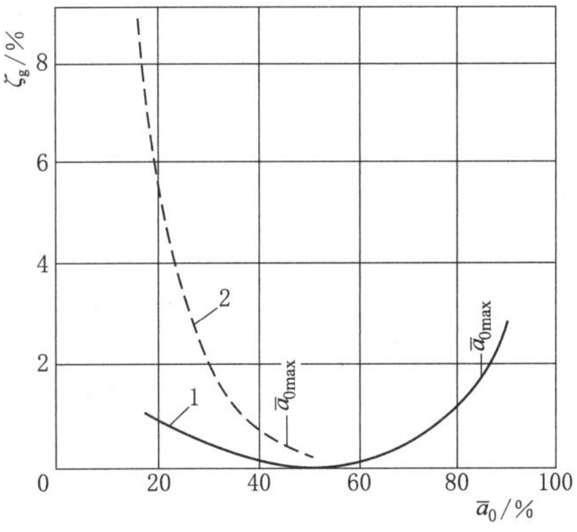

图 3.2 导水机构的水力损失和相对开度变化的关系曲线

1—高比转速水轮机；2—低比转速水轮机

是因为低比转速的工作水头高，导水机构中的水流速度相当高。运行时要尽量使导叶在最佳开度，以保证水轮机高效率工作。不同的导叶形状对导水机构水力损失有不同的影响。高比转速水轮机的导水机构经常工作在大开度位置，从水轮机基本方程可以看出，高比转速的水轮机转轮进口环量小。在较优的开度下，正曲率的导叶有使环量减小的效果，故高比转速水轮机中可采用正曲率的导叶。反之，对低比转速的混流式水轮机，为了使转轮前环量增加往往采用有负曲率的导叶。

在生产实践中，中高比转速混流式水轮机（$H=40\sim100$m）常采用金属完全蜗壳，一般采用正曲度叶型。这种叶型也用在低比转速的轴流式水轮机（$H=40\sim60$m）中。由于这类水轮机虽在不同水头下运行，但经计算适应其最优的导叶曲度却相差甚小，实际上可认为一样。故而在水轮机行业中多采用标准正曲率叶型（图 3.3）。图 3.4 所示为标准对称叶型，这种叶型主要用在低水头高比转速的轴流式水轮机中。因为这种水轮机工作在小于 30m 水头下，流量较大。为了使蜗壳平面尺寸不致过大而影响水电站厂房宽度，蜗壳多设计成半蜗壳（混凝土蜗壳）。在非蜗壳部分水流速度在导叶前呈近似径向方向，这一部分的导叶叶型应做成对称形或负曲率。而在蜗壳部分应做成正曲率叶型。显然，在同一导水机构中采用不同叶型的导叶结构是不合理的。所以，在高比转速轴流式水轮机中均折中采用对称叶型的导叶。

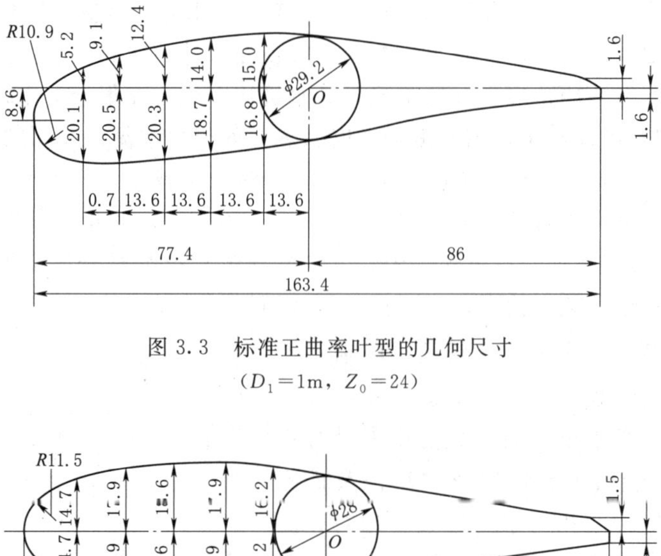

图 3.3　标准正曲率叶型的几何尺寸

（$D_1=1$m，$Z_0=24$）

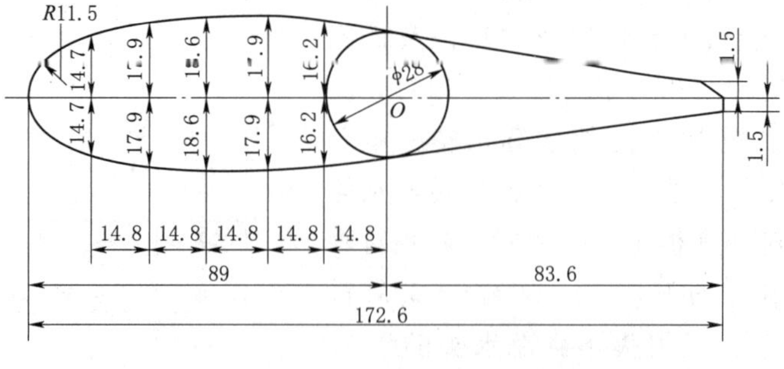

图 3.4　标准对称叶型的几何尺寸

（$D_1=1$m，$Z_0=24$）

3.3 径向式导水机构几何参数的确定

表征导水机构的特征参数主要有导叶开度 a_0、导叶出水角 α_0、导叶高度 b_0、导叶数 Z_0、导叶轴线分布圆直径 D_0（导叶旋转轴心所在位置）及导叶弦长 L 等。

1. 导叶开度 a_0

导叶开度 a_0 是表征水轮机在流量调节过程中导叶安放位置的一个参数。它的大小等于导叶出口边与相邻导叶体之间的最短距离。当导叶处于径向位置时（图 3.5）为最大径向开度值 $a_{0\max}$，其计算公式为

$$a_{0\max}=\frac{\pi D_r}{Z_0}=\frac{\pi}{Z_0}(D_0-2L_1) \tag{3.7}$$

式中：D_r 为导叶在径向位置时尾部所处的圆周直径；D_0 为导叶轴线分布圆直径；Z_0 为导叶数；L_1 为导叶轴线至头部的长度。

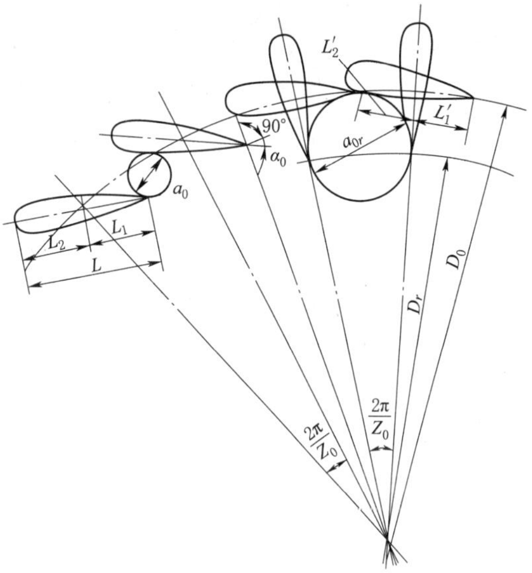

图 3.5 导叶开度

对于大型水轮机所采用的标准化导叶，$L_1=(0.06\sim0.087)D_1$，而且 $D_0=1.16D_1$。将这些关系代入式（3.7），可得到最大径向开度的近似公式为

$$a_{0\max}=\frac{\pi D_1}{Z_0} \tag{3.8}$$

最大径向开度是指导叶可能达到的最大开度，即导叶处于径向位置。在这种开度下工作时，一方面导叶进口有很大的冲角并形成脱流，水力损失很大；另一方面，流经导水机构的水流在转轮前不能形成环量。而根据水轮机基本方程式，此时要产生机械能就需要在转轮出口有负环量。这样，进入尾水管的能量将大大增加，又会形成很大的水力损失。因此实际上是不允许水轮机在这种导叶位置下运行的。设计时需要有一个允许的最大开度。混流式水轮机一般为额定水头下额定出力时的开度值。此开度值如小于最低水头下 5%（或 3%）出力限制线上的开度值时，则取后者为最大开度。轴流转桨式水轮机的最大开度通常根据允许的吸出高度确定。

导叶在任意位置时的开度 a_0 与最大径向开度 $a_{0\max}$ 的比值称为相对开度 $\overline{a}_0$，于是有

$$\overline{a}_0=\frac{a_0}{a_{0\max}}=\frac{a_0 Z_0}{\pi D_1} \tag{3.9}$$

$\overline{a}_0$ 为无因次量，通常以百分数表示。对几何相似的水轮机，$\overline{a}_0$ 值相同，即 $\overline{a}_0=\overline{a}_{0M}$，于是在已知模型开度 $\overline{a}_{0M}$ 时，可按下式计算出真机开度，即

$$a_0=\frac{D_1}{D_{1M}}a_{0M} \tag{3.10}$$

中小型水轮机往往由于结构上的原因而加大$\frac{D_0}{D_1}$值及减少导叶数，因而真机的导水机构与模型已不再保持几何相似关系。此时，只有使真机的导水机构出水角与模型的相等，以此来获得导水机构出口水流的相似关系。

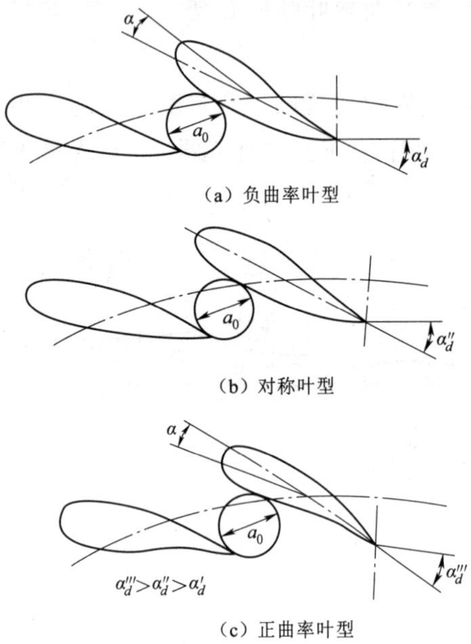

图 3.6　具有不同叶型的导叶

2. 导叶出水角 α_0

导叶出口处骨线与圆周方向的夹角称为导叶出口角 α_d。由于导叶的叶片数较多，其叶栅可视为稠密叶栅，水流的出流角也就是导叶出口角，称为导叶出水角 α_0，从流量调节方程式（3.4）看出，α_0 也是决定流过水轮机流量的一个重要参数。对图 3.6 所示的三种不同形状的导叶进行试验的结果表明，在开度 a_0 相同的情况下，若出口角不同，则过流量各不相同，α_d 大者 Q_{11} 也大（图 3.7），而在三者出口角 α_d 都相同的情况下，尽管它们的开度各不相同，但过流量却很接近（图 3.8）。由此可见，决定流量变化及转轮前水流运动状况的主要因素不是开度 a_0，而是导叶出口角 α_d。只是由于习惯和测量方便的原因，实际上仍以开度 a_0 作为导水机构的工作参数，而且在水轮机的综合特性曲线上也均作出等开度 a_0 线。对某一固定形状的导叶，开度 a_0 和导叶出口角 α_d 应是一一对应的关系。

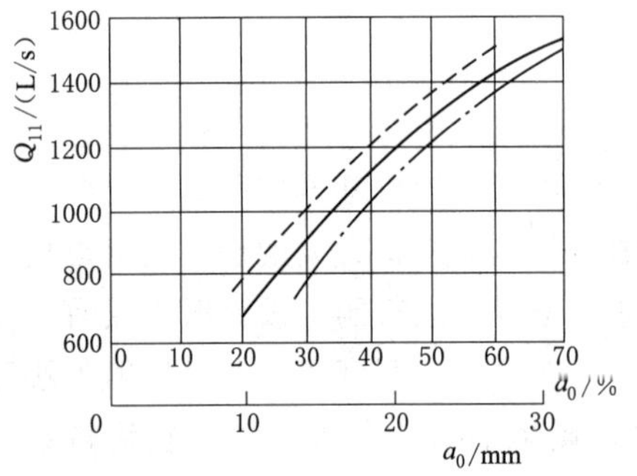

图 3.7　具有不同叶型导叶 Q_{11} 与 a_0 的关系

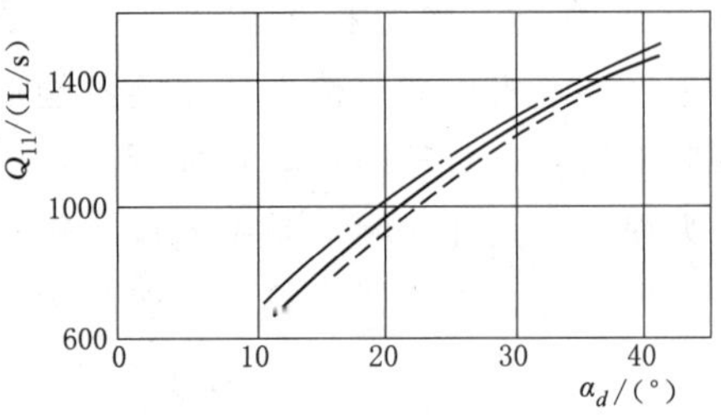

图 3.8　具有不同叶型导叶 Q_{11} 与 α_d 的关系

3. 导叶高度 b_0

导叶高度 b_0 决定了水流进入转轮的过水断面面积，其值根据导水机构中水力损失最小的原则确定。为消除水轮机尺寸的影响，引入导叶相对高度 $\overline{b}_0$，即

$$\overline{b}_0=\frac{b_0}{D_1} \tag{3.11}$$

对几何相似水轮机，$\overline{b}_0$ 值相同，不同比转速的水轮机具有不同的 $\overline{b}_0$ 值。

由比转速表达式$n_s=\frac{n\sqrt{P}}{H^{\frac{5}{4}}}$可知，在出力（流量）相同的情况下，水轮机的水头$H$越小或转速$n(\omega)$越大，则比转速越高。又由水轮机基本方程$\frac{\eta_h Hg}{\omega}=v_{u1}r_1-v_{u2}r_2$可知，在给定转轮出口速度矩$v_{u2}r_2$的情况下，比转速越高的水轮机要求转轮进口速度矩$v_{u1}r_1$越小，而导水机构出口水流就应具有相应的速度矩$v_{u0}r_0$，因此，不同比转速的水轮机对导水机构的某些几何参数（$\overline{b}_0$，a_0）有不同的要求。

如前所述，水轮机转轮的进口速度矩应等于导水机构的出口速度矩，即

$$v_{u1}r_1=v_{u0}r_0=r_0v_{r0}\cot\alpha_0=\frac{Q}{2\pi b_0}\cot\alpha_0$$

将上式代入水轮机基本方程，并为了讨论简单，取$v_{u2}=0$，则有

$$b_0\tan\alpha_0=\frac{Qn}{60H\eta_h g}$$

用单位流量和单位转速表示，则上式变为

$$\overline{b}_0\tan a_0=\frac{Q_{11}n_{11}}{60\eta_h g} \tag{3.12}$$

由式（3.12）可见，比转速越高（即Q_{11}、n_{11}大），要求采用的$\overline{b}_0$和a_0（或$\overline{a}_0$）也越大。对一定直径的水轮机，比转速越高流量就越大，导叶应该做得高一些，否则就要增加开度a_0。当开度过大时导叶将会接近于径向开度，这样将增加导叶及转轮内的流动损失。反之，对低比转速水轮机，流量相对比较小，如果导叶高度过大，则对应的开度将很小，水流从两片导叶之间的窄缝中流出，也会引起较大的水力损失。因此，对应于某一比转速水轮机应有一个最佳的导叶高度和最佳出流角或开度。混流式水轮机在额定工况运行时，工作在特性曲线的5%（或3%）出力限制线上，即最大开度a_{0max}为额定水头下，发出额定出力的开度。图3.9所示为根据试验研究而推荐的不同比转速水轮采用的相对值$\overline{b}_0$及$\overline{a}_{0max}$曲线。

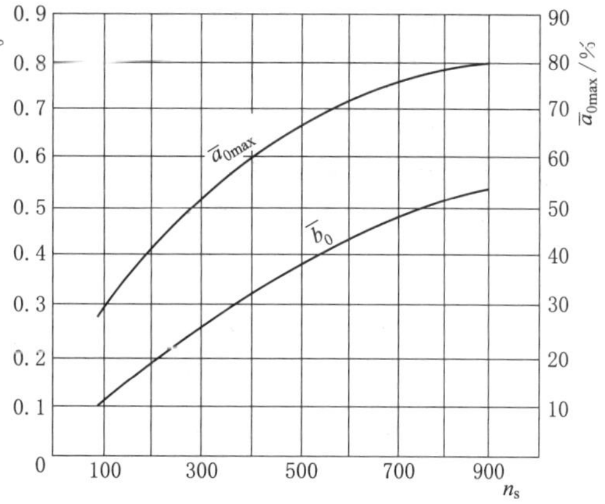

图3.9 不同比转速水轮机的$\overline{b}_0$和$\overline{a}_{0max}$

4. 导叶数Z_0、导叶轴线分布圆直径D_0及导叶弦长L

导叶数不但影响进入转轮水流的均匀度，还涉及本身的加工量，并直接影响D_0。故导叶数应选用恰当。一般大型水轮机为了使其具有高效率，通常选用较多的导叶数、较小的D_0和L。表3.1介绍了目前大中型水轮机导叶数的取值。

表 3.1　导水机构导叶数

转轮直径 D_1/m	≤1.0	1.0～2.25	2.5～8.5	≥9.0
导叶数 Z_0	12	16	24	32

根据实践经验，取相对值$\frac{D_0}{D_1}=1.13\sim1.30$。大的比值用于小型水轮机。对大型水轮机多采用$\frac{D_0}{D_1}=1.16$。但为了减小径向尺寸，可取$\frac{D_0}{D_1}=1.13$，不过应以导叶在最大可能的开度下不会与转轮叶片相碰为限。近年来从水电站的实际运行发现，某些低比转速混流式水轮机由于水头很高（$H>150$m），蜗壳和导水机构内的流速很大，随着导叶进口处径向尺寸的减小，流速会进一步加大，这样，导叶表面的磨损将很严重。另外，高水头水轮机转轮的进口边如果距离导叶出口太近，从导叶流出的不均匀水流可能会引起转轮振动，进而也影响水轮机效率。因此，在材料强度允许的条件下，适当加大导叶轴线分布圆直径以降低流过导叶的水流流速，对提高水轮机工作稳定性是有利的。

当 Z_0 和 D_0 确定后，以导水机构能紧密关闭为原则，按下式确定叶栅密度和导叶弦长 L，即

$$\frac{LZ_0}{\pi D_0}=1.1$$

3.4　导水机构设计的基本要求

通常，在导水机构设计中，要求过流部分尺寸和模型水轮机几何相似，导叶的最大可能开口应有一定的裕量。过流表面应有一定光洁度和尺寸公差要求，并根据水电站的具体条件，采取一定的抗空蚀和抗泥沙磨损措施。此外，导水机构设计中应保证有足够的强度和刚度，导叶操作机构动作灵活可靠，能使导叶获得最大的操作力矩。导叶调节过程中要有防止导叶间因异物卡住而损坏主要传动件的保护装置，导叶关闭后还应有可靠的封水性能，减少漏水损失。

在导水机构结构设计中，许多结构尺寸和传动关系必须取决于导水机构的传动运动关系，以达到上述设计要求。因此设计时需要作出导水机构各运动部件（导叶、连杆、拐臂、控制环、推拉杆、接力器等）所在位置与导叶开度 a_0 之间的关系图（导水机构运动图），具体作图过程参照相应的教材和设计手册。

第4章 混流式水轮机转轮的水力设计

4.1 混流式水轮机转轮设计理论

4.1.1 混流式转轮的水力设计

混流式水轮机转轮位于流道从径向转为轴向的拐弯处，转轮中实际液流运动很复杂，转轮中的流面为空间曲面，形如喇叭。为了能应用数学及现代流体力学的方法研究水流的运动，通常需对真实水流的实际流动进行简化并作出一些假设，以近似于实际的较简单而又有一定规律的流动来代替转轮中的实际流动。

根据对液流流动情况不同的假设和简化，混流式水轮机转轮的水力设计一般有三种方法，即一元理论、二元理论和三元理论设计方法，并且都假设液流为理想流体。

传统的一元理论和二元理论设计方法，除了假设水流为无黏性的理想流体外，还假设转轮是由无限多和无限薄的叶片组成的。这是因为实际中混流式转轮的叶片均有十几片之多，流道比较狭长，在圆周方向上从叶片的正面到相邻叶片的背面，水流参数（速度、压强）变化不是很大，因此可以作出叶片是无穷多的假设（轴流式水轮机中叶片数较少，叶栅的稠密度小，则不能作叶片是无穷多的假设）。这时转轮内液流可看作是轴对称的，可用任意轴面的流动表示转轮中的液流运动。这样的假设就使混流式转轮内的复杂流动简化多了，贯穿转轮进、出口的任何一条空间流线绕转轮轴面旋转得到的花篮形回转面上的参数都是轴对称的。叶片无穷多无限薄，流动空间既充满叶片，也充满液流，故而任何一条流线，必然也是叶片上的流线，许多这样的流线按一定的规律所组成的空间流面就是叶片表面。

但是，从另一方面观察，叶片数无穷多，流动轴对称，就会得出叶片正面和背面参数沿圆周方向都相同，即不产生旋转力矩，转轮发不出功率来，这似乎是一个矛盾的假设。正确的理解应该是在圆周方向，叶片正背面压差是无限小的，但由于叶片数目无限多，两者的乘积就可以是有限值。当然，一元理论和二元理论无法计算叶片正面和背面各自的参数，这也是无限多叶片数假设的缺点。下面简要介绍三种设计方法。

1. 一元理论设计方法

沿转轮过水断面上的轴面流速均匀分布，即水流在转轮中的轴面速度只需一个能表明质点所在过水断面位置的坐标即可确定。如图 4.1（a）所示，为确定轴面水流中质点 A 的速度，只需确定包含质点 A 的过水断面 BC 的位置 l_m 即可。低比转速混流式水轮机转轮轴面流道拐弯的曲率半径较大，且转轮叶片大部分位于拐弯前的径向流道内，流道的拐弯对轴面速度 v_m 的影响较小，沿过水断面 v_m 的分布比较均匀，所以一元理论多用于设计低比转速混流式水轮机转轮。

2. 二元理论设计方法

假定转轮区域的轴面流动为有势流动，即沿过水断面轴面流速并不是均匀分布而是符

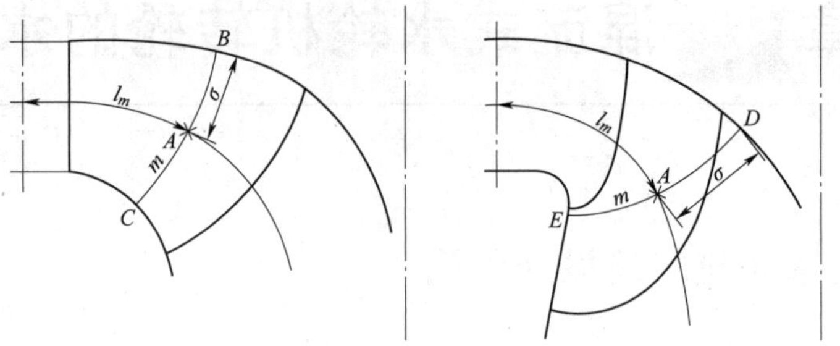

(a) 一元理论设计方法　　(b) 二元理论设计方法

图 4.1 转轮内某质点 A 的轴面速度

合势流运动规律。和一元理论一样仍假设转轮叶片无限多和无限薄，转轮内流动轴对称，但转轮中任一点的轴面流速和该点在断面上的位置有关，即该点的流速要由确定这一点在轴面位置的两个坐标决定。在图 4.1（b）中，这两个坐标为过水断面的位置 l_m 和过水断面母线上质点 A 距上冠的长度 σ，即 $v_m = f(l_m, \sigma)$。这种方法通常称为 $\omega_u = 0$ 的二元理论设计方法。中高比转速混流式水轮机转轮轴面流道拐弯的曲率半径较小，叶片大部分或全部位于流道的拐弯区，水流拐弯对轴面速度的影响比较大，即沿过水断面轴面速度自上冠向下环增大，这与二元理论中假定轴面有势流动的分布规律比较接近，故 $\omega_u = 0$ 的二元理论设计方法多用于设计中高比转速的混流式水轮机转轮。这种方法在理论上比一元理论严格，设计出的转轮实际效果也较好，因而得到比较广泛的应用。

3. 三元理论设计方法

三元理论设计方法是从研究有限叶片数的转轮叶栅出发的，此时水流不再是轴对称流动的，不同轴面上的流动各不相同。因此，转轮各点的轴面速度由该点的三个坐标来决定。三元理论设计方法在理论上更加接近设计工况附近转轮内部流动状况，但由于不考虑流体黏性，越偏离设计工况，计算精度越差。近年来，随着计算机技术与数值模拟理论的发展，国内外对转轮内部流动开展了三维湍流数值模拟研究，获得了不少成果，极大地提高了转轮的设计水平。

4.1.2 轴面流线的绘制

4.1.2.1 绘制方法

应用一元理论或者二元理论设计混流式水轮机转轮叶片，都需要确定计算流面。假定转轮叶片无限多无限薄时，轴面流线绕水轮机轴线所得到的回转面可以看作混流式水轮机转轮流道中的计算流面。转轮叶片绘型就将在这些计算流面上进行。计算流面的确定问题也就是确定轴面流线问题。转轮流道内各轴面流线是按照两相邻流面间流量相等条件计算绘出的。根据水轮机比转速的高低和所采用的方法选取轴面流线的个数。用作图法绘制轴面流线时，通常包括转轮上冠和下环在内可取 5～9 条轴面流线。高比转速水轮机流道高度比低比转速水轮机大，轴面流线个数可取多些。一元理论和 $\omega_u = 0$ 的二元理论对轴面流速沿过水断面上的分布假定不同，轴面流线的绘制方法也不同。

1. 按轴面流速均匀分布绘制轴面流线

沿过水断面上轴面流速均匀分布是一元理论设计方法的重要假设。在一元理论中，假定轴面水流的过水断面上 v_m 均匀分布，因此，为在转轮轴面流道内画出计算流面的位置，只需用流面的个数去等分各个过水断面的面积即可。如图 4.2 所示，在上冠 AC 和下环 BD 之间画出数条轴面流线，同时作若干个与流线垂直的母线，根据过水断面和流线垂直的原则，此母线即为过水断面。每一个过水断面母线均被流线分割为若干段。如果所划分的流面位置正确，则各段应符合下列要求：

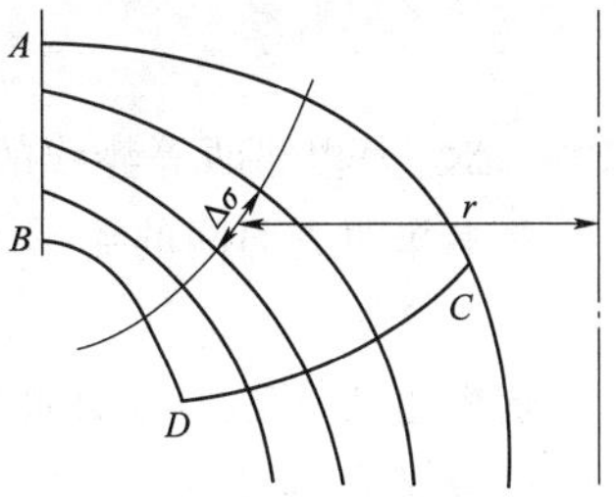

图 4.2 轴面流速均匀分布时轴面流线的绘制

$$\Delta f = 2\pi r \Delta\sigma = \text{const}$$

即

$$r\Delta\sigma = \text{const} \tag{4.1}$$

式中：Δf 为相邻两流线间过水断面面积；$\Delta\sigma$ 为相邻两流线间过水断面母线的长度；r 为线段 $\Delta\sigma$ 的平均直径。

式（4.1）即为一元理论检查计算流线正确性的条件。如果该式得不到满足，就要调整流线间距离并修改形状，直至满足该式。

2. 按轴面有势流动绘制轴面流线

前述二元理论设计转轮的方法中，轴面流动是有势的（$\omega_u=0$），这是一种常用且效果较好的方法。如轴面水流为有势流动，则流网可用互相垂直的流线 ψ 和等势线 ϕ 表示。为了得到流网，只需在给定的边界条件下解出拉普拉斯方程即可。水流的边界条件是：①转轮流道边壁上的法向速度为 0；②轴面流道起始断面和出口断面距离流道弯段足够远处，也即取在流道平直段，等势线就变成等速线，在该处轴面流速是均匀分布的。

4.1.2.2 检查流线正确性的原则

在水轮机转轮水力计算中，轴面有势流动的流网绘制可用计算机程序进行图解分析，轴面流网中任意两相邻流面间流量相等。检查流线的正确性可按下列原则进行：

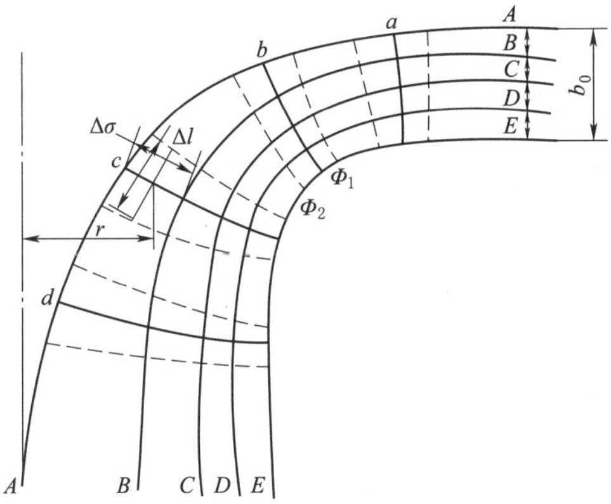

图 4.3 轴面有势流流网

（1）根据轴面流动有势的原则，流线应和等势线正交。根据这一特性，在作出初步计算流线（可以按照一元理论设计方法画出后，作为第一次近似）后，按等势线垂直于流线的性质，作出若干等势线，如图 4.3 所示 a、b、c、d 等。

由流体力学势流理论可知，势函数在任意方向的偏导数就等于速度在这一方向的分量。因此轴面速度 v_m 为

$$v_m = \frac{\partial \Phi}{\partial l} \tag{4.2}$$

式中：Φ 为势函数，$\Phi = f(r, z)$；l 为沿轴面流线的长度。

将式（4.2）转换为有限值时，轴面速度 v_m 为

$$v_m=\frac{\Delta\Phi}{\Delta l} \tag{4.3}$$

式中：$\Delta\Phi$ 为相邻两等势线的势差，$\Delta\Phi=\Phi_2-\Phi_1$。

则相邻两流面间的流量为

$$\Delta Q=2\pi r\Delta\sigma v_m \tag{4.4}$$

显然此处等势线与轴面水流过水断面相重合，因此过水断面母线长 $\Delta\sigma$ 也就是相邻两流线间等势线的长度（图 4.3）。将式（4.3）代入式（4.4）得通过两流线间的流量 ΔQ 为

$$\Delta Q=2\pi r\Delta\sigma\frac{\Delta\Phi}{\Delta l}=2\pi\Delta\Phi\left(r\frac{\Delta\sigma}{\Delta l}\right)$$

由于同一组相邻两等势线的势差 $\Delta\Phi$ 为一常数 A，故

$$\Delta Q=2\pi A\left(r\frac{\Delta\sigma}{\Delta l}\right) \tag{4.5}$$

（2）根据轴面计算流线绘制原则，任意两相邻流线间流量 ΔQ 要相等。因此同一组等势线和流线组成的不同小方格应满足：

$$r\frac{\Delta\sigma}{\Delta l}=\text{const} \tag{4.6}$$

式（4.6）即为有势流中检查流线绘制正确性的条件，如计算所得不能满足该式，则修改流线和相应的等势线，直到误差小于规定值 3%～4%为止。

4.1.3　一元理论转轮叶片设计

前面介绍了按轴面速度沿过水断面均匀分布绘制轴面流线的原则，绘制出了若干个流面，它们呈花篮形的回转面。叶片就是由这些回转面上的流线（每个回转面上只有一条流线，即叶片的骨线）所组成。在找出这些流线时，首先必须知道流面上叶片进、出口边的液流角 β_1 和 β_2，可以从叶片进、出口边的速度三角形得到

$$\tan\beta_1=\frac{v_{m1}}{u_1-v_{u1}},\quad \tan\beta_2=\frac{v_{m2}}{u_2-v_{u2}} \tag{4.7}$$

式中：v_{m1}、v_{m2} 为进、出口边计算点的轴面速度；u_1、u_2 为进、出口边的圆周速度，当计算点半径和转速已知时它们是可以求得的；v_{u2} 为出口绝对速度在圆周速度上的分量，$v_{u2}=\dfrac{\Gamma_2}{2\pi r_2}$，当出口环量已知时，该值也可求得；$v_{u1}$ 为进口绝对速度在圆周速度上的分量，$v_{u1}=\dfrac{\Gamma_1}{2\pi r_1}$，可根据基本方程式及 Γ_2 值求得。

一般叶片骨线进口角 β_{1e} 比液流进口角 β_1 小一个冲角 α，这是为了改善非设计工况下转轮的水力性能。叶片骨线的出口角可以取液流出口角 β_2。

空间流面呈花篮状曲面，要将其上的流线即叶片骨线画在平面的图纸上是不可能的。这里可以利用保角变换原理来映射线段，即图解保角变换法。一般是将花篮形回转面分为许多正交的方形网格，同时与之对应的采用一个圆柱体，圆柱面上也划分同样数目的方形网格，这个圆柱面可以展开为平面的网格图，如图 4.4 所示。

图 4.4 中Ⅰ、Ⅱ……所分割的面就是轴面，1、2……表示沿流线长度所作的微元段。

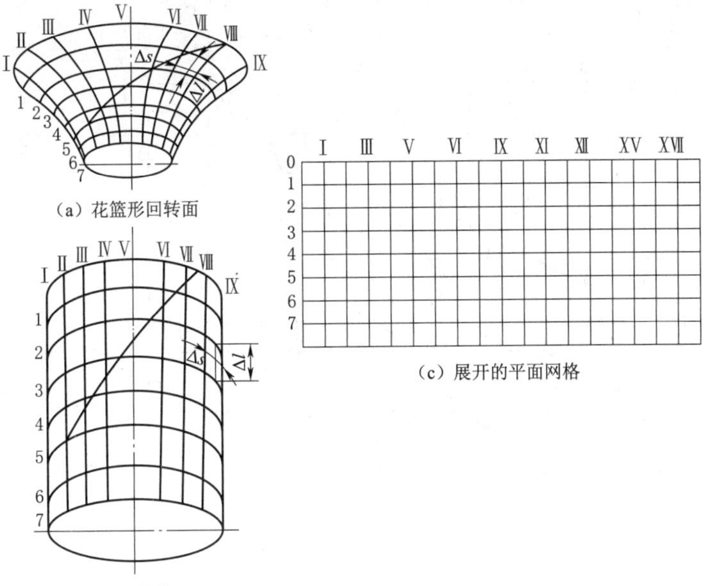

（a）花篮形回转面

（b）圆柱体

（c）展开的平面网格

图 4.4 图解保角变换法

这样，平面网络上任一点可以对应地映射到回转曲面的相应位置上。

由于所分的网格是正方形，沿流线各微元段长度将等于分割轴面角度 φ 乘以计算点所在的半径 r，这样就可以将所得到回转曲面上的微元段尺寸画到轴面上，如图 4.5 所示。

一元理论设计叶片的实质就是在平面展开图上，按进、出口角画出各条骨线。图 4.6 是一个具体范例，出口边布置在同一轴面上，b_2、c_2、d_2、e_2 可从图 4.5 中找出，至于进口边上的 a_1、b_1、c_1、d_1、e_1 各点则已知它们距基准线 0—0 的距离，但其所在轴面却是未知的。设计任务就是在保证进、出口角 β_{1e} 和 β_{2e} 的前提下，还要保证各骨线是光滑平顺的曲线，这完全靠作图来保证，存在一定的任意性。当绘制完展开平面图上各骨线后，就可以根据各点的映射关系，将在同一轴面上的骨线截点画到轴面投影图上，如图 4.7 所示。绘得的各轴面截线应满足相邻两条曲线的间距是有规律的变化，不应有波浪形的弯曲。因为只有这样才能保证所设计的叶片具有平滑的表面。若所得的轴面截线不满足上述要求，则应修改保角变换平面上的形状。

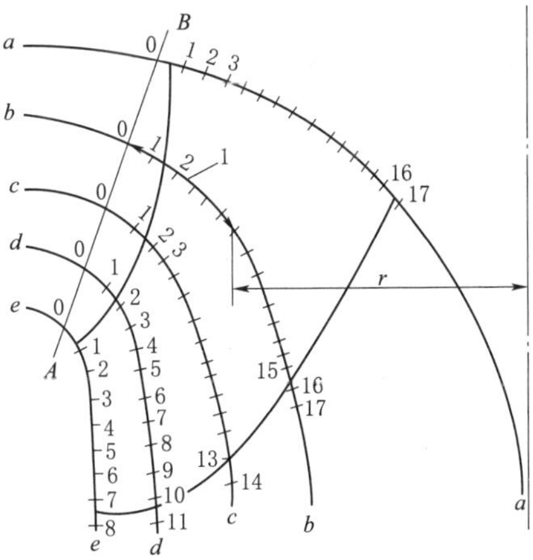

图 4.5 轴面流线微元段划分示意图

4.1.4 二元理论转轮叶片设计

根据前面所述，与一元理论不同，二元理论认为轴面流速沿过水断面不是均匀分布，轴面水流为二元流动且为有势（$\omega_u=0$）流动，但水流还是轴对称的。基于这样的前提，

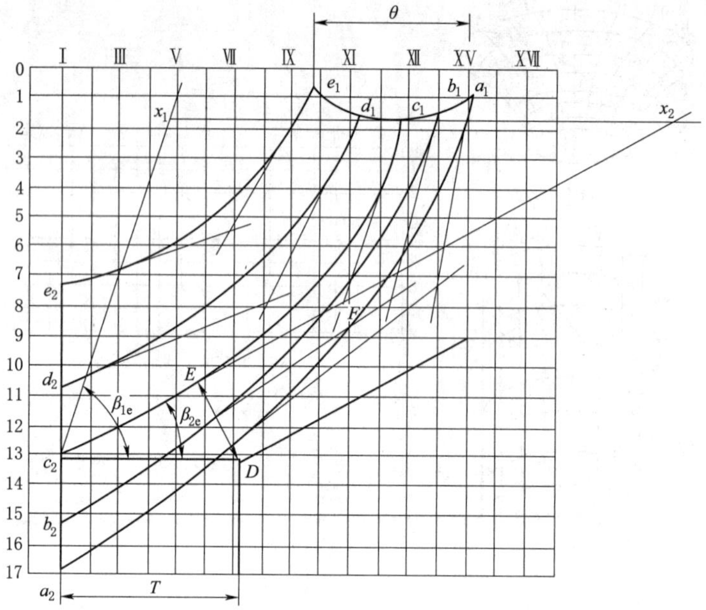

图 4.6　保角变换平面上叶片绘制

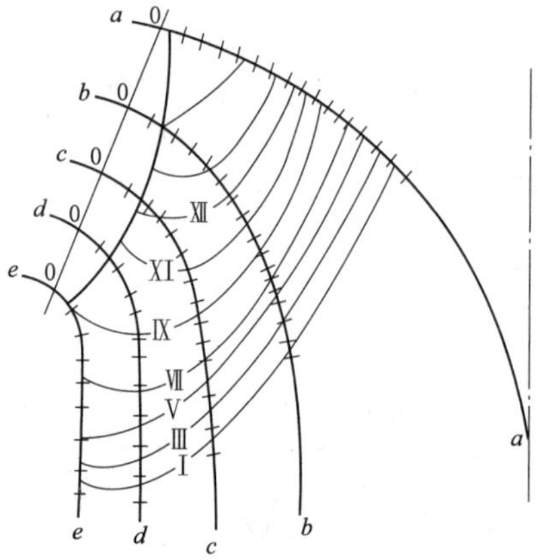

图 4.7　叶片的轴面截线

根据流体力学理论，叶片对水流的作用可以用漩涡面来代替，即漩涡面所诱导出的流动和叶片在水中所形成的流场完全一样。转轮叶片可以看作一组涡线组成的涡面，其作用等价于无厚度叶片对液流的作用，涡线必位于转轮叶片表面上。这里的涡线和流场中的流线一样均为矢量线，设漩涡运动的角速度为 ω，ω 和涡线相切，其在空间三个坐标轴上的投影分别为 ω_z、ω_u 和 ω_r。

在圆柱坐标系中涡线方程为

$$\frac{\mathrm{d}z}{\omega_z}=\frac{\mathrm{d}r}{\omega_r}=\frac{r\,\mathrm{d}\varphi}{\omega_u} \tag{4.8}$$

由流体力学知：

$$\left.\begin{aligned}\omega_z&=\frac{1}{2r}\left(\frac{\partial v_u r}{\partial r}-\frac{\partial v_r}{\partial \varphi}\right)\\ \omega_u&=\frac{1}{2}\left(\frac{\partial v_r}{\partial z}-\frac{\partial v_z}{\partial r}\right)\\ \omega_r&=\frac{1}{2r}\left(\frac{\partial v_z}{\partial \varphi}-\frac{\partial v_u r}{\partial r}\right)\end{aligned}\right\} \tag{4.9}$$

假定流动轴对称时：

$$\frac{\partial v_r}{\partial \varphi}=\frac{\partial v_z}{\partial \varphi}=0$$

所以

$$\left.\begin{aligned}\omega_z&=\frac{1}{2r}\frac{\partial v_u r}{\partial r}\\ \omega_u&=\frac{1}{2}\left(\frac{\partial v_r}{\partial z}-\frac{\partial r_z}{\partial r}\right)\\ \omega_r&=\frac{1}{2r}\frac{\partial v_u r}{\partial z}\end{aligned}\right\}\tag{4.10}$$

由式（4.8）得轴面涡线方程式为

$$\omega_r \mathrm{d}z-\omega_z \mathrm{d}r=0\tag{4.11}$$

将式（4.10）代入式（4.11）得

$$\frac{\partial v_u r}{r\partial z}\mathrm{d}z-\frac{\partial v_u r}{r\partial r}\mathrm{d}r=0$$

即

$$\mathrm{d}(v_u r)=0$$

$$v_u r=\mathrm{const}\tag{4.12}$$

由此可得出，在轴对称有势流动中沿轴面涡线上的速度矩等于常数。

另外，假设流动有势时，漩涡向量 ω 位于 $r-z$ 平面上，即位于轴面上。由于任一点的漩涡向量切于涡线，所以涡线必位于轴面上。在 $\omega_u=0$ 的二元理论叶片绘型中，每条涡线应分别位于不同的轴面上，每条涡线均为轴面涡线，整个叶片表面可看作由一组轴面涡线组成，用任一轴面切割翼型所得的叶片轴面截线必为轴面涡线。所以轴面涡线就是转轮叶片的轴面截线，也是等速度矩线，即 $v_u r=\mathrm{const}$。

由上所述，可得一重要结论：在 $\omega_u=0$ 的二元理论中，沿叶片轴面截线上的速度矩为一常数。因此，叶片上水流质点的速度矩仅是它所在轴截面坐标 φ 的函数，即

$$v_u r=f(\varphi)\tag{4.13}$$

上述特性明确后，流面上叶型骨线就可以绘制了。现在来求流面上叶型骨线（也就是相对运动的流线）的方程式。

液流质点 M_1 在流面上运动（图 4.8）。该质点相对运动的速度为 w，经过 $\mathrm{d}t$ 时间后，自 M_1 点运动至 M_2 点，则它在流面上的位移为

$$\overline{M_1M_2}=w\mathrm{d}t$$

$\overline{M_1M_2}$ 在轴面上的投影即质点在轴面流线上的位移为

$$\mathrm{d}l=w_m\mathrm{d}t=v_m\mathrm{d}t\tag{4.14}$$

$\overline{M_1M_2}$ 在圆周方向的投影即质点在圆周方向的位移为

$$\mathrm{d}l_u=w_u\mathrm{d}t=(u-v_u)\mathrm{d}t=r\mathrm{d}\varphi\tag{4.15}$$

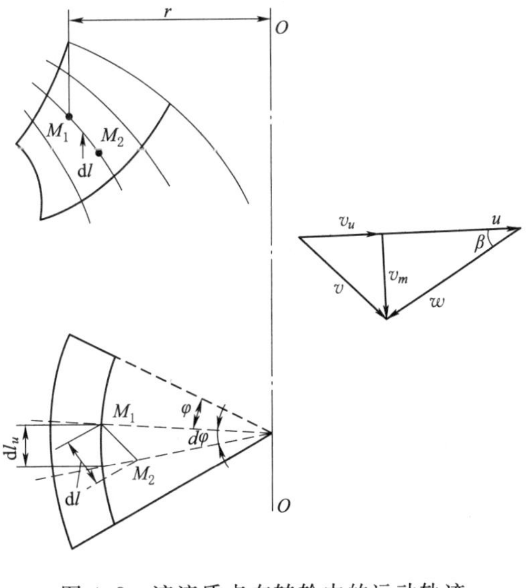

图 4.8 液流质点在转轮中的运动轨迹

式中：$d\varphi$ 为 M_1 和 M_2 点所在的轴向平面间的夹角。

由式（4.15）可得

$$dt=\frac{r d\varphi}{u-v_u}$$

将上式代入式（4.14），得

$$dl=\frac{v_m r}{u-v_u}d\varphi$$

或

$$d\varphi=\frac{u-v_u}{v_m r}dl$$

在上式右半部乘 r，使其含函数 $v_u r$，又 $u=\omega r$，则可得

$$d\varphi=\frac{\omega r^2-v_u r}{v_m r^2}dl \tag{4.16}$$

式（4.16）建立了转轮流道内质点在轴面上的位移与角位移的关系，称为转轮中液流质点的运动微分方程。积分该式就可得到质点运动的空间轨迹，叶片形状就由它来决定，因而该式又称混流式水轮机转轮叶片的微分方程。

将式（4.16）沿流线积分，得

$$\varphi=\int_0^l \frac{\omega r^2-v_u r}{v_m r^2}dl \tag{4.17}$$

式中：φ 为流线上任意点相对于进口点的角位移；l 为积分上限，任意点沿轴面流线到进口点的距离。

由式（4.17）可见，要进行积分就必须知道 $v_u r$、ωr^2 和 $v_m r^2$ 沿轴面流线的变化规律。ωr^2 及 $v_m r^2$ 沿轴面流线的变化规律在计算流面确定后即已给定。因轴面流线任一点的轴面速度 v_m 及角速度 ω 均为已知，因此任一点的 $v_m r^2$ 及 ωr^2 和轴面流线的关系即可得到。叶片进、出口速度矩 $v_u r$ 的值必须满足水轮机基本方程式，即

$$v_{u1}r_1-v_{u2}r_2=\frac{H\eta_s g}{\omega}$$

根据实践经验，建议在最优工况时，低比转速混流式转轮出口环量 $\Gamma_2=2\pi v_{u2}r_2=0$；对中高比转速混流式转轮，出口略带正环量，一般取 $\Gamma_2=+0.05\Gamma_1$。出口环量确定后即可按基本方程式决定进口环量 Γ_1。

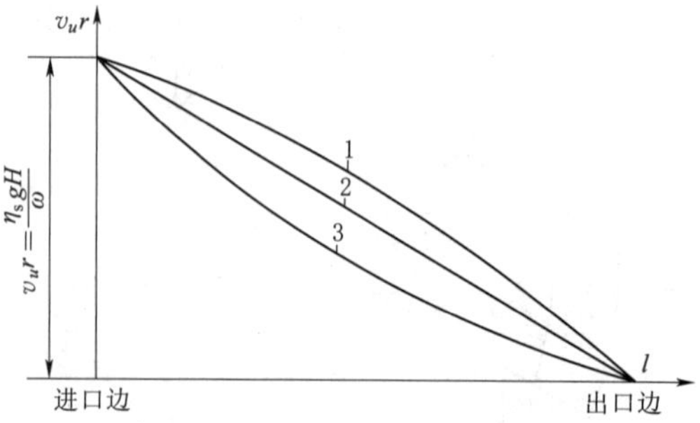

图 4.9　环量沿轴面流线的分布

沿着每一条轴面流线，环量由叶片进口边的 Γ_1 变化至出口边的 Γ_2，在其中间环量的变化规律 $v_u r=f(l)$ 则是人为给定的，图 4.9 给出了三种不同规律的环量变化曲线。显然，为保证所设计翼型每小段均能将水能转变为机械能，$v_u r=f(l)$ 曲线应是单调下降，不应出现极大值和极小值。

这样，如果已知 $v_u r$ 随轴面流线长度的变化规律，积分方程式（4.17）就可以完成设计。一般只能用曲线或列成表格形式给出 $\omega r^2=f(l)$、$v_m r^2=f(l)$ 和 $v_u r=f(l)$ 的关系，所以只能用数值积分解之，即

$$\Delta\varphi=\frac{\omega r^2-v_u r}{v_m r^2}\Delta l \tag{4.18}$$

将轴面流线分为若干个微段，各段长为 Δl_i，再找出 Δl_i 段中点处的 ωr^2、$v_u r$、$v_m r^2$ 值后，代入式（4.18）即可求出对应的 $\Delta\varphi_i$ 值。这种绘型方法称为逐点积分法。

混流式水轮机转轮叶片的各种设计方法中应用最为普遍的是一元理论设计方法和 $\omega_u=0$ 的二元理论设计方法。这两种方法均假设转轮叶片无限多和无限薄。所以式（4.18）既可用于二元理论，也可用于一元理论。应用一元理论设计混流式水轮机转轮叶片时，一直沿用保角变换法进行转轮叶片绘型。应用液流质点运动微分方程沿各计算流线进行逐点积分，一元理论设计方法计算工作量比 $\omega_u=0$ 的二元理论设计方法大，所以一元理论很少采用这种叶片绘型方法。

4.2 混流式水轮机转轮基本设计参数的确定

一些水电站将要装备的水轮机，或是由于系列型谱中缺少适用于该水头段的转轮，或是由于型谱中相应水头段的转轮性能已不能满足要求，因而需研制新型号转轮。一般情况下，总是希望新设计的水轮机能有较高的比转速和优良的运行性能。这里的比转速通常指在设计水头和额定转速下发出额定功率时水轮机的比转速。

4.2.1 混流式水轮机转轮的计算工况

水轮机设计工况是指在设计水头下水轮机发出额定功率的工况，转轮计算工况是指根据该工况的参数进行转轮叶片的水力设计。一般来说希望转轮计算工况就是模型试验得到的最优工况，即设计转轮希望达到的最优工况（n_{110}、Q_{110}），在此工况下水轮机的效率最高。因此设计时首先应根据统计资料及其发展趋势确定转轮的设计水平，适当地选择所设计的水轮机比转速 n_s 及空蚀系数 σ_z。

1. 混流式水轮机比转速与设计水头的统计关系

水轮机的比转速综合反映水轮机参数的水平。在给定水头、功率等参数条件下提高水轮机的比转速意味着提高机组转速或提高水轮机过流能力或两者均有提高。因而可减小水轮机和水轮发电机的尺寸与重量。合理提高水轮机比转速可以取得一定的经济效益。

统计分析表明，水轮机比转速和计算水头之间有一定关系。许多国家都习惯于根据统计数据作出水轮机比转速和设计水头的关系曲线。这样就可以根据给定的水头，参照这一关系并考虑到发展趋势确定所设计水轮机的比转速（表 4.1）。

表 4.1　比转速 n_s 与设计水头 H_r 的统计关系

年　份	n_s 与 H_r 的统计关系	年份	n_s 与 H_r 的统计关系
1960—1964	$n_s=2959H_r^{-0.625}$	1970—1985	$n_s=3470H_r^{-0.625}$
1965—1969	$n_s=3250H_r^{-0.625}$		

不同国家采用下面的关系式确定 n_s 和 H_r 的统计关系。

中国：$n_s=\dfrac{49500}{H_r+125}$

日本：$n_s=\dfrac{20000}{H_r+20}+30$

美国：上限 $n_s=2940H_r^{-0.5}$；中限 $n_s=2100H_r^{-0.5}$；下限 $n_s=1260H_r^{-0.5}$

2. 混流式水轮机空蚀系数与比转速的统计关系

提高水轮机比转速将受到空蚀的限制。这是因为比转速越高，空蚀系数就越大，要求的吸出高度的负值也就越大。根据统计资料及相应的统计曲线，不同国家在设计时空蚀系数与比转速的统计关系见表 4.2，通过该表即可合理确定所设计的水轮机比转速及空蚀系数。

表 4.2　　比转速 n_s 及空蚀系数 σ_z 的统计关系

国家	σ_z 和 n_s 的关系式	国家	σ_z 和 n_s 的关系式
（常用）	$\sigma_z=7.54\times10^{-5}n_s^{1.41}$	日本	$\sigma_z=3.46\times10^{-6}n_s^{2}$
中国	$\sigma_z=4.56\times10^{-5}n_s^{1.54}$	美国	$\sigma_z=2.56\times10^{-5}n_s^{1.64}$

3. 混流式水轮机转轮的计算工况

根据表 4.1 和表 4.2 并考虑水轮机发展趋势和设计要求，就可以确定所设计水轮机的比转速。为得到所期望的比转速值，既可以采用较大的单位流量 Q_{11}，也可以采用较高的单位转速 n_{11}。一般认为，对应每一比转速，单位流量和单位转速有着最佳匹配。但因缺乏系统研究，只能参照国内外优秀转轮性能参数以及提高比转速所采取的主要措施，确定单位流量和单位转速的大小，并用于计算水轮机的转轮直径和转速。

由比转速的表达式可以看出，n_s 的提高，可分别提高 n_{11} 或 Q_{11}，以及同时提高 n_{11} 和 Q_{11} 来实现。从目前国内已有的转轮系列型谱中发现，在水头 $H<125$m 的转轮中，与国外先进转轮相比，n_{11} 普遍较低；而在 $H>125$m 转轮中，单位流量 Q_{11} 又普遍偏低。所以，设计中当 $H<125$m 时，以提高 n_{11} 为主，提高 Q_{11} 为辅；当 $H\geqslant125$m 时，以提高 Q_{11} 为主，提高 n_{11} 为辅。当然，设计时还要结合电站具体的条件来适当地调整 n_{11}、Q_{11}，从而达到 n_s 的设计水平要求。为了方便绘图、计算，通常取模型转轮直径 $D_{1m}=0.5$m，模型水头 $H_m=1$m 来进行转轮的水力计算和设计。

在上述确定的转轮计算工况的 n_{11j} 和 Q_{11j} 下，模型转轮的单位流量、单位转速分别为

$$Q_{11m}=Q_{11j}D_{1m}^2\sqrt{H_m}=0.5^2\times Q_{11j}=0.25Q_{11j} \tag{4.19}$$

$$n_{11m}=n_{11j}\sqrt{H_m}/D_{1m}=\sqrt{1.0}/0.5n_{11j}=2n_{11j} \tag{4.20}$$

4.2.2 混流式水轮机转轮基本参数的确定及轴面投影图

转轮流道的形状及几何参数不仅对水轮机的过流能力有很大的影响，而且还直接影响水轮机的效率和空蚀性能。因此，转轮叶片绘型前要先确定转轮流道的几何参数。转轮叶片设计多采用圆弧投影即旋转投影，这样转轮的轴面投影就形成转轮的轴面流道，其上各点和水轮机轴线的距离即为各点的实际半径。混流式水轮机转轮流道形状可用轴面流道表

示，其主要几何参数通常包括导叶相对高度、转轮上冠流线形状、下环锥角和转轮出口直径等。

1. 导叶相对高度

混流式水轮机转轮与导叶距离很近，导叶相对高度 $\overline{b}_0$ 直接决定了转轮流道进口的断面面积大小。$\overline{b}_0$ 增加，在转轮直径不变的情况下，将使转轮进口过流面积 A_0 增加，过流量增加，机组出力增加；同时，导叶高度增加，导叶强度受到限制，流道高度增加，会使得转轮进口边加长，叶片本身的强度和刚度受到影响。

所以在$\overline{b}_0$ 的选择和确定时还必须和 n_s 相适应，当导叶出流角 α_0（或者导叶开度 a_0）在 30%～70%内变化时，导水机构内的水力损失最小，此时导叶出流角 α_0 在 26°～30°之间。设计时应当让导叶相对高度 $\overline{b}_0$ 和出流角 α_0 的选择相互匹配，其相互关系满足：

$$\overline{b}_0\tan\alpha_0=\frac{Q_{11}n_{11}}{60\eta_h g}\frac{k}{\alpha} \tag{4.21}$$

式中：α、k 分别为考虑导叶挤压、水流黏性及环量损失等的影响系数，通常 $k=1.07$，对于最优工况 $\alpha=1.15\sim1.20$，对于限制工况 $\alpha=0.95\sim1.0$。

$\overline{b}_0$ 的选择及确定应综合考虑。通常可按表 4.3 或常用水轮机转轮模型主要参数表中推荐的参考值选择后，再由式（4.21）校验 α_0 的范围，否则重新确定 $\overline{b}_0$。

表 4.3　$\overline{b}_0$ 与 H_{max} 的关系

H_{max}/m	45	65	105	160	220	250	320
$\overline{b}_0$	0.365	0.300	0.250	0.200	0.160	0.120	0.100

在确定好 $\overline{b}_0$ 后，模型转轮（$D_1=0.5$m）的导叶高度为

$$b_0=\overline{b}_0 D_1=0.5\overline{b}_0 \tag{4.22}$$

2. 转轮上冠流线形状

混流式水轮机转轮上冠流线可以做成直线型和曲线型两种（图 4.10）。直线型上冠具有较好的制造工艺性，但其效率特别是在负荷超过最优工况时低于曲线型上冠。此外采用曲线型上冠，虽然制造加工稍麻烦些，但它可以增加转轮流道在出口附近的过水断面面积，从而有利于提高单位流量和水力效率。不同上冠曲线 1、2、3 的转轮的工作特性曲线 $\eta=f(Q_{11})$ 如图 4.10（b）所示，可见上冠曲线 3 具有较大的过流量。设计时向上抬的上冠曲线也不能太接近于水平位置，因有可能在小流量范围内上冠区域出现二次回流，所以上冠形状在向上抬处的切线与水轮机中心线的夹角应控制在 85°左右。同时，保证上冠下部与泄水锥相接处流道的光滑性，不产生脱流和撞击，泄水锥与主轴中心夹角 θ 应控制在 30°以内，转轮轴面投影如图 4.11 所示。

3. 下环锥角和转轮出口直径

转轮下环形状与比转速有关，常见的形状有曲线形、圆锥形或者圆柱形。下环形状和转轮出口直径 D_2 不仅对转轮出口附近的过水断面面积影响很大，也影响转轮的过水能力及空化性能。

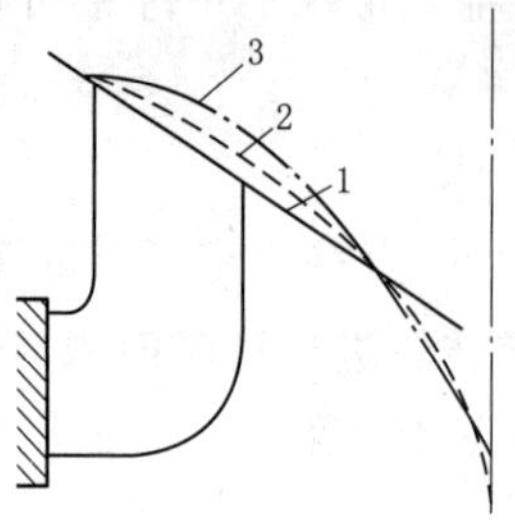

（a）三种上冠曲线形状

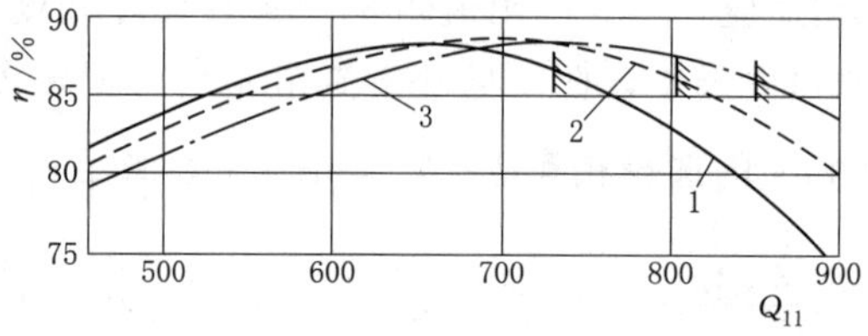

（b）工作特性曲线

图 4.10 混流式转轮上冠曲线形状及工作特性曲线

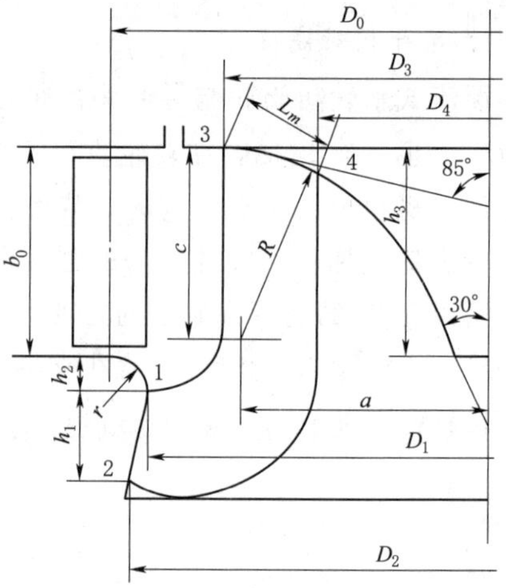

图 4.11 转轮轴面投影图

下环形状及下环锥角与水轮机的比转速有关。对于低比转速水轮机，为了使水流平顺地拐弯，不易产生脱流，采用了较大的曲率半径，其下环形状为曲线形，如图 4.12（a）所示。低比转速转轮的 $D_2/D_1<1$，叶片进口边的高度和导叶高度相同。这样的转轮单位过流量必然很小，强度和刚度均有充分的保证，但由于叶片比较长，叶片单位面上的负荷也就比较低，空化系数减小。实践表明，对 $n_s=60\sim120$ 的低比转速转轮，$D_2/D_1=0.6\sim0.85$ 时将具有良好的空化空蚀性能和效率指标。对于中高比转速的水轮机，下环形状为圆锥形或圆柱形，$D_2/D_1\geqslant1$，也就是下环具有一定的扩散锥角，这有助于增加转轮出口的过流断面面积，对提高过流量、降低转轮出口的水流速度、改善空化空蚀性能有利，但过大的下环锥角，将使下环曲线的曲率增大，脱流损失加大，从而导致水力效率下降。

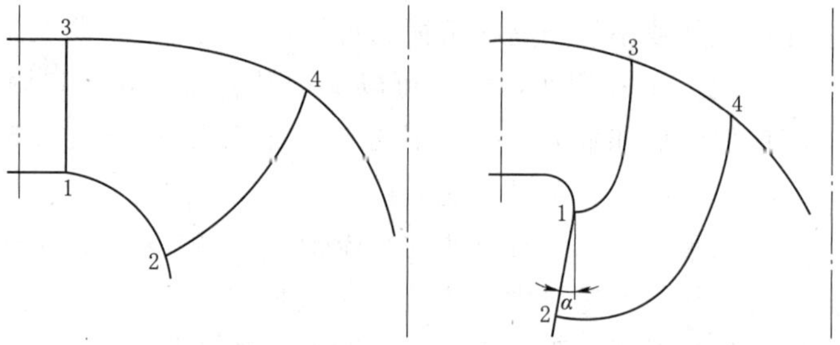

（a）低比转速混流式水轮机 （b）中高比转速混流式水轮机

图 4.12 不同比转速混流式水轮机下环形状及叶片进、出口边位置

高比转速转轮的下环通常采用具有锥角 α 的直线型，如图 4.12（b）所示。锥角越大，出水截面面积越大，可提高过流能力，但锥角过大会引起脱流，使水力损失增大，效率下降。实践表明，当锥角由 3°增加到 6°时，水轮机最高效率几乎没有变化，但转轮的

过流能力 Q_{11} 却可增加 2.5%，出力可增加 2%左右，当锥角由 6°增加到 13°时，虽然 Q_{11} 还继续增加，但最高效率却开始下降。因此，锥角不宜过大，一般不大于 13°。同时锥角加大后增加了转轮出口附近的过水截面面积，降低了出口边附近的流速，使空化系数下降，可以改善空化性能。

通常设计时，可参照表 4.4 来选取或参考相关的设计资料进行确定。

表 4.4　　不同 n_s 混流式水轮机下环锥角 α 的取值

n_s	60～80	120～180	180～200	200～250	250～300	350
α/(°)	曲线型	3～6	6～10	6～13	10～13	13

4. 叶片进、出口边位置的确定

转轮叶片进、出口边的位置可决定转轮过流通道工作段的长短，叶片进、出口角的大小，以及叶片的弯曲程度，故它对转轮的性能有较大的影响。如图 4.12 所示，设计时必须确定 1、2、3、4 各点的位置及曲线 1-3 和 2-4 的形状。

为了比较，现取转轮直径为 1m，工作在 1m 水头下，按不同比转速水轮机来讨论，在这种情况下，$D_3=D_1=1$m。由于水头是 1m，在设计工况下导叶开度是一定的，导叶出口流速 v_1 的大小和方向也就是定值。比转速越低，由进口速度三角形图 4.13 可知，其进口液流角 β_1 越大，甚至大于 90°。而 β_1 过大会引起叶片厚度对流道的严重排挤。故在图 4.12 中将点 1 稍向后移，减小 u_1 值，使 β_1 保持在 90°左右；比转速越高，点 1 越往后移。反之对低比转速转轮，点 1 一直向前移，到 $D_1=D_3$ 时，β_1 有可能小于 90°，当然也不希望太小，太小了一方面也会对流道产生排挤；另一方面，在出口速度三角形中 β_2 为定值（对所有水轮机的 β_2 值为 14°～20°）的情况下，叶片沿流线弯曲严重，效率降低。

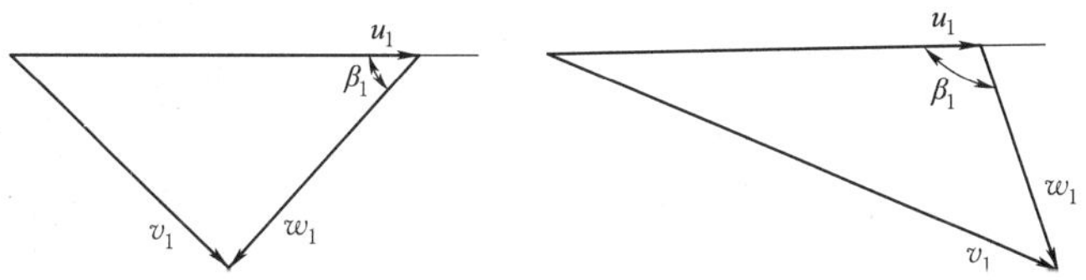

（a）高比转速　　（b）低比转速

图 4.13　不同 n_s 混流式水轮机转轮进口速度三角形

在图 4.12 中，点 1 到点 3 之间的进口边，对中比转速转轮为由点 1 引垂线向下，然后用圆弧与点 3 相连。对高比转速转轮则为由点 1 引略向外倾斜的直线然后用圆弧与点 3 相连。

出口边点 2 的位置可由出口速度三角形确定，设计时出口速度三角形中，使 v_2 为法向出口 β_2 保持 14°～20°来决定 v_2 值，从而求出 D_2 值。点 4 的位置，可使叶片上所有流线在轴面投影中长度大致相等的原则，即 3-4 线段和 1-2 线段长度相等而得出。2-4 两点连线即为出口边。设计实践表明，缩小转轮进口边的直径是提高最优单位转速的重要手段之一。但为了提高单位转速，设计时过多地减小进口边平均直径，会影响叶片的强度，而过分减小 β_1，则会引起叶片对流道的严重排挤，使转轮能量及空化性能变坏，因此两者必须配合适当。

出口边往后移会使叶片加长，表面积增大，对转轮空化性能和叶片强度均有利，但会引起过流能力的降低和摩擦损失的增加。而出口边往前移，则增大了叶片间开口，使转轮的过流能力增大，但对空化和强度不利。因此在设计时往往参考相近比转速的性能优秀转轮选择适宜的出水边位置。

5. 叶片数的确定

转轮叶片数 Z_1 不仅影响水轮机的能量和空蚀性能，同时也对结构强度有很大的影响。当叶片数减少时，叶片对水流的排挤作用减弱，过流量增加，摩擦损失减少，但叶片单位面积上受力增加，空蚀性能下降，强度受到影响；相反，当叶片数增加时，摩擦损失增加，水流排挤作用增强，过流量减小，水力效率降低。混流式水轮机转轮一般有 13～19 个叶片，比转速越低，其转轮叶片数越多。大型转轮的叶片数还应考虑加工的工艺方式，如大型高水头水轮机转轮由于流道窄长，若采用铸焊结构，可选叶片数较少的转轮。在确定转轮叶片数的同时，还须考虑其与导叶数的匹配问题，以避免两者的不匹配而产生机组振动。

为提高转轮的空蚀性能，也可以采用带长短叶片的转轮（图 4.14），短叶片夹在两长叶片之间，短叶片长度是长叶片长度的 2/3，叶片进口边均布，出水边略靠近前一长叶片的背面，迫使叶片正面的流速增加，进而使得叶片正、背面的流速趋于相等，以减少效率损失。长短叶片转轮的优点有：①增大了进口区域叶栅稠密度，水流绕流叶片时节距变狭窄，使水流更加均匀，减小了压力脉动；②叶片受压面积增加，降低了单位面积所受的压力，使叶片正面和背面的压力差减小，降低了发生空蚀的可能。

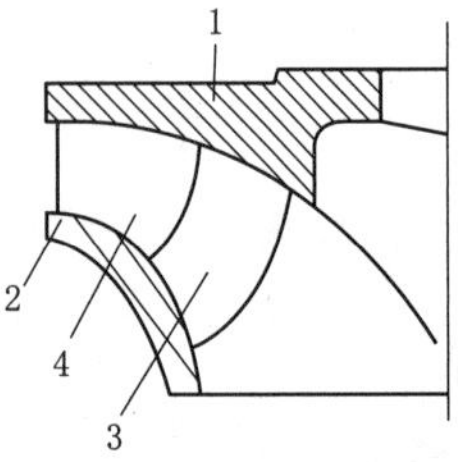

(a) 低比转速混流式水轮机

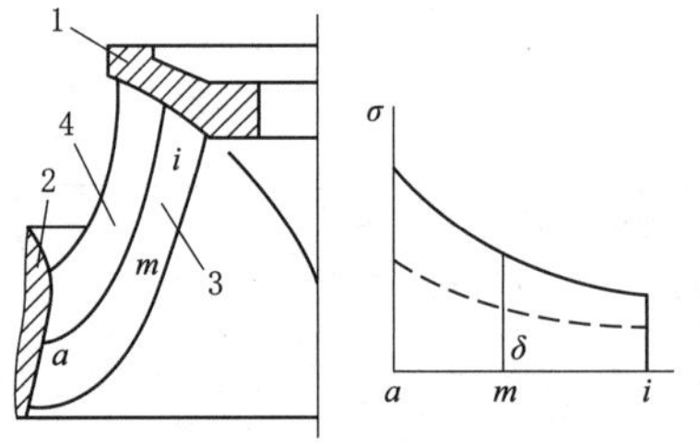

(b) 中高比转速混流式水轮机

(c) 转轮实物

图 4.14　转轮长短叶片组合示意

1—上冠；2—下环；3—长叶片；4—短叶片

根据实践统计资料，表 4.5 给出了转轮叶片数与比转速的关系，在初步设计时可参考。

表 4.5　不同 n_s 混流式水轮机转轮叶片数取值

n_s	60～80	100～150	180～200	200～250	250～300	300～350
Z_1	21～19	19～17	17～15	15～14	14	14～9

在叶片厚度、长度不变条件下，增加叶片数会增加转轮的强度和刚度。因此在高水头混流式水轮机设计时，应适当增加转轮叶片数。但叶片厚度在流道中又起排挤空间的作用，叶片数增加减小过水断面面积，致使转轮的单位流量减少。试验表明，叶片数的改变不仅改变最优工况时的单位流量 Q_{11}，同时也改变出力限制线的位置，如图 4.15 所示。

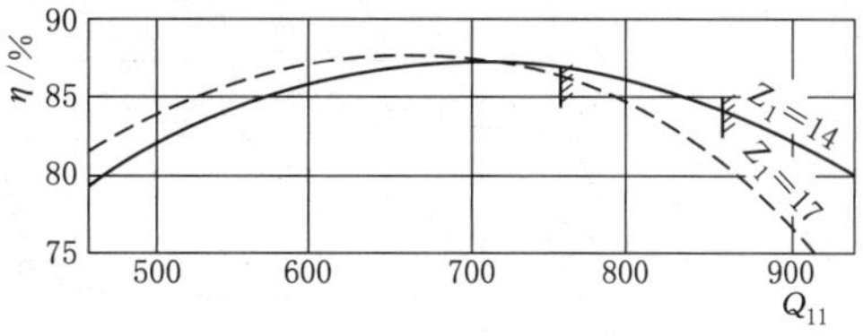

图 4.15 转轮叶片数不同时的 $\eta=f(Q_{11})$ 曲线

在确定转轮叶片数 Z_1 时，还要考虑叶片包角 θ 的大小。设计时叶片包角 θ 随比转速 n_s 的增大而减小，一般情况下，当 $n_s>150$ 时，$\theta=30°\sim40°$；当 $n_s\leqslant150$ 时，$\theta=40°\sim50°$。

6. 轴面投影图

根据水轮机工作参数和比转速，参照上述所确定的各项参数，绘制出转轮的轴面流道。为了保证水流在转轮中不因脱流而造成很大的能量损失，转轮的流道应该是逐渐收缩的。对于中高比转速混流式水轮机，由于其转轮出口附近的空化空蚀较为严重，故可使流道在该处略有扩散。检查流道过流面积变化规律常采用作内切圆的方法，近似计算轴面水流的过水断面面积，其方法与离心泵叶轮水力设计中检查叶轮流道面积的方法相同。

转轮轴面流道确定后就可以确定转轮叶片进口边和出口边的轴面投影，如图 4.11 所示。转轮叶片进口边的位置由 D_1 和 D_3 确定，而转轮叶片出口边的位置由 D_2、D_4 和出口边的形状确定。其中 D_1 的大小是已知的，D_3 的大小与上冠在该处的叶片进口角 β_1 和单位转速 n_{11} 有关。由进口速度三角形可知：β_1 较小时，相对速度 w_1 较大；β_1 较大，w_1 也大，同时叶片过分弯曲，易产生背面脱流。所以 $\beta_1=90°$为最好，但考虑到叶片厚度的影响及冲角变化，设计时常保证 β_1 在 86°～88°内为宜。

当 $\beta_1=90°$时：

$$D_3=\frac{60D_1\sqrt{\eta_h g}}{\pi n_{11}}$$

在得到的轴面流场基础上，已知 u_1、v_{u1}、v_{m1}，可按式（4.23）校核 β_1 的大小是否在 86°～88°的范围内，否则应调整 D_3 的大小。则

$$\beta_1=\arctan\frac{v_{m1}}{u_1-v_{u1}} \tag{4.23}$$

从点 3 作垂线，并采用一圆弧与点 1 光滑连接，即得到叶片进水边形状。结合着设计要求，也可将进口边做成倾斜的。叶片出口边由点 2、点 4 确定。点 4 位置影响上冠叶片轴面长度 L_m 及叶片包角的大小，设计时，一般取 $L_m=(0.17\sim0.22)D_1$。通过调整其大小，满足叶片包角 $\theta=30°\sim40°$。至于叶片出水边的形状，由于它是在同一个轴截面内的 $v_u r=\text{const}$ 涡线，故可由积分积出。

常见的混流式水轮机转轮流道尺寸如图 4.16 所示。

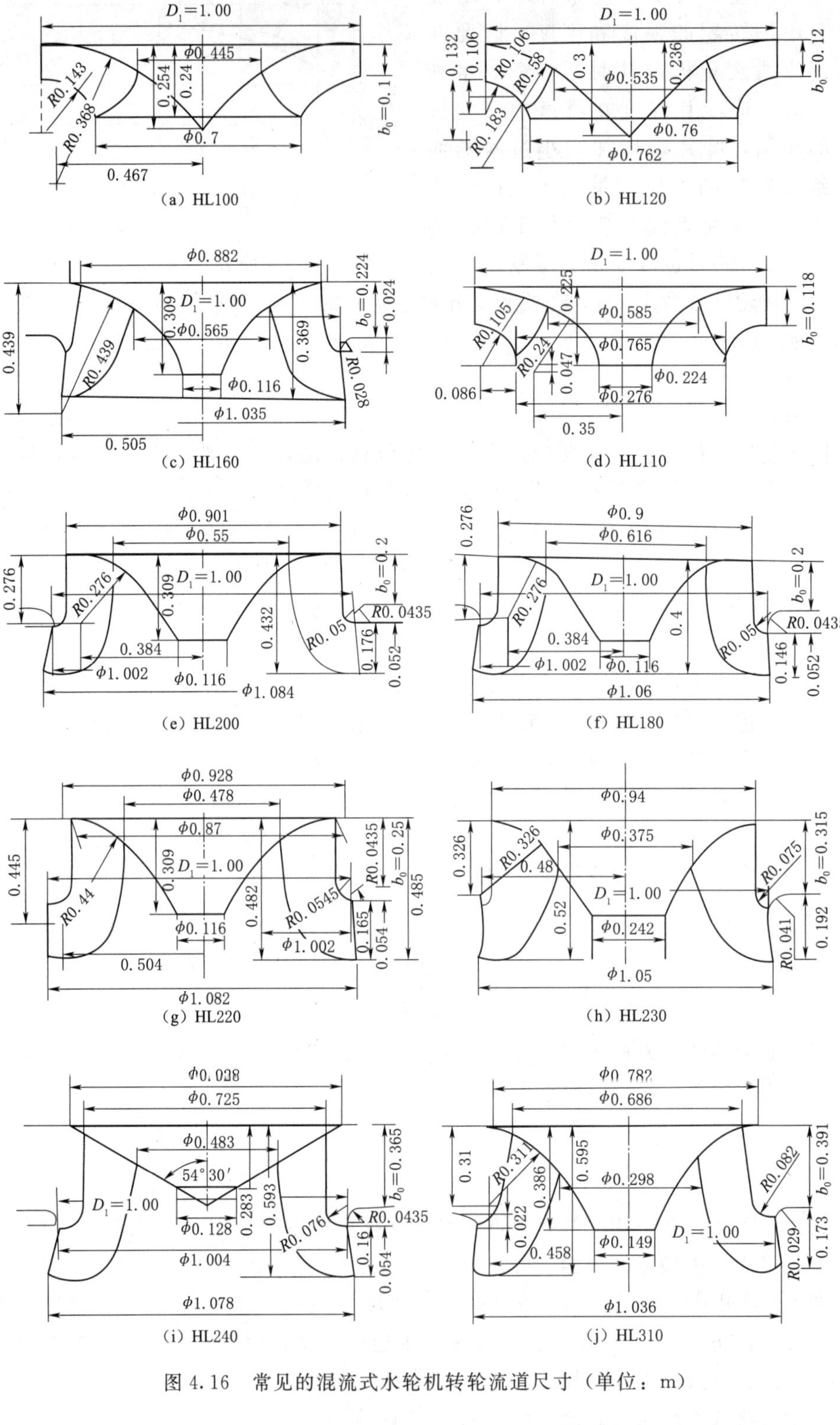

图 4.16 常见的混流式水轮机转轮流道尺寸（单位：m）

4.3 轴面流线的绘制及轴面速度的分布

4.3.1 二元理论设计时轴面流线的绘制

无论是应用一元理论还是应用二元理论设计转轮叶片，都需要确定计算流面。假定转轮叶片无限多和无限薄时，轴面流线绕水轮机轴线所得到的回转面可以看作混流式水轮机转轮流道中的计算流面。转轮叶片绘型就将在这些计算流面上进行。计算流面的确定问题也就是确定轴面流线问题。转轮流道内各轴面流线是按照两相邻流面间流量相等条件计算绘出的。

本节介绍用 $\omega_u=0$ 的二元理论设计方法绘制混流式水轮机转轮轴面流线。轴面流线的绘制原则是：在轴面流道图上，根据比转速的高低，选取包括上冠流线和下环流线在内的 5～9 条轴面流线，并使两相邻流面间单元流道内的流量相等。高比转速水轮机流道高度比低比转速水轮机大，轴面流线条数可取多些。又由于二元理论是假设轴面流动为有势流动，故在轴面内，流线与势线是正交的，按照上述条件即可得到精确的流网。

如图 4.17 所示，假定在流道转弯前足够远处（如Ⅰ-Ⅰ断面）及转弯后足够远处（如Ⅱ-Ⅱ断面），轴面流速是均匀分布的，按各单元流道流量相等的原则，即可用轴面流线来分割Ⅰ-Ⅰ及Ⅱ-Ⅱ断面。Ⅰ-Ⅰ断面为圆柱面，若取 $n+1$ 条轴面流线（即有 n 个单元流道），则在Ⅰ-Ⅰ断面上各流线点为等分点，每等分段长度为 b_0/n。Ⅱ-Ⅱ断面通常是圆形或圆环形断面，按 v_m 均布，对应等分成 n 个面积相等的圆环，其等分点半径由下式确定：

$$r_i=\sqrt{\frac{i-1}{n}(R^2-r_0^2)+r_0^2}\quad(i=1,2,\cdots,n+1)\tag{4.24}$$

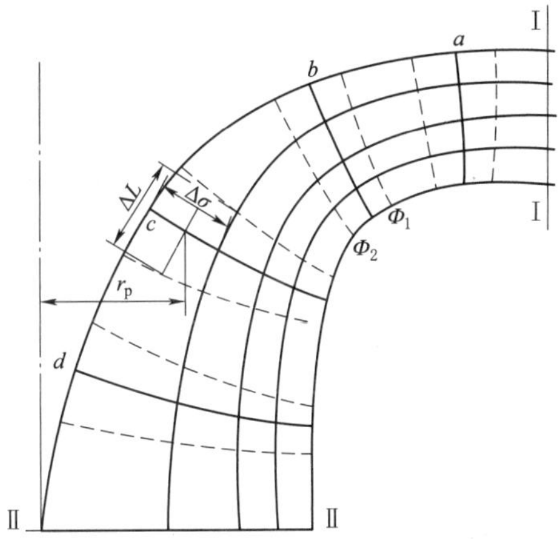

图 4.17 轴面流动为有势流动时轴面流线的绘制

式中：r_0 为主轴半径，如主轴不从尾水管中伸出，则 $r_0=0$；i 为由转轮上冠至下环的轴面流线的序号，$i=1,2,\cdots,n+1$；r_i 为转轮轴面流道出口Ⅱ-Ⅱ断面上各轴面流线的分点半径；n 为转轮轴面流道出口断面的圆环个数，轴面流线总数为 $n+1$ 条；R 为转轮轴面流道出口断面外半径。

这样就得到了 $n+1$ 条流线的起始、终止位置。在此基础上，根据流线与势线正交原则作出第一次近似的轴面流线及流网，然后按上述原则进行计算及调整，直至满足精度要求。

4.3.2 轴面速度沿轴面流线的分布

因速度势函数 Φ 在某一方向的偏导数等于速度在该方向的分量。所以速度势函数 Φ 在轴面流线 L_m 上的方向导数就等于轴面速度 v_m，即

$$v_m=\frac{\partial \Phi}{\partial L_m} \tag{4.25}$$

计算时可用很小的增量来代替微分，以原有的等势线为中线，在该中线两侧各作一条相近等势线（一般用虚线表示），这样三条等势线构成了一组等势线组，则式（4.25）变为

$$v_m=\frac{\Delta \Phi}{\Delta L_m} \tag{4.26}$$

式中：v_m 为轴面流线与等势线中线交点处的轴面速度；$\Delta\Phi$ 为等势线组中两侧等势线的势差；ΔL_m 为两等势线间轴面流线的长度。

根据各单元流道的流量 ΔQ 相等的条件，每组等势线应满足：

$$\Delta Q=2\pi r_{\mathrm{p}}\Delta\sigma v_m=2\pi r_{\mathrm{p}}\Delta\sigma\frac{\Delta\Phi}{\Delta L_m}=2\pi\Delta\sigma\Delta\Phi\frac{r_{\mathrm{p}}}{\Delta L_m}=\frac{Q}{n}=\mathrm{const} \tag{4.27}$$

式（4.27）中各符号如图 4.17 所示，$\Delta\Phi$ 等于常数，所以

$$\Delta\sigma\frac{r_{\mathrm{p}}}{\Delta L_m}=\Delta F=\mathrm{const} \tag{4.28}$$

式（4.28）即为沿一组等势线检查和校核流网的条件，不同的等势线组，ΔF 值不同。计算时可列表计算，见表 4.6，要求$\frac{\delta(\Delta\sigma)}{\Delta\sigma}=\frac{(\Delta F_{\mathrm{p}}-\Delta F_i)/(r/\Delta L_m)}{\Delta\sigma}\leqslant 1\%$。

表 4.6　　轴面流网计算表

等势线	流线	r	ΔL_m	$\frac{r}{\Delta L_m}$	$\left(\frac{r}{\Delta L_m}\right)_{\mathrm{p}}$	$\Delta\sigma$	$\Delta F_i=\Delta\sigma\left(\frac{r}{\Delta L_m}\right)_{\mathrm{p}}$	$\sum_{i=1}^{n}\Delta F_i$	$\Delta F_{\mathrm{p}}=(\sum_{i=1}^{n}\Delta F_i)/n$	$\frac{\delta(\Delta\sigma)}{\Delta\sigma}$
σ_1	L_1									
	⋮									
	L_5									
⋮										
σ_m	L_1									
	⋮									
	L_5									

由此可得到轴面速度 v_m 的分布规律，而

$$\Delta Q=2\pi r_{\mathrm{p}}\Delta\sigma v_m=2\pi r_{\mathrm{p}}\Delta\sigma\Delta\Phi/\Delta L_m=2\pi\Delta\Phi\Delta F_i$$

因此有

$$Q=\sum\Delta Q=2\pi\Delta\Phi\sum_{i=1}^{n}\Delta F_i$$

由此可得

$$\Delta\Phi=\frac{Q}{2\pi\sum_{i=1}^{n}\Delta F_i}$$

从而导出 v_m 为

$$v_m=\frac{\Delta\Phi}{\Delta L_m}=\frac{Q}{2\pi\Delta L_m\sum_{i=1}^{n}\Delta F_i} \tag{4.29}$$

轴面速度可列表计算，见表 4.7。绘制出 $v_m=f(L_m)$ 曲线，如图 4.18 所示。

表 4.7　　轴面速度计算表

等势线	$\sum_{i=1}^{n}\Delta F_i$	$\Delta\Phi$	流线	L_1	L_2	L_3	L_4	L_5
σ_1			ΔL_m					
			v_m					
⋮								
σ_m			ΔL_m					
			v_m					

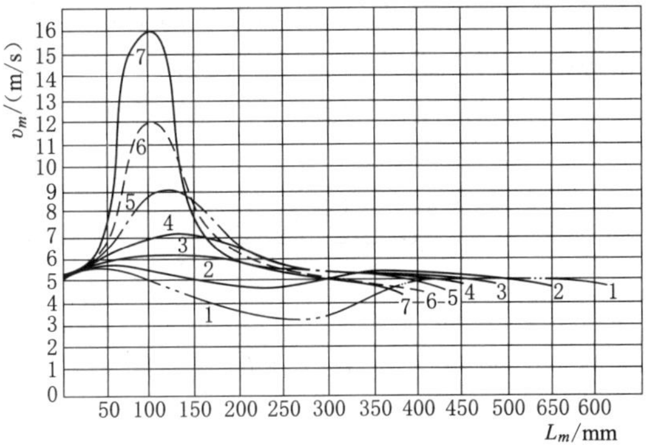

图 4.18　$v_m=f(L_m)$ 曲线

4.4　轴面涡线的计算及叶片绘型

目前应用普遍的混流式水轮机转轮叶片的水力设计方法均假定转轮叶片数无限多和叶片无限薄。从前文可知，可用沿叶型骨线（即无厚度叶型或相对厚度很小的莲叶型）连续分布涡代替叶型，因而求出一系列的涡线，也就得到了叶片的表面。二元理论认为轴面流速沿过水断面不是均匀分布的，$\omega_u=0$ 的二元理论认为轴面上的流动是有势的。中高比转速混流式水轮机转轮的轴面流速接近于有势流动，且在轴对称有势流动下的涡线具有以下几个重要特征：①涡线是在轴截面上的平面曲线；②沿轴面涡线速度矩保持常数，即 $v_ur=\text{const}$；③轴面涡线就是叶片的轴面截线；④不同的轴面涡线位于不同辐角的轴面内。

同时，叶片的进、出口边上的 v_ur 各为一定值（由水轮机基本方程式确定），在 $\omega_u=0$ 二元理论方法中，叶片的进、出口边分别位于不同的轴面上，且两轴面的夹角就是叶片的包角 θ。

4.4.1　混流式水轮机转轮叶片微分方程

水流质点在转轮中做相对运动时，描述其轴面流线上的位移 dL_m 与角位移 $d\theta$ 之间的

关系式为

$$d\theta=\frac{\omega r^2-v_u r}{v_m r^2}dL_m \tag{4.30}$$

对式（4.30）积分，即可得到转轮叶型的骨线方程，即

$$\theta=\int_0^L\frac{\omega r^2-v_u r}{v_m r^2}dL_m \tag{4.31}$$

通常计算时，是将流线分成若干段进行的，即

$$\theta=\sum_{i=1}^{n}\left(\frac{\omega r^2-v_u r}{v_m r^2}\right)_i\Delta L_{mi} \tag{4.32}$$

要对式（4.32）进行计算，还必须确定 $v_u r$ 的变化规律。

4.4.2 轴面涡线沿轴面流线的变化规律

水轮机基本方程式为

$$\eta_h gH=\omega(v_{u1}r_1-v_{u2}r_2)$$

对于 n_s 较低的水轮机，通常取转轮叶片出口为法向出口，即 $v_{u2}=0$；对中、高 n_s 的水轮机，通常取转轮叶片为略具微小正环量出口，此时 $v_{u2}r_2\neq0$。通常取

$$v_{u2}r_2=(0.02\sim0.05)v_{u1}r_1$$

所以

$$v_{u1}r_1=\frac{\eta_h gH}{\omega(0.95\sim0.98)} \tag{4.33}$$

以上确定了转轮叶片进、出口的速度矩大小。从进口到出口的 $v_u r$ 分布［即 $v_u r=f(L_m)$ 曲线］，应使得叶型表面的速度和压力分布尽可能合理，而且总是希望叶片的前半段集中较多的环量变化，如图 4.9 所示。在设计计算过程中，往往还要对预置的 $v_u r=f(L_m)$ 曲线进行修正，最终才能确定合理的 $v_u r$ 变化规律。

4.4.3 上冠轴面流线叶型骨线的计算

一般多取转轮上冠流线作为第一条计算流线，如图 4.19 所示。初步给定第一条流线上转轮叶片进、出口边的位置，即初步给定其轴面流线的长度，可按 $L_m=(0.17\sim0.22)D_1$ 取定，分成 8～12 小段，将各小段的长度 ΔL_{mi}、半径 r_i 和 $r_i^2\omega$、$v_{ui}r_i$ 及 $v_{mi}r_i^2$ 等值代入式（4.34），即可求出对应 ΔL_{mi} 段的辐角大小 $\Delta\theta_i$（即该小段的轴面位移角）。为了设计方便，可列表 4.8 进行计算。

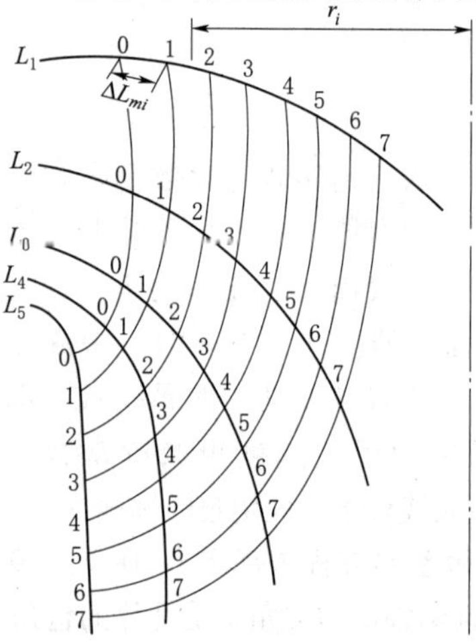

图 4.19 上冠流线及其余流线叶型骨线的计算

$$\Delta\theta_i=\left(\frac{\omega r^2-v_u r}{v_m r^2}\right)_i\Delta L_{mi} \tag{4.34}$$

$$\theta=\sum_{i=1}^{n}\Delta\theta_i \tag{4.35}$$

逐点计算各小段的长度 ΔL_{mi} 及相应的轴面位移角 $\Delta\theta_i$。第一条轴面流线上各小段的轴面位移角的总和即为叶片包角 θ。计算所得的叶片包角 θ 应在适当的范围

内，否则应调整 L_m 的长度或修改沿上冠流线速度矩的分布规律，再重新进行计算，直至满足条件。

表 4.8　　上冠流线的积分计算表

L_m	ΔL_m	$L_m+\Delta L_m/2$	r	$r^2\omega$	$\overline{L}_m$	v_ur	$r^2\omega-v_ur$	v_m	v_mr^2	$\Delta\theta$
0										
⋮										

一般情况下，对于 $n_s\leqslant150$ 的低比转速水轮机，叶片包角一般取 40°～50°；对于 $n_s>150$ 的中高比转速水轮机，叶片包角一般取 30°～40°，也可以使叶片包角 θ 与叶片数 Z_1 之乘积 $Z_1\theta$ 在某一范围内，以保证转轮叶片的抗空蚀性能。

4.4.4 其他轴面流线叶型骨线的计算

前已得出，用 $\omega_u=0$ 的二元理论设计方法进行叶片绘型时，沿同一轴面截线的轴面位移角相等，速度矩相等。计算其他轴面流线上叶型骨线时，就要找出位于同一轴面截线上和第一条轴面流线各计算点相应点的位置。应利用第一条轴面流线上的速度矩分布曲线，即应使各小段的 $\Delta\theta_i$ 和 v_ur 值分别等于第一条流线上相应各段的 $\Delta\theta_i$ 和 v_ur 值，再由积分方程计算出其他轴面流线上等于 $\Delta\theta_i$ 和 v_ur 值所对应的轴面流线长度 ΔL_{mi}。当然由于 ΔL_{mi} 是未知的，其中点的 r_i 及 v_{mi} 无法确定，因此须先试取一小段长 ΔL_{mi}，即可计算出$\Delta L'_{mi}$。两者若吻合即可确定 ΔL_{mi} 的大小，否则应重新进行计算，直至满意为止。其计算过程可按表 4.9 进行。待所有流线均计算完后，将各流线上的同名点（即 v_ur 值相等的点）连接成光滑曲线，即为叶片的轴面截线，如图 4.19 所示。

表 4.9　　其他轴面流线叶型骨线计算表

流线	$\Delta\theta$	ΔL_m	$L_m+\Delta L_m/2$	r	$r^2\omega$	v_ur	$r^2\omega-v_ur$	v_m	v_mr^2	$\Delta L'_m$	$\Delta L'_m-\Delta L_m$	$\sum L_m$
L_2												
⋮												
L_n												

注　$\Delta\theta$ 和 v_ur 列与第一条轴面流线各小段的计算完全相等。

需要指出的是，只有对给定速度矩分布的那条轴面流线，可以任意给定叶片进、出口边的位置，而其他各轴面流线只能给定转轮叶片进口或出口位置作为逐点递推的起始点，其终点则只能由计算确定。

在应用 $\omega_u=0$ 的二元理论叶片绘型时，转轮叶片进、出口边的速度矩为常数，所以转轮叶片的进、出口边也都是轴面截线，而两轴面截线的夹角就是转轮的叶片包角。

4.4.5 叶片厚度对轴面速度的影响及涡线修正

以上设计是考虑转轮叶片无穷多且无限薄的情况，但实际上叶片是有厚度的，叶片数是有限的。叶片厚度在流道中将对水流产生排挤，使得原有的轴面流场发生改变，所计算出的轴面速度 v_m 将大于叶片无穷多且无限薄假设下的值，由此将引起轴面涡线向后（出口边）延伸，考虑叶片厚度时的轴面流速为

$$v_m' = \frac{v_m}{1-\frac{Z_1\delta_u}{2\pi r}} = \frac{v_m}{\psi} = \alpha v_m \tag{4.36}$$

式中：ψ 为叶片排挤系数，即 $\psi=\frac{1}{\alpha}$；Z_1 为叶片数；δ_u 为叶片圆周方向的厚度。

令 $K=\frac{Z_1\delta_u}{2\pi r}$，则

$$\left.\begin{aligned} v_m' &= \alpha v_m = \frac{1}{1-K^2}\left[v_m + K\sqrt{v_m^2+(1-K^2)w_u^2}\right] \\ \alpha &= \frac{1}{1-K^2}\left[1+K\sqrt{1+(1-K^2)(w_u/v_m)^2}\right] \\ \Delta L_m'' &= \frac{v_m' r^2}{\omega r^2 - v_u r}\Delta\theta = k_i \Delta L_m \end{aligned}\right\} \tag{4.37}$$

式中：w_u 为相对速度在圆周上的分速度，m/s；k_i 为考虑厚度后的修正系数；v_m' 为考虑厚度后的轴面流速，m/s；$\Delta L_m''$ 为修正后的轴面流线长度，m。

按上述方式计算出各涡线向后延伸的系数 k_1，即可得到考虑厚度后的修正结果。

4.5　混流式水轮机转轮叶型骨线的展开加厚

应用一元理论或二元理论叶片绘型得到叶型骨线，按一定关系可将叶型骨线组合成无厚度叶片。为满足强度和刚度的要求，应使转轮叶片具有所需厚度，因此应进行叶型骨线的加厚，同时加厚后的叶型应呈流线型，以保证液流流过叶片时不造成漩涡和脱流，因此沿叶型长度方向的厚度变化应符合一定的规律。

4.5.1　转轮叶型的最大厚度

转轮叶片强度计算一般都是校核性质，所以在转轮叶片水力设计阶段，经常使用一些简便而又实用的公式初步估算转轮叶片的最大厚度。混流式水轮机叶片的最大应力出现在上冠流面处，因此该处的叶片最大厚度应由叶片强度和刚度要求来确定，初步设计时可按照下式确定：

$$\delta_{\max} = kD_1\sqrt{\frac{H_{\max}}{Z_1}} + 2 \tag{4.38}$$

式中：$\delta_{\max}$ 为转轮叶片的最大厚度，mm；k 为系数，大小和水轮机比转速有关，$k=5\sim10$，高比转速取大值，低比转速取小值；D_1 为转轮直径，m；$H_{\max}$ 为最大水头，m；Z_1 为转轮叶片数。

式（4.38）只考虑了转轮叶片的弯曲应力，并未考虑叶型形状、转轮高度、载荷变化和材料性能等，是一个估算公式。还可参照相近水头的转轮叶片厚度来确定所设计转轮叶型的最大厚度。

在实际设计时，还可参考相近转轮的叶片厚度并考虑具体的工作条件、叶片形状及材料等因素进行综合分析比较，最终确定合理的最大厚度值。也可以按图 4.20 所示的最大厚度与比转速的关系曲线进行选择。同时，为使叶片应力分布均匀，不同计算流面上的叶

型可以采用不同的最大厚度。应力试验和计算均表明，在正常工作条件下，最大应力多发生在转轮叶片和上冠或下环的连接处，但转轮上冠处的应力更高。所以转轮上冠的叶型最大厚度可取大些。为保证叶片表面光滑，从上冠到下环转轮叶片最大厚度应有规律地逐渐减小，其最大厚度变化规律如图 4.21 所示。

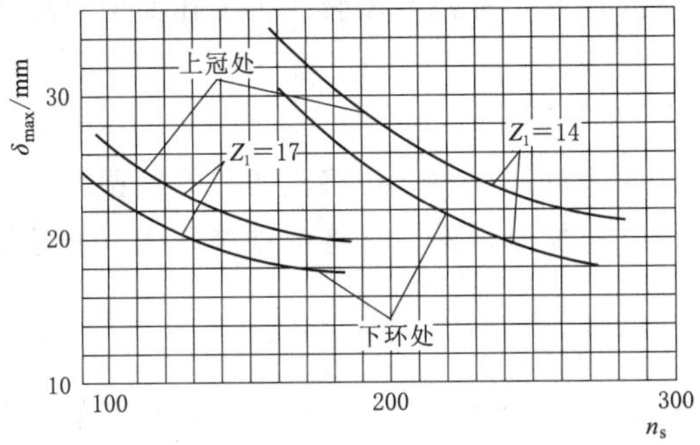

图 4.20　最大厚度与比转速的关系曲线

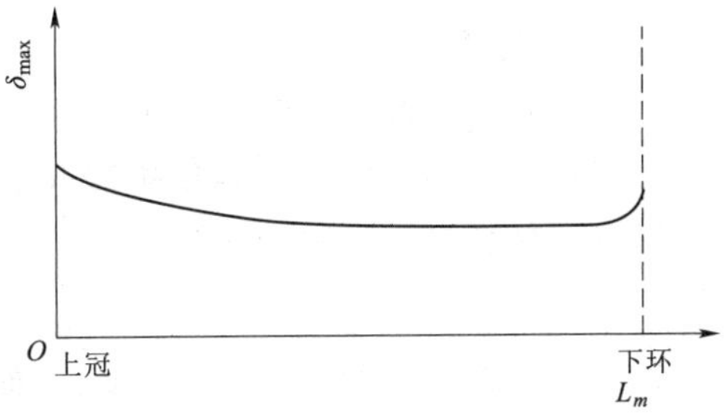

图 4.21　从上冠到下环的最大厚度变化规律

4.5.2　叶型厚度沿骨线的变化规律

叶型厚度沿骨线的变化规律可参考性能良好的空气动力翼型厚度规律，这样可得到沿叶型表面良好的速度和压力分布，保证转轮具有良好的能量和空蚀特性。通常情况下，按图 4.22 所示的叶型厚度变化规律进行加厚（这里给出了两种翼型厚度变化规律）。

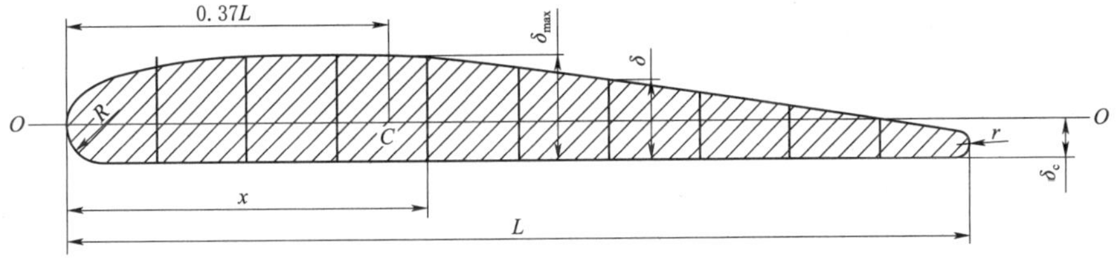

x/L	0.0	0.025	0.05	0.10	0.20	0.300	0.40	0.50	0.60	0.70	0.80	0.90	1.00
δ/δ_{max}	0.1	0.410	0.59	0.73	0.95	0.998	0.99	0.90	0.87	0.74	0.56	0.35	0.08

(a) RAF-6

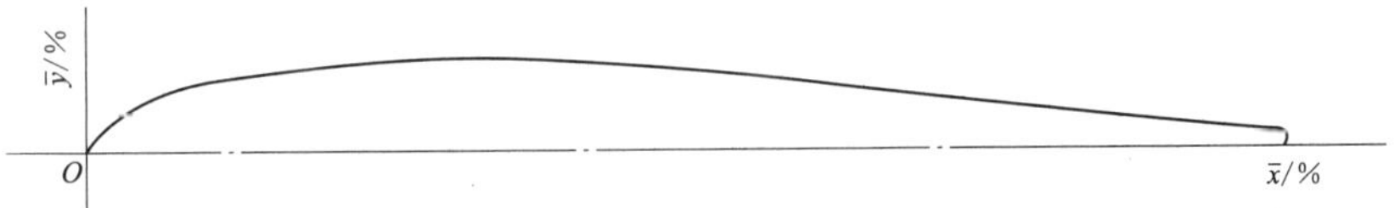

$\bar{x}$/%	2.5	5.0	10.0	15.0	20.0	30.0	40.0	50.0	60.0	70.0	80.0	90.0	100.0
$\bar{y}$/%	21.80	29.60	39.00	44.55	47.78	50.00	48.35	44.00	38.03	30.50	21.85	12.06	1.05
$\bar{h}$/%	43.60	59.20	78.00	89.10	95.56	100.00	96.70	88.00	76.06	61.00	43.70	24.12	2.10

(b) NACA-0012

图 4.22　翼型厚度变化规律

图 4.22 (a) 中，$R/\delta_{max}=0.1$，断面面积 $F=0.74L\delta_{max}$，惯性矩 $J_{oc}=0.0472L\delta_{max}^3$，重心位置 $\delta_c=0.41\delta_{max}$，$r/\delta_{max}=0.08$。图 4.22 (b) 中，$\overline{x}=x/L$，$\overline{y}=\delta/\delta_{max}$，$\overline{h}=2\overline{y}$。

4.5.3　叶型加厚

当用一系列轴面与具有一定厚度的叶片相交时，就可以得到两组轴面截线，一组是与叶片正面相交的交线，另一组是与叶片背面相交的交线。习惯上用实线表示正面的轴面截线，用虚线表示背面的轴面截线。这两组轴面截线反映了叶片正背面的空间形状。转轮叶片绘型都要绘出叶片正背面的轴面截线，并据此绘制转轮叶片的木模图供加工之用。

1. 加厚方法

用几何投影法在近似的圆锥面或圆柱面上展开加厚，并以叶型骨线为工作面向翼型的背面加厚。

2. 加厚的原理

将喇叭形空间曲面的计算流面，用一个圆锥面来近似代替，再将流面上的叶型骨线转换到该近似圆锥面上，然后在圆锥展开面上进行叶型加厚，最后再将圆锥展开面上加厚的叶型转绘到转轮轴面投影图上即可。

3. 步骤

（1）选取代替空间流面的近似圆锥面或圆柱面，如图 4.23（a）所示，用一定条件下作出的圆锥面或圆柱面来代替实际的流面（花篮面），其圆锥面或圆柱面的形状应最接近于流面的形状。通常是使圆锥面的母线通过轴面流线和进水边的交点，与水轮机轴的夹角为 γ_i，它的选择是要求该线与轴面流线两侧的最大距离相等，即 $\Delta f_1=\Delta f_2$，以该母线绕水轮机轴线旋转，即可形成一圆锥面。当 γ_i 很小、圆锥面的母线几乎与水轮机轴线平行时，此时的圆锥面即变成了圆柱面。

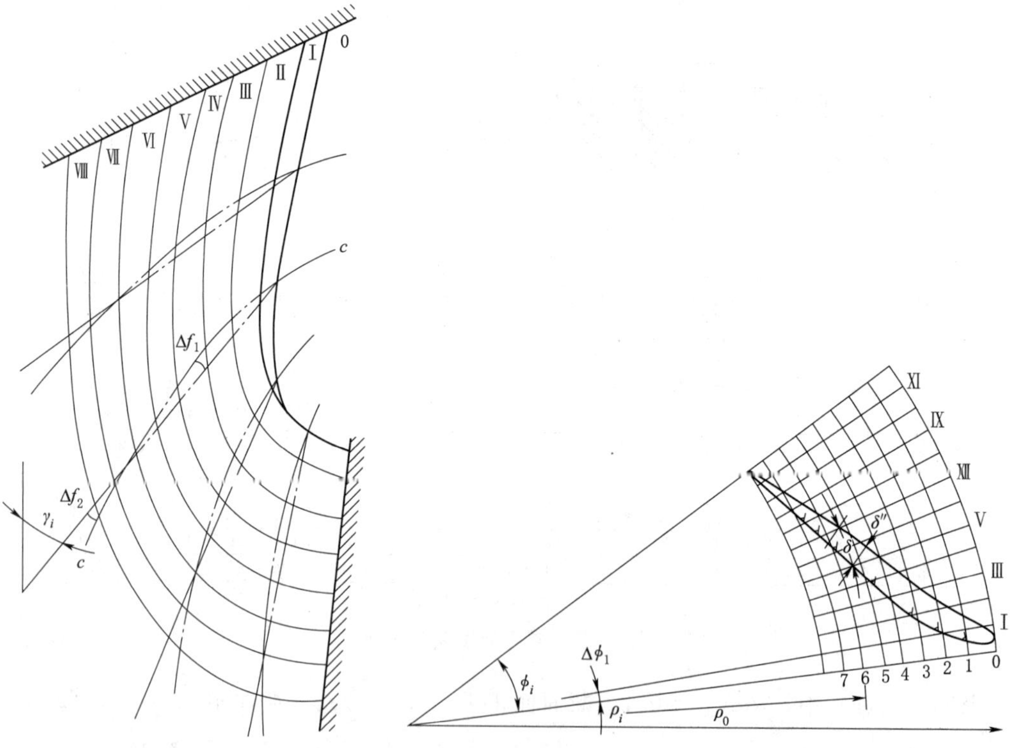

图 4.23　代替空间流面的近似圆锥面或圆柱面及其展开加厚

将近似代替轴面流线旋转所形成的实际空间流面的圆锥面（圆柱面）展开，在其展开面上，任意点的半径为 ρ_i，则

$$\rho_i = \frac{r_i}{\sin\gamma_i} \tag{4.39}$$

若转轮叶片包角为 θ，对应的各个圆锥展开面的扇形中心角为 ϕ_i，则

$$\phi_i = \theta\sin\gamma_i \tag{4.40}$$

各轴面涡线间相隔 $\Delta\theta_j$，那么各轴面涡线与圆锥面的交点在展开图上对应的中心角为

$$\Delta\phi_{ij} = \Delta\theta_j\sin\gamma_i \tag{4.41}$$

对应点的弧长为

$$\Delta\delta_{ij} = \rho_i\Delta\phi_{ij} = \frac{r_i}{\sin\gamma_i}\Delta\theta_j\sin\gamma_i = r_i\Delta\theta_j \tag{4.42}$$

这里，$\sum\limits_j \Delta\phi_{ij} = \phi_i$，$\sum\limits_j \Delta\theta_j = \theta$。

这样，即可将轴面流线与各轴面涡线的交点垂直投影到圆锥母线上，再将该母线上的这些点转换到圆锥展开面上，并光滑连接这些点成光滑曲线，就得到了在圆锥展开面叶型厚度形状，参见图 4.23（b）。当为圆柱面近似展开时，同样可以得出叶型厚度形状。

（2）圆锥（柱）展开面上加厚叶型。上面得到的是叶型厚度形状，在对其进行加厚时，通常是以骨线为工作面，向背面进行单边加厚。因此可在叶型厚度上选取若干个点，按选定的翼型厚度变化规律，得到该翼型下的各分点的厚度 δ，再以各分点为圆心、相应的厚度为半径向背面方向作圆弧，作出各个圆弧的外包络线，即可得到单边加厚的叶型背面曲线。如要向叶型骨线两边加厚，可在叶型骨线的各分点上以该处厚度之半为半径向两边作圆弧，并分别作两边圆弧的外包络线，即可得到叶片叶型的工作面和背面曲线。

（3）将加厚的叶型转绘到轴面投影图上并检查其光滑性。将背面曲线与各射线的交点半径转绘到母线上，再作各点的母线垂线交于轴面流线，将各流线上的同一轴面涡线的点连成光滑曲线，就是转轮叶片背面的轴面截线，要求曲线光滑连续，如图 4.24 所示。

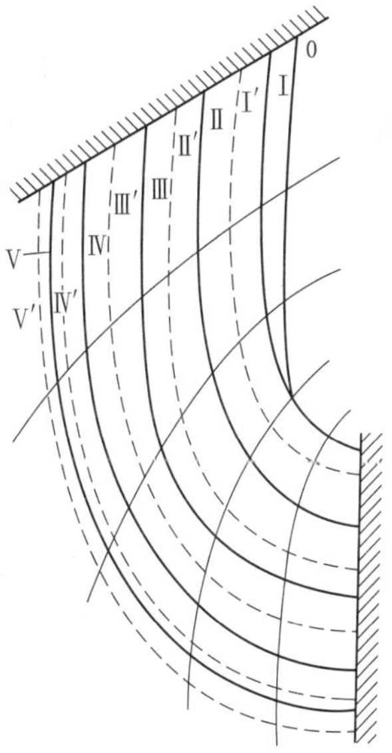

图 4.24 转轮叶片背面的轴面截线

4.6 混流式水轮机转轮叶片木模图的绘制

绘制转轮叶片木模图的目的是用该图制作木模进行生产铸造，还可以用于制成叶片样板，检查叶片绘型质量。

4.6.1 转轮叶片木模图的绘制方法

转轮叶片木模图是用叶片的水平截线表示的。为绘制转轮叶片木模图可用一组如图 4.25（a）所示的水平截面 A、B、C、D……截割叶片。在图 4.25（b）所示的平面图上

作轴平面射线Ⅰ、Ⅱ、Ⅲ……，两轴平面射线的夹角为 $\Delta\theta$，并与轴面投影图上的轴面截线编号一一对应。将水平截面与各轴面截线（工作面及背面）的交点，按其所在轴平面和交点距水轮机轴线的半径转绘在平面图上。在平面图上将位于同一等高线上与轴面截线的各交点用光滑曲线连接起来，从而得到转轮叶片的水平截线。叶片正面用实线表示，叶片背面用虚线表示。一般将出水边放置水平，先作出叶片的上冠、下环、进水边及出水边的水平投影。

现以水平截面 H 为例说明具体做法。水平截面 H 与各轴面截线交于 a、b、c、d……点。在水平图的对应轴面截线上，按 a、b、c、d……各点的半径确定其相应的位置，然后用光滑曲线将它们连接起来，即水平截面 H 的截面形状线。同样与背面截线的交点为 a'、b'、c'、d'……可作出背面水平截面 H'，如图 4.25（b）所示。

用同样方法可得其他水平截线，各水平截线的曲线应光滑且有规律的变化。此外，在水平投影图上还可作出转轮叶片进口边、转轮叶片出口边以及转轮叶片与上冠和下环交线的水平投影。转轮叶片与上冠和下环交线的水平投影实际上是上冠和下环两个流面上叶型在平面图上的投影。为此可通过转轮上冠和下环轴面流线与各轴面截线的交点作图得到。

为提高精度，还可在平面图上作出各轴面流线的水平投影。为此可将轴面流线与水平面的交点投影到平面图上作为绘制叶片水平截线的辅助点。图 4.25（a）的水平面数目可根据水轮机比转速的高低来确定，其间距的大小则视具体情况而定，叶片形状沿高度变化大的地方间距可小些，反之则大些。通常水平面取 10～13 个。各水平面间距一般取为常数，但是中高比转速混流式水轮机转轮下环附近叶片扭曲较大，这一区域的水平面高度可取小些，可取其半。

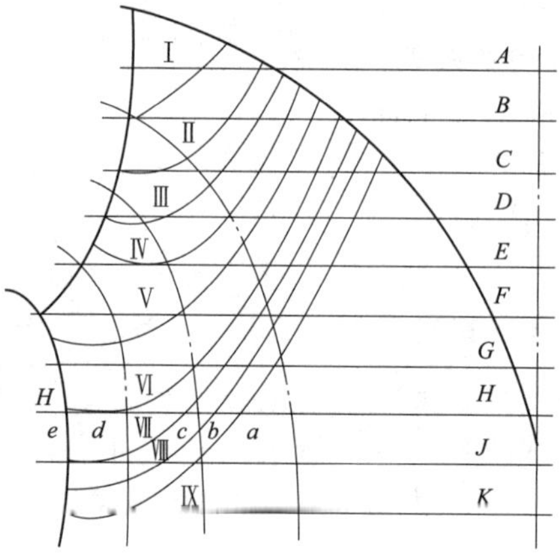

（a）水平截线图

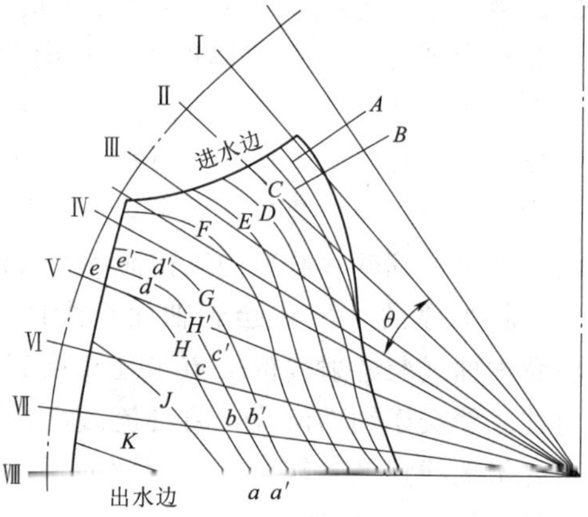

（b）水平截线平面投影

图 4.25 叶片水平截面及工作面、背面的绘制

中高比转速混流式水轮机转轮叶片木模图如图 4.26 所示。为制作方便，一般将各水平截面图形单独绘出，并按相同的基准标注尺寸。

在制作转轮叶片木模时，可将木模图上的叶片工作面（或背面）的水平截线按尺寸画到木板上，木板的厚度等于两水平截面间的高度。根据每一木板上的叶片截线形状，锯出叶片水平截面外形，然后将各层木板粘接起来修整光滑即可。很显然只要水平截面取得越多，制作后的叶片木模也就越精确。

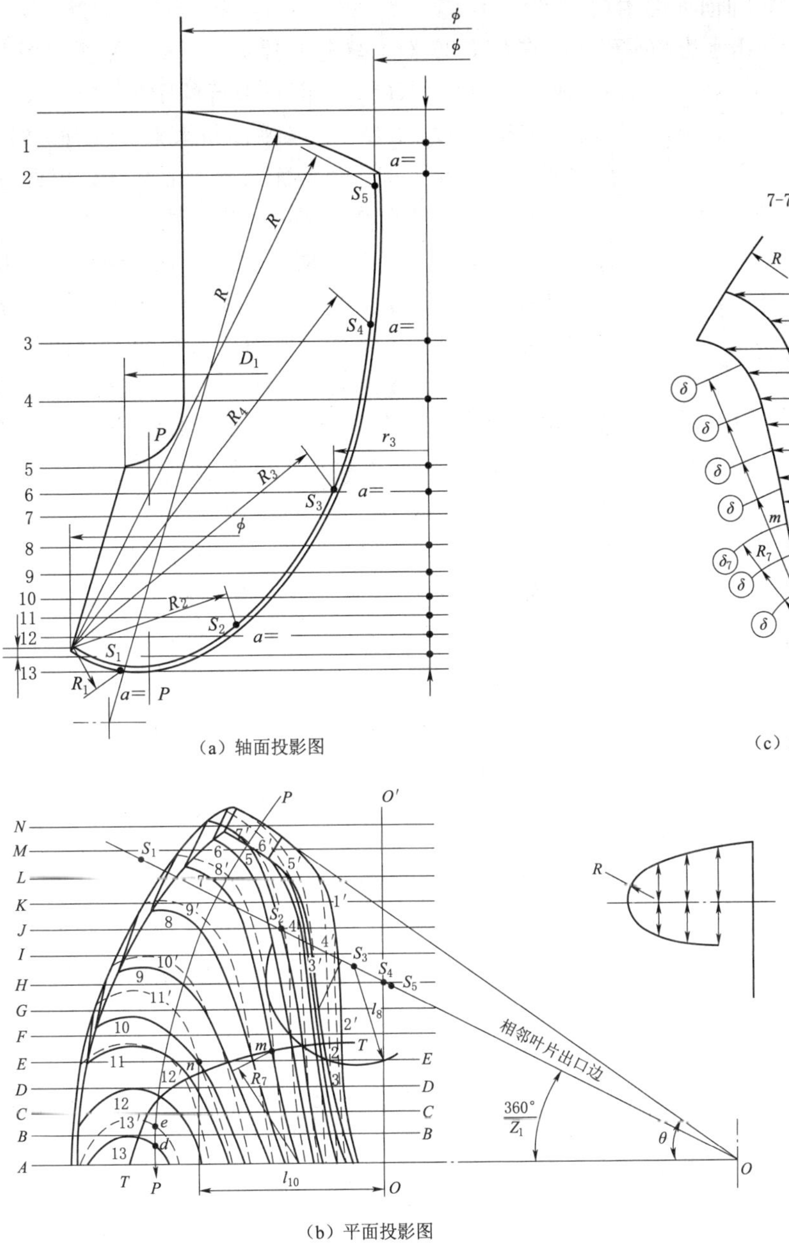

（a）轴面投影图

（c）水平截面图

（b）平面投影图

图 4.26　混流式水轮机转轮叶片木模图

4.6.2　转轮叶片表面光滑性检查

为了使水流在转轮中有良好的工作条件，减少其水力损失，则要求转轮叶片表面必须光滑连续，也就是说要求叶片在任意方向上的截面都应是光滑连续的曲线图形，同时还应对该设计转轮的过流能力及空蚀性能等有所估计，这就是所谓的设计质量的检查，即光滑性检查。通过对设计成果的质量检查，来进一步修正叶片的型线，以保证其具有良好的性能。通常光滑性检查可用下列三组截面来截割叶片进行：

（1）水平面组，即前面的木模水平截面组。

（2）平行于叶片出水边的平面组。在图4.26（b）转轮叶片木模图的水平截线图上取一组和叶片出口边（OA平面）平行的BB、CC、DD……平面。BB、CC、DD……各平面与水平截线有一组交点。现以$E-E$截面为例作该截面与叶片的交线，以便进行叶片光滑性检查。为此作一和叶片出口边所在的轴平面相垂直的平面为基准面，该基准面在叶片平面投影图上为一直线，亦即图4.26（b）的OO'平面。$E-E$截面与各水平截线的交点到基准面OO'的距离可在平面图上直接量出，根据此距离和水平截线的编号，就可以把这些交点画在$E-E$截面正面投影图的等高线上，如图4.27所示。如$E-E$截面与第10号叶片工作面的水平截线交点为n，该点距基准面OO'的距离为l_{10}。因此可在图4.27的第10号水平截线上自基准线OZ取长度l_{10}即可定出n点位置。这样就确定了$E-E$截面与叶片正面的一个交点。同理把$E-E$截面与各水平截线工作面的交点绘于图4.27并连成曲线。这样就可得到叶片工作面在$E-E$截面上的形状。同样可以得到叶片背面在$E-E$截面上的形状。所得的工作面、背面曲线均应光滑变化。

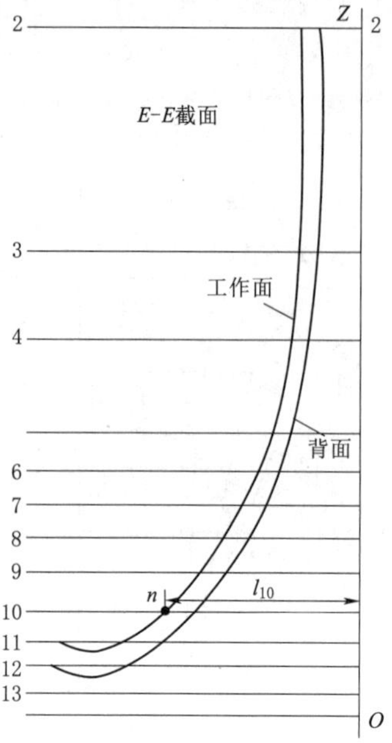

图4.27 叶片工作面和背面的光滑性检查

（3）以水轮机轴线为中心线的圆柱面组。如图4.26（a）中的$P-P$圆柱面，它在轴面投影图上为直线$P-P$。

中高比转速混流式水轮机转轮下环附近叶片扭曲程度较大，通常多用以水轮机轴线为中心线的圆柱截面检查其光滑性。一般在靠近转轮下环附近取1～2个圆柱面，如图4.26（a）、（b）上的$P-P$截面，其在平面投影图中为圆弧。该截面与水平截线也有一系列交点。在图4.26（b）上以叶片出口边所在的轴平面OA为基准面，则各个交点至基准面圆周方向的距离可在平面投影图上量出。如$P-P$截面与叶片工作面水平截线13的交点为d，而与叶片背面水平截线$13'$的交点为e。根据各交点至基准面圆周方向的距离和各交点所在的等高线，即可将其转绘在$P-P$截面的平面展开图上，如图4.28所示。该图上水平方向长度即表示圆周方向的距离。用曲线连接这些点便得到$P-P$截面与叶片交线的平面展开图。

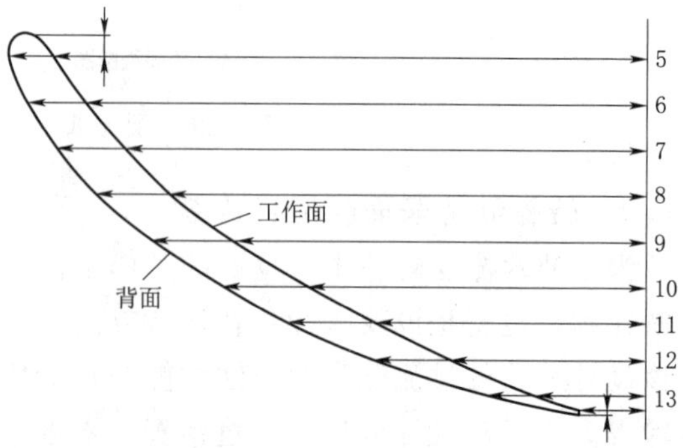

图4.28 $P-P$截面的平面展开图

被检查面上的叶片外形均应是光滑的，如有不合要求的地方则要相应地修改叶片的轴面截线和水平截线图。

4.6.3 转轮叶片的真实厚度

转轮叶片加工完毕必须检查叶片厚度是否满足设计要求。转轮叶片的真实厚度是指转轮叶片工作面上指定点到叶片背面的最短距离。转轮叶片形状复杂，难于用木模图上各水平截面进行准确测量。通常在木模图上给出一系列指定点的真实厚度，以便进行测量和检查。既然叶片的真实厚度是指工作面上某指定点到背面的垂直距离，因此转轮叶片的真实厚度只能反映在和叶片表面相垂直的截面上。为此在图 4.26（b）上作 $T-T$ 线与叶片各水平截线正交。$T-T$ 线实际上是垂直于叶片表面的曲线与叶片交线的水平投影。在图 4.26（b）中曲线 $T-T$ 与叶片工作面的水平截线 7-7 交于 m 点，该点距基准点的距离为 R_7，R_7 即为点 m 的弧长。这里的基准点指该点到叶片工作面出口边的距离。将 $T-T$ 曲线所裁割的叶片图形展开之后即可作出 $T-T$ 截面上叶片的工作面和背面曲线，如图 4.29 所示。在该图上以叶片工作面与各等高线的交点为指定点，从该指定点到叶片背面的最短距离就是该指定点的叶片的真实厚度。各指定点的位置由各指定点所在等高线及其在该水平截面上至叶片出口边的距离确定。如图 4.29 中点 m 的真实厚度为 δ_7。

为便于制造及检查各水平截面，通常将各水平截面图形单独绘出并标注尺寸，如图 4.26（c）所示。尺寸标注的方法是先确定基准线。一般取垂直于叶片出口边 OA 的 OO' 线为基准线。作一系列 OA 的平行线 BB、CC、DD……按与各水平截线交点至基准线的距离绘制水平截面图并标注出尺寸。一般还在水平截面图上标注叶片的真实厚度，以供检查叶片厚度是否满足设计要求。如上述点 m 所在水平截面为 7-7，该点至基准点的距离 R_7，这样就可在 7-7 截面的单独图形上标注出点 m 所在位置的叶片的真实厚度 δ_7。为了全面检查叶片的真实厚度，可以作多个 $T-T$ 截面，以求得叶片各部位的真实厚度。

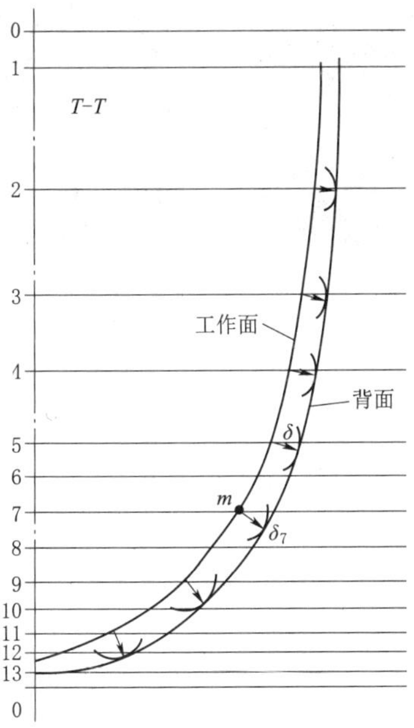

图 4.29 求叶片真实厚度

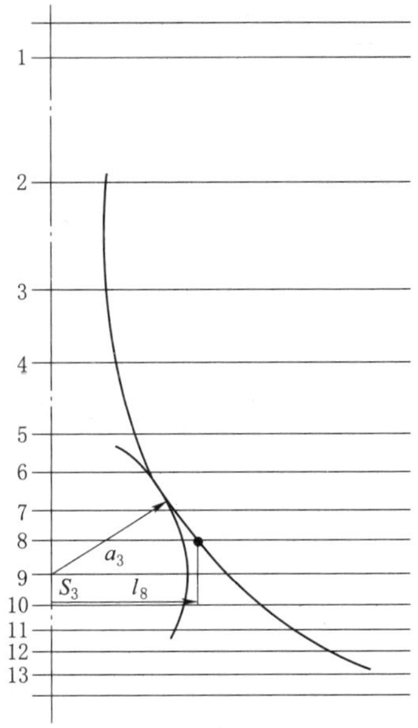

图 4.30 叶片开口的确定

4.6.4 相邻叶片间的开口检查

在木模图上还应给出叶片出口边上几个选定点的开口值。叶片的开口值 a 是指叶片出口边上某一点到相邻叶片背面的最短距离。因叶片出口边附近通常是水轮机流道中最小的过水断面，因此开口值 a 的大小在很大程度上反映出水轮机的过流能力。在绘制木模图时，一般在叶片轴面投影图出口边上均匀取 5～6 个点，即 S_1、S_2、S_3……（图 4.26），求出它们的开口值。在转轮制造时这些点的开口必须保证，并以它作为叶片间相对位置的定位和检查用。

相邻叶片间的开口值 a 可按以下方法求得（以 S_3 点开口值的求法为例）：

（1）求出轴面投影出口边上 S_3 点的半径 r_3，在平面图上画出相邻叶片的出口边，在其上半径等于 r_3 的点即为 S_3 在平面上相应点的位置。

（2）在平面图上通过这点，量出它到不同高度的叶片水平截面上背面的最短距离 l_1、l_2……在图 4.26 中只表示了由 S_3 点的水平投影到叶片水平面截线 8′的最短距离。

（3）将 l_1、l_2……分别画在轴面投影图相应的水平面上，并连接点 l_1、l_2……得到的曲线即为从所求点到相邻叶片的最短距离线，如图 4.30 所示。

所求点到该曲线的最短距离，就是转轮叶片在该处的开口值 a。求出各点开口值后将它们标注在叶片轴面投影图上出口边的相应点上。

根据设计的转轮木模图，通过三维造型软件 UG、Catia、Pro/Engineer、SolidWorks 等可以生成叶片及转轮的三维模型图，提供给后续的流场分析及结构强度计算。同时制造企业也根据木模图生产转轮及进行转轮维修后的质量检查。其三维模型及实物如图 4.31 所示。

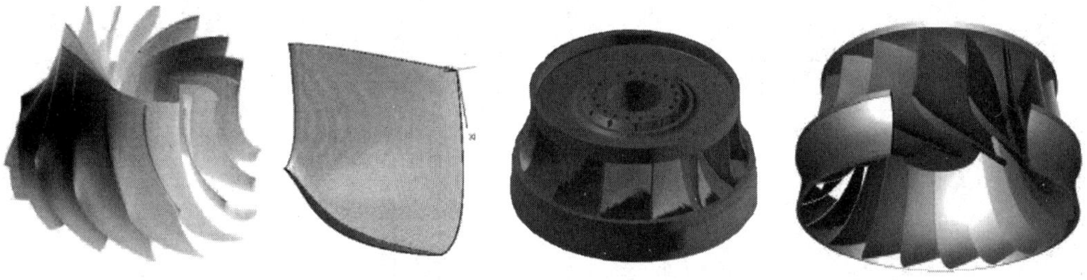

图 4.31　混流式水轮机转轮叶片三维模型及实物

4.7　一元理论转轮叶片绘型方法

第5章 轴流式水轮机转轮的水力设计

5.1 轴流式水轮机转轮设计理论

轴流式水轮机转轮的设计过程分为两步，首先通过实践经验选择某些参数和转轮前后速度的分布规律，绘出转轮的轴面流道和转轮进、出口的速度三角形；再依据圆柱层无关性假设，把转轮叶片的设计简化为5～6个平面直列叶栅的绕流来计算。转轮叶片设计是叶栅绕流计算的反问题，在已知每个圆柱截面上叶片进、出口水流速度三角形及叶栅应产生的出力的条件下，求出各圆柱截面上翼型的形状、几何尺寸及其在叶栅中的安放位置，由计算得到各圆柱面上的翼型后，再按一定的关系组合成叶片。

轴流式水轮机转轮叶片的水力计算方法有升力法、奇点分布法、统计法和保角变换法。

升力法是一种半经验半理论的方法，它把单个翼型的动力特性应用于叶栅，并考虑到组成叶栅后翼型之间的相互影响而加以修正的计算方法。其缺点是无法求出叶栅表面各点的速度和压力，对水轮机的空化性能只能作粗略的估计。但是，在积累了丰富的实验资料及设计经验的条件下，由于计算工作量小，这又是一种既方便又准确的设计方法。

奇点分布法的基本出发点是用一系列分布在叶型厚度上的奇点来代替叶栅中的翼型对水流的作用，这些奇点是一系列的源、汇或漩涡，原来翼型围线的位置是流线。只要恰当地选择奇点的分布规律，就可使奇点和来流所造成的流场和原来叶栅绕流的流场完全相同。因此，叶栅绕流的计算就可转化为基本势流的叠加计算，从而可以得到叶片表面各点的速度和压力。因此奇点分布法的最大优点是可以有目的地控制翼型表面的速度和压力分布，因而能事先考虑空化性能的要求，这对转轮设计有很大意义。

统计法是将现有转轮的性能、过流通道的形状尺寸及叶栅几何参数进行综合统计，并作出充分的分析研究，根据几何参数对转轮性能的影响规律进行设计。实践证明，这种方法可以较快设计出转轮。

保角变换法是一种经典的流体力学方法，该法是将平面直列叶栅的绕流保角变换为已知的绕流图像来研究分析。保角变换法可以用来求解由弯度不大的薄翼或由理论翼型组成的平面叶栅的绕流正反问题，但目前在轴流式水轮机设计中较少采用此法。

5.2 轴流式水轮机转轮中的流动特性

对轴流式水轮机转轮中的水流运动规律，采用圆柱层无关性假设，并通过大量的模型试验和研究得出转轮进、出口的水流速度分布规律。

在轴流式水轮机转轮中，水流实际上也是空间运动。实验研究认为水流的转向是在转轮之前完成，因此，可以看成水流是轴向流进又轴向流出轴流式转轮的。假定水流在轴流式水轮机转轮区域内是沿着与主轴同心的圆柱面上流动，水流绝对速度在半径方向的分量

$v_r=0$，即在各圆柱层之间水流质点没有相互作用，这就是圆柱层无关性假设。图 5.1 表示直径为 D 的圆柱面展开及其转轮进、出口速度三角形。

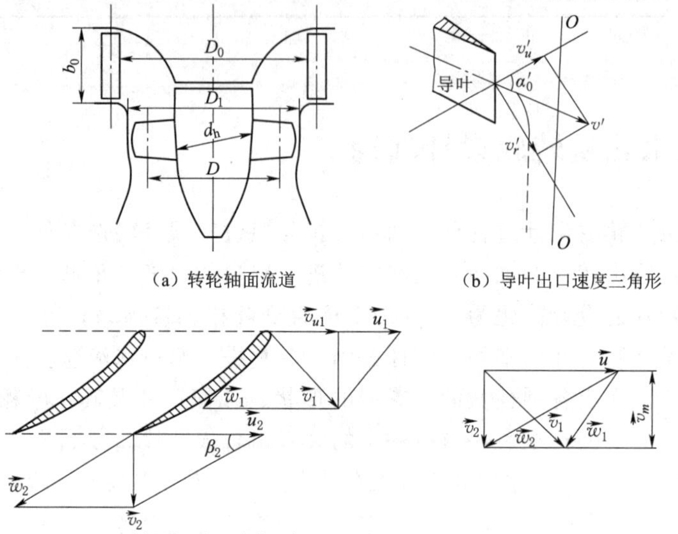

（a）转轮轴面流道　（b）导叶出口速度三角形

（c）叶栅进、出口速度三角形　（d）进、出口速度三角形

图 5.1　轴流式转轮的进、出口速度三角形

通过一系列模型试验，在最优工况及相近工况下，测得的径向速度 v_r 在转轮进、出口都比较小，而且分布比较均匀，v_r 只等于轴向速度 v_m 的 5%～6%。通常为了保证水轮机运行时有足够高的效率，总是在靠近设计工况附近运行，常取 $v_r=0$，与实际流动有足够的近似性。

根据圆柱层无关性假设，可以将轴流式水轮机转轮分解成许多无限薄圆柱层，再分别对每个圆柱层进行研究。展开这些圆柱层便得到许多互不相关的平面和相对运动为势流绕流的直列叶栅（图 5.1）。这样就将轴流式水轮机转轮内复杂的三元流动问题，简化为对平面无限直列叶栅绕流问题的求解。

5.2.1　转轮进、出口轴向速度沿半径的分布规律

在轴流式水轮机内，水流在导叶与叶轮之间作 90°的转弯，在转弯产生的离心力作用下，使得靠近底环处轴向速度 v_m 增加，导致转轮进口轴向速度 v_{m1} 沿半径分布不均匀，使轮缘处 v_{m1} 增大，轮毂处 v_{m1} 减小。此外，由于水流速度矩 $v_u r$ 的作用，水流绕水轮机轴线做旋转运动，在旋转运动产生的离心力作用下，又使得转轮进口轮缘处的压力升高、速度降低。上述两种离心力对 v_m 分布的影响是相反的。大开度时，导叶出口速度矩很小，以轴面转弯的影响为主，轮缘处速度比轮毂处大；小开度时，导叶出口速度矩大，速度矩的影响占主导地位，轮缘处速度比轮毂处小；在导叶相对开度 $\overline{a}_0=50\%\sim55\%$时，轴向速度 v_m 沿半径分布趋向均匀。上述分析和实测资料表明，轴向速度分布的规律主要与导叶开度有关，可以用下式表示：

$$v_m=(a+b\overline{r})\overline{v}_m \tag{5.1}$$

其中

$$\overline{r}=\frac{r}{D_1}$$

$$\overline{v}_m=\frac{4Q}{\pi(D_1^2-d_h^2)}$$

式中：$\overline{r}$ 为计算圆柱面半径与转轮直径 D_1 之比；r 为计算圆柱面半径；D_1 为转轮进口直径；d_h 为轮毂直径；$\overline{v}_m$ 为平均轴向速度；a、b 为系数，数值随着导叶开度的变化而变化。

图 5.2 反映了系数 a、b 与导叶相对开度 $\overline{a}_0$ 的关系。当 $\overline{a}_0=55\%$时，$b=0$，表示 v_m 沿半径均匀分布；当 $\overline{a}_0>55\%$时，$b>0$，表示轮缘处速度大；$\overline{a}_0<55\%$时，$b<0$，表示轮毂处速度大。

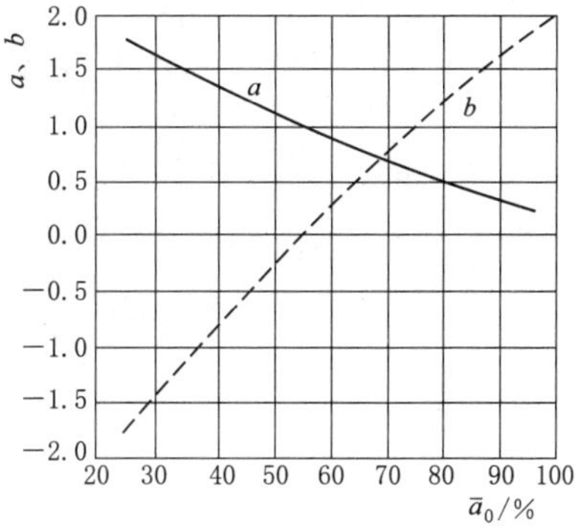

图 5.2 系数 a、b 与导叶开度的关系

根据圆柱层无关性假设和连续性方程，则有 $v_{m1}=v_{m2}=v_m$，因此转轮进、出口的轴向速度分布规律相同。

5.2.2 转轮进、出口环量沿半径的分布规律

在径向式导水机构的导叶出口，由于水流转弯产生的离心力，轴面速度沿着导叶高度从顶盖向底环增大。导叶出口角沿导叶高度是相等的，在不发生脱流的条件下，导叶出口角 α_0 沿导叶高度也相等。由于导叶出口圆周速度 $v_{u0}=v_{m0}\cot\alpha_0$，所以 v_{u0} 的分布规律与轴面流速 v_{m0} 相同。因此，沿导叶高度速度矩 $v_{u0}r_0$ 的分布是不均匀的，靠近底环处 $v_{u0}r_0$ 最大。由于从导叶出口到转轮进口这段流道水流不受任何外力矩作用，水流做等速度矩运动。因此沿转轮进口的不同半径上环量 $2\pi r_1 v_{u1}$ 从轮毂向轮缘增加。试验结果证明其分布规律接近于直线，如图 5.3 所示。

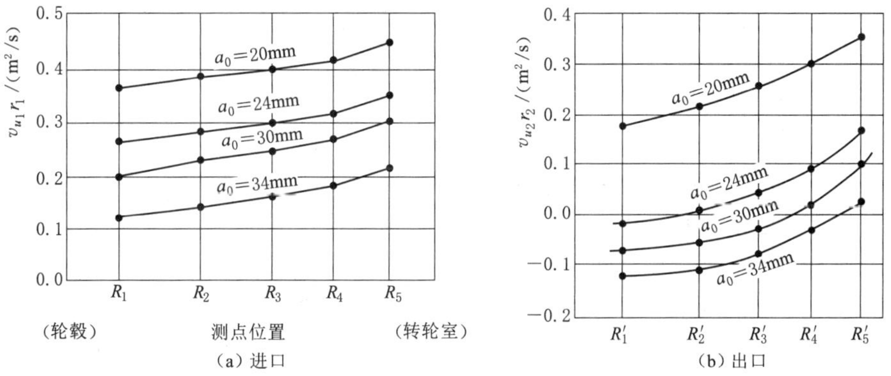

图 5.3 转轮进、出口速度矩分布

为了避免圆柱层之间引起附加漩涡，要求转轮进、出口的环量差对不同圆柱层保持常数。因此转轮进、出口环量沿半径的分布规律应相同，转轮进口环量 $\Gamma_1=\Gamma_2+\Delta\Gamma$。

设计水轮机时，一般是选择转轮出口环量，在试验资料的基础上，建议采用下列出口环量的分布规律：

(1) 轮毂处出口环量 $\Gamma_2=0$，轮缘处出口环量 $\Gamma_2=m(\Gamma_1-\Gamma_2)$，如图 5.4 (a) 所示。

其中 $\Gamma_1-\Gamma_2=\Delta\Gamma$，由水轮机基本方程确定，我国机械工程手册建议 m 值可在 0.3～0.5 范围内选取。

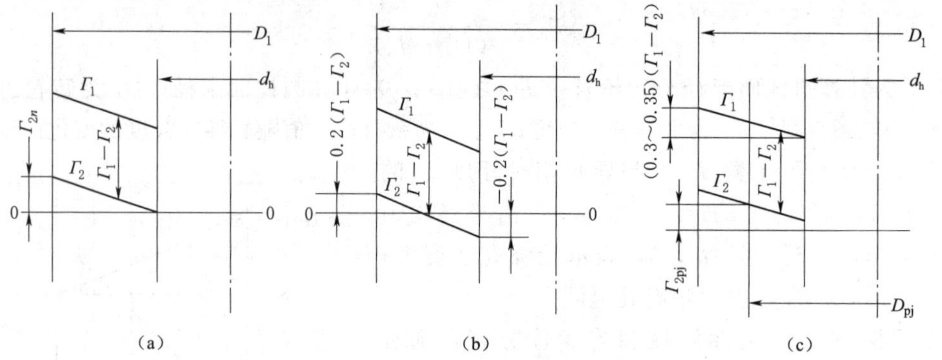

图 5.4　轴流式水轮机转轮出口环量的分布规律

（2）轮缘处：

$$\Gamma_2=+0.2(\Gamma_1-\Gamma_2)$$

轮毂处：

$$\Gamma_2=-0.2(\Gamma_1-\Gamma_2)$$

中间各截面按直线规律选取，如图 5.4（b）所示。

（3）假定转轮进口环量在轮缘和轮毂处之差为

$$(0.3\sim0.35)(\Gamma_1-\Gamma_2)=(0.3\sim0.35)\frac{Hg\eta_h}{\omega}2\pi$$

如图 5.4（c）所示，平均环量 Γ_{2pj} 按下式计算：

$$\Gamma_{2pj}=k_2\frac{Q}{D_2} \tag{5.2}$$

系数 k_2 按表 5.1 选取。

表 5.1　　n_s 和 k_2 的取值关系

n_s	<200	200～400	>400
k_2	0	0.3～0.6	0.3～0.7

图 5.4 中转轮叶片平均直径 D_{pj} 按以下关系选取：

$$\overline{d}_h=0.4,\quad D_{pj}=0.74D_1;\quad \overline{d}_h=0.5,\quad D_{pj}=0.78D_1$$

有了轴向转速和进口环量的分布规律，则可以绘出不同半径圆柱截面上的进口速度三角形。根据速度三角形就可得到绕平面直列叶栅的速度 $\vec{w}_\infty$，$\vec{w}_\infty$ 是叶栅前后相对速度 $\vec{w}_1$ 和 $\vec{w}_2$ 的几何平均值，即

$$\vec{w}_\infty=\frac{1}{2}(\vec{w}_1+\vec{w}_2) \tag{5.3}$$

5.3　轴流式水轮机转轮基本参数的确定

在转轮水力计算时，很大程度上决定转轮的过流能力、效率和空蚀性能的结构参数和

水力参数在水力设计之前必须合理选定。这些参数具体包括：转轮的各种工作水头（最大、最小及计算水头）及相应的出力；水轮机过流部分的外形，包括导叶相对高度 $\overline{b}_0$ 和转轮轮毂比 $\overline{d}_h$；转轮叶片数 Z_1 以及轮缘（或轮毂）圆柱截面的叶栅稠密度 l/t；设计转轮的最优单位转速 n_{110} 和最优单位流量 Q_{110}；对转轮空蚀性能的要求等。

5.3.1 轴流式水轮机转轮的计算工况点

转轮设计的原始数据为水电站的水头和流量。根据水头和流量来选择合理的设计参数（n_{11r}，Q_{11r}）是转轮设计首先要解决的问题。人们总是希望设计出的新转轮能达到预期的效果，即将新转轮进行试验而得到的最优工况作为所设计转轮的设计工况。通过对各种比转速轴流式水轮机模型试验的结果研究表明，轴流式水轮机的最优工况和转轮的计算工况并不相符。一般而言，由于存在尾水管和转轮中水力损失的差异，模型试验得到的最优工况的参数均小于转轮计算工况的参数。因此在轴流式水轮机转轮水力设计时，一般并不取预期的最优工况（n_{110}，Q_{110}）作为计算工况，而是根据下式来确定设计转轮计算工况的单位转速、单位流量。

$$\left.\begin{aligned} n_{11r} &= (1.2\sim1.4)n_{110} \\ Q_{11r} &= (1.35\sim1.6)Q_{110} \end{aligned}\right\} \tag{5.4}$$

式中：n_{11r}、Q_{11r} 为转轮叶片设计时计算工况的单位转速和单位流量；n_{110}、Q_{110} 为模型试验得到的水轮机最高效率点的单位转速和单位流量。

最优工况的参数（n_{110}，Q_{110}）应根据转轮的工作水头、流量与比转速和空化系数的关系，以及当前轴流式水轮机的设计经验与科学研究成果等方面来确定。

在计算时，需要给出计算工况的水轮机效率。根据不同比转速水轮机的统计，它和最优工况效率的比值见表 5.2，设计时可参照选定。

表 5.2 计算工况和最优工况效率的比值

n_s	320	400～500	550	870
η/η_{max}	0.94	0.95～0.98	0.93	0.86

5.3.2 轴流式水轮机转轮流道主要几何参数的确定

流道的几何形状和尺寸直接影响水轮机的过流能力及水力性能。不同比转速的水轮机应具有不同的流道形状和尺寸。设计转轮时，应根据理论分析并参照现有的比转速相接近的转轮来确定流道的形状和尺寸。

1. 导叶相对高度

导叶相对高度 $\overline{b}_0=\dfrac{b_0}{D_1}$。$\overline{b}_0$ 的大小对轴流式水轮机的过流能力影响很大。轴流式水轮机 $\overline{b}_0$ 的选择主要根据保证水力损失最小时的导叶相对开度 $\overline{a}_0$ 来选取。

为了有效地转换能量，转轮对进口环量有一定的要求，根据水轮机基本方程，进口环量为（令 $\Gamma_2=0$）

$$\Gamma_1=\frac{2\pi}{\omega}H\eta_h g \tag{5.5}$$

转轮进口环量 Γ_1 由导水机构形成，所以 Γ_1 又可按下式计算：

$$\Gamma_1 = 2\pi v_{u1} r_1 = 2\pi r_1 \frac{Q}{2\pi r_1 b_0}\cot\alpha_0 = \frac{Q}{b_0}\cot\alpha_0 \tag{5.6}$$

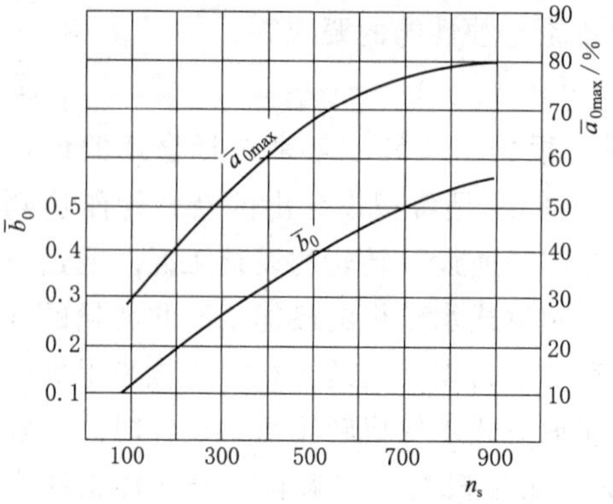

图 5.5　不同比转速水轮机的 $\overline{b}_0$ 和 $\overline{a}_{0max}$

式中：b_0 为导叶高度；α_0 为导叶出流角。

式（5.5）和式（5.6）应相等，则得到

$$\overline{b}_0 \tan\alpha_0 = \frac{Q_{11} n_{11}}{60\eta_h g} \tag{5.7}$$

式（5.5）和式（5.6）说明，当 Q_{11} 和 n_{11} 越大时，比转速 n_s 也越高，要求 $\overline{b}_0$ 和 $\alpha_0(\overline{a}_0)$ 越大。

另外，试验和分析证明只有当导叶相对开度在 $\overline{a}_{0max}=30\%\sim70\%$ 范围内时，水力损失最小，如图 5.5 所示。

根据以上分析，$\overline{b}_0$ 可按表 5.3 选用。

表 5.3　轴流式水轮机导叶相对高度 $\overline{b}_0$ 和最大水头 H_{max} 的关系

H_{max}/m	15	30	40	75
$\overline{b}_0$	0.450	0.400	0.375	0.350

2. 转轮体形状和轮毂比

转轮体是轴流式水轮机的一个重要部件，轴流转桨式水轮机的转轮体内布置着转叶机构和油压操作机构。轴流式转轮使用水头越高，转轮叶片数越多，要求的转轮体也就越大。

转轮体的外形可分为圆柱形和球形两种。采用球形转轮体时，转轮叶片的内表面和转轮体之间配合较好，间隙也小，在不同转角时的间隙可保持不变，这适用于转桨式水轮机；在定桨式水轮机中，转轮体一般都采用圆柱形。

轮毂直径 d_h 和转轮直径 D_1 的比值称为轮毂比 $\overline{d}_h$，即 $\overline{d}_h=\frac{d_h}{D_1}$。转轮的轮毂比是轴流式水轮机转轮设计的一个重要参数，直接决定转轮过流断面的宽度和面积，影响水轮机的过流能力。

为了有效地转换能量和改善转轮的空化空蚀性能，应尽量增大转轮的过流断面面积，希望采用较小的轮毂比。所以，在转桨机构布置和转轮体强度允许的情况下要尽量减小轮毂比 $\overline{d}_h$。另外，从水力设计的观点，轮毂比过小又会使叶片相对扭曲度增大或使轮毂处翼型的冲角过大。

如果采用较小的 $\overline{d}_h$，意味着（$D_2^2-d_h^2$）值增加，即转轮的过流面积增大，过流能力提高。同时由于过流面积的增大降低了水流的速度，改善了水轮机的空化性能。但是，$\overline{d}_h$ 值的大小与水头存在密切关系，当水头增高时，叶片上作用的轴向水推力和力矩亦随之增大，同时也增加了叶片支点的摩擦力矩。此外，水头增高时，叶片数亦将增多。对轴流转桨式水轮机还要求增大叶片调节机构的强度，相应地该机构的体积亦要随之增大。因

此，为了保证叶片和叶片调节机构的布置空间，必须要有足够大的轮毂直径。

当水头增高时，如果轮毂直径过小，还会使轮毂处和轮缘处的叶片安放角相差太大，引起叶片扭曲，造成水力损失增加，水轮机效率下降。

在设计转轮时，应在满足结构和强度要求的前提下尽量选用较小的轮毂比。轮毂直径主要由水头的大小决定。选择时可根据统计资料绘出轮毂比与最大水头的关系曲线（图 5.6）确定。不同水头轴流式水轮机转轮结构如图 5.7 所示。

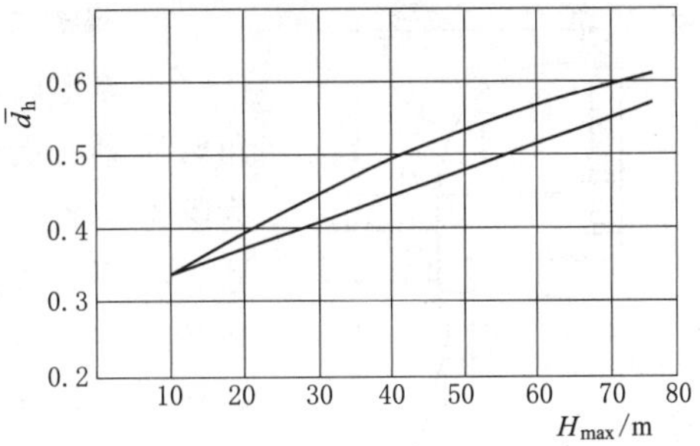

图 5.6 $\overline{d}_h$ 和 H_{max} 的关系曲线

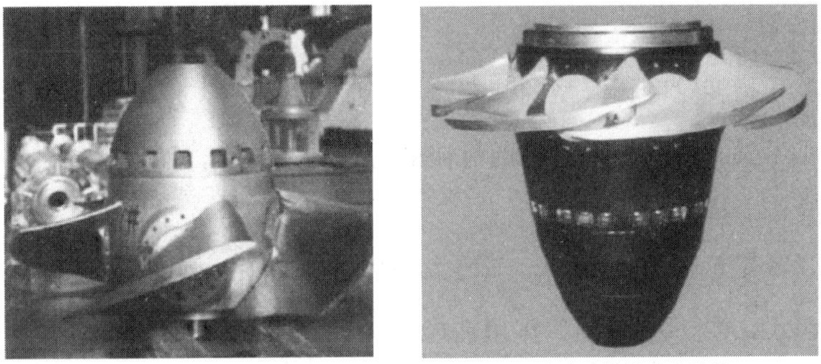

(a) 低水头轴流式水轮机　　(b) 高水头轴流式水轮机

图 5.7 不同水头轴流式水轮机转轮结构

3. 转轮泄水锥的形状和尺寸

泄水锥位于转轮体下，呈流线型。通常泄水锥长度指转轮叶片转动轴线到泄水锥底部的高度。泄水锥的长度与水力效率以及液流作用在转轮上的力有关，通常长度较短的泄水锥可以减少摩擦损失，受到的周期作用力也比较小。但是泄水锥太短会引起脱流，还会使转轮中的液流与圆柱无关性假设相差太大。一般情况下，轴流式水轮机转轮泄水锥的形状和尺寸按结构要求确定。

4. 转轮室形状

轴流式水轮机转轮室有圆柱形、球形和半球形三种。轴流定桨式水轮机由于转轮叶片不转动，其转轮室和轮毂体一般都做成圆柱形，达到减小轮毂直径 d_h 的目的。轴流转桨式水轮机为了满足工况调节时叶片与导叶开度进行协联调节，多采用球形和半球形转轮室。当叶片转动时，转轮室和转轮叶片之间的间隙是变化的，许多研究表明，在大多数情况下采用圆柱形转轮室的水轮机的能量和空化空蚀性能都变坏。当采用球形转轮室时，转轮进口液流条件受到破坏，还增加了间隙空蚀的破坏作用。目前将转轮叶片转动轴线以下做成球面，而其上部为圆柱面的半球形转轮室得到广泛的应用。这种半球形转轮室不仅性能良好，而且便于转轮叶片的安装和检修。

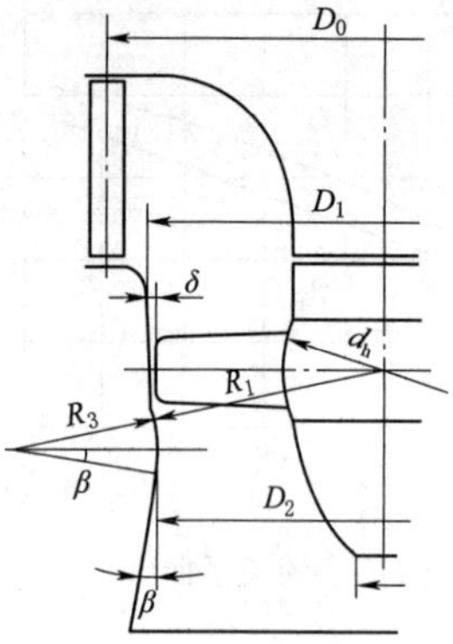

图 5.8　半球形转轮室

5. 喉部直径

半球形转轮室的球形部分向下延伸到大致以叶片在最大转角时所具有的长度位置时，构成转轮室直径最小的部位，常称为喉部位置，其喉部直径 D_2（图 5.8）是转轮室的一个特征尺寸。有研究表明，将喉部直径从 $0.945D_1$ 增加到 $0.973D_1$，可使效率有所提高。当喉部直径增加到 $1.0D_1$ 时，转轮叶片外缘和转轮室的间隙加大，漏水损失增加，效率下降。

同时转轮室形状和喉部直径对空蚀性能的影响很大，其影响程度与水轮机及尾水管高度有关。随着尾水管高度的增加，喉部直径对空蚀性能影响将减小。

通常情况下，轴流式水轮机采用的喉部直径为 $(0.955\sim0.985)D_1$。

6. 叶栅稠密度

叶栅稠密度 $\frac{l}{t}$ 指转轮叶栅翼型的弦长 l 与栅距 t 的比值，是轴流式转轮设计中的重要参数，它的大小不仅直接影响水轮机的过流能力和转速高低，而且也是决定转轮空化空蚀性能的重要因素。

设计时，当转轮轮毂比一定时，$\frac{l}{t}$ 的大小表征了叶片总面积的大小。对于 $\frac{l}{t}$ 大的叶栅，叶片总面积大，在一定水头下作用在叶片正背两面的压差小，叶片表面单位负荷就小。所以从改善空蚀性能出发希望增大叶栅稠密度 $\frac{l}{t}$，这可以在叶片数不变的情况下，采用增加叶片弦长来增大 $\frac{l}{t}$。但是 $\frac{l}{t}$ 过大将引起叶片尺寸变大从而导致转轮结构不合理。一般当 $\frac{l}{t}>1.1$ 时要用增加叶片数来增大 $\frac{l}{t}$，但这将会降低单位流量和增加液流与转轮叶片间的摩擦损失。因此，只有合理选择叶栅稠密度才能使所设计的转轮具有良好的综合性能。

转轮各圆柱截面的 $\frac{l}{t}$ 大小不相等，通常用叶栅稠密度的平均值 $\left(\frac{l}{t}\right)_{pj}$ 表征整个转轮叶栅稠密度。

转轮轮毂处叶栅稠密度的选择原则是使它与轮缘处具有相近似的空蚀性能。由于轮毂处的圆柱截面半径小而受力大，因此轮毂处翼型的厚度和冲角均较大，这将会使轮毂处的空蚀性能恶化。为使轮毂处的空蚀性能与轮缘处相近，应将轮毂处叶栅稠密度取得大些。

轮缘截面：

$$\left(\frac{l}{t}\right)_A=(0.85\sim0.95)\left(\frac{l}{t}\right)_{pj}$$

轮毂截面：

$$\left(\frac{l}{t}\right)_B=(1.1\sim1.2)\left(\frac{l}{t}\right)_{pj}$$

中间各截面的叶栅稠密度可按直线或下凹的曲线规律确定。

图 5.9 所示曲线表示转轮叶栅平均稠密度$\left(\frac{l}{t}\right)_{pj}$对水轮机空化系数$\sigma$的影响。从图中可以看出，随着$\left(\frac{l}{t}\right)_{pj}$的增加，$\sigma$开始下降很快，但是在$\left(\frac{l}{t}\right)_{pj}>1.1$以后曲线下降比较平缓。这是因为随着$\left(\frac{l}{t}\right)_{pj}$的增加，叶片的体积也随之增大，使得转轮流道排挤量增大，造成流道中的水流速度上升，空化条件恶化。另外，$\left(\frac{l}{t}\right)_{pj}$的增大会减小叶片间的开口，使单位流量减小。同时由于叶片面积增加还会引起水流与叶片的摩擦损失增加，使水轮机效率下降，如图 5.10 所示。因此，只有合理地选择转轮的叶栅稠密度才能保证良好的综合性能。

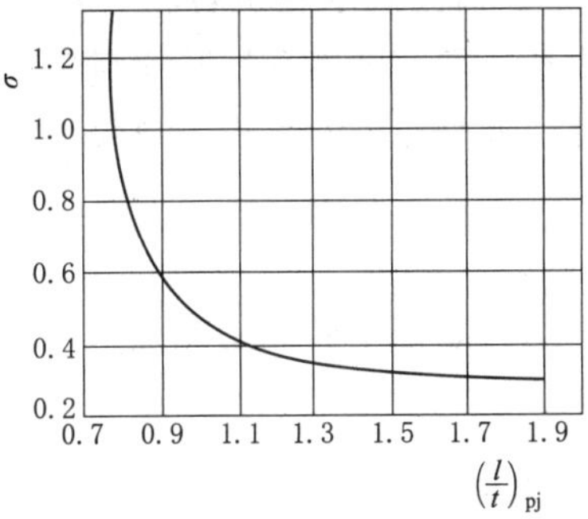

图 5.9　σ和$\left(\frac{l}{t}\right)_{pj}$的关系曲线

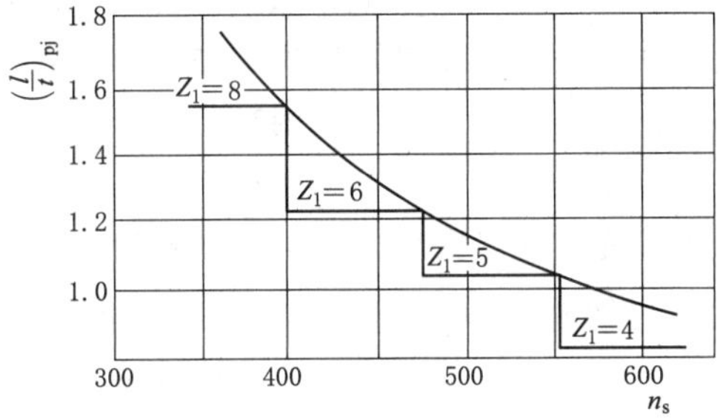

图 5.10　$\left(\frac{l}{t}\right)_{pj}$和$n_s$的关系

转轮的空化系数由叶片上的最大真空度决定。如果转轮某一圆柱截面上有过小的$\frac{l}{t}$，则这一圆柱截面上的最大真空度将比其他截面上的大得多，这将使整个转轮的空化系数偏高。为了使设计合理，应该使转轮区域内各圆柱截面上的最大真空度近似相等，来选择各圆柱截面的$\frac{l}{t}$值。

由于轮毂处半径最小，而该处叶片受力最大，因此要求轮毂截面上的翼型厚度及弯度均较大，这将使空化性能恶化。所以，一般轮毂截面上的叶栅稠密度$\left(\frac{l}{t}\right)_B$应取得大一些，它与轮缘截面上的叶栅稠密度$\left(\frac{l}{t}\right)_A$的关系大致为

$$\left(\frac{l}{t}\right)_B=(1.2\sim1.25)\left(\frac{l}{t}\right)_A \tag{5.8}$$

中间各圆柱截面上的$\frac{l}{t}$则按线性关系选取。

7. 转轮叶片数

轴流式水轮机转轮叶片数Z_1确定的原则是转轮叶片不应太长，叶片包角不要太大。叶片包角θ是叶片进口边最前点的轴截面与叶片出口边最后点的轴截面之间的夹角，包角

越大则叶片越长，叶片包角通常取 70°～90°。据统计，叶片数与叶栅稠密度$\frac{l}{t}$的关系见表 5.4。

表 5.4　　叶片数与叶栅稠密度的关系

Z_1	3	4	5	6	7	8
l/t	0.6～0.75	0.78～1.0	1.0～1.25	1.2～1.50	1.36～1.75	1.56～2.0

设计时，当叶栅稠密度$\frac{l}{t}$选定后，叶片数 Z_1 与$\frac{l}{t}$和 θ 的关系可用下式近似表示：

$$Z_1=\frac{360°}{\theta}\frac{l}{t} \tag{5.9}$$

由式（5.9）可知，包角 θ 越大，叶片数 Z_1 越少。轴流式水轮机转轮叶片数确定的原则是不使叶片太长和包角 θ 太大，否则会使叶片不易转动或者转动后叶片与轮毂及转轮室之间的间隙很大，使泄漏损失增加，容积效率降低。如果包角 θ 太小，则会使转轮叶片数增加，给机组结构布置带来困难。

8. 轴流式水轮机流道的几何形状

在确定完上述参数后，便可绘制转轮流道的轴面图。型谱中转轮的流道尺寸见表 5.5 和图 5.11，转轮室的流道尺寸见图 5.12 和表 5.6。

表 5.5　　轴流式水轮机转轮的流道尺寸

转轮型号	型号				
	ZZ360	ZZ440	ZZ460	ZZ560	ZZ600
D_1（球）/m	1.0	1.0	1.0	1.0	1.0
Z_1	8	6	5	4	4
D_0/m	1.160	1.160	1.255	1.160	1.255
Z_0	24	32	20	24	20
b_0/m	0.350	0.375	0.382	0.400	0.488
d_h（球）/m	0.550	0.500	0.500	0.400	0.333
R_1/m	0.250	0.275	0.236	0.230	0.236
R_2/m	0.930	0.670	0.938	0.650	0.944
r/m	0.062	0.090			
d_1/m					0.5
d_2/m	0.500	0.450	0.467	0.400	0.292
d_3/m	0.500	0.450	0.435	0.350	0.292
d_4/m	0.4600	0.4500	0.4350	0.3500	0.2775
d_5/m				0.0105	
h_1/m	0.2085	0.2085	0.2450	0.2085	0.2390
h_2/m			0.123		0.092
h_3/m	0.3085	0.3095	0.2980	0.4000	0.1080
h_4/m				0.48	
h_5/m	0.6647	0.3740			

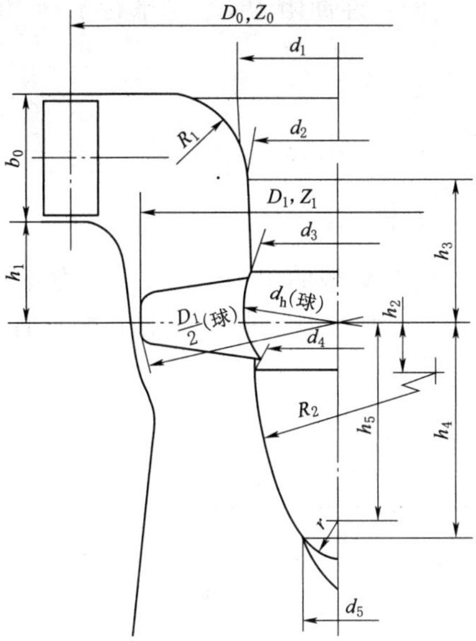

图 5.11 轴流式水轮机转轮的流道尺寸

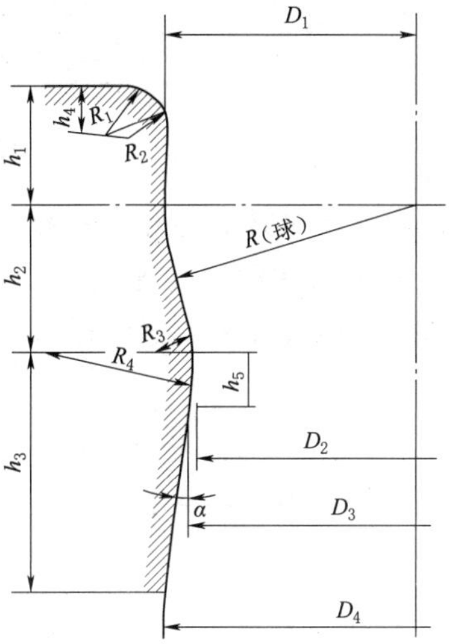

图 5.12 转轮室的流道尺寸

表 5.6 转轮室的流道尺寸

转轮型号	ZZ360、ZZ440、ZZ560	ZZ460	ZZ600
D_1/m	1.0	1.0	1.0
D_2/m	0.973	0.944	0.944
D_3/m	0.981		
D_4/m		1.30	1.18
R_1/m	0.050	0.075	0.075
R_2/m	0.190	0.123	0.123
R_3/m		0.262	0.262
R_4/m	0.385	0.944	0.944
R（球）/m	0.5	0.5	0.5
h_1/m	0.2085	0.2450	0.2390
h_2/m	0.154	0.213	0.211
h_3/m		0.995	0.708
h_4/m	0.081	0.104	0.194
h_5/m	0.052		
α/(°)	8	11	11

5.4 升力法设计轴流式水轮机转轮叶片

5.4.1 升力法计算轴流式转轮叶片的原理

当液流以来流速度 w_∞ 绕流叶栅时，则在每一个翼型上作用有升力 R_y 和迎面阻力

R_x，如图 5.13 所示。升力 R_y 是垂直于速度 w_∞ 的，迎面阻力 R_x 是平行于 w_∞ 的。升力 R_y 和迎面阻力 R_x 可以用下式计算：

$$R_y = C_{yp}\rho \frac{w_\infty^2}{2}F \tag{5.10}$$

$$R_x = C_{xp}\rho \frac{w_\infty^2}{2}F \tag{5.11}$$

式中：C_{yp} 为叶栅中翼型的升力系数；C_{xp} 为叶栅中翼型的阻力系数；w_∞ 为叶栅的特征流速，是叶栅前后相对运动速度的几何平均值；F 为叶栅中翼型的最大投影面积，$F=l\mathrm{d}r$；l 为翼型的弦长；$\mathrm{d}r$ 为圆柱层的厚度。

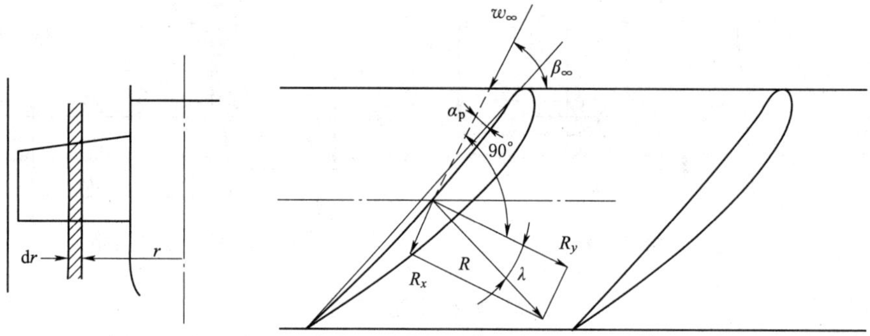

（a）圆柱面位置　　（b）叶栅中翼型受力分析

图 5.13　轴流式水轮机转轮叶栅

为了决定 w_∞ 的值，需要作出转轮叶栅进口处和出口处液流的速度三角形（图 5.14），平分 CD 线得到 E 点，连接 EB 即得到速度 w_∞。

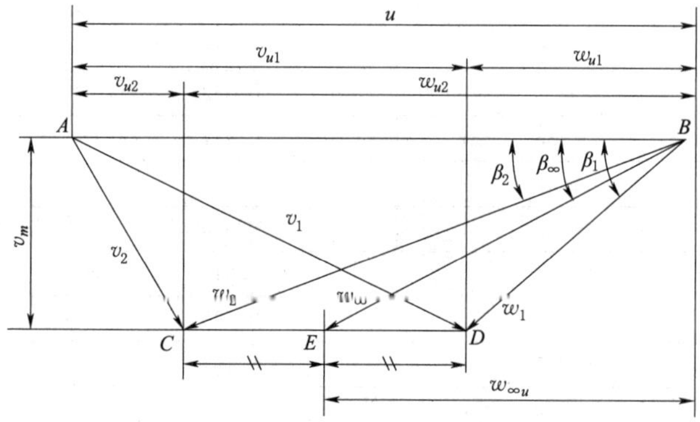

图 5.14　直列叶栅的速度三角形

在流体力学中，已知系数 C_{yp} 和 C_{xp} 与机翼的形状、翼型和冲角 α_p、雷诺数 Re 有关，C_{yp} 和 C_{xp} 可以通过在风洞中进行空气动力学试验求得。一般将系数 C_{yp} 和 C_{xp} 随冲角 α_p 的变化曲线 $C_{yp}=f(\alpha_p)$ 和 $C_{xp}=f(\alpha_p)$ 称为叶栅的动力特性。

若缺可供设计应用的叶栅动力特性的资料，则需假定平面直列叶栅为稀疏叶栅，即叶栅稠密度 $\frac{l}{t}$ 较小，其特性接近于单个翼型的绕流，计算时利用单个翼型的资料并进行一定的修正。

因此升力法在很大程度上依赖机翼的试验资料，是一种半经验半理论的方法。但是相对而言其计算工作量小，方法简单，适用于叶栅稠密度不大的轴流式水轮机转轮叶片的设计。

5.4.2 升力法计算轴流式水轮机转轮叶片的基本方程

为了使所设计的转轮能够满足对能量转换的要求，在一定的工作条件下，翼型和叶栅的几何参数、动力特性与液流的运动参数之间必须遵循一定的关系。本节讨论的基本方程，即反映了这种关系。

根据圆柱层无关性假设，可用半径等于 r 和 $r+\mathrm{d}r$ 的两个同心圆柱面在转轮上切下一微元叶栅，并将其展开成平面无限直列叶栅（图 5.13）。该叶栅微元叶片的面积为

$$\mathrm{d}F=l\,\mathrm{d}r$$

当液流绕流过该微元叶栅时，作用在翼型上的力为

$$R=\frac{R_y}{\cos\lambda}=C_{yp}\rho\,\frac{w_\infty^2}{2}\frac{l\,\mathrm{d}r}{\cos\lambda} \tag{5.12}$$

式中：λ 为力 R 与 R_y 之间的夹角，(°)。

故

$$\tan\lambda=\frac{R_x}{R_y}=\frac{C_{xp}}{C_{yp}}$$

由图 5.13 可见，力 R 与圆周方向的夹角为 $90°-\beta_\infty+\lambda$，所以力 R 在圆周方向的分量 R_u 为

$$R_u=R\cos(90°-\beta_\infty+\lambda)=R\sin(\beta_\infty-\lambda)=C_{yp}\rho\,\frac{w_\infty^2}{2}\frac{l\,\mathrm{d}r}{\cos\lambda}\sin(\beta_\infty-\lambda) \tag{5.13}$$

微元叶栅的液流每秒传给叶栅的能量为

$$\mathrm{d}P_e=R_u u Z_1 \tag{5.14}$$

式中：u 为叶栅的圆周速度，m/s；Z_1 为叶片数。

通过微元叶栅液流所发出的有效出力为

$$\mathrm{d}P_e=\rho g\,\mathrm{d}Q H_e \tag{5.15}$$

式中：$\mathrm{d}Q$ 为通过微元叶栅的流量；H_e 为液流的有效水头，m；ρg 为液流的重度，$\mathrm{N/m^3}$。

$$\mathrm{d}Q=v_m Z_1 t\,\mathrm{d}r \tag{5.16}$$

式中：v_m 为绝对速度的轴面分量，m/s。

根据水轮机基本方程：

$$H_e=\frac{u(v_{u1}-v_{u2})}{g}=\frac{u(\Delta v_u)}{g}$$

由于

$$R_u u Z_1=\rho g\,\mathrm{d}Q H_e$$

将 R_u、$\mathrm{d}Q$、H_e 值代入上述方程，得

$$C_{yp}\rho\,\frac{w_\infty^2}{2}\frac{l\,\mathrm{d}r}{\cos\lambda}\sin(\beta_\infty-\lambda)uZ_1=v_m Z_1 t\,\mathrm{d}r\rho g\,\frac{u(\Delta v_u)}{g} \tag{5.17}$$

故

$$C_{yp}\frac{l}{t}=\frac{2v_m\Delta v_u}{w_\infty^2}\frac{\cos\lambda}{\sin(\beta_\infty-\lambda)} \tag{5.18}$$

由速度三角形可知：

$$v_m=w_\infty\sin\beta_\infty$$

所以式（5.18）可化为

$$C_{yp}\frac{l}{t}=\frac{2\Delta v_u}{w_\infty}\frac{1}{1-\dfrac{\tan\lambda}{\tan\beta_\infty}} \tag{5.19}$$

式（5.19）称为用升力法设计轴流式水轮机转轮叶栅的基本方程式。它的物理意义在于为了使流过水轮机的液流所付出的有效能量与转轮叶栅所承受的能量相平衡，叶栅与液流参数之间应该满足的关系。

液流的速度决定于设计时给出的水头 H_r、出力 P 和转速 n，基本方程式（5.19）中的 Δv_u、w_∞ 和 β_∞ 已在圆柱截面的速度三角形计算中求得，而 $\tan\lambda$ 与 C_{yp} 有关，所以基本方程中只有两个基本未知数 C_{yp} 和 $\frac{l}{t}$，一般是给定一个用式（5.19）求另一个。

水流方向与翼型弦的夹角 α 称为冲角，在利用单个翼型的动力特性设计轴流式水轮机转轮叶片时，可先给出一个冲角 α_p，然后在所选择的动力特性曲线（图 5.15）上查出升力系数 C_{yp}，再代入基本方程，求出叶栅稠密度 $\left(\frac{l}{t}\right)'$，将它与按比转速 n_s 或空化系数 σ 选择的叶栅稠密度 $\frac{l}{t}$ 相比较，若差别大就要重新选取 α。

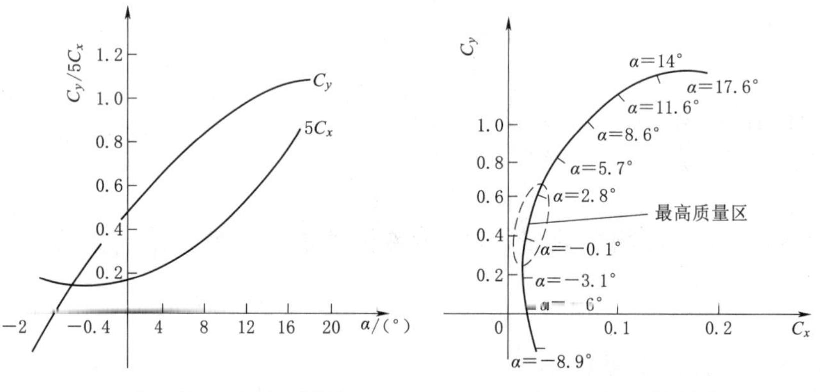

（a）冲角α和C_y、C_x的关系曲线　　（b）$C_y=f(C_x)$关系曲线

图 5.15　翼型的动力特性

设计时，如果先给出升力系数 C_{yp} 则可求出叶栅稠密度 $\frac{l}{t}$。为给出升力系数 C_{yp}，可从翼型手册中选择性能良好的机翼，在所选机翼的动力特性曲线上确定翼型工作最有利的区域。由图 5.15 所选机翼的动力特性可知，选择大的冲角则升力系数 C_y 大，可使翼型尺寸减小，但阻力系数 C_x 亦大，影响叶栅的水力效率。为了保证高效率，翼型应选择在

C_x 小而 C_y 大的区域工作。通常称 $\cot\lambda=\dfrac{C_y}{C_x}$ 为翼型的质量，比值 $\dfrac{C_y}{C_x}$ 最大的区域就是最高质量区，如图 5.15（b）的 $C_y=f(C_x)$ 关系曲线。显然，过坐标原点作 $C_y=f(C_x)$ 曲线的切线，则切点附近应为最高质量区。设计时，翼型应选择在此区工作，由此确定冲角 α 和 C_y、C_x 值。

另外，也可以将选出的叶栅稠密度代入基本方程计算出 C_{yp}，然后在翼型动力特性图 5.15 中查出冲角 α。当 α 与预先给定的冲角 α' 相差太大时，也要进行校正计算。

5.4.3 系数修正

1. 升力系数的修正

叶栅的升力系数 C_{yp} 和机翼升力系数 C_y 的关系可表示为

$$C_{yp}=C_yL \tag{5.20}$$

式中：L 为叶栅修正系数，其与翼型形状、安放角及叶栅稠密度有关。

目前，只有平板叶栅的修正系数可以用理论方法求得。图 5.16 即为平板叶栅的修正系数 L_n 和叶栅的安放角及稠密度的关系曲线。

在水轮机中转轮叶栅是由空气动力翼型组成的，为了求得它的修正系数 L，一般采用近似的方法。先将翼型转化为等价的平板翼型，求出平板叶栅的修正系数 L_n 后再进行翼型叶栅的修正，即

$$L=L_nm \tag{5.21}$$

式中：m 为校正系数。

因为用上述方法得到的修正系数 L 与翼型的实际修正系数是有差异的，所以建议采用校正系数 m。

对 $\dfrac{l}{t}=0.86\sim0.95$ 的叶栅：

$$m=0.042\bar{\delta}+0.71 \tag{5.22}$$

式中：$\bar{\delta}$ 为翼型相对厚度。

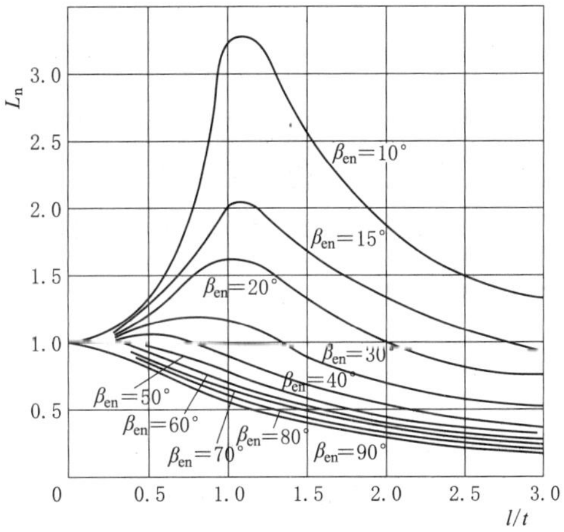

图 5.16 平板叶栅的修正系数 L_n

当 $\dfrac{l}{t}\geqslant1.1$ 时，取 $m=1+0.75\left(\dfrac{l}{t}\right)^2$；当 $\dfrac{l}{t}<1.1$ 时，取 $m=2$。

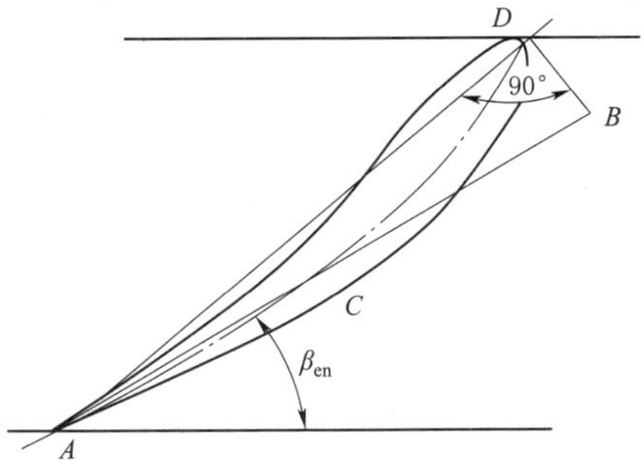

图 5.17 等价平板的做法

等价平板的做法如图 5.17 所示，过翼型的后缘点 A 和翼型骨线中点 C 作一条直线，再由翼型的前缘点 D 作翼弦 AD 的垂线 DB，与直线 AB 相交于 B 点，则 AB 即为等价平板翼型的长度 L_n，其安放角为 β_{en}。由该等价平板组成的叶栅称为等价平板叶栅，求出等价平板的稠密度 $\left(\dfrac{l}{t}\right)_n$ 和安放角 β_{en} 后，可在图 5.16 中查得平板叶栅的

修正系数 L_n。由 L_n 及 m 可得到空气动力翼型的修正系数 L。

2. 阻力系数的修正

翼型是选在最高质量区工作的，该区域 C_x 值很小，对叶栅的设计无显著影响，因此对叶栅中翼型的迎面阻力系数一般不作修正，近似认为 $C_x \approx C_{xp}$。

3. 冲角的修正

可按下式把单翼的冲角 α 转换成叶栅的冲角 α_p：

$$\alpha_p = \alpha + \Delta\alpha$$

对于 $\dfrac{l}{t} = 0.86 \sim 0.95$ 的叶栅，$\Delta\alpha = -0.28\bar{\delta} + 1.3°$。

将单翼动力特性曲线上选定的 C_y、α 及 $\tan\lambda$ 值，修正成叶栅的 C_{yp}、α_p 及 $\tan\lambda$ 后，再利用基本方程即可求得叶栅稠密度 $\dfrac{l}{t}$。翼型在叶栅中的安放角 β_{en} 为

$$\beta_{en} = \beta_\infty - \alpha_p$$

有了 β_{en}、$\dfrac{l}{t}$ 及所选的翼型形状，就可以完成平面叶栅的设计。

在应用基本方程设计叶栅时，也可以先给定叶栅稠密度 $\dfrac{l}{t}$，求出叶栅升力系数 C_{yp} 后，再根据 C_{yp} 去选择合适的翼型，从而确定冲角 α_p，设计出叶栅。

5.4.4 叶栅空化性能的检查和估算

叶栅设计除了保证能量转换和高的效率外，还应有良好的空化性能，因此须进行空化性能的检查。

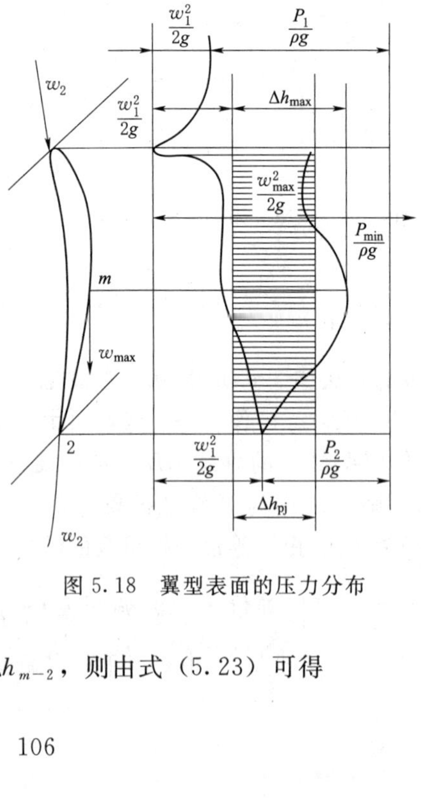

图 5.18 翼型表面的压力分布

轴流式转轮的空化性能与翼型的升力系数有密切的关系。升力系数越大，效率越高，能量转换越充分。但升力系数越大，意味着翼型两面的压差越大，背面最低压力点的压力越低，也就越易发生空化。故设计时采用的升力系数是受空化条件限制的。液流绕流翼型时，在翼型的背面会造成一个不均匀分布的压力场（图 5.18），压力最低值一般靠近翼型出口。当最低点的压力 P_{min} 低于该液流温度下的汽化压力 P_V 时，则会产生空化现象。

列出叶栅上翼型压力最低点的 m 和叶栅出口边点 2 的相对运动伯努利方程：

$$Z_m + \frac{P_{min}}{\rho g} + \frac{w_{max}^2}{2g} - \frac{u_m^2}{2g} = Z_2 + \frac{P_2}{\rho g} + \frac{w_2^2}{2g} - \frac{u_2^2}{2g} + \Delta h_{m-2} \tag{5.23}$$

因为 $u_m = u_2$，$Z_m \approx Z_2$，若忽略水力损失 Δh_{m-2}，则由式（5.23）可得

$$\frac{P_{\min}}{\rho g}=\frac{P_2}{\rho g}-\frac{w_{\max}^2-w_2^2}{2g} \tag{5.24}$$

转轮出口点和下游水面点 a 的伯努利方程为

$$Z_2+\frac{P_2}{\rho g}+\frac{v_2^2}{2g}=Z_a+\frac{P_a}{\rho g}+\frac{v_a^2}{2g}+\Delta h_{2-a} \tag{5.25}$$

其中

$$\Delta h_{2-a}=(1-\eta_{\mathrm{w}})\frac{v_2^2}{2g}$$

式中：P_a 为大气压力，Pa；Δh_{2-a} 为转轮出口点至下游水面的水力损失，亦即尾水管中的水力损失；P_2 为转轮叶片出口边的压力，Pa；Z_2 为转轮出口点到基本准面的高度，m；v_2 为转轮点水流的速度，m/s；Z_a 为下游水面到基准面的高度，一般可取下游水面为基准面，m；v_a 为下游水面水流速度，m/s；η_{w} 为尾水管的恢复系数。

又因 $Z_2-Z_a=H_s$，所以

$$\frac{P_2}{\rho g}=\frac{P_a}{\rho g}-H_s-\eta_{\mathrm{w}}\frac{v_2^2}{2g} \tag{5.26}$$

故

$$\frac{P_{\min}}{\rho g}=\frac{P_a}{\rho g}-H_s-\eta_{\mathrm{w}}\frac{v_2^2}{2g}+\frac{w_2^2-w_{\max}^2}{2g} \tag{5.27}$$

令

$$\overline{P}_{\min}^{*}=1-\left(\frac{w_{\max}}{w_2}\right)^2 \tag{5.28}$$

则

$$\frac{P_{\min}}{\rho g}=\frac{P_a}{\rho g}-H_s-\eta_{\mathrm{w}}\frac{v_2^2}{2g}-\left|\overline{P}_{\min}^{*}\right|\frac{w_2^2}{2g} \tag{5.29}$$

式中：$\overline{P}_{\min}^{*}$ 为最低压力系数。

由于 $w_{\max}>w_2$，$\overline{P}_{\min}^{*}<0$ 为不发生空蚀，$\overline{P}_{\min}^{*}$ 越接近于 0 越好。

经试验和计算结果表明，沿翼型的压力分布与翼型的升力系数 C_y 及叶栅稠密度 $\frac{l}{t}$ 有关。

由试验结果绘出的 $\overline{P}_{\min}^{*}$ 与 $C_{yp}\left(\frac{l}{t}\right)$ 的关系曲线，如图 5.19 所示。可看出，对不同的叶栅，此规律为一条直线，其方程式为

$$\left|\overline{P}_{\min}^{*}\right|=0.25C_{yp}\left(\frac{l}{t}\right)+0.01(\overline{\delta}-3)\left(\frac{l}{t}\right) \tag{5.30}$$

式中：$\overline{\delta}$ 为叶栅翼型的相对厚度，$\overline{\delta}=\frac{\delta_{\max}}{l}$。

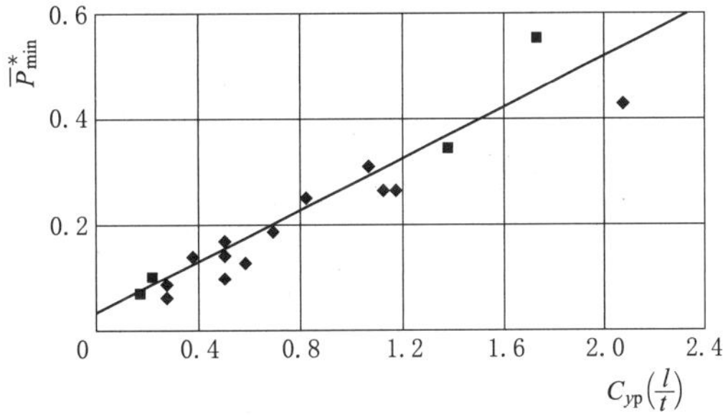

图 5.19 $\overline{P}_{\min}^{*}$ 与 $C_{yp}\left(\frac{l}{t}\right)$ 的关系曲线

可得

$$\frac{P_{\min}}{\rho g}=\frac{P_a}{\rho g}-H_s-\eta_w\frac{v_2^2}{2g}-\left[0.25C_{yp}\left(\frac{l}{t}\right)+0.01(\bar{\delta}-3)\left(\frac{l}{t}\right)\right]\frac{w_2^2}{2g} \tag{5.31}$$

式中：$P_{\min}$ 为叶栅翼型压力最低点的压力，Pa；H_s 为转轮出口到下游水面的高差，m。

由式（5.31）知，升力系数 C_{yp} 越大，则 $P_{\min}$ 就越小，因此增大升力系数 C_{yp} 要受空化空蚀条件限制。计算时，通常取

$$\frac{P_{\min}}{\rho g}=\frac{P_V}{\rho g}+\Delta H$$

式中：P_V 为汽化压力，Pa；ΔH 为汽化安全余量，一般取 $\Delta H=0.5\sim1.0$m。

将式（5.31）变换为

$$\frac{P_a}{\rho g}-H_s-\frac{P_{\min}}{\rho g}=\eta_w\frac{v_2^2}{2g}-|\overline{P}_{\min}^*|\frac{w_2^2}{2g} \tag{5.32}$$

将式（5.32）两边同时除以水头 H，可得到空化系数 σ 的估算公式：

$$\sigma=\eta_w\frac{v_2^2}{2gH}-|\overline{P}_{\min}^*|\frac{w_2^2}{2gH} \tag{5.33}$$

由于升力法不能计算出沿翼型表面的速度和压力分布，在估算空化系数 σ 时，$\overline{P}_{\min}^*$ 可用式（5.30）计算得到。另外，计算得到的 C_{yp} 值只能在设计时作近似估算用，转轮的空化性能必须通过模型试验来验证。

计算时应使各计算截面具有相同的空化空蚀性能，如性能相差太大应调整 $\frac{l}{t}$ 值进行修正。在计算过程中，应在保证效率和空化空蚀性能的前提条件下，选取较大的升力系数，希望获得较小的转轮叶栅尺寸，提高转轮的过流能力和效率。

5.4.5 转轮水力效率的估算

由前所述，液流绕流叶栅时，液流对叶栅所做的功为

$$\mathrm{d}P_e=R_u u Z_1$$

而液流克服迎面阻力消耗的功率为

$$\mathrm{d}P_x=R_x w_\infty Z_1$$

式中：R_x 为作用在翼型上的合力在 x 方向的投影；w_∞ 为叶栅前后相对运动速度的几何平均值。

则叶栅水力效率为

$$\eta_c=\frac{\mathrm{d}p_e}{\mathrm{d}p_e+\mathrm{d}p_x}=\frac{R_u u Z_1}{R_u u Z_1+R_x w_\infty Z_1}=\frac{1}{1+\frac{R_x w_\infty}{R_u u}}$$

又 $R_x=R\sin\lambda$，$R_u=\sin(\beta_\infty-\lambda)$，则叶栅水力效率为

$$\eta_c=\frac{1}{1+\frac{w_\infty}{u}\frac{\sin\lambda}{\sin(\beta_\infty-\lambda)}} \tag{5.34}$$

由式（5.34）可见，角 λ 越小，则叶栅效率越高。为了保证转轮的水力效率，翼型应选在最高质量区工作。

在每一计算圆柱截面展开的叶栅确定以后，即可按下式算出转轮的水力效率 η_h：

$$\eta_h=\frac{2\pi\int_{r_b}^{R_1}\eta_c r v_z \mathrm{d}r}{q_v} \tag{5.35}$$

式中：r_b 为转轮轮毂处半径；R_1 为转轮轮缘处半径；q_v 为流体通过转轮的体积流量。

此式可用图解积分法求解，作出不同计算截面的半径 r 与 $\eta_c v_z r$ 的关系曲线，由 $\eta_c v_z r=f(r)$ 下的面积 F（图 5.20），即可求得转轮的水力效率 η_h，即

$$\eta_h=\frac{2\pi F}{q_v}$$

由上述计算可知，计算截面的半径越大，则叶栅效率 η_c 对转轮水力效率 η_h 的影响越大。所以靠近轮缘处的翼型应选用最高质量区的冲角，而在轮毂处的翼型冲角可取大些，但不大于 8°。

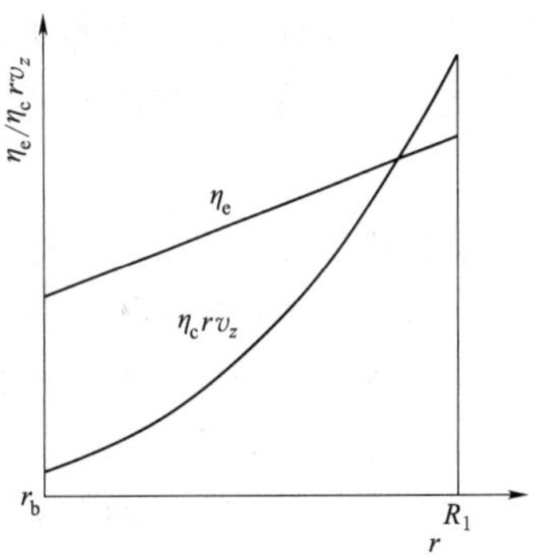

图 5.20 图解积分法求解 η_h

必须指出转轮水力效率 η_h 的计算只能作为估计或比较不同计算方案时运用。

5.4.6 升力法设计转轮叶片的基本步骤

（1）确定转轮的设计工况 Q_{11r} 和 n_{11r}。

（2）绘制转轮的轴面流道图。

（3）确定转轮计算圆柱截面，进行进、出口速度三角形的计算。一般在轮毂与轮缘之间取 5～6 个圆柱截面，各计算截面之间的距离相等。

（4）选择翼型。从空气动力翼型的图册中选择翼型的系列，在选择翼型时应注意以下几点：

1）若设计的转轮比转速 n_s 较低，则转轮进、出口处绝对速度的圆周分量的差值 Δv_u 较大，因而相对速度 w_1 和 w_2 间的夹角越大。为保证冲角不越出最高质量区，应选择相对弯度 $\overline{f}$ 较大的翼型。

2）所选翼型应满足效率高、工作稳定和空化空蚀性能良好等要求。因此，在保证强度的条件下，应选择翼型尾端尽可能薄、翼型的最大厚度距头部的距离 l_1 较小的翼型。试验表明，$\dfrac{l_1}{t}$ 越小则空化系数越小。但对轴流转桨式水轮机的转轮，为使在转动叶片时克服的水力矩最小，叶片的转动中心一般取在翼型的中心部位。若最大厚度过于偏前，则会减小叶片与法兰连接处的断面面积，减弱叶片强度。建议采用 $\dfrac{l_1}{t}=\dfrac{1}{3}\sim\dfrac{2}{5}$ 的翼型。

3）为保证叶片表面光滑，各计算截面最好选用同一翼型系列。

（5）确定各计算截面上叶栅稠密度 $\dfrac{l}{t}$ 和翼型的相对厚度 $\bar{\delta}=\dfrac{\delta_{\max}}{l}$。为使轮毂处与轮缘处具有相近的空化空蚀性能，轮毂处的叶栅稠密度可按下式选取：

$$\left(\frac{l}{t}\right)_{轮毂}=(1.2\sim1.5)\left(\frac{l}{t}\right)_{轮缘}$$

中间各截面的叶栅稠密度沿半径按直线变化的规律选取。

在其他参数不变的情况下，加厚翼型会使绕流翼型时水流速度增大，从而导致最低压力系数及空化系数增大，所以在强度允许的条件下应取较小的翼型厚度。轮缘处翼型受力较小，其厚度按工艺条件确定，一般取 $\overline{\delta}=2\%\sim3\%$。轮毂处的厚度将直接影响叶片的强度，初步计算时，可参考相近水头的转轮选取或用经验公式估算。对不锈钢制造的叶片，轮毂处的翼形最大厚度的经验公式为

$$\delta_{max}=(0.012\sim0.015)D_1\sqrt{H} \tag{5.36}$$

式中转轮直径 D_1 和水轮机设计水头 H 的单位均为米。如用普通钢制造，则厚度要加大，加大的倍数应为不锈钢和普通钢两者允许应力之比值开三次方根。

中间各截面的翼型厚度可按厚度沿半径为直线变化规律选取。

(6) 根据空化计算式 (5.31) 计算中间各截面的最大允许升力系数 $C_{yp,max}$。

(7) 确定各计算截面上翼型的升力系数 C_{yp}。用升力法设计转轮叶片的基本方程，算出各计算截面的 C_{yp}，并使 $C_{yp}\leqslant C_{yp,max}$，通常采用逐次逼近法求得 C_{yp} 的值。

(8) 确定各计算截面上翼型的冲角 α_p。

1) 在选定翼型的动力特性曲线上的最高质量区内选取冲角的第一次近似值 α_1。一般轮缘处取 $\alpha_1=3^\circ\sim4^\circ$，轮毂处取 $\alpha_1=8^\circ\sim10^\circ$。

2) 根据冲角 α_1，在翼型的特性曲线上查得相应的 C_x、C_y 值，则

$$\tan\lambda=\frac{C_x}{C_y}\approx\frac{C_{xp}}{C_{yp}}$$

3) 将 $\tan\lambda$ 代入基本方程式 (5.19)，求得 C_{yp} 值 (式中其他参数值均为已知)。

4) 求出单个翼型的升力系数 $C_y=\dfrac{C_{yp}}{l}$。

5) 由 C_y，再在翼型的特性曲线上查得相应的冲角，以 α_2 表示。若 $\alpha_2\approx\alpha_1$，则计算完成，否则重复上述过程，直至接近为止。

一般希望冲角在最高质量区内，由于轮毂处半径小、翼型长度短、负荷较大而不易满足要求，因此允许其冲角稍大一些，但不超过 8°。若求得的冲角大于上述范围，或几次逼近相差仍大，则应考虑另选翼型或调整 $\dfrac{l}{t}$ 值，再进一步计算。

6) 修正冲角，即 $\alpha_p=\alpha+\Delta\alpha$。

(9) 确定各计算截面上叶栅翼型的安放角 β_{en}，即 $\beta_{en}=\beta_\infty-\alpha_p$。

(10) 估算转轮水力效率。

(11) 绘制转轮叶片木模图。

5.5 奇点分布法设计轴流式水轮机转轮叶片

5.5.1 奇点分布法概述

和升力法不同，奇点分布法是用数学解析的方法来设计转轮叶片的。它的基本出发点是用一系列分布在翼型骨线上的奇点来代替叶栅中的翼型对液流的作用，其实质是势流叠

加，在研究转轮叶栅绕流问题时，用一系列分布在翼型骨线上的漩涡、源（汇）代替叶片，这些漩涡和源（汇）与某一平面平行流的作用，组成与转轮叶片中液流相同的速度场。对于不同的叶栅，可以用不同的漩涡和源（汇）的密度分布规律来代替。

用奇点分布法计算轴流式转轮的叶片时，其基本参数及计算工况的确定、计算截面进、出口水流速度三角形的计算和升力法相同，只是叶栅计算的方法不同。

应用奇点分布法计算叶栅绕流时，显然必须假定来流为有势流动。

用奇点分布法计算叶栅时（图 5.21），以下条件是给定的：

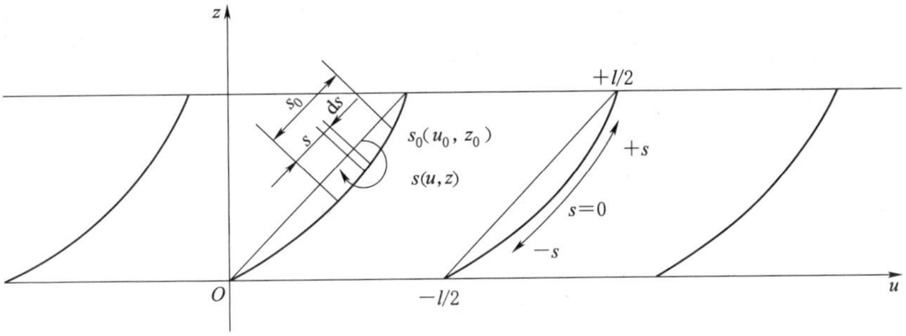

图 5.21　平面直列叶栅计算坐标

(1) 叶栅稠密度$\frac{l}{t}$和叶片数 Z_1。

(2) 平面平行来流速度 w_∞。

(3) 绕翼型的环量 Γ_B，Γ_B 可按下式计算，$\Gamma_1-\Gamma_2$ 则由水轮机基本方程式决定。

$$\Gamma_B=\frac{\Gamma_1-\Gamma_2}{Z_1} \tag{5.37}$$

计算要求确定的是翼型形状及其对栅轴的安放位置。

由于转轮叶片假定为无限薄，因而叶栅中的翼型和其骨线没有区别，可用环量密度为 $\gamma(s)$ 的漩涡层来代替所求的翼型骨线。显然沿骨线分布的 $\gamma(s)$ 其漩涡总强度应等于给定的绕翼型的环量 Γ_B，即

$$\Gamma_B=\int_{-\frac{l}{2}}^{\frac{l}{2}}\gamma(s)\mathrm{d}s \tag{5.38}$$

用奇点分布法绘制翼型的方法是：在选定的漩涡分布规律的条件下，求出由漩涡层和平面平行来流合成的速度场；利用绕流无分离的条件（即翼型上各点的速度向量必须与其表面相切的性质）来绘制翼型的形状。

但在求漩涡层的诱导速度场时，除了选定代替翼型的漩涡分布规律外，还必须知道翼型骨线的形状，因 $\gamma(s)$ 仅表示漩涡分布规律，它并不给出各漩涡点的坐标。而翼型骨线的形状又正是所求的，因此奇点分布法计算叶栅时采用了逐次逼近法。

采用逐次逼近法时，可先假定一个翼型骨线形状，计算出骨线上各点的合成速度 w。由于骨线是假定的，因此 w 并不能和骨线相切。根据骨线应和速度 w 相切的条件修改第一次假定的骨线形状，得到第二次近似骨线。重复上述计算，直至逼近为止。

因此，用奇点分布法设计轴流式水轮机转轮叶栅时，可按以下三个步骤来进行：①选

择环量密度 $\gamma(s)$ 沿骨线的分布规律；②假定第一次近似翼型；③计算和绘制第二次近似翼型。

5.5.2 设计步骤与注意事项

5.5.2.1 设计步骤

1. 环量密度 $\gamma(s)$ 沿骨线的分布规律

（1）用 w_1、w_2 求其几何平均值 w_∞ 作为绕流叶栅平面的平行来流。根据确定的转轮流道，在叶片的轮缘和轮毂之间取 5～7 个计算截面，分别作出转轮前、后各计算截面的流速三角形，计算出转轮前后流速的几何平均值 w_∞ 及其角度 β_∞，以 w_∞ 作为绕流平面直列叶栅的平面平行来流，其相互关系如图 5.21 所示。

各截面的圆周速度：

$$u=\frac{2\pi rn}{60}$$

平均轴向流速：

$$v_{zpj}=\frac{4q_v}{\pi D_1^2-\pi d_h^2} \tag{5.39}$$

式中：n 为转轮计算工况点的转速，r/min；r 为各计算截面的半径，m；q_v 为转轮的计算流量，m^3/s。

w_∞ 和 β_∞ 的计算公式为

$$\left.\begin{aligned} w_\infty&=\frac{1}{2}(w_1+w_2)\\ \tan\beta_\infty&=\frac{w_{\infty z}}{w_{\infty u}}\end{aligned}\right\} \tag{5.40}$$

式中：$w_{\infty z}$ 和 $w_{\infty u}$ 分别为绕流平面直列叶栅的平面平行来流在轴向和圆周方向上的分量，m/s；β_∞ 为绕绕流平面直列叶栅的平面平行来流角，(°)。

（2）计算绕翼型的环量。绕翼型的环量 Γ_B 可按式（5.37）计算，所选环量密度 $\gamma(s)$ 满足式（5.38）。

（3）选取环量密度。由叶栅理论的相关知识可知，叶栅绕流中对于任意形状的翼型，环量密度 $\gamma(s)$ 可以级数形式表示，如采用绝对坐标 s 表示，则式 $\gamma(s)$ 可表示为

$$\gamma(s)=A_0\sqrt{\frac{1+\frac{2s}{l}}{1-\frac{2s}{l}}}+A_1\sqrt{1-\left(\frac{2s}{l}\right)^2}+A_2\alpha\frac{2s}{l}\sqrt{1-\left(\frac{2s}{l}\right)^2}+\cdots \tag{5.41}$$

或令 $\frac{2s}{l}=\cos\theta$，则可写成

$$\gamma(\theta)=A_0\cot\frac{\theta}{2}+\sum_{k=1}^{\infty}A_k\sin k\theta \tag{5.42}$$

采用上述形式的 $\gamma(s)$ 后，则绕翼型的环量为

$$\Gamma_B=\int_{-\frac{l}{2}}^{\frac{l}{2}}\gamma(s)\mathrm{d}s=\left(A_0+\frac{1}{2}A_1\right)\frac{\pi l}{2} \tag{5.43}$$

由式（5.43）可见，绕翼型的环量 Γ_B 仅与多项式［式（5.41）］中前两项的系数 A_0 和 A_1 有关。这表明其他项并不影响环量值的大小，而仅仅影响骨线的形状及速度的分布。由于实际应用时还需要在骨线上套加翼型，因此计算由薄翼翼型组成的直列叶栅时仅需取式（5.41）中前两项即可满足设计精度的要求，即

$$\gamma(s)=A_0\sqrt{\frac{1+\dfrac{2s}{l}}{1-\dfrac{2s}{l}}}+A_1\sqrt{1-\left(\frac{2s}{l}\right)^2} \tag{5.44}$$

或

$$\gamma(\theta)=A_0\cot\frac{\theta}{2}+A_1\sin\theta \tag{5.45}$$

式中：系数 A_0 反映冲角的大小；系数 A_1 和翼型骨线弯曲程度有关。

当 $A_1=0$ 时：

$$\gamma(s)=A_0\sqrt{\frac{1+\dfrac{2s}{l}}{1-\dfrac{2s}{l}}} \tag{5.46}$$

此时相当于绕流某一冲角的平板。

当 $A_0=0$ 时：

$$\gamma(s)=A_1\sqrt{1-\left(\frac{2s}{l}\right)^2} \tag{5.47}$$

此时相当于绕流一抛物线形弧线，液流冲角等于 0°。

因此调整系数 A_0 和 A_1，可以得到在给定环量 Γ_B 条件下的最佳翼型骨线。

在翼型组成叶栅时，由于翼型相互影响会改变绕流单独翼型的结果，但在定性方面是相同的。因此，当选用式（5.44）的 $\gamma(s)$ 分布规律时，如将系数 A_0 加大，则叶栅中翼型将具有较小的曲率、较大的冲角；如将系数 A_1 加大，则得到的翼型将是曲率较大而冲角很小。调整系数 A_0 与 A_1 间的关系可在同样给定的环量 Γ_B 条件下得到最佳形状的翼型骨线。

2. 第一次近似翼型计算

作为第一次近似，叶栅中的翼型一般先假设为平板翼型。平板长度 l_n 和栅距 t 应与所设计叶栅给定的参数相同，由此得到平板直列叶栅，如图 5.22 所示。平板直列叶栅中的平板安放角 β_{en} 和选取的沿骨线上的环量密度 $\gamma(s)$ 分布规律有关。如果取系数 $A_0=0$，则冲角 α 为 0°，这时平板安放角 $\beta_{en}=\beta$。

为加速计算迭代过程的收敛，最好按以下方法选取冲角 α。

平板（直线型骨线）安放角为

$$\beta_{en}=\beta_\infty-\alpha$$

式中：β_{en} 为平板（直线型骨线）安放角；β_∞ 为来流速度 w_∞ 相对于叶栅列线的角度；α 为冲角。

当绕流单独平板时，如冲角 α 很小，则平板上产生的环量为

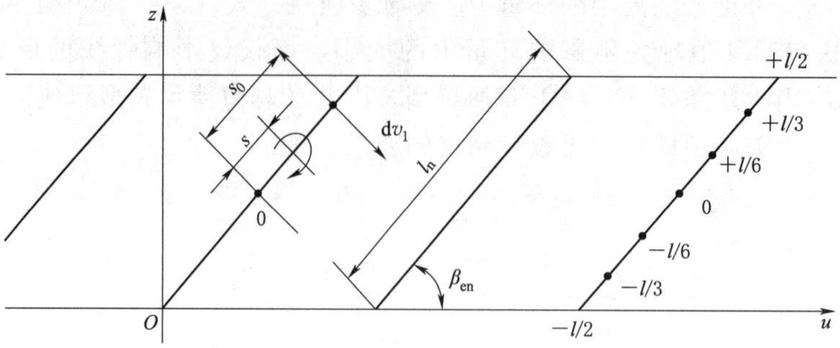

图 5.22 第一次近似平板翼型

$$\Gamma=\pi l\alpha w_{\infty}$$

当绕流平板叶栅时，则由于叶栅间平板的相互作用，其环量将为

$$\Gamma'=\Gamma L_{n}=\pi l\alpha w_{\infty} L_{n}$$

当平面平行来流 w_{∞} 以较小冲角 $\Delta\alpha$ 绕流平板时，由于栅间平板的相互作用，会造成绕流平板直列叶栅的环量和绕流单一平板的环量不等。因此，引入修正系数 L_n。该系数与叶栅稠密度 $\frac{l}{t}$ 和平板翼型安放角 β_{en} 有关，可用函数 $L_n=f\left(\frac{l}{t},\ \beta_{en}\right)$ 表示。对平板叶栅，L_n 可由图 5.16 中曲线查得。

另外，又可近似地认为：

$$\Gamma'=\frac{\pi l}{2}A_0$$

因此，将以上两式比较可得

$$\alpha=\frac{A_0}{2L_n w_{\infty}} \tag{5.48}$$

式中：A_0 为环量密度系数；L_n 为平板直列叶栅的修正系数。

在实际计算时，一般可先取冲角 α。为了保证叶栅有很好的绕流性能，所取冲角不宜过大，一般不应超过 8°。明确了冲角 α，β_{en} 就可直接算出。然后根据 α 的取值由式 (5.48) 近似算出 A_0 值。

3. 第二次近似翼型骨线的计算与绘制

在第一次近似翼型上按给定的环量密度 $\gamma(s)$ 计算骨线上各点的绕流速度 w，再根据骨线应与绕流速度相切的原则绘制第二次近似翼型骨线。

骨线上各点的绕流速度 w 为

$$w=w_{\infty}+v_1+v_2 \tag{5.49}$$

式中：w_{∞} 为平面平行来流速度；v_1 为基本翼型的分布涡引起的诱导速度；v_2 为除基本翼型外，其余翼型的分布涡引起的诱导速度。

投影到坐标轴得

$$w_u=w_{\infty u}+v_{1u}+v_{2u}$$
$$w_z=w_{\infty z}+v_{1z}+v_{2z}$$

当把曲线翼型近似取成直线翼型时，基本翼型上分布涡对位于该翼型上任意点的诱导

速度 v_1 的两个分量为 v_{1u}、v_{1z} 为

$$\left.\begin{aligned} v_{1u} &= v_1 \sin\beta_e = \frac{\sin\beta_e}{2\pi}\int_{-\frac{l}{2}}^{\frac{l}{2}} \frac{\gamma(s)\mathrm{d}s}{s_0 - s} \\ v_{1z} &= v_1 \cos\beta_e = \frac{\cos\beta_e}{2\pi}\int_{-\frac{l}{2}}^{\frac{l}{2}} \frac{\gamma(s)\mathrm{d}s}{s_0 - s} \end{aligned}\right\} \tag{5.50}$$

式中：β_e 为叶栅中翼型安放角。

将给定的 $\gamma(s)$ 代入上式，积分得

$$\left.\begin{aligned} v_{1u} &= -\sin\beta_e\left(\frac{1}{2}A_0 - A_1\frac{s_0}{l}\right) \\ v_{1z} &= \cos\beta_e\left(\frac{1}{2}A_0 - A_1\frac{s_0}{l}\right) \end{aligned}\right\} \tag{5.51}$$

除了基本翼型外，由其他漩涡层引起的诱导速度 v_2 的两个分速度 v_{2u} 及 v_{2z} 为

$$\left.\begin{aligned} v_{2u} &= \frac{1}{t}\int_{-\frac{l}{2}}^{\frac{l}{2}} a(s_0,s)\gamma(s)\mathrm{d}s \\ v_{2z} &= \frac{1}{t}\int_{-\frac{l}{2}}^{\frac{l}{2}} b(s_0,s)\gamma(s)\mathrm{d}s \end{aligned}\right\} \tag{5.52}$$

将给定的 $\gamma(s)$ 代入上式得

$$\left.\begin{aligned} v_{2u} &= \frac{1}{t}\int_{-\frac{l}{2}}^{\frac{l}{2}} a(s_0,s)\left[A_0\sqrt{\frac{1+\frac{2s}{l}}{1-\frac{2s}{l}}} + A_1\sqrt{1-\left(\frac{2s}{l}\right)^2}\right]\mathrm{d}s \\ v_{2z} &= \frac{1}{t}\int_{-\frac{l}{2}}^{\frac{l}{2}} b(s_0,s)\left[A_0\sqrt{\frac{1+\frac{2s}{l}}{1-\frac{2s}{l}}} + A_1\sqrt{1-\left(\frac{2s}{l}\right)^2}\right]\mathrm{d}s \end{aligned}\right\} \tag{5.53}$$

因被积函数在 $\frac{2s}{l}=1$ 的点上不连续，所以用一般数值积分法就显得比较困难。可利用涅泊米宁氏积分公式，把翼型分成六等分段进行计算，得本翼型外所有其他翼型上的分布涡对基本翼型上任意点的诱导速度 v_2 的两个分量 v_{2u}、v_{2z} 的大小。

$$\begin{aligned} v_{2u} = &\frac{\pi l A_0}{2560t}\left[126a\left(s_0,-\frac{l}{3}\right) - 90a\left(s_0,-\frac{l}{6}\right) + 460a(s_0,0) - 180a\left(s_0,\frac{l}{6}\right)\right. \\ &\left. + 630a\left(s_0,\frac{l}{3}\right) + 334a\left(s_0,\frac{l}{2}\right)\right] + \frac{\pi l A_1}{2560t}\left[210a\left(s_0,-\frac{l}{3}\right)\right. \\ &\left. - 120a\left(s_0,-\frac{l}{6}\right) + 460a(s_0,0) - 120a\left(s_0,\frac{l}{6}\right) + 210a\left(s_0,\frac{l}{3}\right)\right] \end{aligned}$$

$$\begin{aligned} v_{2z} = &\frac{\pi l A_0}{2560t}\left[126b\left(s_0,-\frac{l}{3}\right) - 90b\left(s_0,-\frac{l}{6}\right) + 460b(s_0,0) - 180b\left(s_0,\frac{l}{6}\right)\right. \\ &\left. + 630b\left(s_0,\frac{l}{3}\right) + 334b\left(s_0,\frac{l}{2}\right)\right] \end{aligned}$$

$$+\frac{\pi l A_1}{2560t}\left[210b\left(s_0,-\frac{l}{3}\right)-120b\left(s_0,-\frac{l}{6}\right)+460b(s_0,0)\right.$$
$$\left.-120b\left(s_0,\frac{l}{6}\right)+210b\left(s_0,\frac{l}{3}\right)\right]$$

其中

$$a(s_0,s)=\frac{1}{2}\frac{\operatorname{sh}\frac{2\pi}{t}(z_0-z)}{\operatorname{ch}\frac{2\pi}{t}(z_0-z)-\cos\frac{2\pi}{t}(u_0-u)}-\frac{t}{2\pi}\frac{(z_0-z)}{(u_0-u)^2+(z_0-z)^2}$$

$$b(s_0,s)=\frac{1}{2}\frac{\operatorname{sh}\frac{2\pi}{t}(u_0-u)}{\operatorname{ch}\frac{2\pi}{t}(z_0-z)-\cos\frac{2\pi}{t}(u_0-u)}-\frac{t}{2\pi}\frac{(u_0-u)}{(u_0-u)^2+(z_0-z)^2}$$

式中：u_0、z_0 为 s_0 的坐标；u、z 为所截出漩涡的坐标。

即 $a(s_0,s)$ 和 $b(s_0,s)$ 分别表示 s 点漩涡对所求 s_0 点速度影响的一个无因次量，它们仅与翼型上点涡 s 的坐标和点 s_0 坐标相对位置以及叶栅栅距 t 的大小有关。对于一定的叶栅栅距 t，a 和 b 的值只与 s_0 和 s 的相对位置有关，可通过编程计算。

根据以上各式可算出第一次近似翼型上各点的诱导速度。将整个翼型等分成 6 段，可计算出 7 个点的流速。为计算方便取翼型骨线为曲线坐标，中点为零点，翼型头部方向为正方向，如图 5.22 所示。设各点流速与叶栅列线的夹角为 β，则

$$\tan\beta=\frac{w_{\infty z}+v_{1z}+v_{2z}}{w_{\infty u}+v_{1u}+v_{2u}} \tag{5.54}$$

按式（5.54）求得平面上各分点 0、1、2、3、4、5 和 6 的角度分别为 β_0、β_1、β_2、β_3、β_4、β_5 和 β_6，经点 0 取线段 $l_{01}=\frac{l}{6}$ 和 $\beta_{01}=\frac{1}{2}(\beta_0+\beta_1)$ 得到点 1（图 5.23）；在经过点 1 取线段 $l_{12}=\frac{l}{6}$ 和 $\beta_{12}=\frac{1}{2}(\beta_1+\beta_2)$ 得到点 2；依次类推作出其余各分点，然后将所得折线描成光滑曲线，即得到第二次近似的翼型骨线，如图 5.23 所示。

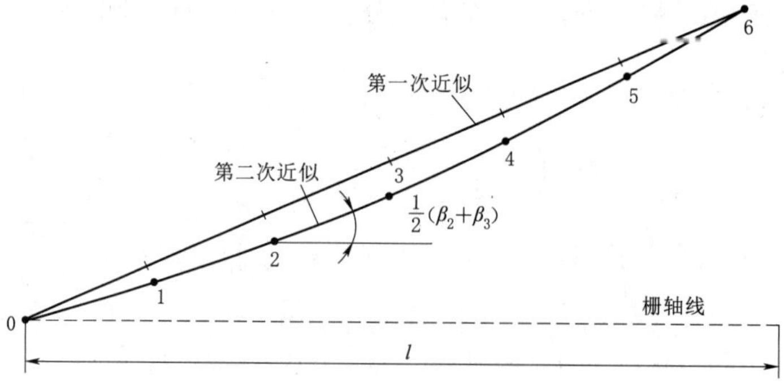

图 5.23　第二次近似的翼型骨线

5.5.2.2 注意事项

(1) 在计算诱导速度时需要计算系数 A_0 和 A_1。对所选用的环量密度系数 A_0 已在第一次近似计算中求得。因此根据绕翼型的环量 Γ_B，即可由式（5.55）得到系数 A_1。

$$\Gamma_B=\frac{\pi l}{2}\left(A_0+\frac{A_1}{2}\right) \tag{5.55}$$

(2) 在全部计算过程中应保持翼型长度不变。即从第一次近似计算到第二次近似计算，可不改变环量密度的分布，而只改变漩涡分布点的坐标。

(3) 重复上述过程可得到更高次近似的翼型骨线，根据翼型弯曲程度和对精度的要求判定是否需要进行第三次近似计算。但水轮机叶栅计算的经验表明，进行第二次近似计算即可达到足够的精度。

(4) 由分布在所求点 s_0 上的漩涡对 s_0 点引起的诱导速度 v_s 是切于翼型表面的，$v_s=\pm\frac{1}{2}\gamma(s_0)$，在求翼型表面速度时必须考虑。但它并不影响 β 角的计算，因此在骨线绘型时未考虑。

以上仅设计出无限薄翼型的骨线，实际应用时尚需加厚。加厚时将薄翼型的骨线看作真实翼型的中线，亦即真实翼型内切圆中心的连线。一般根据强度要求确定出翼型的最大厚度，从翼型手册中选一满足强度要求的空气动力学翼型（通常取对称型），根据所选翼型的厚度变化规律（相对于其中线）在求得的翼型骨线上进行加厚，即可作出实际翼型。

按照同样方法将转轮不同计算截面上的翼型求出，然后用 5.6 节所述叶片绘型方法，即可得满足设计要求的转轮叶片。

5.6 轴流式转轮叶片木模图的绘制与表面光滑性检查

5.6.1 叶片木模图的绘制

把计算得到的各圆柱面上的翼型，按一定的关系组合可构成叶片。因此，须绘制出叶片的木模图。转轮叶片木模图一般包括转轮叶片各计算截面的翼型剖面图、转轮叶片轴面投影和平面投影。用木模图即可做出供制造叶片用的木模和检查叶片型线用的样板。通常把叶片的设计位置转角定为 0°，叶片向关的方向的转角定为负值，向开的方向的转角定为正值。叶片木模图根据 $\varphi=0°$时的位置画出，图 5.24 为轴流式转轮叶片木模图。要把各个翼型组合成叶片，首先必须确定旋转轴的位置，选择旋转轴线应从以下几点考虑。

(1) 转轴的位置必须使叶片向开和关的方向转动时具有相近的水力矩，因此必须使转轴尽可能放在靠近翼型升力的作用线处。这样对叶片的转动机构和转轮接力器的设计极为有利。

(2) 为了制造、检查叶片型线方便，转轴的选择应使各圆柱截面上翼型的出口边落在同一个轴截面内（在平面图上，叶片的出口边应位于通过水轮机轴心的直线上）。同时使叶片在设计位置时，出口边尽可能在同一水平面上。

组合后的叶片还要进行表面光滑性检查，避免叶片表面出现波浪形，从而影响转轮的性能。一般选用 8～10 个轴截面和 6～8 个水平面进行检查，如果这些截面上的叶片截线

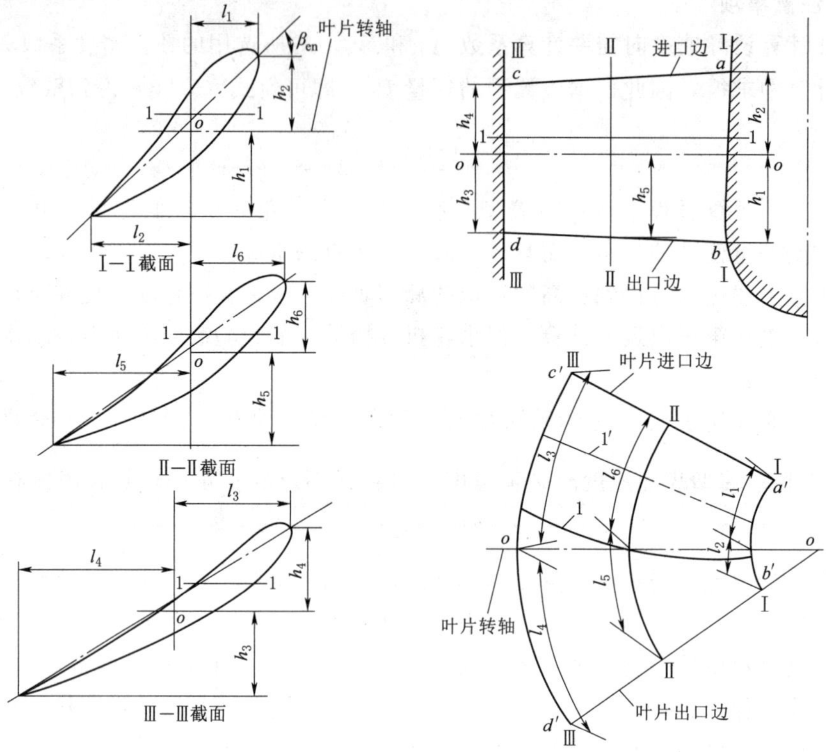

图 5.24　轴流式转轮叶片木模图

不平滑，则必须修改旋转轴的位置或翼型厚度。

1. 翼型的最大厚度

应用升力法和奇点分布法计算由薄翼翼型组成的叶栅时，计算结果仅得到翼型骨线，为获得具有所需厚度的翼型，应先确定翼型的最大厚度，然后参照性能良好的翼型进行加厚。通常把轴流式水轮机转轮叶片视为一端固定的变厚度扇形，按受均布水压力的悬臂梁进行强度计算。

计算和试验表明，最大应力出现在转轮叶片根部断面和叶片出水边与圆柱截面之间的斜面上。因此，靠近转轮轮毂处断面翼型厚度要比其他断面大些。

转轮轮毂处翼型断面厚度 $\delta_{max}=(0.04\sim0.045)D_1$，转轮轮缘处翼型断面厚度 $\delta_{max}=(0.01\sim0.017)D_1$。使用水头越高，取值越大。按所取的厚度变化规律在翼型骨线上进行加厚，最后对叶片的强度进行校核。

2. 翼型厚度沿骨线的变化规律

在叶片式水力机械中翼型多借用航空翼型，目前常用的翼型有 NACA（美国、德国）、RAF（英国）等，上述翼型厚度坐标可参见有关技术资料，这里不再列出。

3. 翼型转动轴线位置的确定

在选定翼型最大厚度和翼型厚度沿骨线的变化规律后，就可以在各翼型骨线上作各计算截面的翼型剖面图。为了把各计算截面翼型组合成转轮叶片，须确定转动轴线的位置。

翼型转动轴线位置的选择应考虑以下两点：

（1）转动轴线必须选择在能使转轮叶片向开启和关闭方向转动时具有相近水力矩的位置，这样对叶片的转动机构和转轮接力器的设计有利。为此，应使转动轴线位置尽可能靠近翼型的升力作用线。研究表明：对稀疏的叶栅$\left(\frac{l}{t}=0.5\right)$，压力差沿翼型近似三角形分布，此时升力作用线距翼型前缘约为 $0.35l$；而对较稠密的叶栅$\left(\frac{l}{t}=1.3\right)$，最大压力差所在位置移向翼型中部，升力作用线距翼型前缘约为 $0.45l$，如图 5.25 所示。设计时可参照上述数据确定翼型转动轴线并使其尽量位于翼型内和靠近翼型的中心。

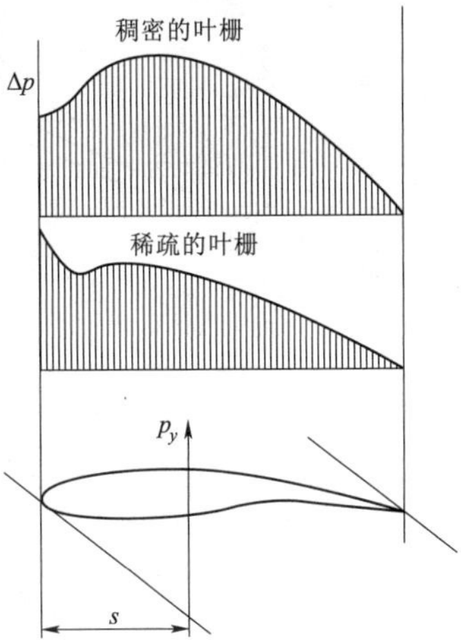

图 5.25　翼型压力分布

（2）为制造和检查叶片型线的方便，所确定的冀型转动轴线应使各计算截面翼型的出口边位于同一轴截面内。同时使叶片在设计位置（转角 $\varphi=0°$）时，出口边尽可能在同一个水平面上。

设计时，一般先确定转轮轮毂处翼型的转动中心，然后根据出口边在同一轴截面内的原则确定轮缘处翼型的转动中心，再按上述要求确定各中间截面上翼型的转动中心。

5.6.2　转轮叶片表面光滑性检查

根据上面介绍的方法，即可将各计算截面的翼型组成叶片，所得的叶片表面可能出现波浪形，所以必须进行叶片表面光滑性检查。通常是用几组不同的截面去切割叶片，检查叶片切割面上的截线是否平顺光滑。通常用两种截面检查叶片的光滑性。

（1）轴截面检查。一般取 8～10 个角度相等的轴截面去切割叶片，可得到轴截面与叶片的交线，以检查叶片在轴面上的光滑性。

（2）水平截面检查。用垂直于轴线的水平截面切割叶片，检查叶片的光滑性。

如果这些截面上的叶片截线不够光滑，可修改转轮叶片转动轴线的位置或翼型厚度。

轴流式水轮机转轮叶片表面光滑性检查如图 5.26 所示。用一组水平截面 1－1、2－2……切割叶片，各水平截面和翼型正面、背面分别交于两点。量出叶片转动轴线到各交点的水平距离，在叶片平面图上相应的圆柱面上点出，将同一水平截面与各翼型正面、背面的交点分别用光滑曲线连接，即可得到转轮叶片正面和背面的截线。图中曲线 3、4、5……表示叶片正面的木模截线，曲线 3′、4′、5′……表示叶片背面的木模截线。通过木模截线光滑平顺的程度检查转轮叶片水平方向的光滑性。

根据设计的转轮木模图，通过相应的三维造型软件即可生成叶片及转轮的三维模型图，提供给后续的流场分析及结构强度计算。同时制造企业也根据木模图生产转轮及进行转轮维修后的质量检查。轴流式水轮机转轮叶片三维模型及转轮实物如图 5.27 所示。

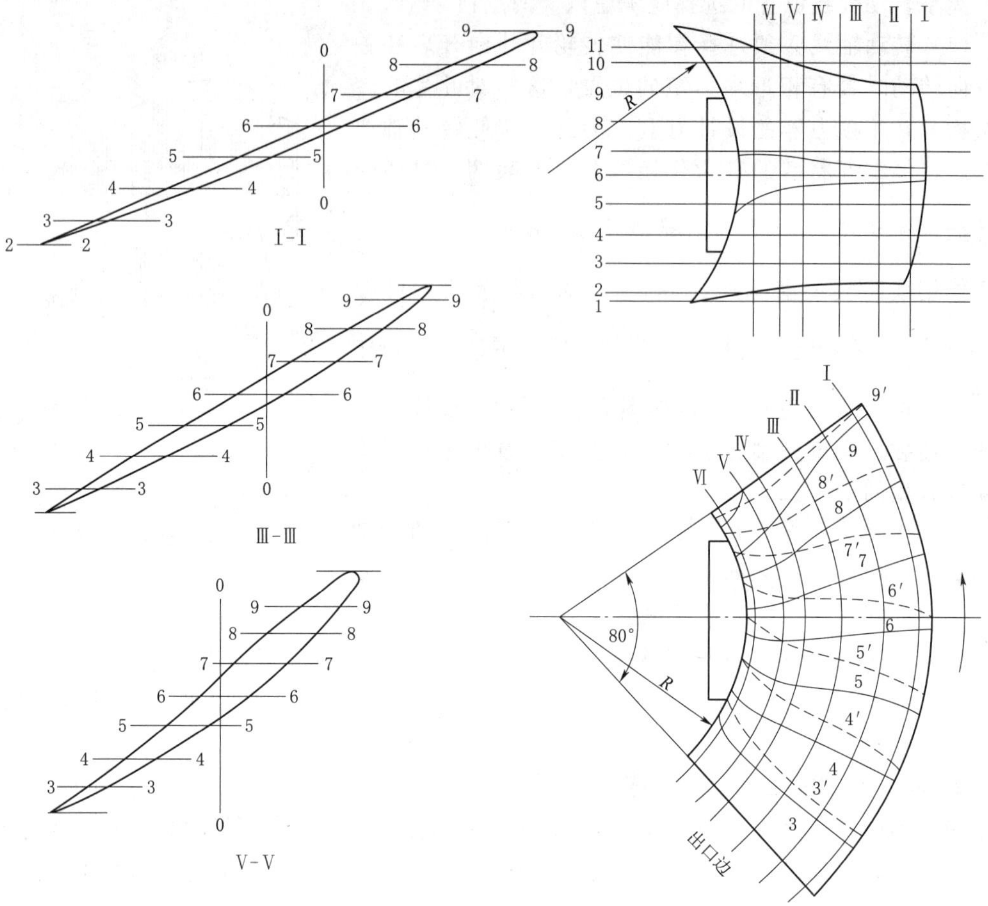

图 5.26　轴流式水轮机转轮叶片表面光滑性检查

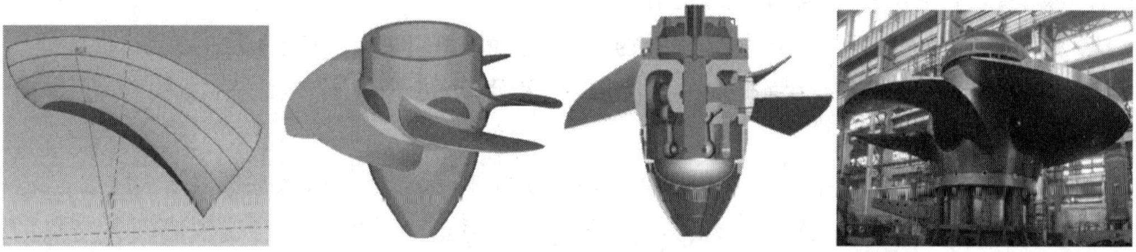

图 5.27　轴流式水轮机转轮叶片三维模型及转轮实物

第6章 水斗式水轮机

水斗式水轮机（切击式水轮机或培尔顿式水轮机）是一种工作射流中心线与转轮节圆相切、转轮叶片均由一系列呈双碗状水斗组成的水力原动机。按主轴的布置方式分为卧轴和立轴两种，其转轮始终位于大气中，适用于高水头、小流量水电站。水斗式水轮机运行效率很高，而且效率随流量的变化升降幅度很小。大型水斗式水轮机应用水头 300～2000m，小型的也可达到 40～250m；瑞士的毕奥德隆（Bieudron）水电站是目前世界上水头最高的水电站，该水电站单机额定容量 423MW，额定水头 1869m，额定流量 25m^3/s，额定工况点效率 92.37%。

6.1 水斗式水轮机工作过程及斗叶绕流特性

6.1.1 水斗式水轮机过流部件及功能

水斗式水轮机主要由进水管、喷管、转轮、外调节机构、副喷嘴和机壳等组成，其结构如图 6.1 所示。

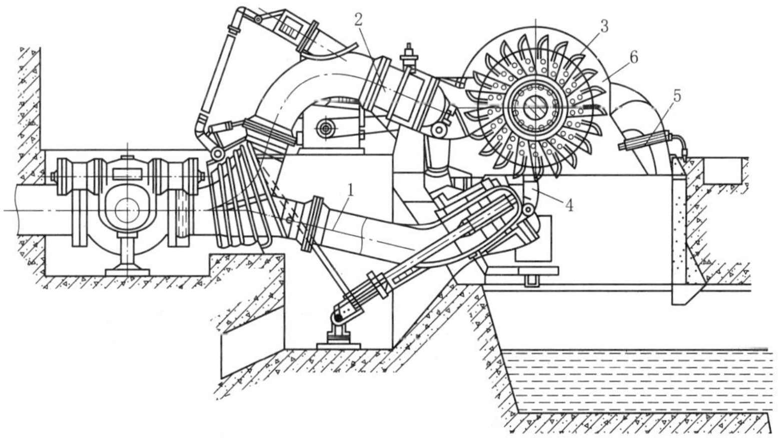

图 6.1 卧式双喷嘴水斗式水轮机结构示意图

1—进水管；2—喷管；3—转轮；4—外调节机构；5—副喷嘴；6—机壳

（1）进水管。水斗式水轮机的进水管由直线段、肘管、分叉管、环形收缩流道和导流体组成。进水管的作用是引导水流，并将过机流量均匀分配给各喷管。进水管的断面形状有圆形和椭圆形两种。卧式布置的单喷嘴和双喷嘴机组常采用图 6.1 所示的进水管，立式布置的多喷嘴水斗式水轮机常采用图 6.2 所示的进水管。

（2）喷管。喷管（图 6.3）主要由喷嘴、喷针（又称针阀）和喷针移动机构组成，其作用：①将水流的压力势能转换为射流动能，则当进水管的水流进喷管时，在其出口便形

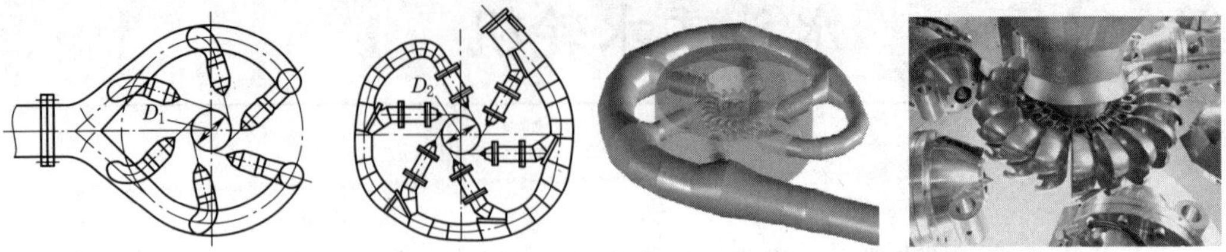

图 6.2 多喷嘴水斗式水轮机进水管方案

成一股冲向转轮的圆柱形自由射流；②起着导水机构的作用。当喷针移动时，即可以渐渐改变喷嘴出口与喷针头之间的环形过水断面面积，调节水轮机的流量和功率。目前，常见的喷管形式主要有外控式喷射机构（图 6.3）和内控式喷射机构（图 6.4）两种。前者结构简单、检修维护方便，但喷针操作杆长，管内的水力损失大；后者结构紧凑，喷管内水力条件好，水力损失小。

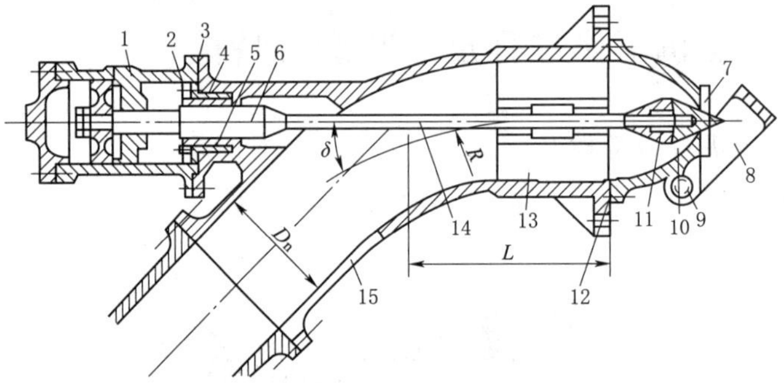

图 6.3 外控式喷射机构

1—缸体；2—填料压盖；3—喷嘴座；4—填料盒；5—填料；6—杠杆；7—喷嘴口环；8—折向器；9—销杆；10—喷针；11—喷针座；12—喷嘴；13—喷管；14—杆体；15—喷管弯段

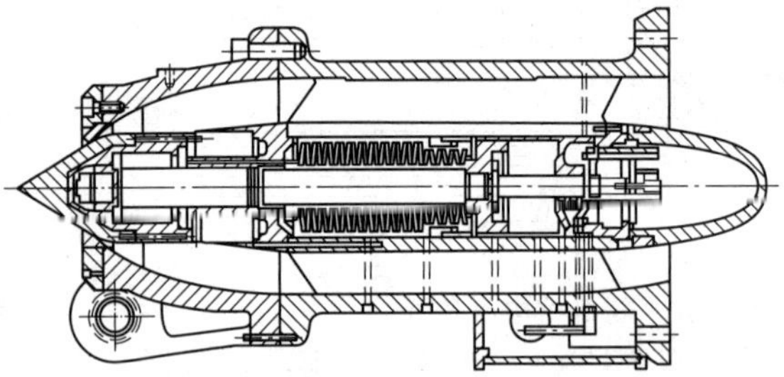

(a) 结构图

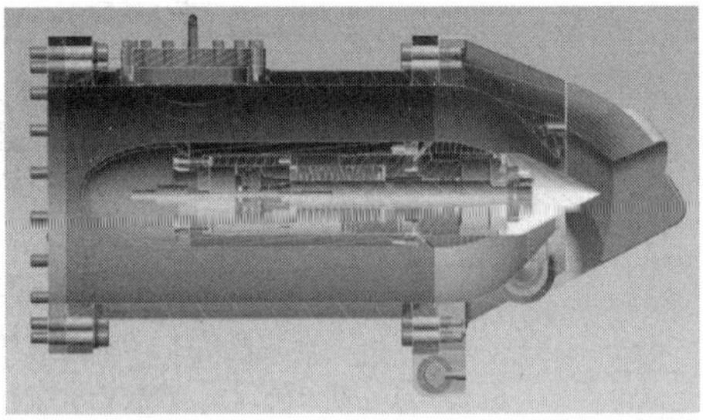

(b) 实物

图 6.4 内控式喷射机构

(3) 转轮。水斗式水轮机转轮结构如图 6.5 所示，它由轮辐及若干呈双碗状的水斗组成。转轮每个斗叶的外缘均有一个缺口，缺口的作用是使其后的斗叶不进入先前射流作用的区域，并且不妨碍先前的水流。承受绕流射流作用的凹面称为斗叶的工作面。斗叶凸起的外侧表面称为斗叶的侧面。位于斗叶背部夹在两水斗之间的表面称为斗叶的背面。两水斗间的工作面的结合处称为斗叶的进水边（又称分水刃）。进水边在斗叶的横剖面上为一锐角。缺口处工作面与背面结合处称为斗叶的切水刃。水斗工作面与侧面间的端面称为斗叶的出水边。水斗式水轮机的转轮斗叶如图 6.6 所示。

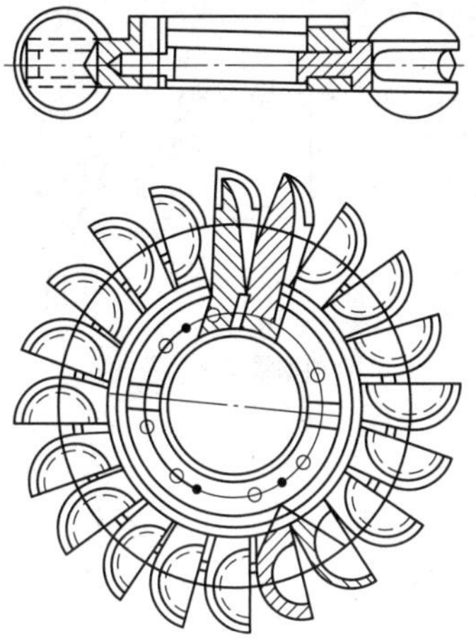

图 6.5 水斗式水轮机转轮结构

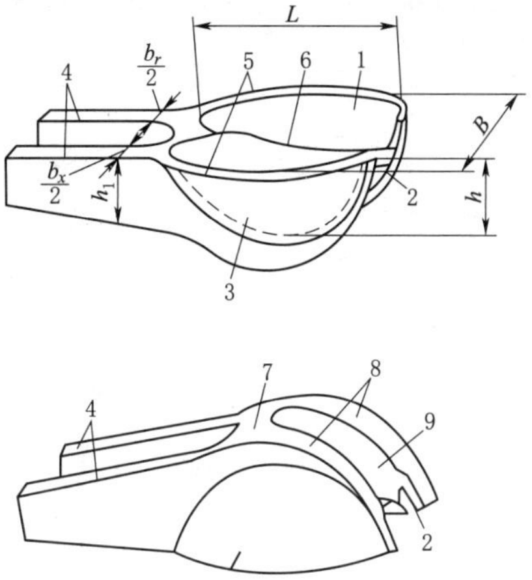

图 6.6 水斗式水轮机的转轮斗叶

1—工作面；2—切水刃；3—侧面；4—尾部；5—出水边；6—进水边；7—横向筋板；8—纵向筋板；9—背面；B—宽度；L—长度；h—深度

从喷嘴引出的射流沿转轮的切线方向冲向水斗，当射流一接触水斗后即被斗叶进水边分成相等的两股（图 6.7），它们成对地流过斗叶工作面，并迫使水流速度和方向发生较大改变，从而产生作用在水斗上的力，形成对主轴的转动力矩，推动转轮旋转做功。射流中心线与转轮相切的该圆（通常称为节圆）直径 D_1 定义为转轮的标称直径。

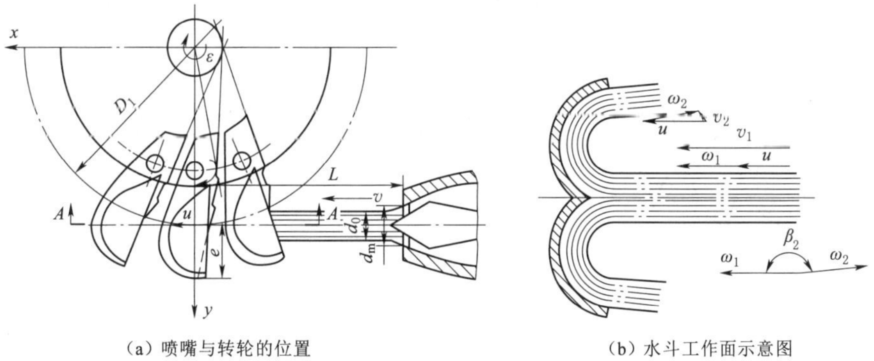

(a) 喷嘴与转轮的位置　　(b) 水斗工作面示意图

图 6.7 水斗式水轮机工作原理

（4）外调节机构（折向器）。在水斗式水轮机喷嘴头部的外壳上均装有外调节机构（图 6.8）。其作用是控制已离开喷嘴后的射流大小和方向。当机组负荷骤减或甩负荷时，具有双重调节的水轮机调速器，一方面操作喷针接力器，使喷针慢慢向关闭方向移动，同时又操作外调节机构接力器，使外调节机构（折向器）快速投入，迅速减小或全部截断因针阀不能立即关闭而继续冲向转轮水斗的射流。这样既解决了因针阀快速关闭而引水压力钢管中将产生的较大水锤压力，又解决了因针阀不能及时关闭而使机组转速上升过高。当然，针阀与折向器的行程要保持协联关系，使针阀在任何开度下，外调节机构的截流板都位于射流水柱边缘，以达到其快速偏流或截流的作用。

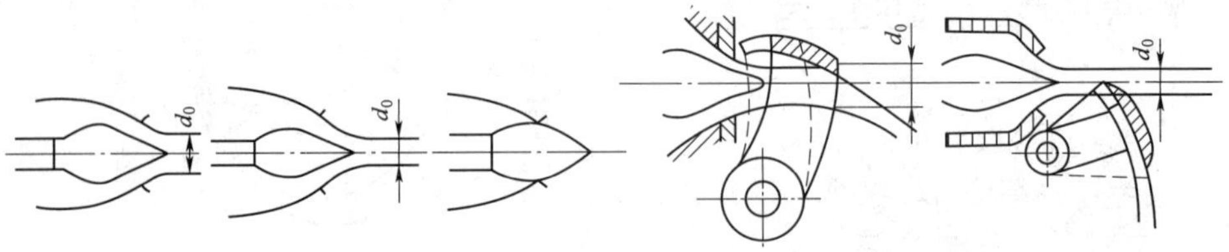

(a) 喷针对流量的控制　　(b) 折向器工作原理

图 6.8　射流的控制

(5) 副喷嘴（反向制动喷嘴）和防飞逸反射器。副喷嘴（图 6.9）的作用有两个：①在机组正常停机过程中，一般不允许机组低速度长时间运转，当机组转速降低到一定程度时（通常为额定转速的 30%～40%），为使机组能很快停下来，即打开副喷嘴，从副喷嘴引出的射流直接冲向转轮水斗背面，形成作用于转轮的一个与转轮旋转方向相反的制动力矩，机组在该力矩作用下迅速停止运转；②当机组突然甩负荷而调节系统又失灵时，副喷嘴即投入工作。从副喷嘴引出一股射流直接冲向水斗背面，形成制动力矩，这样可避免机组转速急剧上升以致机组发生飞逸。防飞逸反射器使射流转向与转轮旋转方向相反的方向，并射向水斗背面，从而阻止机组转速的上升。

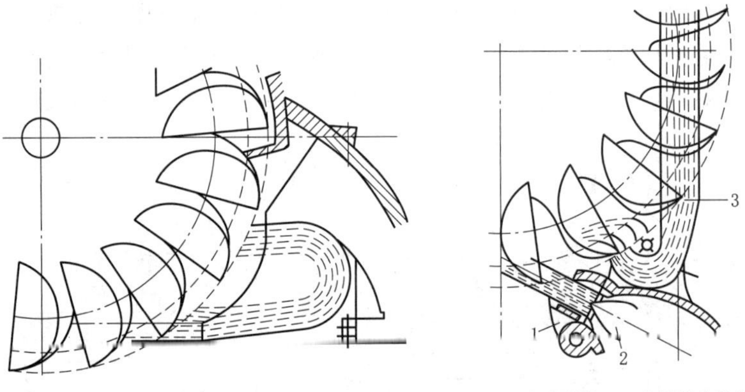

(a) 副喷嘴　　(b) 喷嘴按120°布置的水轮机

图 6.9　副喷嘴和防飞逸反射器

1—外调节机构；2—喷嘴；3—防飞逸反射器

(6) 机壳。机壳（图 6.10）使做完功的水流流畅地排至下游，而不溅落在转轮和射流上，机壳内的压力与大气压相当。机壳的形状及尺寸应有利于转轮出水流畅，不与射流相干扰。设计时往往在转轮中心附近的机壳上开设有补气孔，以消除局部真空。喷管也常固定在机壳上，卧式机组的轴承支座也和机壳连在一起，机壳上一般开有进人门孔，下部装有平水栅，以消除排水能量。

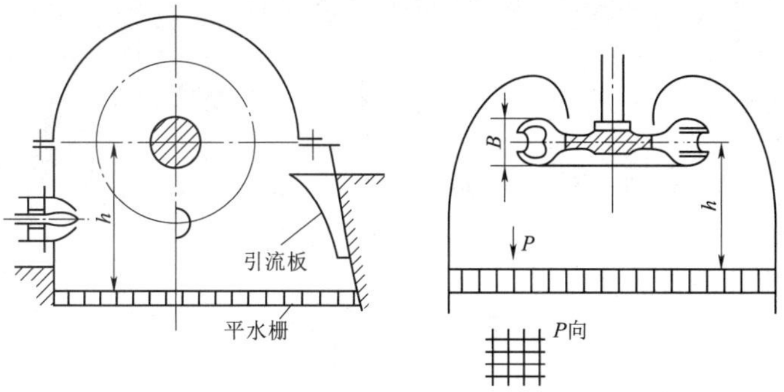

（a）横轴机壳　　　　（b）立轴机壳

图 6.10　机壳和平水栅装置

6.1.2　水斗式水轮机基本方程推导

反击式水轮机的工作过程主要是通过进、出口的压力变化来实现的；而水斗式水轮机进、出口的压力不变，所以它的工作过程是通过喷嘴喷出射流的动能变化来实现的。由此，也就导致其能量转换基本方程式的差别。

1. 用动量定理推导水斗式水轮机的基本方程

如图 6.11 所示，v_0 为从喷嘴射出的液流速度；u 为转轮旋转的圆周速度；w_1 为液流进口处的相对速度；w_2 为液流出口处的相对速度；d_0 为射流直径。射流在流经光滑的水斗表面时，水流在水斗内的摩擦损失很微小，在分析作用力时，可以忽略不计。这样喷嘴喷射出液流冲到水斗工作面后，在水斗上液流运动方向的改变，产生了液流的动量变化。根据能量传递原理，可以得到水斗上的作用力以及由此相对于转轴的力矩和由力矩产生旋转的有效功率。

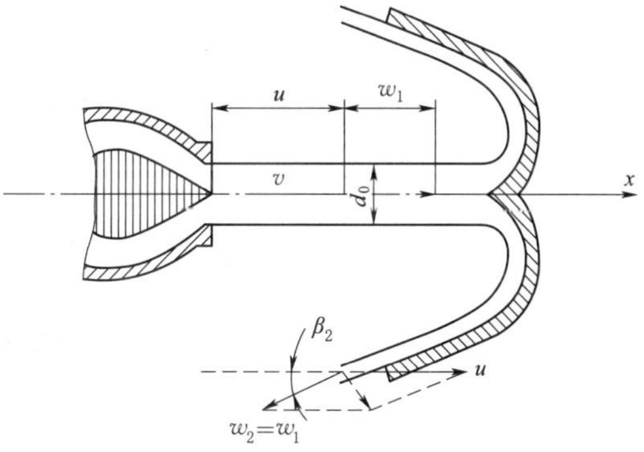

图 6.11　水斗式水轮机速度分析

由图 6.11 可以看出，射流的运动方向为喷嘴轴线 x 方向，在射流冲到水斗的瞬间，水斗运动方向与射流方向相同，则此时的圆周速度（对水流而言的牵连速度）u 亦与射流方向同。而水轮机是匀速转动的，由力学可知，该质点运动的绝对速度的方向和大小等于相对速度与牵连速度的矢量和，即

$$\vec{v}=\vec{u}+\vec{w}_1 \tag{6.1}$$

设射流流量为 Q，由于水斗二分瓣对称，所以通过二分瓣的流量各为 $Q/2$，在不考虑容积损失的情况下，经一段时间 $\mathrm{d}t$ 进入水斗的水流质量与流出转轮水斗的水流质量相等，均为 m。由于斗叶以速度 u 沿射流方向运动，则水流在斗叶上的运动为相对运动，其流速亦为相对流速。其方向和大小如式（6.1）。又由水斗式水轮机工作过程知：$u_1=u_2$。

以射流为研究对象分析，设其在圆周方向上 $\mathrm{d}t$ 时间内所受外力为 R，在圆周方向上列动量方程：

$$R\mathrm{d}t = mw_{u2} - mw_{u1} \tag{6.2}$$

其中

$$m = \rho Q \mathrm{d}t$$

则有

$$R\mathrm{d}t = -\rho Q \mathrm{d}t(w_2\cos\beta_2 + w_1)$$

$$R = -\rho Q(w_2\cos\beta_2 + w_1) \tag{6.3}$$

所以，转轮所受冲击力为

$$F = -R = \rho Q(w_2\cos\beta_2 + w_1) \tag{6.4}$$

转轮出力为

$$P = Fu = \rho Qu(w_2\cos\beta_2 + w_1) \tag{6.5}$$

基本方程为

$$P = \rho Quw(\cos\beta_2 + 1) \tag{6.6}$$

由式（6.6）可知，当 P 值最大时，有

$$\beta_2 = 0$$

$$\frac{\mathrm{d}(wu)}{\mathrm{d}u} = \frac{\mathrm{d}u(v_0 - u)}{\mathrm{d}u} = 0$$

即 $\beta_2 = 0$ 且 $u = \frac{v_0}{2}$时，转轮出力最大。

但是 $\beta_2 \neq 0$，否则会影响效率，一般 $u = (0.43 \sim 0.47)v_0$。

2. 引入速度比 $\psi = \frac{u}{v_1}$后对水斗式水轮机原理模型基本方程进行推导

如图6.12所示，设射流相对入射角与水斗出水角分别为 β_1 与 β_2，绝对入流角与绝对出流角分别为 α_1 与 α_2，F_u 为射流在圆周方向上所受力，以射流微元为对象，在圆周方向上列动量方程，则有

$$F_u\Delta t = \rho Q\Delta t(w_{u2} - w_{u1}) \tag{6.7}$$

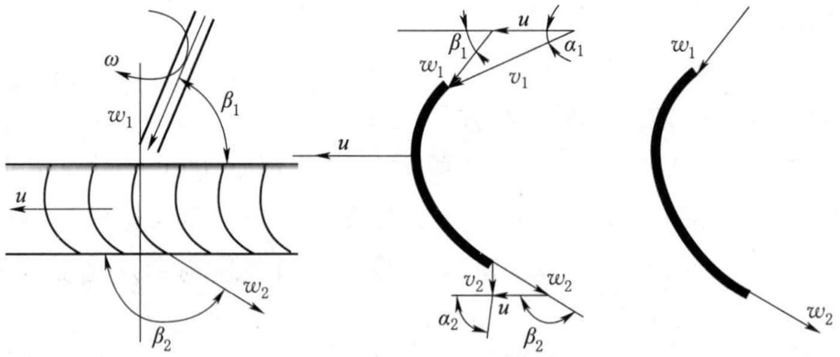

图6.12　水斗式水轮机的基本原理

$$w_1^2 = v_1^2 + u^2 - 2v_1u\cos\alpha_1 \Rightarrow \frac{w_1^2}{v_1^2} = \frac{v_1^2 + u^2 - 2v_1u\cos\alpha_1}{v_1^2}$$

令 $\psi = \frac{u}{v_1}$，而

$$\frac{w_1}{v_1}=\sqrt{1+\psi^2-2\psi\cos\alpha_1}$$

$$w_1=v_1\sqrt{1+\psi^2-2\psi\cos\alpha_1}$$

$$w_2=w_1$$

所以

$$w_{u1}=v_1\sqrt{1+\psi^2-2\psi\cos\alpha_1}\cos\beta_1 \tag{6.8}$$

$$w_{u2}=v_1\sqrt{1+\psi^2-2\psi\cos\alpha_1}\cos\beta_2 \tag{6.9}$$

将式（6.8）和式（6.9）代入式（6.7），则有

$$F_u=-\rho Qv_1\sqrt{1+\psi^2-2\psi\cos\alpha_1}(\cos\beta_1-\cos\beta_2)$$

则转轮所受力 $R_u=-F_u$。

出力为

$$\begin{aligned}P&=R_u u=\rho Qv_1 u\sqrt{1+\psi^2-2\psi\cos\alpha_1}(\cos\beta_1-\cos\beta_2)\\&=\rho Qv_1^2\psi\sqrt{1+\psi^2-2\psi\cos\alpha_1}(\cos\beta_1-\cos\beta_2)\end{aligned} \tag{6.10}$$

其中

$$v_1=\varphi\sqrt{2gH}\text{，}P=\rho gQ\eta H$$

则水斗式水轮机原理模型基本方程为

$$\eta=2\varphi^2\psi\sqrt{1+\psi^2-2\psi\cos\alpha_1}(\cos\beta_1-\cos\beta_2) \tag{6.11}$$

实际液流在流过水斗表面时存在水力损失，具体反映在出口相对速度的降低，令 $w_2=\xi w_1$，则有

$$\eta=2\varphi^2\psi\sqrt{1+\psi^2-2\psi\cos\alpha_1}(\cos\beta_1-\xi\cos\beta_2) \tag{6.12}$$

式中：动力参数：η 为水斗式水轮机最佳效率；φ^2 为喷嘴效率，通常取 0.97。几何参数：α_1 为绝对入流角；β_1 为射流相对入射角；β_2 为水斗出水角，力求最大，接近 180°。运行参数：ψ 为水斗式水轮机速度比。水力参数：ξ 为水斗表面摩擦阻力系数，常取为 0.99。

于是式（6.12）给出了水斗式水轮机基本原理模型最优特性与其水力参数、运动参数及其结构参数之间的数量关系，堪称为水斗式水轮机根本的理论基础，定名为水斗式水轮机原理模型基本方程。必须指出，公式中的效率为无限多个水斗的水斗式水轮机基本原理模型最高效率的普遍表达式。

其中射流相对入射角 β_1 由 α_1 与 ψ 确定，即

$$\sin\beta_1=\frac{\sin\alpha_1}{\sqrt{1+\psi^2-2\psi\cos\alpha_1}}$$

对于水斗式水轮机而言，$\alpha_1=0$，$\beta_1=0$，基本方程式（6.12）简化为

$$\eta=2\varphi^2\psi(1-\psi)(1-\xi\cos\beta_2) \tag{6.13}$$

于是，水轮机效率仅为速度比 ψ 与射流入射角 α_1 的函数，即 $\eta=f(\psi,\alpha_1)$。由此得出水斗式水轮机原理模型效率的数值解。

当喷嘴效率 φ^2 为 0.97，水斗出水角 β_2 为 175°，水斗表面摩擦阻力系数 ξ 为 0.99 时，其效率 $\eta=f(\psi,\alpha_1)$ 函数曲线如图 6.13 所示。

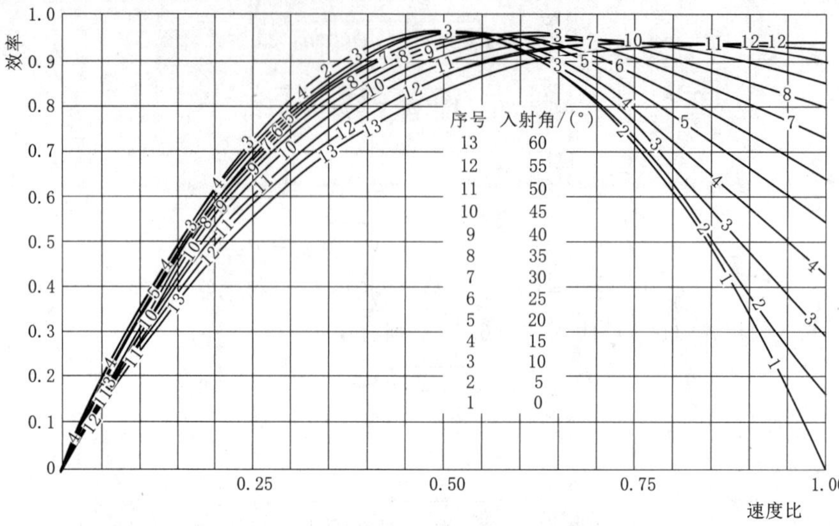

图 6.13 效率 $\eta=f(\psi, \alpha_1)$ 函数曲线

6.1.3 斗叶绕流特性

相对运动规律是水斗式水轮机的基础理论和设计理论之一。水斗式水轮机的做功过程，就是射流质点对转轮水斗的碰撞。因此，探寻它们之间的相对运动应该是研究的重点所在。研究射流质点在水斗内的运动，当然是首当其冲的课题，但是，水轮机转轮或水斗与射流水质点之间互不干涉条件下的相对运动，仍然是水斗式水轮机重要的、实用性的规律。

1. 射流相对转轮的运动

图 6.14 (a) 表示转轮中心点 O 在射流作用下顺时针转动。在 Y 轴上的水质点 Q，经过时间 τ，到达 P 点，位移为

$$|QP|=v_1\tau \tag{6.14}$$

OP 与 Y 轴的夹角为

$$\nabla=\arctan\frac{v_1\tau}{y} \tag{6.15}$$

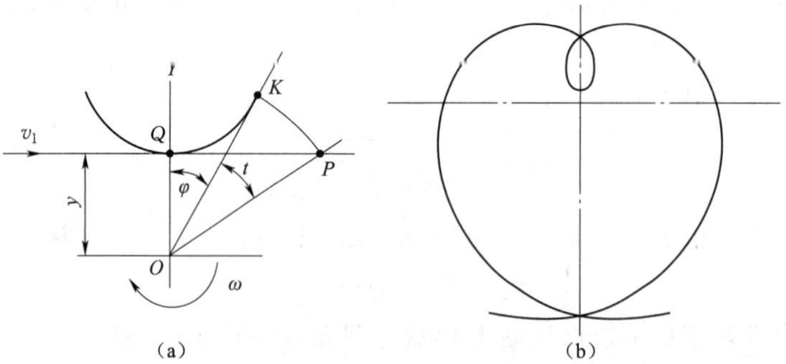

图 6.14 质点对于转轮的相对运动轨迹

与此同时，转轮转角 $t=\omega\tau$。

将转轮及水质点 P 同时回转角度 τ，则 K 点的新坐标位可以由式（6.16）、式（6.17）确定，这便是射流质点对于转轮的相对运动轨迹方程，称为心形线，如图 6.14（b）所示。

$$OP = r = \sqrt{(v_1\tau)^2 + y^2} \tag{6.16}$$

$$\varphi = \arctan\frac{v_1\tau}{y} - \omega\tau \tag{6.17}$$

水质点由远而近，通过转轮区又远离而去。站在转轮上观察水质点的运动轨迹，便是图 6.14（b）所示的心形线。心形线对水斗式水轮机的设计是有价值的，按此可以确定设计水斗的背面是否会同射流相撞击，而这种撞击是绝对不允许的。

2. Юy 埃杰尔提出的水斗背面最佳型线

Юy 埃杰尔提出按心形线设计水斗背面，将部分心形线作为水斗背面的最佳选择（图 6.15），称为水斗背面的最优型线；并推出相应的诺莫图（图 6.16），用来设计水斗背面。

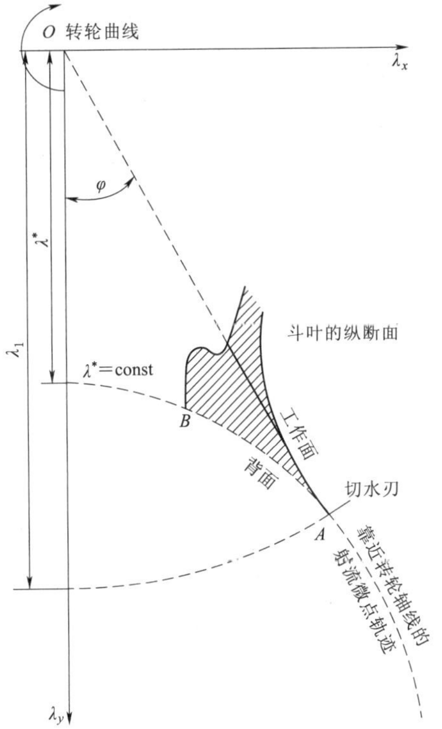

图 6.15 水斗背面的最优型线

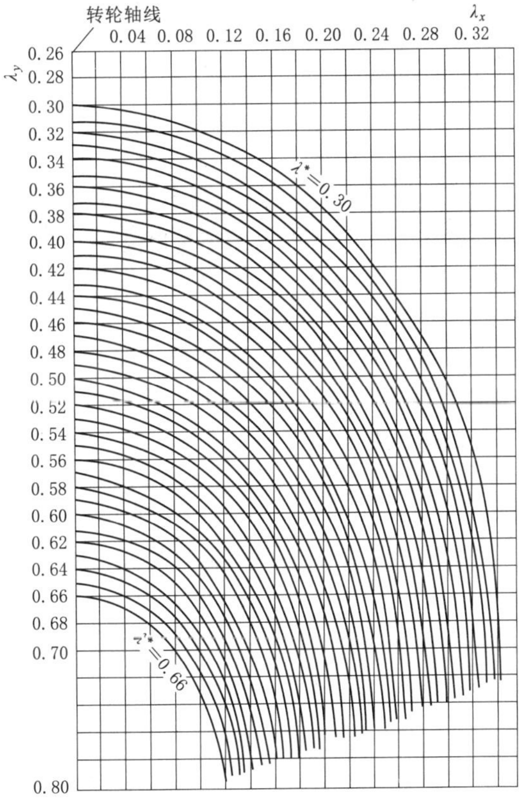

图 6.16 诺莫图

其实，心形线根本谈不上是水斗背面设计的最佳选择，也绝不可按此设计水斗背面。事实上，水斗背面必须远离这类心形线，因为背面是不允许与射流接触的，更不允许与射流发生碰撞离开。否则，不但降低效率，而且将造成水斗背面的表面剥蚀破坏。

水斗背面的设计关键在于水斗进水边附近，其余部分按结构要求而定。若按心形线设计水斗背面，那么水斗背面很有可能与相邻水斗的工作面相交。

水斗式水轮机的水斗在转轮上的位置是按理论严格设定的，水斗并非径向布置，而是具有一定的偏转（图 6.17），这是不可随意改动的。这一现实对水斗背面的设计是有利的，可使水斗背面远离射流。但水斗背面的设计与水斗工作面的设计，乃至水斗进水边的设计息息相关，相互制约。

Юy 埃杰尔提出，水斗背面不但按心形线设计，而且还要在进水边处留下一个凸台（图 6.18），借以避免所谓的汽蚀破坏，但实际上，设计时都未这么做。

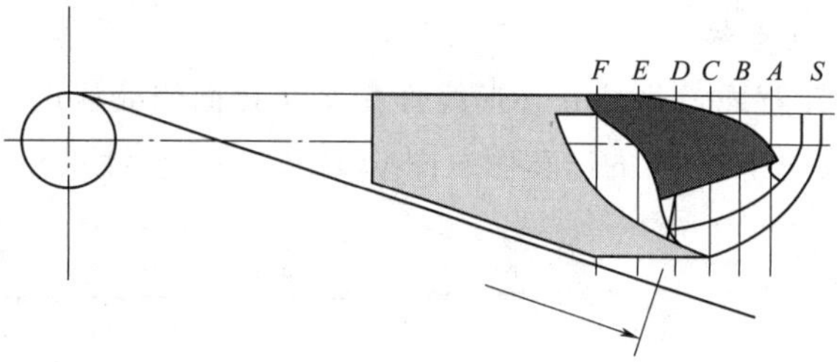

图 6.17　水斗设计的偏转

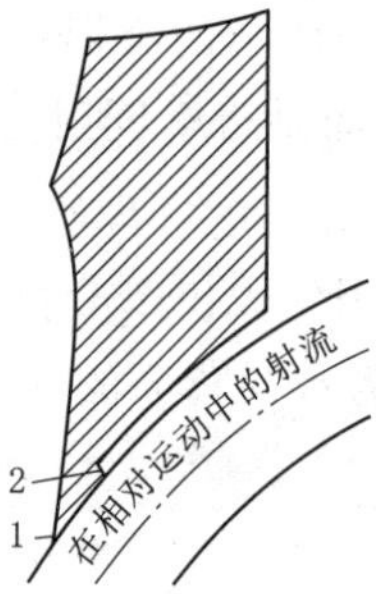

图 6.18　带台阶的斗叶背面

3. 转轮水斗相对于射流的运动

转轮水斗相对于射流的运动规律，是水斗式水轮机最重要的设计理论。在宏观控制尺寸确定之后，按此可具体定量转轮及其水斗的位置，选择水斗数目，并对转轮效率有一个比较性的估量等。

令射流不动，则转轮在以角速度 ω 转动的同时，转轮中心便逆射流方向运动，其速度的大小刚好与射流速度相等，即 $-v_1$。这一运动等同于在水轮机转轮上固定一个虚拟圆，该圆沿着与射流平行的直线无滑动地滚动（图 6.19）。该圆的半径为

$$a=\frac{v_1}{\omega} \tag{6.18}$$

转轮及其水斗均处于该虚拟圆内，即

$$D_1=2a \tag{6.19}$$

在 Y 轴上取点 $K(0，r)$，虚拟圆转动角度 t 时，K 点在直角坐标系中的位置是 $(x，y)$，它们的方程为式（6.20）和式（6.21）。这便是转轮上任何一点相对于射流的运动轨迹方程。

$$x=at-r\sin t \tag{6.20}$$

$$y=r\cos t \tag{6.21}$$

式（6.20）和式（6.21）所定义的曲线为摆线，此类曲线对称于 y 轴，具有明显的周期性。若 $a=r$，则为标准摆线；若 $a>r$ 则为内摆线，$a<r$ 则为外摆线。水斗式水轮机所用者皆为内摆线（图 6.19）。

图 6.20 所示为整个水斗相对于射流的运动过程。水斗上任何一点，在相对运动中均画出各自的内摆线，水斗随同该点沿内摆线运动的同时，围绕该点做等速转动，ω 即为水轮机转轮的转速。

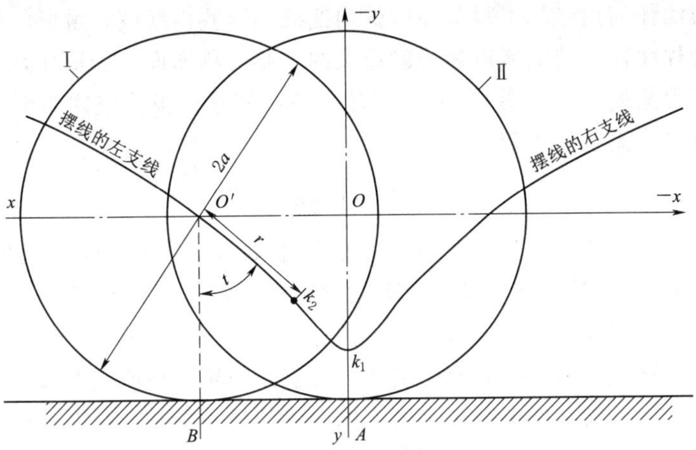

图 6.19　摆线

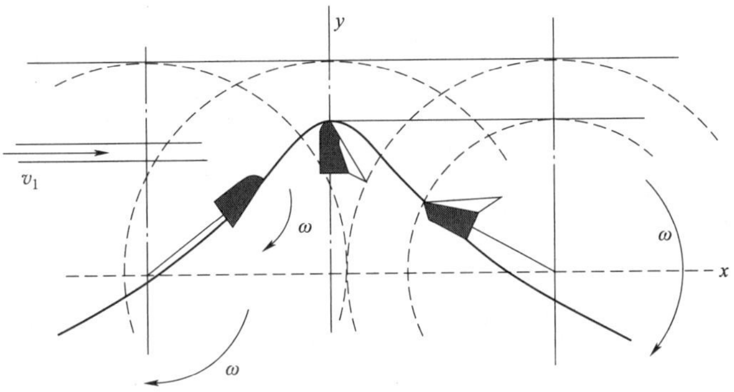

图 6.20　水斗相对于射流的运动

4. 射流分段进入水斗

按水斗相对于射流的运动，相邻水斗相应点的相对轨迹也是内摆线。它们的形状完全一样，只是沿 x 轴平行移动一段距离 P（图 6.21），即

$$P=2\pi a/Z_1 \tag{6.22}$$

式中：Z_1 为水斗数。

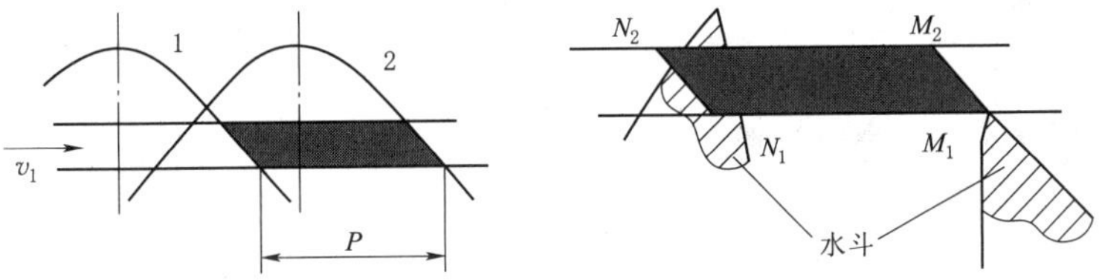

图 6.21　相邻水斗相应点的轨迹

由图 6.21 可见，直径为 d_0、长度为 P 的射流段，便是每个水斗在一次循环中所接收的流量。在每一循环中，对一个水斗做功的射流段，精确定量其大小和形状，是设计转轮及其水斗的必要前提条件。

水斗进水边的任何点，均可得其相应的内摆线。这些内摆线，虽形状稍有差异，但都具备完全一样的规律性。前面所讲述为射流段的中心对称断面，若增加几个断面，则射流段的几何形状便完全确定了（图 6.22）。射流段各剖切断面虽为空间曲面，但断面形状彼此完全相同。所以射流段的体积为

$$\Delta V=\frac{\pi d_0^2 P}{4}$$

水斗的进水边，从点 M_1 切入射流，在射流中划过，由点 M_2 穿过射流，将射流割断。接着，随同而来的相邻水斗又沿点 N_1 至点 N_2，将射流再次割断。留给所讨论水斗的射流段，就在运动中被定量、定形。

射流通常被理解为连续不断的液体实体，但它被转轮水斗依次地切成完全相同的小水柱段。一个水斗，在每次工作中所接收的射流，就是这一小段。所以，在讨论射流与水斗之间的相互作用时，研究对象就是这一段形状被确定了的射流段。水斗与射流段的相对运动示意如图 6.23 所示。

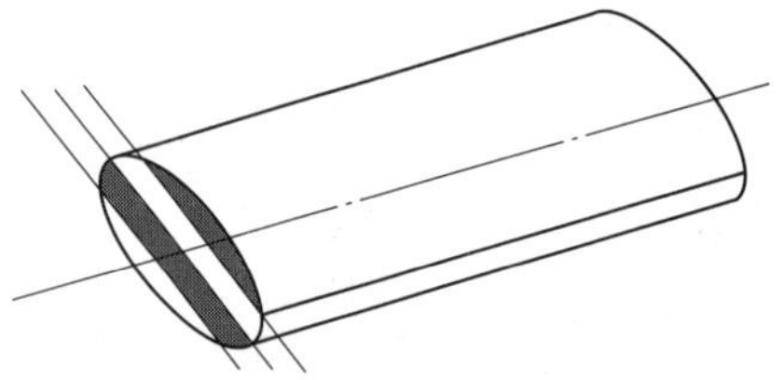

图 6.22　射流段的几何形状

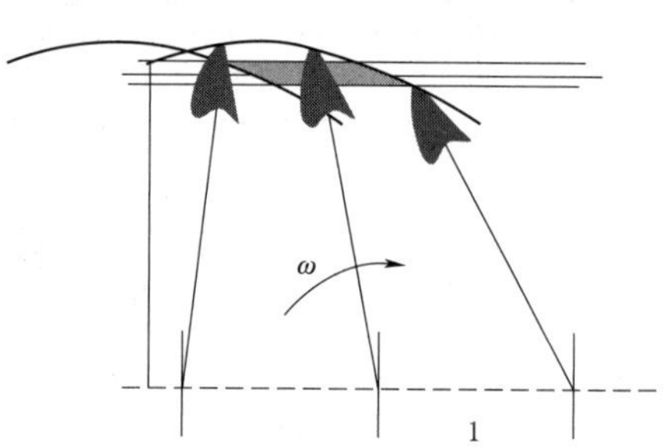

图 6.23　水斗与射流段的相对运动示意图

转轮轴心沿直线运动，转轮及其水斗则绕轴心转动，水斗的进水边则沿着内摆线运动。所以，水斗与射流段之间的相对运动关系、每时每刻的相对位置都准确无误。射流绕流斗叶结果如图 6.24 所示。

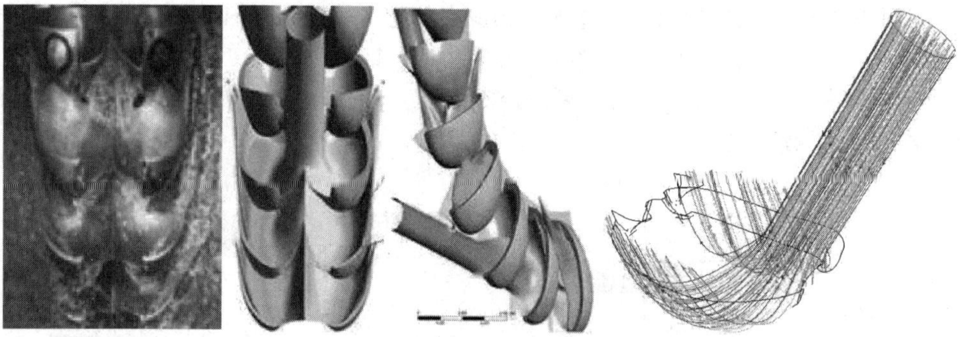

图 6.24　射流绕流斗叶结果

6.2　水斗式水轮机的设计与参数选择

水斗式水轮机与反击式水轮机不但原理不同，结构区别更大。水斗式水轮机由喷嘴和

转轮组合而成，其喷嘴是个独立的水力元件，它服从水力学、流体力学的一般规律。喷嘴出口的射流是空气中惯性运动的水质点束，它们与转轮之间的能量交换在大气中进行，就是简单的碰撞。因此设计时不能将水斗式水轮机整体应用相似理论进行设计。

6.2.1 水斗式水轮机模型试验

反击式水轮机的理论基础之一是相似理论，相似理论建立了模型与真机之间具有一定近似成分的定量关系。按相似理论，将模型水轮机特性表示为 $\eta = f(Q_{11}, n_{11})$，即将模型效率 η 表示为单位流量 Q_{11} 与单位转速 n_{11} 的函数。这是一个曲面方程，为方便使用，将其绘成一系列的等高线（等效率线），称为水轮机模型特性曲线。

从前，水斗式水轮机的研究也是以模型试验为主，引用反击式水轮机的固有行为模式，甚至连数据处理方式也是一样的，即按相似理论引入单位流量与单位转速。目前通过大量的试验和工程应用的论证，这是不对的。因为水斗式水轮机的转轮直径 D_1 与水轮机的流量 Q 毫无关系，所以将其纳入单位流量，是毫无道理的。Юy 埃杰尔提出水斗式水轮机的单位流量与喷嘴口直径 d_1 有关，即 $Q_{11} = \dfrac{Q}{d_1^2\sqrt{H}}$。

6.2.2 水斗式水轮机单位参数

1. 单位流量

水斗式水轮机流量由喷嘴提供，即

$$Q = \frac{\pi}{4} d_0^2 v_1$$

射流速度为

$$v_1 = \varphi\sqrt{2gH}$$

射流直径为

$$d_0 = mS$$

在喷嘴口直径 d_1 确定之后，水轮机流量 Q 与喷针行程 S 有如下关系：

$$Q = \frac{\pi}{4}\varphi\sqrt{2gH}\, m^2 S^2 \tag{6.23}$$

式中：φ 为喷嘴水力损失系数；S 为喷针行程；m 为射流直径与喷针行程关系函数；H 为水轮机工作水头；d_0 为射流直径。

则水斗式水轮机的单位流量为

$$Q_{11} = \frac{Q}{d_1^2\sqrt{H}} = \frac{\pi\varphi\sqrt{2g}}{4}\left(\frac{mS}{d_1}\right)^2 \tag{6.24}$$

这样，水斗式水轮机单位流量的物理意义就很清楚了，那就是水头 $H = 1\text{m}$、喷嘴口直径 $d_1 = 1\text{m}$ 时的射流流量。在喷嘴确定之后，单位流量仅仅是喷针行程的函数。

式（6.24）中的 $\dfrac{S}{d_1}$ 定义为行程比，因而单位流量 Q_{11} 的值取决于喷嘴喷针的行程比。因此水斗式水轮机的单位流量就是其喷嘴的单位流量。模型试验给出的是喷嘴的流量特性，而试验效率乃是该喷嘴与该转轮组合后的总的动力特性。设计水斗式水轮机时，喷嘴流量特性是设计喷嘴的依据，而模型试验效率则是新设计的水斗式水轮机的参考数值。

2. 单位转速

水斗式水轮机喷嘴出口射流线速度为

$$v_1=\varphi\sqrt{2gH}$$

水轮机转轮节圆线速度为

$$u=\psi v_1=\frac{\pi D_1 n}{60}$$

于是，水斗式水轮机的单位转速为

$$n_{11}=\frac{nD_1}{\sqrt{H}}=\frac{60}{\pi}\psi\varphi\sqrt{2g} \tag{6.25}$$

若令 $\varphi=\sqrt{0.97}$，则 $n_{11}=83.318\psi$。

据此，水斗式水轮机的单位转速 n_{11} 仅为速度比 ψ 的函数。水斗式水轮机基本原理模型最优速度比 $\psi_0=0.5$，则其最优单位转速 n_{110} 应约为 41.659r/min。这当然是理想值，实际水轮机是无法达到的。

现在的水斗式水轮机，最优单位转速为 40r/min 左右，即最优速度比仅为 0.48 上下。其原因是实际运行中的水轮机，存在各种各样的能量损失，使实际水轮机与理想模型之间存在一定的差异。因此设计水斗式水轮机时，速度比的范围通常为 $\psi=0.45\sim0.48$。

水斗式水轮机的单位参数仅是模型试验数据处理的人为工具，是模型特性的表达手段。其单位参数并不是建立在相似理论之上的，它们与相似理论无关。

6.2.3 水斗式水轮机模型综合特性曲线

水斗式水轮机模型综合特性曲线也是根据模型试验结果绘制的。模型试验台就相当于一个模型水电站，模型试验机组就是它的水轮发电机组，用以实测模型水轮机的出力 P、水头 H、转速 n、流量 Q，进而计算单位流量 Q_{11}、单位转速 n_{11} 及模型效率 η，按此绘制模型综合特性曲线（图 6.25）。同一型号的水斗式水轮机，根据喷嘴数的情况，分别测试并绘制对应的单喷嘴、双喷嘴、三喷嘴、四喷嘴和六喷嘴的模型综合特性曲线。常见的水斗式水轮机的模型特性则彼此十分接近。

水斗式水轮机的开度线，即喷嘴中喷针的行程线垂直于单位流量 Q_{11} 轴。也就是说，单位流量仅为喷针行程的函数，式（6.23）给出了流量与喷嘴开度（即喷针行程）之间的定量关系。当喷嘴选定后，其流量特性也就不会再变，设计时只是选定喷嘴的工作范围而已。水斗式水轮机效率乃至最优效率，在水轮机使用范围内，随流量增大而稍有降低，与此相对应的等效率线呈扁平状。

6.2.4 水斗数

水斗数的确定是水斗式水轮机设计中的重要技术问题之一，也是目前在设计计算中的一项极为复杂的技术问题，因而受到国内外同行的普遍关注。目前绝大多数设计人员还主要依赖于经验和辅以理论分析来加以确定。水斗数 Z_1 因直径比 D_1/d_0 的大小而多寡，它也是影响效率的重要参数。

在设计水斗式水轮机时，水斗数的确定原则是，不让任何射流质点在没有被水斗利用之前离开转轮。当水斗数过多时，水斗的出水情况非常不佳；但如果过少时，则部分射流

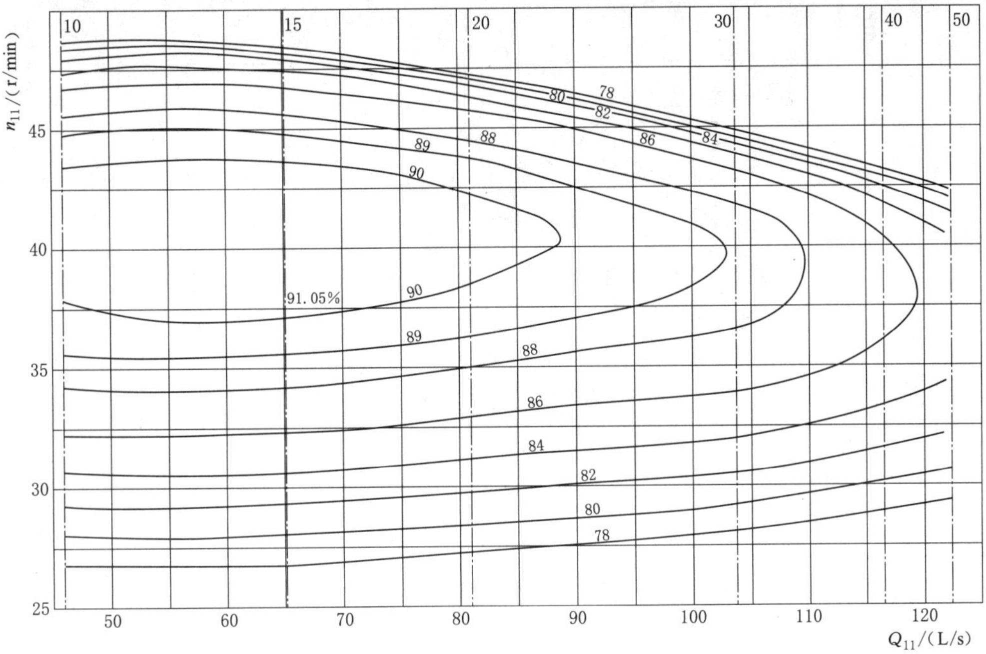

图 6.25 CJA237F-40 模型综合特性曲线（四喷嘴）

未冲在水斗上而造成容积损失；这都影响水轮机的效率。设计时应当减少水斗数而又不造成容积损失为好。

实践证明，水斗数与水斗的几何尺寸，进、出口角度，以及缺口处有无排流密切相关。实际运行的机组由于缺口处的排流而造成挡水帽及折向器刀板的严重冲蚀、振动加大的事故并不少见。

要想求得水斗数，必须先求得水斗间距。在求间距时，水轮机转轮的基本尺寸和射流直径等数据均已知。

如图 6.26 所示，r 为节圆半径，R 为轴心 O 至水斗缺口点 A 的半径。图中第 1 个水斗在点 A 的位置时才完全接收射流作用。A 处的射流质点是最后落入水斗 1 的质点（点 A 以上的射流质点已被紧接着的水斗接收了）。点 C 为最先离开水斗的射流质点。只要点 A 能落在水斗上，则水斗不会产生漏损。所以在某一瞬间，弧 AC 内射流质点都会与水斗作用。

但水斗是以圆周速度 u 运动的，因此，水斗间距应比弧 AC 小一个弧 BC 的距离，即水斗的理论间距 S 为

$$S=\widehat{AC}-\widehat{BC} \tag{6.26}$$

其中

$$\widehat{AC}=R\ \frac{\beta}{360}2\pi=\frac{\pi}{180}R\beta$$

$$\widehat{BC}=ut$$

若能求出 R、β、u、t，则可求得 S。由图 6.26 可以看出：r 是已知的，d_0 是射流直

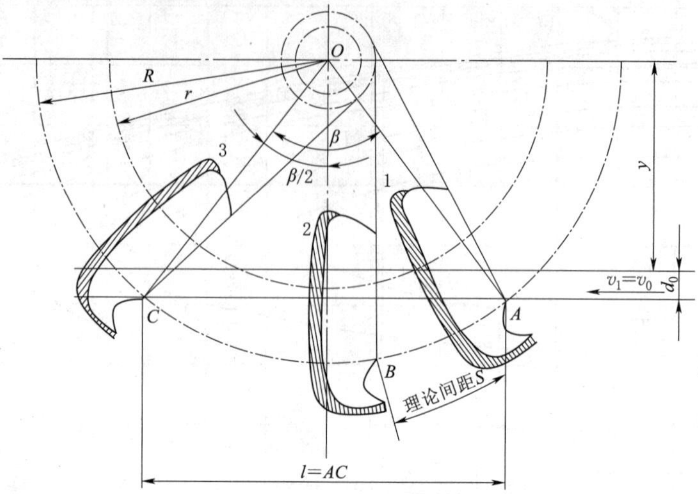

图 6.26　水斗数分析图

径，y 是射流顶点至轴心的垂直距离，$v_1=v_0$ 等均已知。这样就有

$$\cos\frac{\beta}{2}=\frac{r+\frac{d_0}{2}}{R}$$

$$\frac{\beta}{2}=\arccos\frac{r+\frac{d_0}{2}}{R}$$

$$t=\frac{l}{v_1}=\frac{l}{v_0}$$

由图可知$\frac{l}{2}=R\sin\frac{\beta}{2}$，所以 $l=2R\sin\frac{\beta}{2}$，而 $u=k_u\sqrt{2gH}$，其中 k_u 为圆周流速系数，一般取 $k_u=0.42\sim0.48$。

这样 R、β、t、u 都已经求得，代入式（6.26）就可以求得理论间距 S。

$$S=\frac{\pi}{180}\cdot 2R\arccos\frac{r+\frac{d_0}{2}}{R}-\frac{2R\sin\left(\arccos\frac{r+\frac{d_0}{2}}{R}\right)}{v_0}k_u\sqrt{2gH} \tag{6.27}$$

但为了保证射流质点不断地冲击前后两个水斗，实际的水斗间距 S_1 要比理论间距 S 小些，一般取理论间距的 0.8 倍，即 $S_1=0.8S$。

这样水斗数可以由下式求得并取整数。

$$Z_1=\frac{2\pi R}{S_1}$$

则

$$Z_1=\frac{\pi v_0}{0.8\left[v_0\arccos\frac{r+\frac{d_0}{2}}{R}\frac{\pi}{180}-\sin\left(\arccos\frac{r+\frac{d_0}{2}}{R}\right)k_u\sqrt{2gH}\right]}$$

而

$$v_0=\varphi\sqrt{2gH}$$

$$Z_1=\frac{225}{\arccos\dfrac{r+\dfrac{d_0}{2}}{R}-\dfrac{180k_u}{\pi\varphi}\sin\left(\arccos\dfrac{r+\dfrac{d_0}{2}}{R}\right)} \tag{6.28}$$

水斗数还可以参照下面的方法来确定：

（1）美国摩根史密斯公司方法。

$$Z_1=6.67\sqrt{\frac{D_1}{d_0}} \tag{6.29}$$

（2）捷克斯柯达工厂方法（表 6.1）。

表 6.1　　斯柯达工厂水斗数的选取

D_1/d_0	6	8	10	15	20	25
Z_1	17～21	18～22	19～24	22～27	24～30	26～33

（3）伏依特公司方法（表 6.2）。

表 6.2　　伏依特公司水斗数的选取

H_m/m	1800	1300	1100	1000	850	750	650	500	450	400
n_{s1}	4	6	8	10	12	14	18	22	26	42
Z_1	40	37	34	30	28	26	22	20	17	16

6.2.5 水斗式水轮机设计

水斗式水轮机的设计方法及设计程序与反击式水轮机大不相同。它的控制尺寸直接由设计参数确定，流量由喷嘴给定，按流量直接确定喷嘴直径，它的转轮直径由水头确定，水斗的大小由射流直径确定，喷嘴数及水斗数也是独立设定的。水斗式水轮机的出力直接来自水轮机的工作水头和流量，此间不存在能量换算问题，不能采用相似理论进行设计。

1. 水斗式水轮机的转速及转轮直径

为了获得最佳技术经济效益，水斗式水轮机的设计必须绝对地遵循“转速第一”原则。所谓转速第一，就是必须保证水轮机在其最优单位转速下运行。而按以往的相似理论设计水斗式水轮机，则往往不能保证这个条件，致使在设计阶段就牺牲了能量，而且这一损失是终身的。

就当前而论，必须保证水斗式水轮机运行单位转速为最优，即 $n_{11}\approx 40$r/min，或最优速度比 $\psi_0\approx 0.48$。

设定 $\psi_0=0.48$，$\varphi^2=0.97$，则转轮直径与转速的乘积取决于水轮机工作水头，即

$$D_1 n=\frac{60\psi_0\varphi\sqrt{2g}}{\pi}\sqrt{H}=39.992\sqrt{H} \tag{6.30}$$

严格地讲，为了取得高效率，选定同期转速之后，转轮直径的计算值便是设计值。但是，根据基本原理模型理论，设计者可以将计算值在允许范围内作适当的整数化。因为速度比在其最优值近旁“稍许”移动，效率无明显的改变。式（6.30）同时也表明，水斗式

水轮机转轮直径 D_1 与其出力 P 或流量 Q 无关。

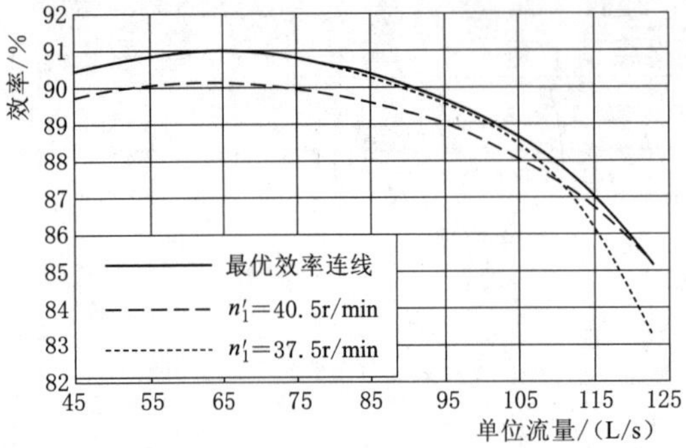

图 6.27 流量效率曲线

上述讨论的基础是水斗式水轮机的最优效率线为一条直线，然而，实际上立式多喷嘴水斗式水轮机的最优效率线并非平面曲线。以 CJA237F－40（四喷嘴）为例（图 6.25），若设计单位转速选定 37.5r/min，单位流量为 120L/s 时，设计工况下效率为 86%，水轮机能量指标可谓尚好。但是，一旦运行流量低于设计流量，则将损失效率，这是设计者不愿接受的。若将设计单位转速定为 40.5r/min，则可以获得大面积的高效率。但是，在大流量区又将损失效率 1.5%以上（图 6.27），这更非设计者之所愿。水轮机工作者肯定希望能够摆脱这种尴尬。

立式多喷嘴水斗式水轮机效率曲面的现有形态是关键所在。将大流量区最优单位转速抬高，与小流量区的单位转速齐平，在理论上和技术上都应该是完全可能的。将大流量区效率抬高也是可能的。将水斗式水轮机最优效率线拉平些并非技术难题，但是，这一验证工作却迟迟未能实现。

2. 水斗式水轮机射流直径（或流量）

水斗式水轮机的喷嘴，为水轮机提供自由射流，其流量的大小完全决定于出力。水轮机出力为

$$P=9.81HQ\eta$$

式中：P 为水轮机出力；H 为水轮机工作水头；Q 为水轮机流量；η 为水轮机效率。

$$Q=\frac{\pi}{4}d_0^2 v_1=\frac{\pi}{4}d_0^2\varphi\sqrt{2gH}=3.4263d_0^2\sqrt{H} \tag{6.31}$$

式中：d_0 为射流直径；v_1 为射流速度。

从而

$$d_0^2=0.02975\frac{P}{H^{3/2}\eta} \tag{6.32}$$

由此看出，射流直径仅为水轮机出力及水头的函数，与水轮机转轮直径毫无关系，与转轮的工作参数也毫无关系。水斗式水轮机的射流直径或流量的设计同样排除了以往的相似理论，更不用模型试验资料做相似运算。

水斗式水轮机的转轮直径 D_1 及射流直径 d_0 是分别单独设定的，所以，尽管水斗式水轮机的直径比 D_1/d_0 是一个非常关键的参数，但它却是次生的二级参数，它不直接与水头发生关系，也与出力无关。

水斗式水轮机的直径比 D_1/d_0 过小将带来大麻烦，水斗数少，水斗根部强度差，容易裂纹或断斗。这样的水轮机，效率偏低。

为水斗式水轮机的直径比 D_1/d_0 设上限，是不合情理的。只要水力条件满足要求，

可以用大直径比的水斗式水轮机。但这样转轮甚薄，水斗数多，水斗尺寸小，制造麻烦。若想改变设计，可增加喷嘴数，从而降低水斗式水轮机的直径比。

反击式水轮机的设计力求高比转速，这一概念对水斗式水轮机是不适用的。所谓增大比转速，就是降低水轮机的直径比 D_1/d_0，而后者却必须遵循它自己的设计规则。

3. 水斗式水轮机斗叶设计

水斗式水轮机设计不能像反击式水轮机一样，采用连续稳定绕流理论。水斗式水轮机计算的正问题是给定斗叶形状、斗叶与转轮轴及压力射流的相对位置、转轮与射流的速度等，从而求解斗叶表面的速度与压力分布及出口水流的参数等。解反问题的任务是给定工作轮与射流的速度及斗叶的某些结构参数，而要确定在能量转换过程中具有最小损失的斗叶形状，特别是要有较小的出口损失、容积损失、斗叶背面的撞击损失等。

直接解反问题是最令人感兴趣的，虽然实际上是不太可能的。目前一般采用先假定某一斗叶形状，作为第一次近似，然后解斗叶绕流的正问题，再进一步根据正问题的解提出第二次近似斗叶，直至达到具有最优流动特性。因此，这种解法与所选择的第一次近似斗叶形状有很大关系，常常需要根据经验确定。

水斗式水轮机水斗的基本断面型线几乎完全一样，比较一些优良水斗，不难得此结论。然而，水斗的形状并非一样，一个水斗不可能普遍适用于任何设计条件，水斗的整体形状因直径比而异。同时，水斗在轮盘上的位置，也不是随意而定的。

水斗式水轮机转轮的各个几何元素的设计均有其相应设计原则。反击式水轮机的设计方法，即“相似换算”或“能量换算”等，不能用于水斗式水轮机。水斗式水轮机水斗的设计与相似理论无关，不可搞相似缩放。

考虑到转轮斗叶绕流计算的方法至今还不完善，一般按照下述过程采用经验方法确定转轮斗叶的形状：①选择斗叶内表面的第一次近似形状；②确定斗叶背面形状；③选择斗叶数；④分析第一次近似的斗叶内表面绕流；⑤确定第二次近似斗叶形状；⑥分析第二次近似的斗叶内表面绕流等，直至达到要求的精度。

根据研究及实际工程应用情况，一般斗叶的最优尺寸关系为

$$B=(2.8\sim4.0)d_0,\quad L=(0.7\sim0.9)B,\quad h=(0.25\sim0.30)B$$

其位置关系如图 6.6 所示。并且，相应的转轮直径为

$$D_1\approx0.46\frac{d_0}{n_s}\sqrt{Z_0}$$

其斗叶木模图如图 6.28 所示。

6.2.6 喷嘴

水斗式水轮机模型特性曲线给出了试验模型在最优单位转速下效率同单位流量之间的函数关系（图 6.29），即

$$\eta=f(Q_{11})$$

其中

$$Q_{11}=\frac{Q}{d_1^2\sqrt{H}}\tag{6.33}$$

水斗式水轮机的单位流量仅与喷嘴喷针的行程 S 有关，即

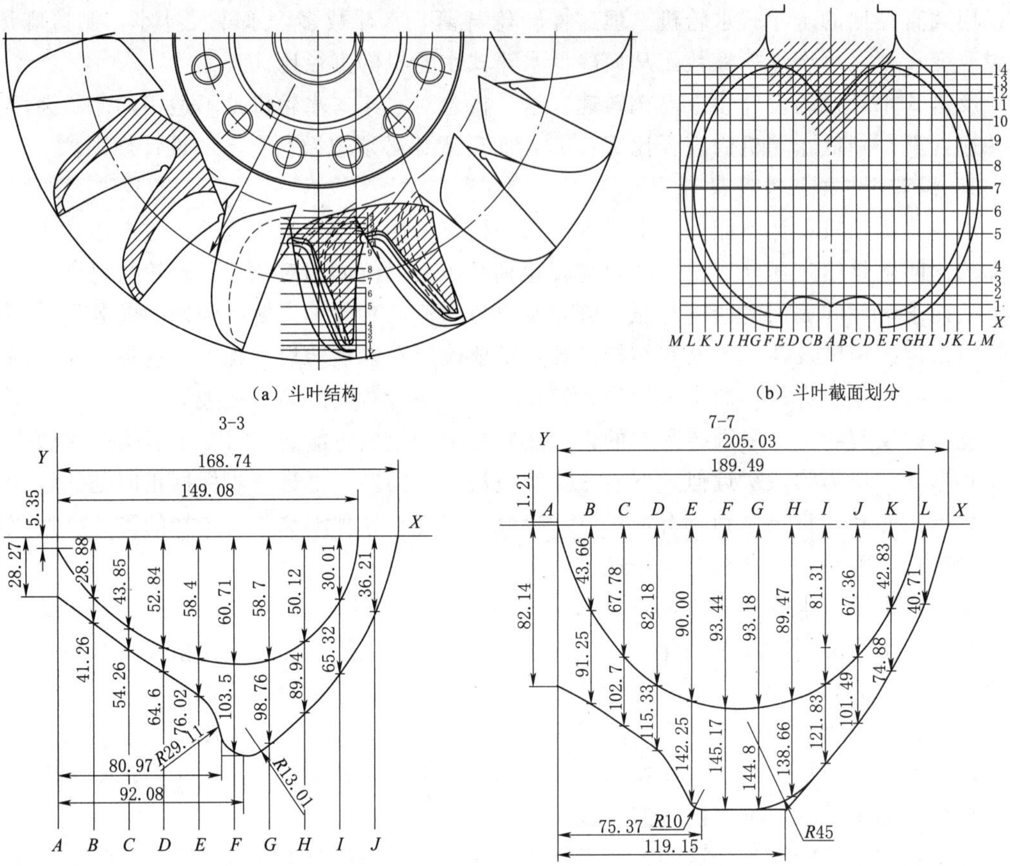

（a）斗叶结构　　（b）斗叶截面划分

（c）斗叶截面尺寸标注

图 6.28　水斗式水轮机转轮斗叶木模图

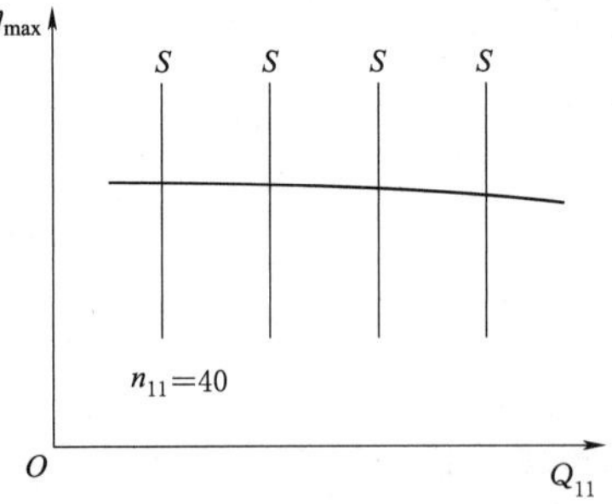

图 6.29　模型效率与流量的关系

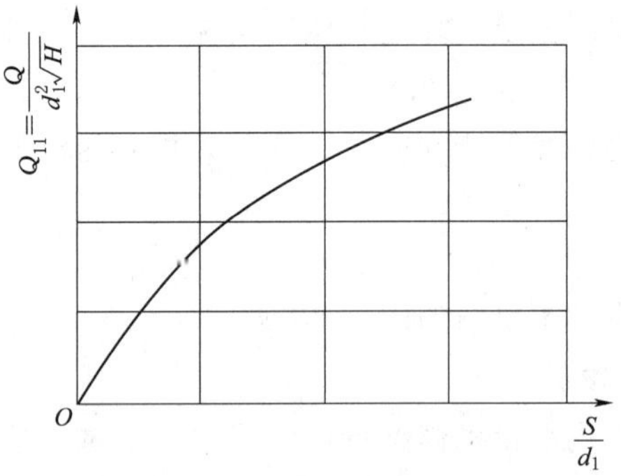

图 6.30　喷嘴的流量特性曲线

$$Q_{11}=f\left(\frac{S}{d_1}\right)$$

按喷嘴特性曲线（图 6.30）选定模型喷嘴单位流量的设计值 Q_{11}，便可按式（6.33）求得设计喷嘴的喷嘴直径 d_1，即

$$d_1 = \sqrt{\frac{Q}{Q_{11}\sqrt{H}}} \tag{6.34}$$

多喷嘴水斗式水轮机在计算喷嘴直径时，式（6.34）中的流量需要除以喷嘴数 Z_0，即

$$d_1 = \sqrt{\frac{Q}{Z_0 Q_{11}\sqrt{H}}} \tag{6.35}$$

此外，在确定喷嘴数时还要兼顾直径比，一般可取 $D_1/d_0 = 10 \sim 18$。

水斗式水轮机的喷嘴是单独设计的，与水轮机整体设计无关。若干个水斗，圆周对称地固定在轮盘上，构成了水斗式水轮机的转轮。水斗的大小以水斗工作面的宽度 B 为标志性参数。水斗的宽度完全取决于射流直径 d_0，水斗的大小也与水轮机转轮直径无关。

第7章 水泵水轮机

水泵水轮机是集水泵与水轮机两个相反功能于一体的特殊水力机械，是抽水蓄能机组的重要组成部分和能量转换的核心。抽水蓄能机组也称可逆式机组，在电力系统负荷低谷时，水泵水轮机作水泵运行，从下水库向上水库抽水，将电能转换成水的势能存储起来；在电力系统负荷高峰时，水泵水轮机作水轮机运行，上水库向下水库放水发电，将水的势能转换为电能。随着水力设计技术的发展和进步，水泵水轮机的能量转换效率大幅提升，近期研制的水泵水轮机在抽水工况和发电工况的最优效率均能达到92%以上，我国最新投产的机组达到了94%，整个抽水蓄能电站综合转换效率可达80%以上。由于抽水蓄能机组运行方式高效、经济、清洁，抽水蓄能电站成为目前世界上应用最为广泛的大规模物理储能设施，可承担电网高峰、填谷、调频、调相和事故备用等任务，为电网经济高效、安全稳定运行提供保障。

7.1 水泵水轮机的结构特点及发展趋势

7.1.1 水泵水轮机的结构特点

抽水蓄能电站的主要设备是抽水蓄能机组。最早使用的蓄能机组由单独的抽水机组和发电机组组合而成，称为四机式机组。逐步发展到将一台泵和一台水轮机分别连接在可以兼作电动机和发电机的电机的一端或两端，形成一个三机式机组，又称组合式机组。随着技术的进步，设计了双向运行的水力机组，它向一个方向旋转抽水，向另一方向旋转发电，这样的机组称为可逆式水泵水轮机，又称为二机式机组。由于可逆式蓄能机组具有结构简单、造价低、土建工程量小等优点，已成为现代抽水蓄能电站的主要机型。

组合式机组的优点是水泵和水轮机可分别按电站抽水和发电的要求进行专门设计，保证高效率工作，对于抽水蓄能电站在两个以上水库之间工作的场合，这种机组尤其具有优越性。组合式机组在布置上有卧式和立式两种形式。卧式机组通常将水泵和水轮机布置在电动发电机的两端，同轴连接。立式结构是现代组合式机组发展的趋势，它适应了水泵和水轮机两种工况对安装高度的不同要求，将泵安装在水轮机的下面，以获取更多的淹没深度，减小电站厂房的平面尺寸。

可逆式蓄能机组把水泵和水轮机合并成一台机组（图7.1），因而轴向尺寸可以大大缩小，机械设备和电站建筑物的投资都得以降低。水泵水轮机和常规水轮机一样，可以设计成混流、斜流、轴流、贯流等形式。在应用中，混流式水泵水轮机占绝大多数，从工作水头30～40m直到600～700m范围内都能使用；斜流式水泵水轮机主要应用于150m以下水头变化幅度较大的场合；轴流式水泵水轮机用得较少；贯流式水泵水轮机适用于潮汐电站，水头一般不超过15～20m。

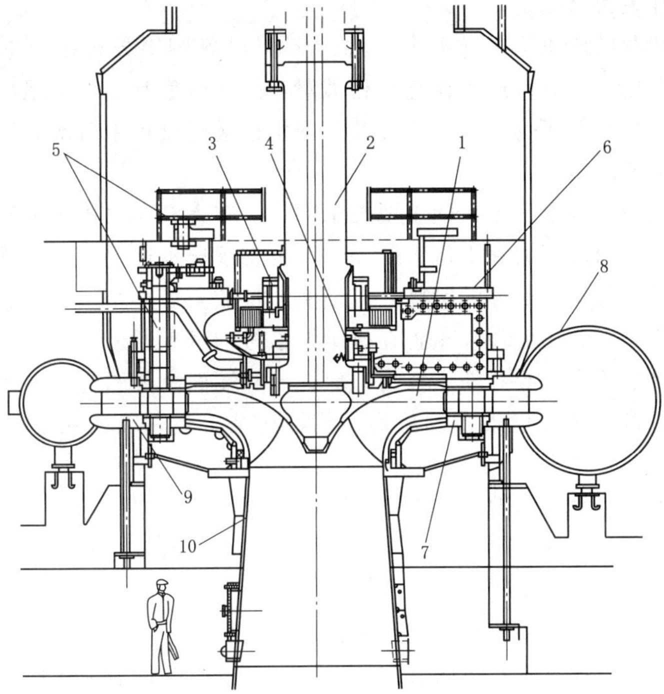

图 7.1 混流可逆式水泵水轮机（仙居抽水蓄能电站）
1—转轮；2—主轴；3—水导轴承；4—主轴密封；5—活动导叶及操作机构；
6—顶盖；7—底环；8—蜗壳；9—座环；10—尾水管

1. 各部件结构、功能、特点

水泵水轮机的主要部件如图 7.1 所示，各部件结构、功能、特点如下：

(1) 转轮。转轮是水泵水轮机进行能量转换的核心部件。水泵水轮机的转轮兼顾水轮机和水泵功能，形状与离心泵更为相似。高水头转轮的外形更加扁平，在水轮机工况，转轮进、出口直径的比值为 2∶1 或更大，进口高度（导叶高度）一般在进口直径的 10% 以下。

(2) 主轴。主轴是水泵水轮机与发电电动机的连接部件，上端连接发电电动机轴，下端连接水泵水轮机转轮，其作用是传递机组转矩。对于中拆机组，两者之间还需增加一段短轴，便于水泵水轮机部件的拆装。

(3) 水导轴承。水导轴承是导向、支承部件，承受机组转动部分下部（靠近转轮端）的水力、机械及电磁径向不平衡力，使主轴保持中心位置。水泵水轮机水导轴承需要满足发电和抽水两种工况不同旋转方向的相同轴承特性，并能承受水泵水轮机的甩负荷、水泵断电等过渡过程中可能发生的转轮最大水力径向力。

(4) 主轴密封。水泵水轮机转轮上止漏环后有少量漏水，这些漏水会沿着主轴与顶盖之间的间隙进入机坑，会妨碍其他设备的正常运行，故在主轴上设置止漏密封装置，简称主轴密封。水泵水轮机主轴密封需要满足在双向旋转条件下，在机组发电、抽水运行和停机工况时，阻止输水系统内水进入顶盖，在机组充气压水工况过程中阻止压缩空气从转轮室逸出，运行条件更为苛刻。

(5) 活动导叶及操作机构（导水机构）。活动导叶是圆周分布在转轮与座环之间的引流部件。水泵水轮机活动导叶通常设计成近似对称的流线型叶片，头尾都做成渐变圆头以适应双向水流。导叶操作机构用于操作导叶实现机组运行过程中对水流的流量控制和利用导叶对水流进行引流。

(6) 顶盖。顶盖是水泵水轮机的主要支承部件，布置在导水机构过流通道的上部，承受机组各种运行工况的水压力和水压力脉动，以及支承导水机构、水导轴承、主轴密封等部件。机组的顶盖必须具有足够的刚度，以使变形量减至最小。

(7) 底环。底环（含泄流环）布置在机组导水机构过流通道的下部，支承活动导叶下端轴，承受并传递水压力、导叶的支反力，保证导叶端面附近的变形量在允许范围。高水头机组的底环和顶盖采用厚度很大的箱形结构，在结构上，底环和顶盖止漏环上下对称布置。

(8) 蜗壳。蜗壳是水泵水轮机的引水部件，一端与进水阀相连，内部与座环相接。在水轮机工况时，蜗壳与座环一起将水流均匀而轴对称地引入转轮前的导水机构，并形成速度环量；在水泵工况时，汇集转轮出流，转换水流动能为压力能。

(9) 座环。座环既是重要的固定过流部件，又是机组的基础结构部件，座环的布置方向和中心高程决定整个水泵水轮机的安装位置。立式机组的顶盖和底环分别安装在座环的上方和下方。座环由固定叶片与上、下环板焊接而成，蜗壳的各段直接焊到座环的外缘上。

(10) 尾水管。尾水管是水泵水轮机水力流道的一部分，除引、排水作用外，在水轮机工况下，还具有回收能量的作用。

2. 立式水泵水轮机转轮的拆卸方式

大型立式水泵水轮机转轮的拆卸方式有三种：①拆卸尾水锥管和底环，转轮由下方取出；②拆除一段中间轴并拆卸顶盖后，将转轮由机坑取出；③用传统方式，吊出电机转子并拆除顶盖后由上方取出转轮。以上三种拆卸方式分别称为下拆、中拆和上拆方式。我国在20世纪90年代初建的3座大型抽水蓄能电站分别采用了这三种拆卸方式：广州抽水蓄能电站一期为下拆；广州抽水蓄能电站二期和天荒坪抽水蓄能电站为中拆；十三陵抽水蓄能电站为上拆。

7.1.2 水泵水轮机的发展趋势

经过一个多世纪的发展，国外的水泵水轮机都趋向高水头、大容量和高速化发展。具有应用水头范围宽广、单机容量大、布置便利、经济技术综合优势突出等特点的混流式水泵水轮机成为目前世界上应用最为广泛、技术最为先进的机型，代表着大型、超大型抽水蓄能机组的发展方向。

1. 高水头化——向更高水头发展

(1) 随工作水头的提高，上下水库水位波动而形成机组水头的变化幅度相对值将减小，使水泵水轮机可以经常在较优的效率区工作，从而达到最高的效益。

(2) 水泵水轮机的工作水头提高后，对于同样的加工难度，可以生产更大容量的机组，增加电站的功率。

（3）在同样功率条件下，通过高水头机组的流量要小些，机组本身尺寸随之减小，管道的尺寸也可以减小，有助于降低电站造价。

（4）高水头机组的转速高，对提高发电机的效率并减小其尺寸都有利。

（5）纯抽水蓄能电站可以在具有适当地形的高地上人工修建水库，因此更有条件选择接近电网负荷中心的高水头站址。

但提高使用水头也有一系列技术困难：①高水头单级水泵水轮机的水力效率必然要比中、低水头机组的效率低一些；②水泵水轮机的空化性能将随水头提高而下降，要求机组有更大的淹没深度；③水泵水轮机过流部件所承受的水应力增大，要求使用强度更高的材料，或改变某些部件的结构形式；④在高水头条件下，机组内的水压脉动的趋势增大，使机组在某些工作范围内产生由水力原因引起的振动；⑤引水系统承压增大，管道要相应增强，过渡工况的不稳定性增加，可能需要增设上游或尾水调压井。

随水电工程和机械制造业的技术进步，高水头所带来的困难不断被克服，故近年出现了很多运用成功的高水头蓄能电站。

2. 大容量化——增大单机容量

电力系统的总容量在日益增大，电力负荷的峰谷差也不断增长，系统内所需的抽水蓄能容量也随之增加，为了提高调节效果，蓄能电站需要更大单机容量的蓄能机组。对电站总装机容量而言，单机容量增大，所需用的金属材料和机械加工量会降低。另外，机组台数减少可以简化电站的控制系统，降低其造价和运行费用。但单机容量的增大也带来相应技术难题，如转轮、顶盖、底环等可能受到运输条件限制而不得不做成分瓣结构，因而降低其结构刚性并增加制造工作量。

3. 高速化——采用更高的比转速

为了达到与水泵水轮机工作水头相应的转轮线速度，可以使用较大的转轮直径或较高的转速。很明显，转轮直径应保持在一定限度内而尽量提高机组的转速。对水力特性而言，就是采用尽量高的比转速。根据目前国际制造水平，水泵工况比转速 n_s 如选在 110～180（n_q＝30～50）可以得到最高的水力效率，低于此比转速范围的水泵水轮机其水力效率就有下降趋势。

7.2 水泵水轮机的工作原理及工作特性

7.2.1 水泵水轮机的工作原理

1. 水力机械的可逆性

叶片式水力机械具有可逆性，可以双向运行，不论水泵或水轮机都可以反方向旋转，以相反的方式工作。通过研究发现，当离心泵作水轮机和水泵两种工况运行，其特性曲线如图 7.2 所示；图中下标 T 代表水轮机转向，下标 P 代表水泵转向，可见双向运行都有较好的效率；离心泵在作水轮机时是一个没有活动导叶的水轮机，在水头和转速已定的条件下，其特性曲线只有一条，也就是开机后只能满负荷运行，没有调节能力；由图 7.2 可以看出，在 $n_P = n_T$ 条件下，离心泵作水轮机运行时的流量 Q_T 要比作水泵运行的最优点流量 Q_P 大；随水头的提高，水轮机工况的出力将继续增大，耗水量也不断增加。当高比转速水轮机作水泵运行，其特性曲线（图7.3）很不理想，作水泵运行的效率要比作水轮机低很多；扬程曲线 $H-Q$ 上出现了两个大的驼峰。

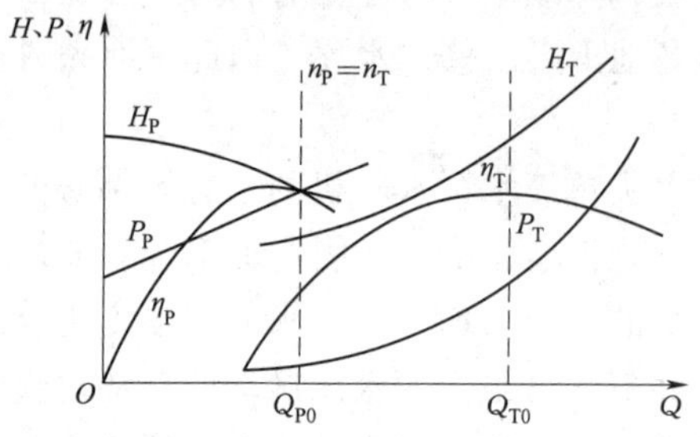

图7.2　离心泵双向运行时的特性曲线

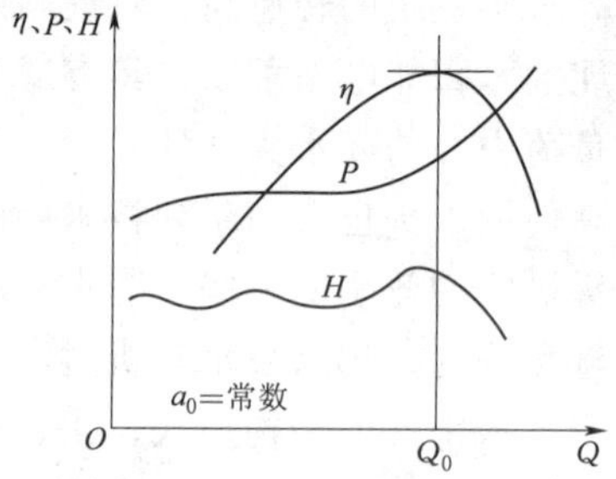

图7.3　高比转速水轮机作水泵运行时的特性曲线

由此可见，常规水泵和常规水轮机虽都可以双向运行，但离心泵的可逆性反映在外特性上比水轮机要好得多。如果在离心泵叶轮四周装上和水轮机一样的活动导叶，则离心泵作水轮机运行时耗水量就会降低，效率还将有所提高，两种工况在最优效率点的水头也会更接近些。因此，目前抽水蓄能电站中广泛使用的混流式水泵水轮机就是以一个离心泵（或混流泵）叶轮为基础，配以近似水轮机的活动导叶和固定导叶而形成的。

从理论分析上也可以证明叶片式水力机械的可逆性，即同一机械（叶片系统）在一种情况下可作水轮机运行，在另一种情况下可作水泵运行。水力机械工作时，转轮叶片对水流中一个微元所产生的力矩为

$$M=\rho\left[\int_{A_2} v_m(v_u r)\mathrm{d}A-\int_{A_1} v_m(v_u r)\mathrm{d}A\right]\pm\frac{\mathrm{d}\omega}{\mathrm{d}t}\int_V r^2\rho\mathrm{d}V\pm\int_V r\frac{\partial\omega_u}{\partial t}\mathrm{d}V \tag{7.1}$$

式中：M 为力矩；ρ 为水密度；v_m 为轴面速度；v_u 为切向流速分量；A 为微元断面积；ω 为角速度；t 为时间；V 为微元体积；r 为距旋转轴半径；下标1和2分别为转轮进口和出口。

通常水泵水轮机可以看作稳定运转，即 $\mathrm{d}w/\mathrm{d}t=\partial w_u/\partial t=0$，则由于水流惯性引起的力矩［式（7.1）右侧第二项］和水流流量改变时引起水流相对流速变化产生的力矩［式（7.1）右侧第三项］可不考虑。现定义：

$$Q=\int v_m\mathrm{d}A$$

则式（7.1）可写为

$$M=\rho Q(v_{u2}r_2-v_{u1}r_1) \tag{7.2}$$

在水泵工况下，转轮将由电机输入的机械能转换为水流能量，泵出口能量高于进口能量，即 $v_{u2}r_2>v_{u1}r_1$，故 $M>0$，说明转轮对水流做功。在水轮机工况下，转轮将水流能量转换为机械能，水轮机进口能量高于出口能量，即 $v_{u1}r_1>v_{u2}r_2$，故 $M<0$，说明水流对转轮做功。

2. 水泵水轮机工作原理及速度三角形

在理想液体中，水流作用的力矩为

$$M=\frac{\rho gQH}{w}$$

考虑水力效率之后，在水轮机工况时，式（7.2）将变为常规水轮机的基本方程式，即

$$H_T\eta_{hT}=\frac{1}{g}(u_1v_{u1}-u_2v_{u2})_T \tag{7.3}$$

式中：η_{hT} 为水轮机工况水力效率；u 为切向速度，m/s；v_u 为流速 v 在 u 方向分量，m/s；下标 1、2 分别为进口和出口；下标 T 为水轮机工况。

如果出口水流为法向，则 $v_{u2}=0$，于是

$$H_T=\frac{1}{\eta_{hT}g}(u_1v_{u1})_T=\frac{1}{\eta_{hT}}\frac{u_{1T}^2}{g}\left(\frac{v_{u1}}{u_1}\right)_T \tag{7.4}$$

对于水泵工况，由于叶轮流道为扩散型，要考虑流动旋转的影响，即需对扬程做有限叶片数的修正。和前式相同，考虑水力效率后，式（7.2）将变为水泵的基本方程式，即

$$\frac{H_P}{\eta_{hP}}=\frac{K}{g}(u_2v_{u\infty2}-u_1v_{u\infty1})_P \tag{7.5}$$

式中：η_{hP} 为水泵工况水力效率；K 为有限叶片数修正系数，又称滑移系数；下标∞为叶片无限多条件；下标 P 为水泵工况。

同时，如果水泵叶轮进口水流为法向，则 $v_{u\infty1}=0$，于是

$$H_P=\eta_{hP}\frac{K}{g}(u_2v_{u\infty2})_P=\eta_{hP}K\frac{u_{2P}^2}{g}\left(\frac{v_{u\infty2}}{u_2}\right)_P \tag{7.6}$$

通过以下的分析，可以进一步说明水轮机和水泵双向运行特性的关系。图 7.4 中实线所示为普通混流式水轮机的进、出口速度三角形，因转轮叶片比较短，可见流道断面变化大，叶片进口角 β_{1T} 也较大（70°～90°），所以在水轮机工况运行时能产生较大的分量 v_{u1}。图中虚线表示水轮机作水泵运行时的速度三角形，由于 β_{2P} 角度大，水泵出口的绝对流速 v_{2P} 很大，因而转轮出口和蜗壳中的损失过大，所以这样的转轮作水泵运行的效率不高。同时，流道的扩散度过大，也会引起水流脱流，对泵工况的运行性能很不利。

图 7.5 中实线为普通离心泵叶轮的进、出口速度三角形。因泵叶片的流道长而扩散平缓，叶片出口角 β_{2P} 较小，可较好地适应叶轮出口和在蜗壳中的流动，能得到较好的性能。图中虚线表示此泵作水轮机运行时的速度三角形，因叶片进口角 β_{1T} 很小，会产生一定的撞击损失，但由于叶片长而流道变化平缓，水流有足够的空间进行调整，故使作水轮

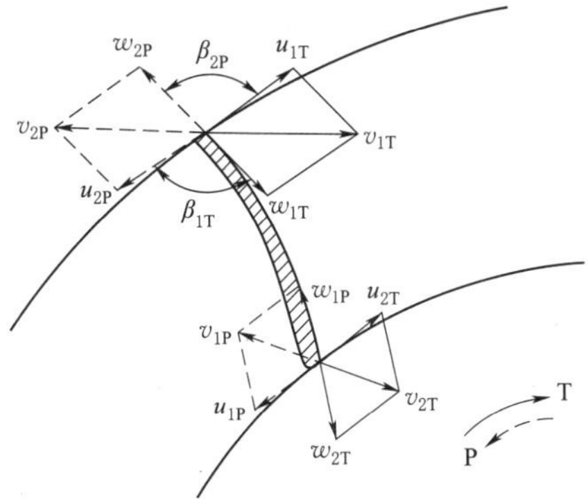

图 7.4 混流式水轮机双向运行速度三角形

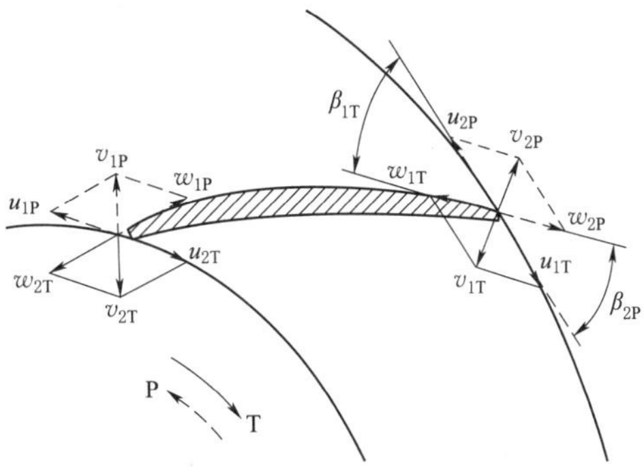

图 7.5 离心泵双向运行速度三角形

机运行时的效率仍然较高。由图可见这种叶轮在水轮机工况的进口绝对流速小，其值比常规水轮机的小，因而为利用同样的水头，叶轮直径必须做得比水轮机直径大才能满足要求。

在以上分析的基础上所发展出来的水泵水轮机具有如图7.6所示的进、出口速度三角形。转轮基本上为离心泵叶轮形状，配有水轮机的活动导叶，在两种工况运行时都有优良的水力性能。

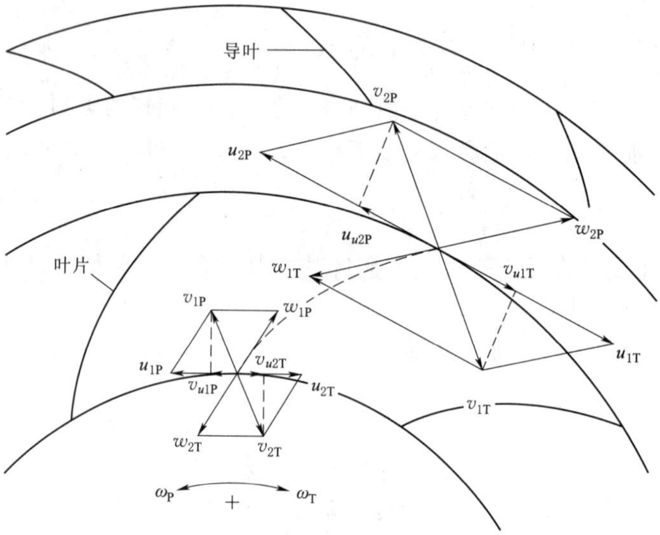

图7.6 混流式水泵水轮机速度三角形

7.2.2 水泵水轮机的基本参数

和常规水轮机或水泵一样，水泵水轮机的基本参数也包括转轮直径、转速、水头或扬程、流量、出力或功率、效率、比转速等。

经研究发现：①在同样水头和转速下，水泵水轮机转轮直径为常规水轮机转轮直径的1.44倍；②水泵水轮机在水泵工况如要达到和水轮机同样的水头，转速应比水轮机高约18%；③水泵水轮机水泵工况的扬程和水轮机水头相差约28%，设计时水泵工况转速应高于水轮机工况；④在扬程、水头相等及充分发挥电机作用条件下，水泵水轮机在水泵工况的流量比水轮机流量低15%左右；⑤水泵水轮机在水轮机工况和水泵工况中，其最优点的 Q_{11} 和 n_{11} 成反比关系。

7.2.3 水泵水轮机的工作特性

水泵水轮机的工作特性包括能量特性、空化特性、压力脉动特性、“S”特性和“驼峰”特性等，这些特性决定了水泵水轮机的运行效率和稳定性，对抽水蓄能电站的经济性，机组和厂房的安全、稳定至关重要。

7.2.3.1 水泵水轮机的能量特性

能量特性即水泵水轮机的效率特性，它揭示了水泵水轮机两种工况下，效率值随运行工况点变化的规律和特征。水泵水轮机两种工况的特性参数是通过模型试验得到的。通常将试验得到的参数分别绘成水泵工况和水轮机工况两种曲线，以供水泵水轮机的性能分析和选型使用。目前随着计算流体动力学分析技术的发展，也可以采用数值模拟的方式得到与模型试验近似的水泵水轮机能量特性。

1. 水轮机工况能量特性曲线

在水泵水轮机水力设计中，首先根据相似准则设计尺寸较小的模型机进行模型试验，选定最优方案后，再将模型试验结果换算到尺寸较大的真机上。其研究方法及模型综合特性曲线的绘制见流体机械原理部分。

水泵水轮机的水轮机工况能量特性曲线和常规水轮机特性曲线的形式一样，如图 7.7 所示。该曲线对相应效率值进行了处理，将每个效率圈的效率值都除以最高效率，单位流量值均除以最优单位流量，得到相对效率和相对单位流量；同时对单位转速也都进行了变换，其他特性保持不变。图 7.7 中虚线为导叶等开度线，表示水轮机工况某特定导叶开度下的各工况点（水头和流量）具有的效率。将所有相同效率的工况点用样条曲线连接，就形成了图 7.7 中用细实线表示的等效率线。

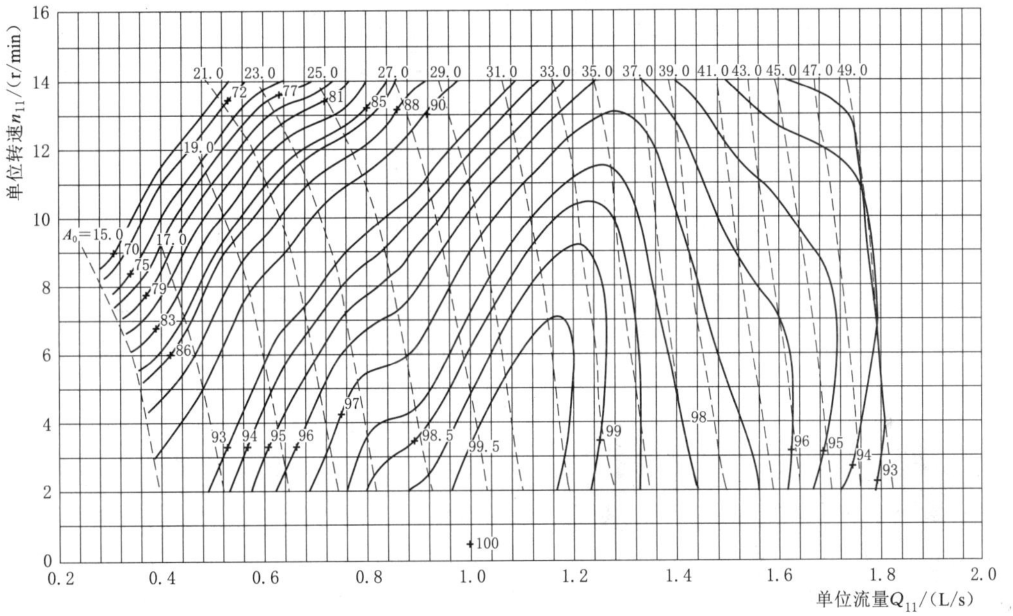

图 7.7　水泵水轮机的水轮机工况能量特性曲线（又称模型综合特性曲线）

2. 水泵工况特性曲线

对于水泵水轮机的水泵工况，现在常用的特性曲线表达方式仍然是在恒定转速下实测的模型试验曲线，而不加以任何转换，如图 7.8 所示。水泵水轮机的水泵工况包含三种特性曲线，分别为扬程与流量变化规律曲线（$H-Q$ 曲线），如图 7.8（a）所示；流量与效率变化规律曲线（$Q-\eta$ 曲线），如图 7.8（b）所示；输入功率与流量变化规律曲线（$P-Q$ 曲线），如图 7.8（c）所示。这三种特性曲线共同揭示了水泵工况的能量特性。

7.2.3.2　水泵水轮机的空化特性

叶片式水力机械在运行的过程中，一定温度下的液体在压力低到该温度的汽化压力时，液体内部将发生体积破坏，产生空泡或空穴，使水力机械产生空化空蚀破坏，影响机

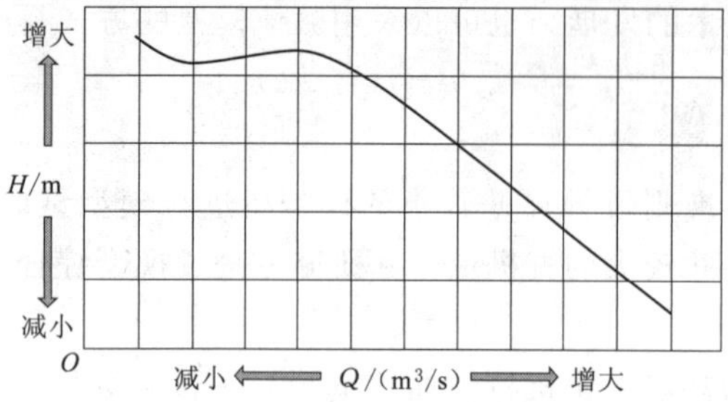

(a) 水泵工况H-Q曲线

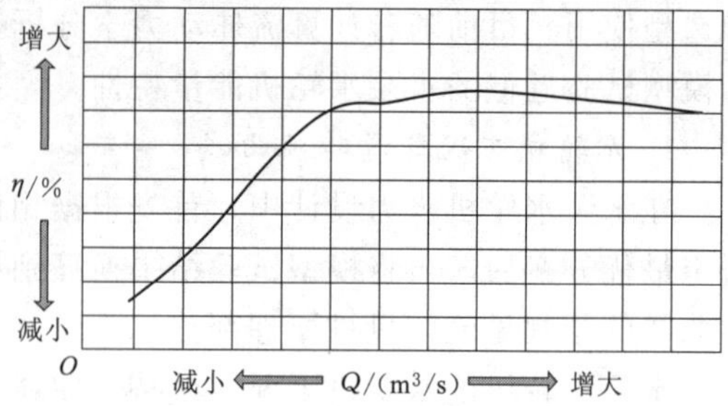

(b) 水泵工况Q-η曲线

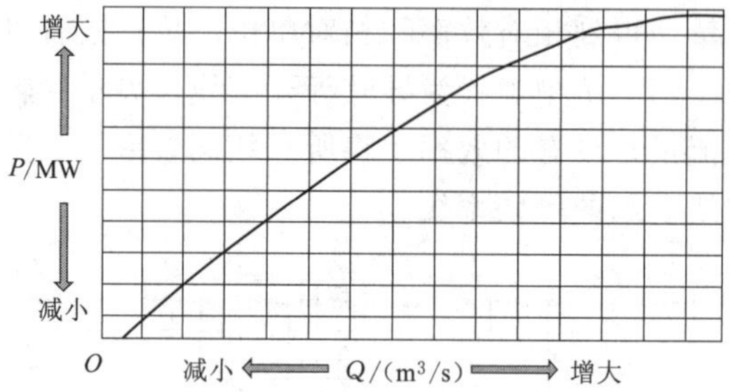

(c) 水泵工况P-Q曲线

图 7.8　水泵水轮机的水泵工况特性曲线

组性能。

1. 水泵工况空化的特点

水泵水轮机空化与空蚀特性主要取决于水泵工况的空化特性，因此对水泵工况空化过程的观察成为空化试验的重要组成部分，以研究、探索转轮的空化特性，避免转轮在运行区域发生空化现象。

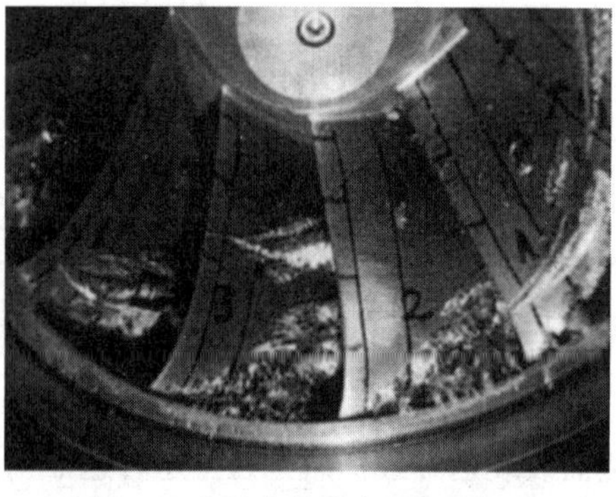
图 7.9　水泵水轮机水泵工况空化现象观测结果

通过固定开度下的空化试验量测及观察结果（图 7.9）发现，在能量特性发生变化以前已可观察到气泡的出现，如果同时用噪声传感器探测泵的进口水流，则在一般情况下都会发现，在能看到气泡以前已可记录到噪声的增强。众所周知，空化现象的发生，首先被“听到”，其次被“看到”，最后才能在外特性曲线上反映出来。

水泵工况时叶片进口边的形状对空化的发生有很大影响，叶片形状上微小的差别可以造成空化特性很大的变化，在设计转轮时应采用空化性能好的叶型。运行时，当空化气泡在叶片上发展到一定厚度和宽度后，就会影响叶片流道的流动状态，从而改变泵的特性曲线。

2. 水泵工况和水轮机工况空化特性的比较

水泵水轮机早期应用时，就已发现水泵工况空化性能比水轮机工况空化性能差。因此，在设计水泵水轮机时，一般认为如果水泵工况满足了空化要求，则水轮机工况也能满足。水力机械容易发生空化的部位有两个：一个是沿叶片表面上的低压区；另一个是叶片头部和水流发生撞击后的脱流区。在水泵工况时，因为进口撞击和低压区都发生在叶片进口处，所以动压降比较大，空化性能差。而在水轮机工况时，水流撞击发生在进口边上，叶片低压区在出口附近，动压降比较缓和，空化性能要好些。为便于评价空化性能，引入空化系数的概念，空化系数越大，水泵水轮机越容易发生空化。

从空化系数定义上也可以分析出两种工况是有差别的。水泵空化系数定义为

$$\sigma=\frac{\Delta h}{H}=\frac{1}{H}\left(\lambda_1\frac{w_1^2}{2g}+\lambda_2\frac{v_1^2}{2g}\right) \tag{7.7}$$

式中：Δh 为泵进口的净正吸入水头，或称空化裕量，国外称为 NPSH（net positive suction head），m；λ_1 为水流绕流叶片的动压降系数，或称叶栅空化系数；λ_2 为水流进入叶片以前的综合损失系数。据一般研究成果，离心泵的 λ_1 在 0.2～0.4 之间，λ_2 在 0.1～0.4 之间。

水轮机空化系数一般写成

$$\sigma=\frac{1}{H}\left(\lambda\frac{w_2^2}{2g}+\eta_w\frac{v_2^2}{2g}\right) \tag{7.8}$$

式中：λ 为叶栅空化系数，混流式水轮机的 λ 值在 0.05～0.15 之间；η_w 为尾水管恢复系数，一般为 0.6～0.7。

由此可以看出，如水泵的进口相对流速 w_1 和绝对流速 v_1 分别和水轮机出口相对流速 w_2 和绝对流速 v_2 相等，则水泵的空化系数将比水轮机高，容易产生空化。通常中高比转速混流式水泵水轮机两种工况空化系数（图7.10）相差比较大；低比转速（高水头）水泵水轮机，两种工况空化系数的差别一般要小些，在水轮机工况小流量区的空化系数有可能比水泵工况的还大。因此进行高水头水泵水轮机空化试验时对两种工况都要进行全面的空化试验，才能判定每一个工作范围内最不利的空化条件。

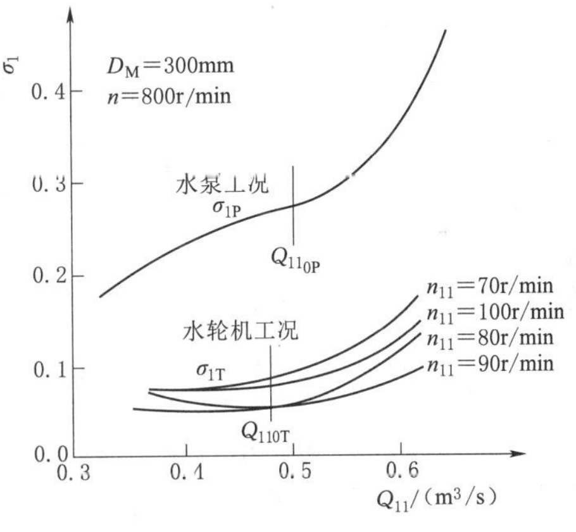

图 7.10　中高比转速水泵水轮机两种工况空化系数比较

7.2.3.3　水泵水轮机的压力脉动特性

水流的压力脉动是引起水力机械振动的主要原因之一，特别是在大型机组中，由于结构尺寸较大，刚度相对较低，水流的不稳定流动导致机组产生振动，影响其正常运行，严重时可导致机组构件发生疲劳破坏。近年来已把压力脉动特性作为衡量大型水力机组性能的重要指标，而抽水蓄能机组具有水轮机、水泵两个工况转换频繁运行、过渡过程转换复杂等运行特点，因此应更加注意其压力脉动特性。

1. 水泵水轮机产生压力脉动的原因

(1) 水泵水轮机作为调峰和调频机组，启动和停止频繁；同时也经常在低负荷下运行，故水轮机工况实际上处于水流条件十分不利的状况下。

（2）水泵工况在小流量区将在进口产生回流，转轮叶片和水流的撞击加剧。

（3）水泵工况出口水流与导叶、固定导叶的撞击，水轮机工况导叶后转轮前的无叶区水流与叶片的撞击，这是产生压力脉动的主要原因。

（4）压力脉动还可以由水流的特殊流态引起，如水流绕流叶片产生的卡门涡列、水流自叶片上脱流后的漩涡、由水轮机工况尾水管涡带引起的水流振荡等。

2. 压力脉动特征量

压力脉动通常有两个特征量，分别为压力脉动振幅和压力脉动频率。压力脉动振幅一般用 ΔH 来代表峰谷之间的振幅绝对值，用 $\Delta H/H$ 代表振幅的相对值（H 为电站水头）。压力脉动频率 f，通过压力脉动频谱图可以发现若干较强的频率成分，可分析得出相应工况和部位压力脉动较大的成因。

3. 压力脉动随流量的变化关系

水泵水轮机的水轮机工况与水泵工况的压力脉动随流量均呈一定变化规律。在水轮机工况时，活动导叶存在与转轮进口角匹配最佳的最优开度。在最优开度两侧，转轮进口液流角与叶片进口安放角均存在一定冲角，且偏离越大，冲角越大，效率越低，压力脉动越大；同时，在转轮出口，存在速度环量最小的机组过流量，在该流量两侧转轮出口环量均呈增大趋势，效率降低，压力脉动增大。活动导叶的开度决定了机组的过流量，因此水泵水轮机各工况的压力脉动随流量呈一定变化规律，如图 7.11（a）所示。

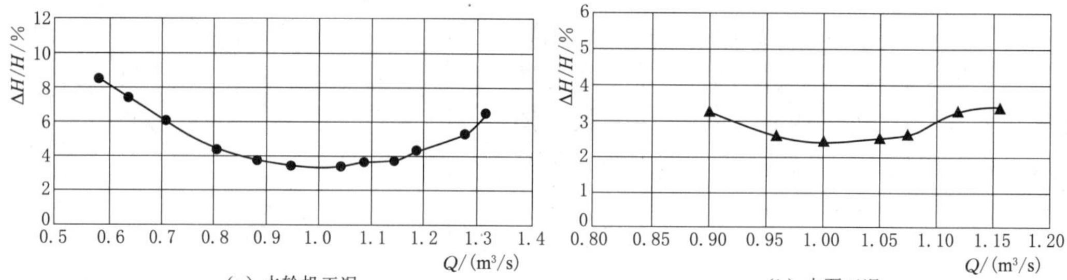

（a）水轮机工况　　（b）水泵工况

图 7.11　模型水泵水轮机各工况无叶区压力脉动变化规律

在水泵工况，转轮出口压力脉动随流量也呈一定变化趋势，如图 7.11（b）所示。在效率最高点，流量为最优时，转轮出口水流对导叶的撞击最小，因此压力脉动幅值最低。当流量大于最优流量时，转轮出口水流对导叶的撞击增加，在导叶的压力面上产生脱流，$\Delta H/H$ 随流量增加而上升；当流量小于最优流量时，转轮出口水流向导叶的另一侧撞击，在导叶的负压面（又称吸力面）上产生脱流，$\Delta H/H$ 随流量的减小而上升。同时在流量减小到一定程度时，在转轮进口处形成很大的回流，其产生的振动直接传递到转轮出口。这两种因素都使转轮出口 $\Delta H/H$ 增大，且流量小于此点时压力脉动值会快速上升。

4. 压力脉动特性对水泵水轮机的影响

降低压力脉动水平是现代研制水泵水轮机的一项重要指标。水泵水轮机水流压力脉动对机组运行的不利影响主要有以下几个方面：

（1）压力脉动的波峰可能造成对过流部件的瞬时超值载荷形成过大机械应力。高水头水泵水轮机转轮与导叶之间由于压力脉动所形成的动力负荷很大。在过渡工况时，导叶的动力负荷可达正常工况的 5～6 倍。

（2）压力脉动的波谷可能导致转轮空化的提前发生。

（3）周期性的压力脉动在机组构件上形成交变应力，造成机组某些部件的疲劳破坏。

（4）如果周期性的压力脉动频率与机组构件的自振频率相重合，可能引起机械构件的共振。若与电动发电机电气自振频率重合时，则可引起电功率共振，影响机组和电力系统的稳定运行。

5. 工程中重点关注的压力脉动

（1）无叶区压力脉动。活动导叶与转轮之间（无叶区）是机组内部压力脉动最大的部位（图 7.12），这是活动导叶与转轮之间动静干涉的结果，是水泵水轮机的典型特征。尤其水轮机工况无叶区的压力脉动是整个水泵水轮机正常运行范围内最大的，这是由于在水轮机工况下，高速流动的水流通过导叶后立刻进入旋转部件，冲击叶片工作面，在无叶区形成非常大的动静干涉，是形成较大压力脉动幅值、造成机组振动的重要原因，无叶区压力脉动幅值随流量的变化如图 7.11（a）所示。而在水泵工况下，水流通过转轮低压边进入转轮，经过叶片间较长的流道，在转轮出口处流速降低、流态相对稳定，转轮泵出的水流直接撞击到活动导叶的进水边，撞击损失和影响大大小于水轮机工况，如图 7.11（b）所示。因此水泵工况无叶区压力脉动幅值要小于水轮机工况。

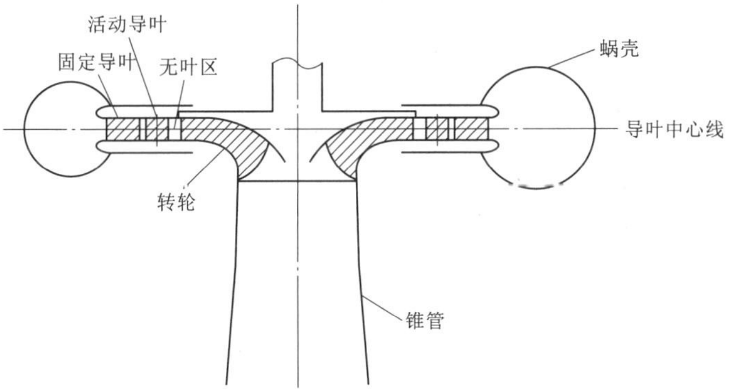

图 7.12 模型水泵水轮机过流部件示意图

（2）水轮机工况尾水管压力脉动。水轮机工况尾水管压力脉动主要是由尾水管涡带引起的，但其本质上还是由转轮出口流速的分布规律决定的。图 7.13 所示为水轮机工况涡带的观测图。对于不同的电站参数，水头、流量和转速不同，影响尾水管压力脉动的转轮出口流速分布就不同。要设计出尾水管压力脉动很低的转轮，对于转轮叶片低压边几何参数的变化规律要仔细研究。在水轮机工况最优点附近，水流为法向出口，因此压力脉动振幅最小。当流

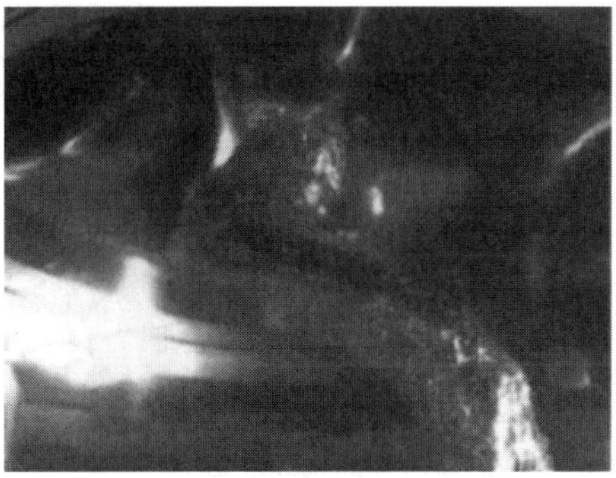

图 7.13 水轮机工况涡带的观测图

量小于最优流量时，转轮出口水流具有正的速度矩；当流量大于最优流量时，出口水流具有负的速度矩，两种情况下均形成较大的漩涡，压力脉动都有上升，如图 7.14 所示。图 7.11 和图 7.14 中横坐标流量作了相应的变换，即将流量值 Q 均除以最优流量 Q_{opt}，得到流量的相对值。

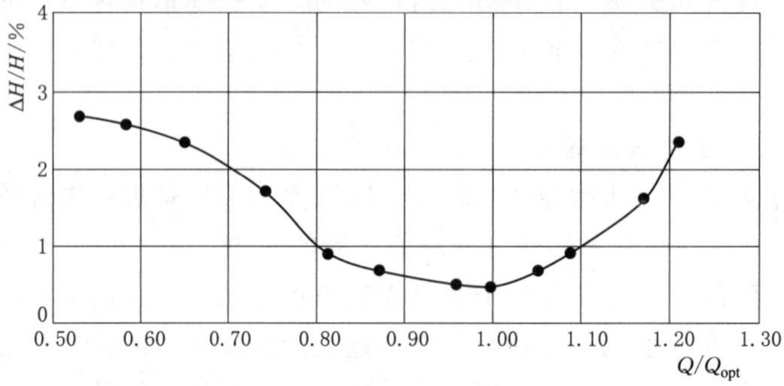

图 7.14 模型机水轮机工况锥管区压力脉动试验结果

7.2.3.4 水泵水轮机的“S”特性

水泵水轮机在制动工况与反水泵工况存在巨大的水力波动，在 $Q_{11}-n_{11}$ 曲线图上此区域的导叶开度线呈反 S 形状（图 7.15），因此将此区域水泵水轮机所反映出来的水力特性称为“S”特性。“S”特性是水泵水轮机的固有特性。

“S”特性存在的区域是水泵水轮机所具有的不稳定运行区域，该区域的存在，容易造成机组并网困难或甩负荷后不能达到空载稳定以致跳机。因此需积极探索、研究“S”特性形成的原因以及消除、减轻“S”特性的方法。图 7.15 展示了全特性曲线的“S”区部分。

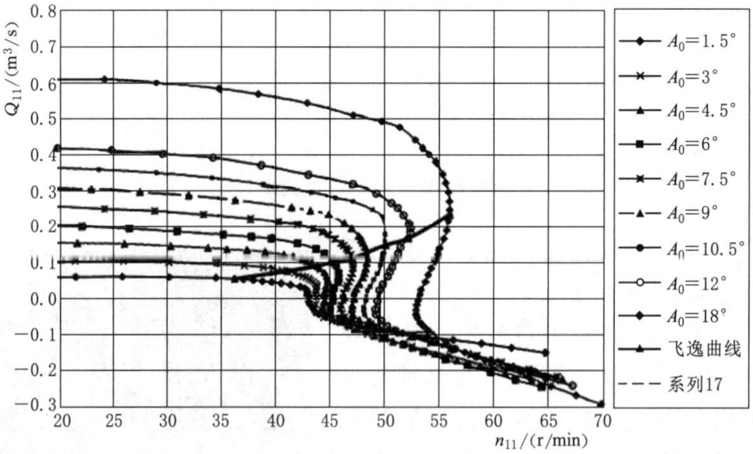

图 7.15 水泵水轮机“S”特性曲线

早期，由于对“S”特性认识不足，普遍采用布置非同步导叶的方法解决“S”区并网困难的问题。这种方法虽然实现了机组并网，但结构布置和控制复杂，增加了设计和制造成本，且带来较大的噪声问题，是迫不得已的补救方案，并未从根本上解决“S”特性区不稳定问题。随着对“S”特性形成机理认识的深入和水力设计方法的进步，已经从水力设计源头上消除了该区域的不稳定因素，不采用非同步导叶就能实现稳定并网。图7.16给出了采用水力设计手段改善“S”特性的试验结果示意。由图可知，优化后的“S”特性曲线，S形状程度要明显弱于优化前，该种形状特征对机组安全并网发电更加有利。

7.2.3.5 水泵水轮机的“驼峰”特性

水泵水轮机在水泵工况的小流量、高扬程区域存在一个不稳定区域，该区域在 $Q-H$ 曲线上表现出近似“驼峰”的形状（图7.17），因此该区域的水力特性称为水泵水轮机工况的“驼峰”特性。在“驼峰”区会出现同一扬程对应多个流量的情况，这种特性会导致机组在该区域运行时流量的快速变化，造成机组运行状态的不稳定。因此，在水泵水轮机水泵工况 $H-Q$ 曲线上，需要保持一定的驼峰裕度，以保证水泵工况运行时不会进入该区域。驼峰裕度定义为驼峰区内最低扬程与机组运行最高扬程之比（图7.17）。但驼峰裕度并不是越大越好，过大的驼峰裕度会使启动扬程过高，转轮、导叶等过流部件容易发生空化等问题。

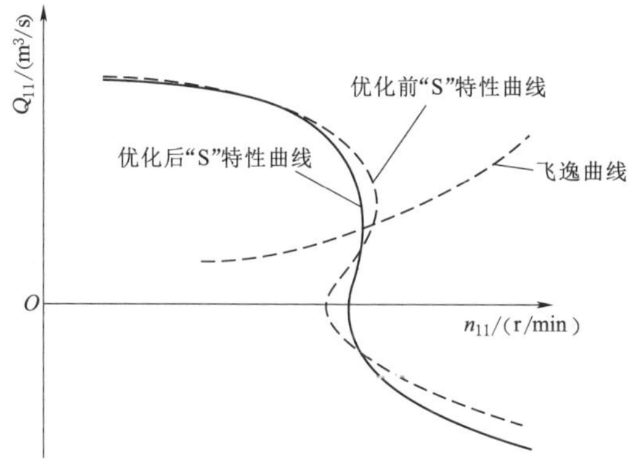

图7.16 水泵水轮机“S”特性优化前后对比曲线

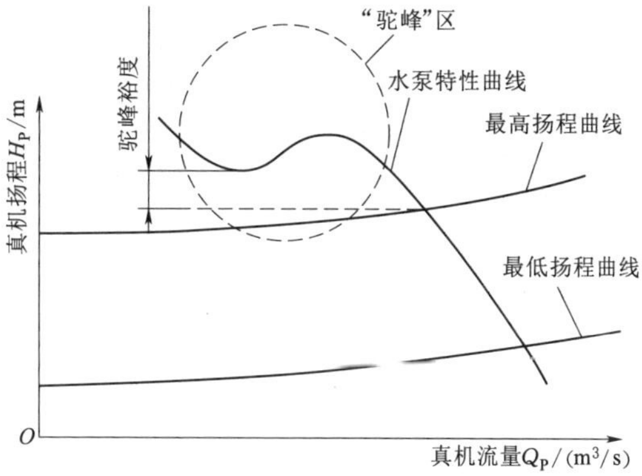

图7.17 水泵水轮机“驼峰”特性示意图

近年来，有学者发现，“驼峰”特性及“S”特性均存在迟滞效应。迟滞效应是指一物理系统的状态，不仅与系统的输入有关，更会因其输入过程的路径不同，而产生不同的结果。常见的迟滞效应有磁滞现象、弹性迟滞及电迟滞效应等。水泵水轮机“驼峰”特性迟滞现象是指当进行水泵能量试验时，运行工况点从大流量到小流量与从小流量到大流量所获得的能量特性曲线在“驼峰”区出现明显差异，“驼峰”特性谷峰值出现偏移（图7.18）；同理，在“S”区也存在同样的现象。

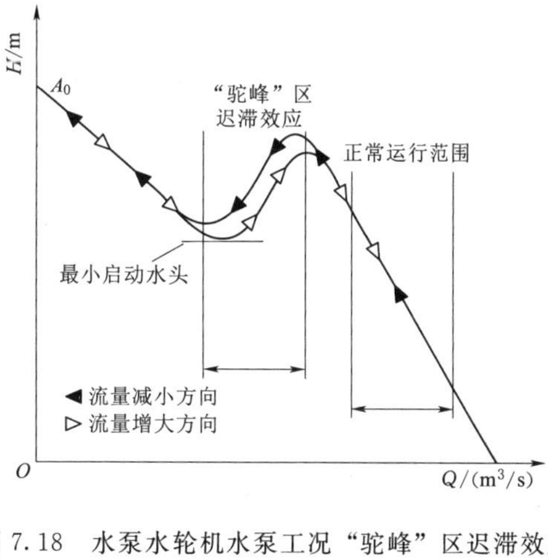

图7.18 水泵水轮机水泵工况“驼峰”区迟滞效应

7.3　水泵水轮机的水力设计

第 8 章 离心泵和混流泵叶轮的水力设计

叶轮是泵的核心元件，泵的流量、扬程、效率、抗汽蚀性能和特性曲线的形状等都与叶轮的水力设计有重要联系。设计时，如何设计一个性能指标最优、满足用户要求的泵就显得特别关键。

8.1 泵主要参数和水力结构方案的确定

8.1.1 提供的设计参数和要求

离心泵和混流泵叶轮设计需要提供的主要参数和要求有：流量、扬程、转速（或由设计者确定）、泵汽蚀余量或装置汽蚀余量（也可给出装置的使用条件）、效率（要求保证的效率）、介质属性（温度、重度、含杂质情况、腐蚀性等）、对特性曲线的要求（平坦、陡降、是否允许有驼峰或在全扬程范围内运行等）。

8.1.2 泵总体结构形式和进、出口直径的确定

设计时应首先选定泵的结构形式和原动机的类型，再结合下面的计算，经比较后作出最终的决定。

（1）泵进口直径 D_s。泵进口直径也称泵吸入口直径，是指泵吸入法兰处管的内径。吸入口直径由合理的进口流速确定，泵的进口流速为 3m/s 左右。常用泵进口直径、流量和流速的关系见表 8.1。进口直径 D_s 按下式确定：

$$D_s = K_s \sqrt[3]{\frac{Q}{n}}, \quad K_s = 4 \sim 5$$

表 8.1　常用泵进口直径、流量和流速的关系

泵进口直径/mm		40	50	65	80	100	150	200	250	300	400
单级	流速/(m/s)	1.38	1.77	2.10	2.76	3.53	2.83	2.53	2.83	—	—
	流量/(m^3/h)	6.25	12.50	25.00	50.00	100.00	180.00	400.00	500.00	—	—
多级	流速/(m/s)	1.38	1.77	2.10	2.54	3.01	2.44	2.48	2.55	2.84	3.32
	流量/(m^3/h)	6.25	12.50	25.00	45.00	85.00	155.00	280.00	450.00	720.00	1500.00

（2）泵出口直径 D_d。泵出口直径也称泵排出口直径，是指泵排出法兰处管的内径。一般按下式计算：

$$D_d = K_d \sqrt[3]{\frac{Q}{n}}, \quad K_d = 3.5 \sim 4.5$$

或者取 $D_d = (0.7 \sim 1.0) D_s$。

为便于与管道连接，D_s、D_d 的取值还应符合标准管径的要求。

8.1.3 泵转速的确定

确定泵的转速应考虑以下因素：

(1) 泵的转速越高，泵的体积越小，重量越轻，因此应选择尽量高的转速。

(2) 转速和比转速有关，而比转速和效率有关，所以转速应和比转速结合起来确定。

(3) 确定转速应考虑原动机的种类（电动机、内燃机、汽轮机等）和传动装置（皮带传动、齿轮传动、液力偶合器传动等）。

通常优先选择电动机直接连接传动，异步电动机的同步转速见表 8.2。

表 8.2　异步电动机的同步转速

极数	2	4	6	8	10	12	14	16
同步转速 n_0/(r/min)	3000.0	1500.0	1000.0	750.0	600.0	500.0	428.5	375.0

电动机额定功率标准（kW）为：0.18、0.25、0.37、0.55、0.75、1.1、1.5、2.2、3.0、4.0、5.5、7.5、11、15、18.5、22、30、37、45、55、75、90、110、132、160、185、200、220、250、280、315、355、400、450、560、630、710、800、900、1000……

电动机带负荷后的转速小于同步转速，通常按 2%左右的滑差率确定电动机的额定转速，即

$$n=n_0(1-s)$$

式中：s 为滑差率；n 为额定转速，r/min；n_0 为同步转速，r/min。

(4) 转速增高，过流部件的磨损加快，机组的振动、噪声变大。

(5) 提高泵的转速受到汽蚀条件的限制。

汽蚀比转速的公式为

$$C=\frac{5.62n\sqrt{Q}}{NPSH_r^{0.75}}$$

由上式可见，额定转速 n 和汽蚀基本参数 $NPSH_r$ 及 C 有确定的关系，如得不到满足，将发生汽蚀。对既定的泵，汽蚀比转速 C 为定值，转速增加，则 $NPSH_r$ 增加。当该值大于装置汽蚀余量 $NPSH_a$ 时，泵将发生汽蚀，所以对于既定的泵，转速越低越不容易发生汽蚀。

按汽蚀条件确定泵转速的方法是：选择 C，给定装置汽蚀余量 $NPSH_a$，或根据给定的装置条件计算 $NPSH_a$。

吸上装置：

$$NPSH_a=\frac{p_c}{\rho g}-h_g-h_c-\frac{p_v}{\rho g}$$

倒灌装置：

$$NPSH_a=\frac{p_c}{\rho g}+h_g-h_c-\frac{p_v}{\rho g}$$

式中：p_c 为吸入液面的压力，Pa；h_g 为吸上高度，m；h_c 为吸入装置的全部水力损失，m；p_v 为汽化压力，Pa；ρ 为密度，kg/m；g 为重力加速度，m/s^2。

按 $NPSH_c \leqslant NPSH_r \leqslant [NPSH] \leqslant NPSH_a$ 的关系，根据 $NPSH_a$，可确定 $NPSH_r$，

然后按下式计算汽蚀条件允许的转速，所采用的转速应小于该允许的转速。

$$n<\frac{CNPSH_r^{\frac{3}{4}}}{5.62\sqrt{Q}}$$

8.1.4 泵水力方案的确定

转速确定之后，可通过泵的比转速 n_s 确定泵的水力方案。

$$n_s=\frac{3.65n\sqrt{Q}}{H^{\frac{3}{4}}}$$

在确定比转速时应考虑以下因素：

(1) $n_s=120\sim210$，泵的效率最高；$n_s<60$，泵的效率显著下降。

(2) 当采用单吸式 n_s 过大时，可考虑采用双吸式；反之，当采用双吸式 n_s 过小时，应改为单吸式。

(3) 泵特性曲线的形状也和 n_s 大小有关。

(4) 比转速和泵的级数有关，级数越多，n_s 越大。卧式泵一般不超过 10 级，立式深井泵和潜水泵级数多达几十级。

8.1.5 泵的效率

在设计泵时要用泵的效率，但泵尚未设计出来，故只能参考同类产品，或借助经验公式近似地确定泵的总效率和各分效率值，并设法在设计中达到确定的效率。

(1) 总效率。图 8.1 是根据美国 528 台泵的试验数据绘出的泵的总效率和比转速 n_s 的关系曲线，并以流量为参变量，考虑了泵尺寸大小对泵效率的影响。该效率值可以作为泵设计时评价其设计质量的尺度。但是超过图示效率值是有可能的，这是因为该曲线没有把少数效率很高的泵考虑在内。

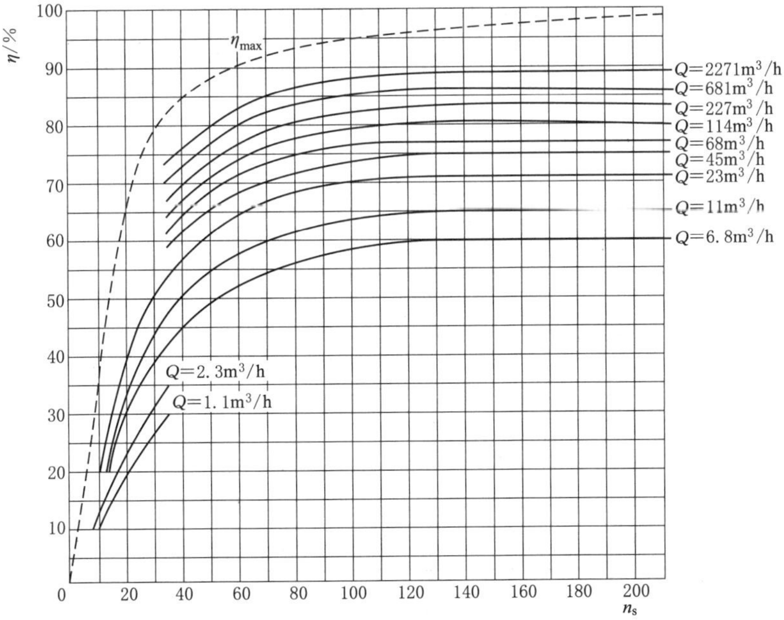

图 8.1 效率与比转速和流量的关系

我国制定的标准泵效率见表 8.3～表 8.8。表中的效率是 $n_s=120\sim210$ 的效率，当 $n_s<120$ 或 $n_s>210$ 时，泵效率降低，实际泵效率应从表中查得效率中减去效率修正值 $\Delta\eta$。如果 Q 和 n_s 不是表内数值时可按插值法进行确定。

表 8.3　　单级离心清水泵的效率

$Q/(m^3/h)$	5	10	15	20	25	30	40	50	60	70	80
$\eta/\%$	58.0	64.0	67.2	69.4	70.9	72.0	73.8	74.9	75.8	76.5	77.0
$Q/(m^3/h)$	90	100	150	200	300	400	500	600	700	800	900
$\eta/\%$	77.6	78.0	79.8	80.8	82.0	83.0	83.7	84.2	84.7	85.0	85.3
$Q/(m^3/h)$	1000	1500	2000	3000	4000	5000	6000	7000	8000	9000	10000
$\eta/\%$	85.7	86.6	87.2	88.0	88.6	89.0	89.2	89.5	89.7	89.9	90.0

表 8.4　　多级离心清水泵的效率

$Q/(m^3/h)$	5	10	15	20	25	30	40	50	60	70	80	90	100
$\eta/\%$	55.4	59.4	61.8	63.5	64.8	65.9	67.5	68.9	69.9	70.9	71.5	72.3	72.9
$Q/(m^3/h)$	150	200	300	400	500	600	700	800	900	1000	1500	2000	3000
$\eta/\%$	73.5	76.9	79.2	80.6	81.5	82.2	82.8	83.1	83.5	83.9	84.8	85.1	85.5

表 8.5　　离心油泵和离心耐腐蚀泵的效率

$Q/(m^3/h)$	5	10	15	20	25	30	40	50	60	70	80	90	100
$\eta/\%$	50.0	56.1	59.5	61.9	63.8	65.0	67.1	68.8	70.0	71.0	71.8	72.5	73.0
$Q/(m^3/h)$	150	200	300	400	500	600	700	800	900	1000	1500	2000	3000
$\eta/\%$	75.0	76.4	78.2	79.4	80.2	80.9	81.4	81.9	82.2	82.5	83.6	85.0	89.2

表 8.6　　单级（多级）离心清水泵、油泵和耐腐蚀泵效率修正值

n_s	20	25	30	35	40	45	50	55	60	65	70	75	80	85
$\Delta\eta/\%$	32.0	25.5	24.6	17.3	14.7	12.5	10.5	9.0	7.5	6.0	5.0	4.0	3.2	2.5
n_s	90	95	100	110	210	220	230	240	250	260	270	280	290	300
$\Delta\eta/\%$	2.0	1.5	1.0	0.5	0.0	0.3	0.7	1.0	1.3	1.7	1.9	2.2	2.7	3.0

表 8.7　　长轴离心深井泵效率（$n_s=110\sim210$）

$Q/(m^3/h)$	5	10	18	30	50	80	130	160	210	340	550	900	1000	1500
$\eta/\%$	51.5	60.0	65.0	68.0	71.5	73.5	75.0	75.5	76.5	78.0	79.0	80.0	80.5	81.0

长轴离心深井泵效率修正值（$n_s=210\sim300$）

n_s	210	220	230	240	250	260	270	280	290	300
$\Delta\eta/\%$	0.0	0.2	0.5	0.7	1.0	1.4	1.7	2.1	2.5	3.0

表 8.8　　小型潜水泵效率（下泵）（$n_s=120\sim210$）

$Q/(m^3/h)$	1.5	3.0	6.0	10.0	15.0	25.0	40.0	65.0	100.0	160.0
$\eta/\%$	42.5	53.0	61.0	66.0	69.0	72.5	75.0	77.0	78.5	80.0

小型潜水泵效率（上泵）（n_s=120～210）

$Q/(m^3/h)$	6	10	15	25	40	65	100	160	250
η/%	59.0	63.0	66.0	69.0	71.0	73.0	74.5	75.5	76.5

小型潜水泵效率修正值

n_s	20	25	30	35	40	45	50	55	60	65	70	75	80
$\Delta\eta$/%	25.00	22.50	20.00	17.00	14.30	12.00	10.00	8.50	7.20	6.00	5.00	4.00	3.20
n_s	90	100	110	220	230	240	250	260	270	280	290	300	320
$\Delta\eta$/%	2.00	1.00	0.60	0.30	0.65	1.00	1.30	1.60	2.00	2.30	2.60	3.00	4.00

（2）水力效率的估算：

$$\eta_h = 1 + 0.0835\lg\sqrt[3]{\frac{Q}{n}}$$

式中：Q 为泵流量，双吸泵取 $Q/2$，m^3/s；n 为泵转速，r/min。

（3）容积效率的估算：

$$\eta_v = \frac{1}{1 + 0.68n_s^{-\frac{2}{3}}}$$

该容积效率为只考虑叶轮前密封环泄漏的值，对于有平衡孔、级间泄漏和平衡盘泄漏等情况，容积效率还要相应降低。图 8.2 给出了单级泵、多级泵和双吸泵容积效率和比转速 n_s 的关系曲线，可供设计时参考。

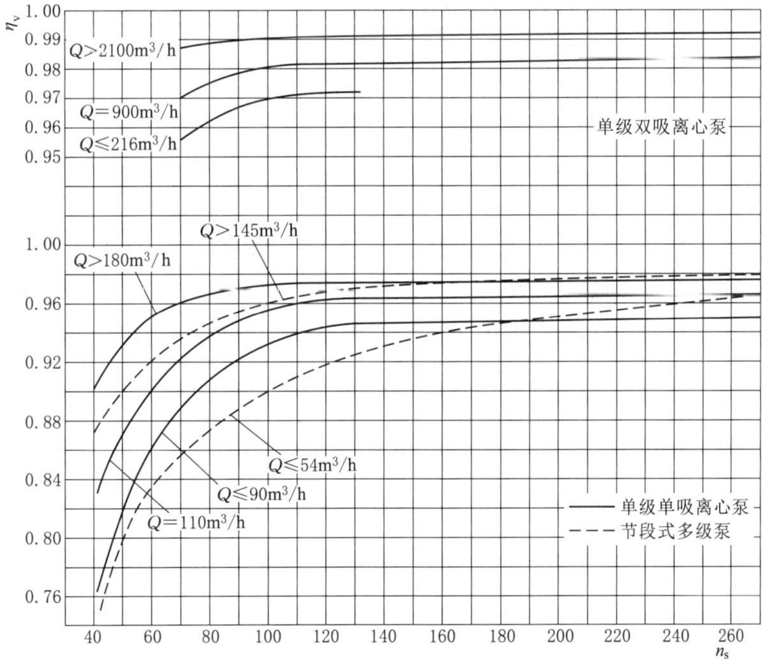

图 8.2 离心泵的容积效率

(4) 机械效率的估算：

$$\eta_m = 1 - \frac{P_m}{P} = \frac{P - P_{m1} - P_{m2} - P_{m3}}{P} = 1 - \frac{P_{m1}}{P} - \frac{P_{m2}}{P} - \frac{P_{m3}}{P}$$

式中：P_m 为机械损失功率；P_{m1} 为轴承摩擦损失功率；P_{m2} 为填料摩擦损失功率；P_{m3} 为圆盘摩擦损失功率；P 为轴功率。

轴承和填料损失一般不大，可根据具体情况参照下式估算：

$$P_{m1} + P_{m2} = (0.01 \sim 0.03)P$$

功率大的泵取小值，功率小的泵取大值。

图 8.3 所示是圆盘摩擦损失功率和轴功率比值随比转速变化的关系曲线，设计时可供参考。

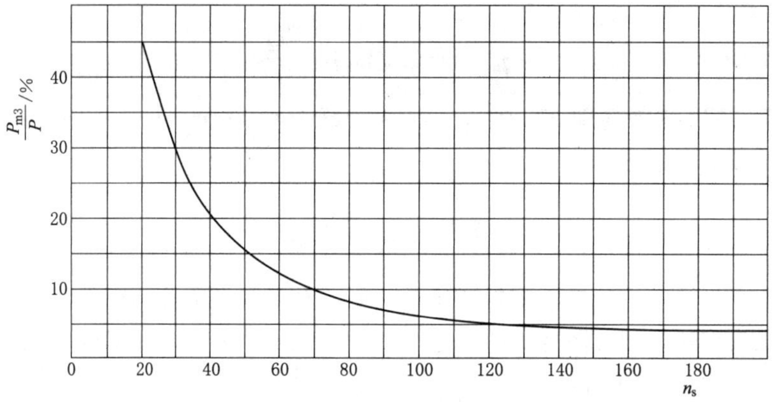

图 8.3　圆盘摩擦损失功率 P_{m3} 和轴功率 P 比值与比转速 n_s 的关系

也可用下式估算只考虑圆盘摩擦损失的机械效率 η_m：

$$\eta_m = 1 - 0.07 \frac{1}{\left(\frac{n_s}{100}\right)^{\frac{7}{6}}}$$

利用上述关系，可以估算出泵的机械效率，进而确定泵的总效率 $\eta = \eta_h \eta_v \eta_m$。

根据具体情况，参考估算的效率，对各种效率进行合理分配，使三个效率之积等于总效率。确定了 η_h、η_v，即可算出理论扬程 H_t 和理论流量 Q_t，供设计时使用，即

$$H_t = \frac{H}{\eta_h},\ Q_t = \frac{Q}{\eta_v}$$

8.1.6　泵功率的确定

泵的轴功率为

$$P = \frac{\rho g Q H}{1000\eta}$$

原动机功率为

$$P_g = \frac{k}{\eta_t} P$$

式中：k 为余量系数，可按表 8.9 选择；η_t 为传动效率，可按表 8.10 选择。

表 8.9 离心泵功率余量系数 k

泵轴功率 P/kW	余量系数 k	
	电动机	汽轮机
$P \leqslant 15$	1.25	1.10
$15 < P \leqslant 55$	1.15	1.10
$P > 55$	1.10	1.10

表 8.10 传动效率 η_t

传动方式	直联传动	平皮带传动	三角皮带传动	齿轮传动	蜗杆传动
η_t	1.00	0.95	0.92	0.90～0.97	0.70～0.90

8.2 泵轴径和叶轮轮毂直径的初步计算

8.2.1 泵叶轮的主要几何参数

泵叶轮的主要几何参数有：叶轮进口直径 D_j、叶片进口直径 D_1、叶轮轮毂直径 d_h、叶片进口宽度 b_1、叶片进口角 β_1、叶轮出口直径 D_2、叶轮出口宽度 b_2、叶片出口角 β_2、叶片数 Z、叶片包角 φ 等。叶轮进口几何参数对汽蚀性能有重要影响，叶轮出口几何参数对性能（H、Q）具有重要影响，两者对泵的效率均有影响。图 8.4 为叶轮几何形状和主要尺寸参数示意图。

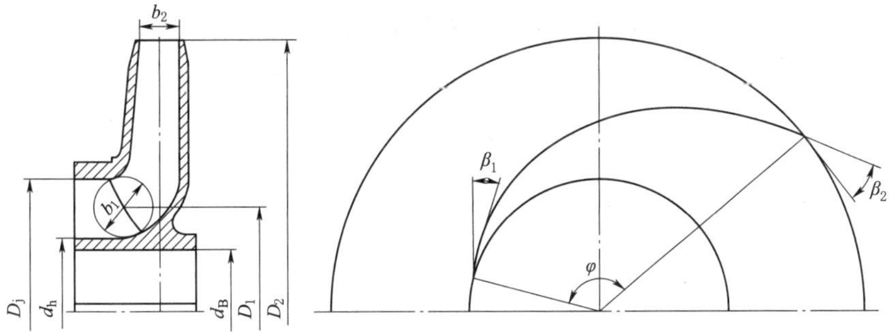

图 8.4 叶轮几何形状和主要尺寸参数示意图

8.2.2 轴径和轮毂直径

泵轴的直径（即轴径）应按其承受的外载荷（拉、压、弯、扭）和刚度以及临界转速等条件确定。因为扭矩是泵轴最主要的载荷，所以在开始设计时，可按扭矩确定泵轴的最小直径（通常是联轴器处的轴径）。同时应根据所设计泵的具体情况，考虑影响刚度和临界转速的可能因素，对初算的轴径作适当的修改，并圆整到标准直径。待泵转子设计完成后，再对泵轴的强度、刚度和临界转速等进行详细的校核。

根据扭矩计算泵轴的直径：

$$d=\sqrt[3]{\frac{M_n}{0.2[\tau]}}$$

其中

$$M_n=9550\frac{p_c}{n}$$

式中：M_n 为扭矩，N·m；p_c 为计算功率，可取 $p_c=1.2p$；[τ] 为材料的许用切应力，Pa，由表 8.11 查取。

[τ] 值的大小决定轴的粗细，轴细可以节省材料，提高叶轮水力和汽蚀性能；轴粗能增强泵的刚度，提高运行可靠性。设计时为了考虑一定的安全裕量，一般偏下限选取材料的许用切应力。

表 8.11　　泵轴常用材料的许用切应力 [τ]

材　　料	热处理要求	[τ]/MPa	用　　途
35	正火处理	34.3～44.1	一般单级泵
45	调质处理 HB=241～286	44.1～53.9	一般单级泵
40Cr	调质处理 HB=241～302	63.7～73.5	大功率高压泵
3Cr13	调质处理 HB=269～302	53.9～68.7	耐腐蚀泵
35CrMo	调质处理 HB=241～285	68.9～78.5	高温泵（T=200～400℃）

确定出泵轴的最小直径后，参考类似结构泵的泵轴，画出泵轴的结构草图。根据轴各段的结构和工艺要求，确定装叶轮处的轴径 d_B 和轮毂直径 d_h。叶轮轮毂直径必须保证轴孔在开键槽之后有一定的厚度，使轮毂具有足够的强度，通常 $d_h=(1.2\sim1.4)d_B$。在满足轮毂结构强度的条件下，设计时尽量减小 d_h，以便改善流动条件。在画泵轴的结构草图（图 8.5）时，应注意：①各段轴径应尽量取用标准直径；②轴上的螺纹一般采用标准细牙螺纹，其内径应大于螺纹前轴段的直径；③轴定位凸肩一般为 2～3mm。

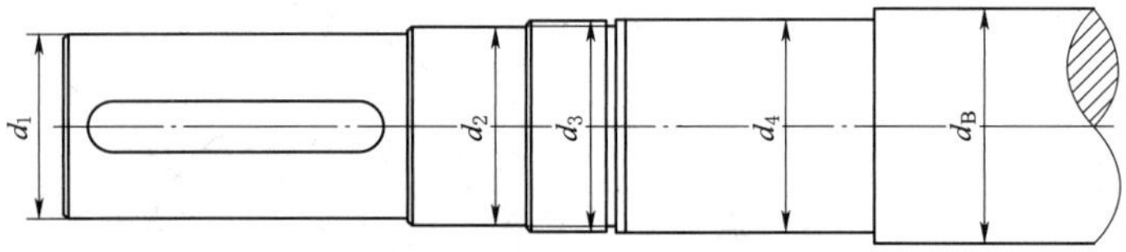

图 8.5　泵轴的结构草图

8.3　叶轮主要尺寸的确定

8.3.1　相似换算法设计叶轮

相似换算法很简单，也很可靠，其做法是选一台与要设计泵相似的泵，对过流部分的全部尺寸进行放大或缩小。

8.3.1.1　设计步骤

（1）按设计泵的参数计算比转速 n_s。

（2）选择模型泵，对模型泵的要求有以下几点：

1）模型泵的 n_s 与设计泵的 n_s 相等或相近。

2）模型泵的效率高（高效范围宽广），抗汽蚀性能好，特性曲线形状符合要求。

3）模型泵的技术资料齐全可靠。

4）实型泵和模型泵雷诺数之比 Re/Re_M 在 1.0～1.5 范围内，其中

$$Re=\frac{u_2 D_2}{\nu}$$

式中：D_2 为叶轮出口直径，m；u_2 为叶轮出口圆周速度，m/s；ν 为输送液体的运动黏度，m^2/s。

（3）求尺寸系数。由相似定律，假定模型泵和实型泵的容积效率、水力效率相等，则有

$$\lambda=\frac{D}{D_M}=\sqrt[3]{\frac{Q}{Q_M}\frac{n_M}{n}},\quad \lambda=\frac{D}{D_M}=\frac{n_M}{n}\sqrt{\frac{H}{H_M}}$$

式中：D_M 为模型泵叶轮出口直径，m；Q_M 为模型泵流量，m/s；n_M 为模型泵转速，r/min；H_M 为模型泵扬程，m。

用上面两式计算的 λ 值可能稍有不同，在此情况下可取较大的值或两者的平均值为换算用的值。

（4）计算设计泵的尺寸。把模型泵过流部分的各种尺寸乘以尺寸系数 λ，则得到设计泵过流部分的相应尺寸。设计泵的叶片角度应等于模型泵的相应角度，即

$$D=\lambda D_M,\quad \beta=\beta_M$$

式中：β_M 为模型泵叶轮叶片角度，（°）。

其中叶片厚度、间隙尺寸等，有时不能直接采用相似换算取值，应根据尺寸系数的大小，结合具体情况再确定。

（5）换算设计泵的性能曲线。在模型泵性能曲线上取若干个点，按相似条件换算成设计泵相应点的参数，并绘出相应的性能曲线。

$$\frac{Q}{Q_M}=\frac{n}{n_M}\left(\frac{D}{D_M}\right)^3,\quad Q=\lambda^3\frac{n}{n_M}Q_M$$

$$\frac{H}{H_M}=\left(\frac{n}{n_M}\right)^2\left(\frac{D}{D_M}\right)^2,\quad H=\lambda^2\left(\frac{n}{n_M}\right)^2 H_M$$

$$\frac{P}{P_M}=\left(\frac{n}{n_M}\right)^3\left(\frac{D}{D_M}\right)^5,\quad P=\lambda^5\left(\frac{n}{n_M}\right)^3 P_M$$

$$\eta=\frac{\rho g Q H}{1000P}$$

式中：P_M 为模型泵功率，kW。

（6）绘制设计泵的图纸。按换算得到的尺寸和角度，考虑具体情况对叶片厚度、密封间隙等作适当修改，绘出设计泵的图纸。叶片剪裁图也可在保证换算得到的主要尺寸下，重新绘制。

8.3.1.2 相似换算设计法应注意的问题

（1）效率修正问题。通常，在相似设计中认为模型泵和实型泵的效率相等，而实际上由于大泵和小泵（相似泵）流道的相对粗糙度、相对间隙和叶片相对厚度等不同，大泵的水力效率、容积效率比小泵高，机械效率也常稍高一些。所以，当相似泵的尺寸相差较大

时，应考虑尺寸效应的修正。

考虑尺寸效应的尺寸系数λ'可按下式计算：

$$\lambda'=\lambda\sqrt{\frac{\eta_{hM}}{\eta_h}}=\lambda\sqrt{\frac{f_M}{f}}$$

式中：λ为未考虑尺寸效应的尺寸系数；f为实型泵系数；f_M为模型泵系数。

$$f=\frac{1}{1+3.15/D_j^{1.6}},\quad f_M=\frac{1}{1+3.15/D_{jM}^{1.6}}$$

式中：$D_{jM}(D_j)$为模型泵（实型泵）叶轮进口直径，cm。

λ'也可按下式计算：

$$\lambda'=\lambda\sqrt{\frac{1+0.0835\lg\sqrt[3]{Q_M/n_M}}{1+0.0835\lg\sqrt[3]{Q/n}}}$$

式中：Q为泵流量，m^3/s；n为泵转速，r/min。

常用的效率修正方法有：

莫迪公式为

$$\eta=1-\left(\frac{D_{2M}}{D_2}\right)^{0.2}\left(\frac{H_M}{H}\right)^{0.1}(1-\eta_M)$$

皮龙·杰克逊公式为

$$\eta=1-\left(\frac{D_{2M}}{D_2}\right)^{0.165}(1-\eta_M)$$

苏尔寿公式为

$$\eta=1-\left(\frac{D_{2M}}{D_2}\right)^{0.15}\left(\frac{H_M}{H}\right)^{0.036}(1-\eta_M)$$

普费莱德尔公式为

$$\eta_h=1-\left(\frac{n_M D_{2M}}{nD_2}\right)^{0.1}(1-\varphi\eta_{hM})$$

$$\phi=\frac{1-\dfrac{2.21}{D_j^{1.5}}}{1-2.21D_{jM}^{1.5}}$$

（2）修改模型问题。如现有的模型泵很好，但与设计泵的n_s不同，当相差不多时，可以对模型泵加以修改，从而改变模型泵的性能参数，使模型泵的n_s与设计泵的n_s相等。然后按修改的模型尺寸和性能进行相似换算。为此，可按下述两种情况对模型泵进行修改。

1）保持D_2不变，改变流道宽度（图8.6）。保持D_2和叶片的形状不变，均匀移动前盖板的位置，当流道宽度变化时，假设流量变化后轴面速度v_m保持不变。因为当宽度增加时，进口直径增加，前盖板流线的进口速度三角形如图8.6所示，进口冲角和相对速度增加，即$\Delta\beta_1'>\Delta\beta_1$，$w_1'>w_1$。因为$w_1$增加，抗汽蚀性能可能有所下降。假定$v_m$均匀分布，流量的变化为

$$\frac{Q'}{Q}=\frac{D_2\pi v_{m2}b_2'}{D_2\pi v_{m2}b_2}=\frac{b_2'}{b_2}$$

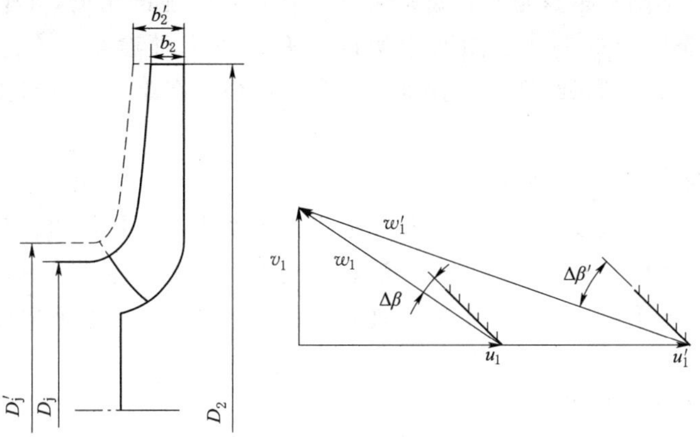

图 8.6 改变流道宽度

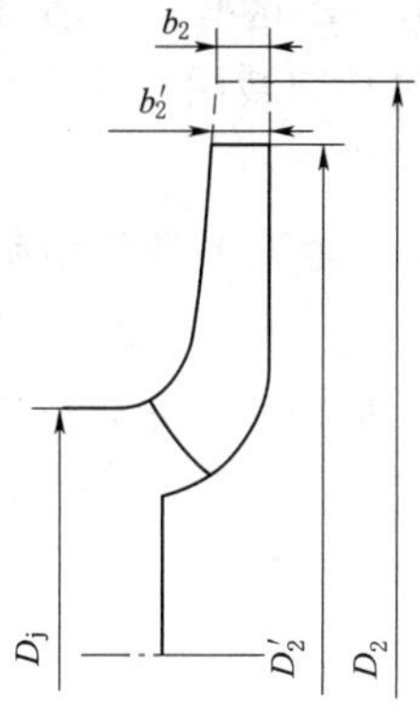

图 8.7 改变出口直径

因为 D_2、β_2、v_{m2} 不变，而扬程可写为 $H_t=\dfrac{u_2}{g}\left(\sigma u_2-\dfrac{v_{m2}}{\tan\beta_2}\right)$，所以扬程保持不变，功率的变化为

$$P'=\frac{\rho g Q'H'}{1000\eta}=\frac{\rho g QH}{1000\eta}\left(\frac{b_2'}{b_2}\right)=P\left(\frac{b_2'}{b_2}\right)$$

比转速的变化为

$$n_s'=\frac{3.65n\sqrt{Q'}}{H'^{3/4}}=\frac{3.65n\sqrt{Q}\,(b_2'/b_2)^{1/2}}{H^{3/4}}=n_s\left(\frac{b_2'}{b_2}\right)^{1/2},\quad b_2'=\left(\frac{n_s'}{n_s}\right)^2 b_2$$

2）出口宽度不变，改变出口直径 D_2（图 8.7）。改变 D_2 后认为，$b_2'=b_2$，$v_{m2}'=v_{m2}$，则有

$$\frac{H'}{H}=\frac{u_2'v_{u2}'}{u_2 v_{u2}}=\left(\frac{D_2'}{D_2}\right)^2$$

$$\frac{Q'}{Q}=\frac{D_2'\pi b_2' v_{m2}'}{D_2\pi b_2 v_{m2}}=\frac{D_2'}{D_2}$$

$$n_s'=\frac{3.65n\sqrt{Q'}}{H'^{3/4}}=\frac{3.65n\sqrt{Q}}{H^{3/4}}\frac{\left(\dfrac{D_2'}{D_2}\right)^{1/2}}{\left(\dfrac{D_2'}{D_2}\right)^{3/2}}=n_s\frac{D_2}{D_2'},\quad D_2'=D_2\frac{n_s}{n_s'}$$

8.3.1.3 关于汽蚀相似

两台泵相似，从理论上讲 C 或 σ 值相等，由此可求得设计泵的汽蚀余量 $NPSH_r=\left(\dfrac{5.62n\sqrt{Q}}{C}\right)^{4/3}$。实际上，要做到泵的进口相似是很困难的，而且泵进口几何参数对汽蚀的影响十分敏感，所以当尺寸和转速相差较大时，换算汽蚀性能的误差增加。D_2 和 n 越大，实际的 C 值比换算值高。故小泵或转速低的泵换算为大泵或转速高的泵，大泵或转速高的泵实际的抗汽蚀性能比换算的值高。反之，从大泵或转速高的泵换算为小泵或转速低的泵，其抗汽蚀性能比换算值低，因而是不可靠的。

相似换算是以相似理论为基础，本身是一种近似方法，从保证性能的角度，D_2、b_2、β_1、β_2、Z 这些参数是起主导作用的参数。因而相似设计有以下两种途径：①过流部分（包括剪裁图）完全按相似换算结果绘图；②保证主要参数相似，在绘型时对次要参数加以适当修改。

8.3.2 速度系数法设计叶轮

速度系数法实际上也是一种相似设计法，它和相似换算法在实质上是相同的，其差别在于相似换算法是建立在一台相似泵基础上的设计方法，而速度系数法是建立在一系列相似泵基础上的设计方法，即速度系数法是按相似的原理，利用统计系数计算过流部件的各部分尺寸。

1. 速度系数法计算公式的一般形式

由相似原理可推得利用速度系数确定尺寸表达式的一般形式。对一系列几何相似、运动相似的泵，则有

$$\frac{Q}{n^2D^2}=\text{常数}, \quad D=k_1\sqrt[3]{\frac{Q}{n}}$$

因 $v \propto nD$，则有

$$v=k_2\sqrt[3]{Qn^2}$$

$$\frac{H}{n^2D^2}=\text{常数}, \quad D=k_3\frac{\sqrt{H}}{n}\text{或}D=k_4\frac{\sqrt{2gH}}{n}$$

因 $v \propto nD$，故

$$v=k_5\sqrt{2gH}$$

系数 k 称为速度（尺寸）系数，对相似泵来说这些系数相等，故这些系数分别为比转速 n_s 的函数，即 $k=f(n_s)$。

利用 n_s 和速度系数的关系（公式、曲线、数据），求得系数 k，根据上述公式可以计算出各部分尺寸。

各国所用公式的形式可能不一样，但其本质上是一样的。因系数是统计值，不同资料中介绍的值不一定完全相同，应用时应作具体分析。下面介绍一些常用的求速度系数的公式和曲线。

2. 用速度系数法计算叶轮主要尺寸的公式

(1) 叶轮进口直径 D_j。因为有的叶轮有轮毂（穿轴叶轮），有的叶轮没有轮毂（悬臂式叶轮），为从研究问题中排除轮毂的影响，即考虑一般情况，引入叶轮进口当量直径 D_0 的概念。以 D_0 为直径的圆面积等于叶轮进口去掉轮毂的有效面积，即

$$\frac{D_0^2\pi}{4}=\frac{(D_j^2-d_h^2)\pi}{4}$$

其中

$$D_0=k_0\sqrt[3]{\frac{Q}{n}}, \quad D_j=\sqrt{D_0^2+d_h^2}$$

式中：Q 为泵的流量，对双吸泵取 $Q/2$，m^3/s；n 为泵转速，r/min；d_h 为叶轮轮毂直径，m；k_0 为系数，根据统计资料选取，主要考虑效率，取 $k_0=3.5\sim4.0$；兼顾效率和

汽蚀，取 $k_0=4.0\sim4.5$；主要考虑汽蚀，取 $k_0=4.5\sim5.5$。

（2）叶轮出口直径 D_2。

$$D_2=k_D\sqrt[3]{\frac{Q}{n}},\quad k_D=9.35k_{D2}\left(\frac{n_s}{100}\right)^{-1/2}$$

式中：k_{D2} 为 D_2 的修正系数。

（3）叶轮出口宽度 b_2。

$$b_2=k_b\sqrt[3]{\frac{Q}{n}},\quad k_b=0.64k_{b2}\left(\frac{n_s}{100}\right)^{5/6}$$

式中：k_{b2} 为 b_2 的修正系数。

针对泵的不同形式，其 k_{D2}、k_{b2} 的修正系数不一样，具体见表 8.12～表 8.17 和图 8.8～图 8.10。

增大 b_2 可以改善叶轮出口的流速，降低泵内损失，提高泵的效率。特别是低比转速泵设计时，计算的 b_2 如果过小，可根据工艺可能性，适当加宽。

表 8.12　单级泵 k_{D2} 和比转速 n_s 的关系

n_s	30	40	50	60	70	80	90	100	110	120	130	140	150	160
k_{D2}	1.175	1.129	1.090	1.060	1.038	1.021	1.009	1.000	0.995	0.994	0.994	0.995	0.997	0.999
n_s	170	180	190	200	210	220	230	240	250	260	270	280	290	300
k_{D2}	1.001	1.002	1.004	1.006	1.007	1.009	1.011	1.012	1.014	1.016	1.017	1.019	1.020	1.022
n_s	350	400	450	500	550	600	650	700	750	800	850	900	950	1000
k_{D2}	1.030	1.038	1.046	1.056	1.067	1.079	1.092	1.107	1.123	1.140	1.160	1.181	1.203	1.226

表 8.13　单级泵 k_{b2} 和比转速 n_s 的关系

n_s	30	40	50	60	70	80	90	100	110	120	130	140	150	160
k_{b2}	1.946	1.566	1.390	1.300	1.236	1.183	1.139	1.100	1.067	1.037	1.011	0.987	0.965	0.946
n_s	170	180	190	200	210	220	230	240	250	260	270	280	290	300
k_{b2}	0.928	0.911	0.896	0.881	0.868	0.855	0.843	0.831	0.820	0.809	0.798	0.788	0.777	0.767
n_s	350	400	450	500	550	600	650	700	750	800	850	900	950	1000
k_{b2}	0.720	0.677	0.637	0.602	0.570	0.540	0.513	0.489	0.466	0.446	0.427	0.409	0.392	0.375

表 8.14　多级泵 k_{D2} 和比转速 n_s 的关系

n_s	20	30	40	50	60	70	80	90	100	110	120	130	140
k_{D2}	1.145	1.112	1.085	1.065	1.052	1.040	1.032	1.025	1.022	1.022	1.022	1.022	1.022
n_s	150	160	170	180	190	200	210	220	230	240	250	260	
k_{D2}	1.024	1.027	1.029	1.032	0.038	1.047	1.058	1.074	1.093	1.117	1.146	1.182	

表 8.15　多级泵 k_{b2} 和比转速 n_s 的关系

n_s	20	30	40	50	60	70	80	90	100	110	120	130	140
k_{b2}	2.600	2.315	2.033	1.765	1.556	1.410	1.310	1.246	1.200	1.161	1.128	1.101	1.078
n_s	150	160	170	180	190	200	210	220	230	240	250	260	
k_{b2}	1.055	1.030	1.003	0.976	0.950	0.924	0.898	0.870	0.842	0.814	0.787	0.760	

表 8.16　　双吸泵 k_{D2} 和比转速 n_s 的关系

n_s	30	40	50	60	70	80	90	100	110	120	130	140
k_{D2}	1.134	1.105	1.080	1.062	1.047	1.033	1.020	1.010	1.004	1.001	1.000	1.000
n_s	150	160	170	180	190	200	210	220	230	240	250	260
k_{D2}	1.000	1.000	1.000	1.001	1.003	1.005	1.007	1.010	1.013	1.016	1.021	1.025
n_s	270	280	290	300	310	320	330	340	350	360		
k_{D2}	1.030	1.036	1.043	1.050	1.058	1.067	1.077	1.089	1.102	1.117		

表 8.17　　双吸泵 k_{b2} 和比转速 n_s 的关系

n_s	30	40	50	60	70	80	90	100	110	120	130	140
k_{b2}	1.212	1.179	1.150	1.127	1.108	1.093	1.081	1.071	1.062	1.054	1.046	1.039
n_s	150	160	170	180	190	200	210	220	230	240	250	260
k_{b2}	1.032	1.025	1.018	1.010	1.003	0.996	0.983	0.980	0.972	0.963	0.954	0.945
n_s	270	280	290	300	310	320	330	340	350	360		
k_{b2}	0.937	0.927	0.917	0.907	0.898	0.889	0.880	0.870	0.860	0.850		

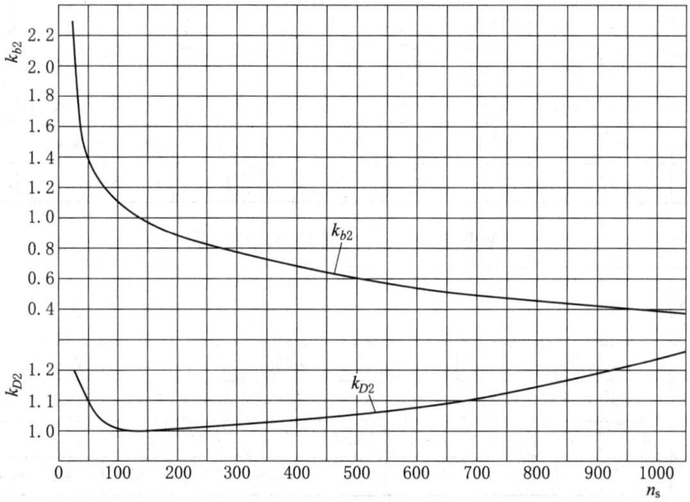

图 8.8　单级泵 k_{D2}、k_{b2} 和比转速 n_s 的关系

3. 叶轮主要尺寸系数计算公式的推导

(1) 叶轮进口直径 D_j 的确定。叶轮进口直径又称叶轮吸入眼直径或叶轮颈部直径。叶轮进口速度和叶轮进口直径有关。从前限制 v_0 一般不超过 3m/s，认为进一步提高叶轮进口速度会降低泵的抗汽蚀性能和水力效率。实践证明，当泵在 v_0 很广的范围内运转时，能保持水力效率不变。所以如果所设计的泵对抗汽蚀性能要求不高，可选较小的 D_j，以减少叶轮密封环的泄漏量，提高容积效率。

决定叶轮内水力损失的因素是相对速度的大小和变化，所以在确定 D_j 时，应当考虑泵进口对相对速度的影响。通常在叶轮流道中相对速度是扩散的，即 $w_1>w_2$。这样，从

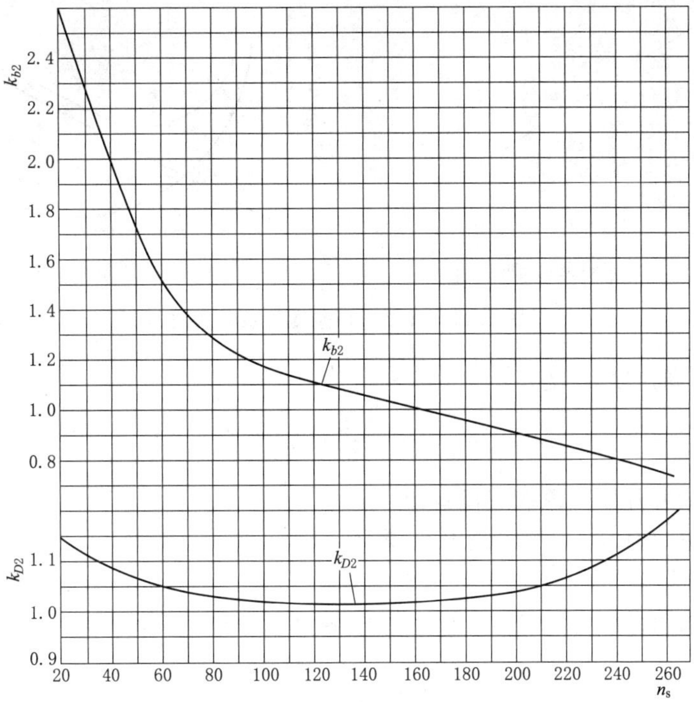

图 8.9 多级泵 k_{D2}、k_{b2} 和比转速 n_s 的关系

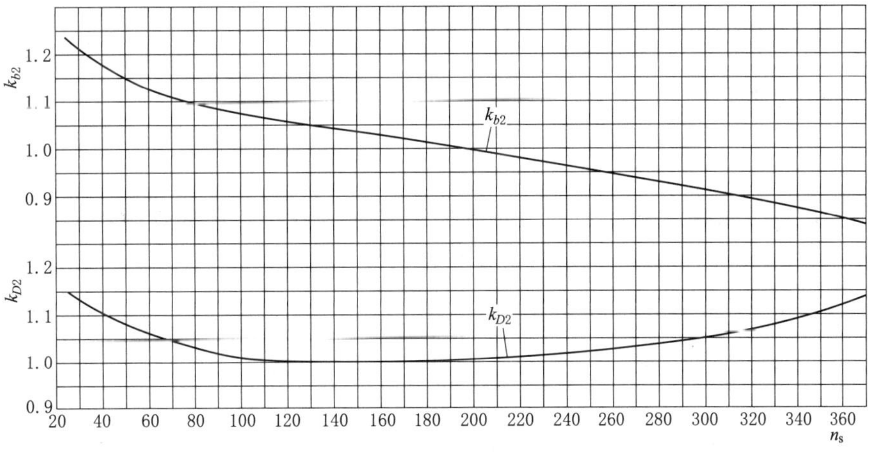

图 8.10 双吸泵 k_{D2}、k_{b2} 和比转速 n_s 的关系

减少进口撞击损失和流道扩散损失考虑，都希望减小 w_1。下面从使 w_1 最小的角度推导计算叶轮进口直径的公式。

设 $v_{u1}=0$，由叶轮进口速度三角形（图 8.11）可得

$$w_1^2=v_{m1}^2+u_1^2$$

随着 D_j 的增加，相应地 v_{m1} 减小，但 u_1 增加，故对 D_j 来说，必然有一个最佳值对应 w_1 最小。

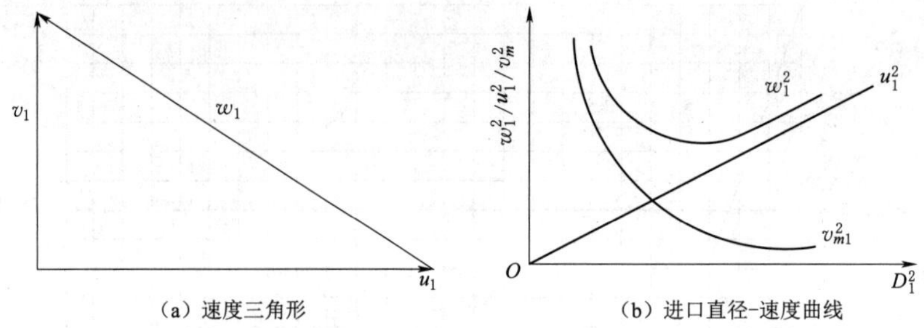

图 8.11　叶轮进口速度关系示意图

叶片进口圆周速度 u_1 为

$$u_1=\frac{\pi}{60}D_1 n$$

式中：D_1 为叶轮叶片中间流线进口直径，m。

D_1 和叶轮进口直径 D_j 的比值用 k_1 表示，即

$$k_1=D_1/D_j$$

系数 k_1 的数值范围为 0.7～1.0，低比转速叶轮取最大值，于是

$$u_1=\frac{\pi}{60}k_1 D_j n$$

叶轮进口轴面速度 v_0 为

$$v_0=\frac{Q}{\eta_v\ \frac{\pi}{4}(D_j^2-d_h^2)}$$

叶片进口的轴面速度 v_{m1} 为

$$v_{m1}=\frac{v_0 k_2}{\psi_1}$$

式中：k_2 为修正叶轮进口和叶片进口过水断面和速度分布不同的系数，$k_2=0.9\sim1.0$，低比转速取其中较小的值；ψ_1 为叶片进口排挤系数。

将 u_1 和 v_{m1} 表达式代入 $w_1^2=v_{m1}^2+u_1^2$，得

$$w_1^2=\frac{k_2^2 4^2 Q^2}{\psi_1^2\eta_v^2\pi^2(D_j^2-d_h^2)^2}+\left(\frac{\pi}{60}\right)^2 k_1^2 D_j^2 n^2$$

为求对应 w_1 最小的 D_j，对上式求导数，令 $\frac{dw_1^2}{dD_j^2}=0$，即

$$\frac{dw_1^2}{dD_j^2}=\left(\frac{\pi}{60}\right)^2 k_1^2 n^2-2\times\frac{k_2^2 4^2 Q^2}{\psi_1^2\eta_v^2\pi^2(D_j^2-d_h^2)^3}=0$$

$$(D_j^2-d_h^2)^3=\left(\frac{4\times60}{\pi^2}\right)^2\times2\times\left(\frac{k_2}{\psi_1\eta_v k_1}\right)^2\left(\frac{Q}{n}\right)^2$$

因 $D_0^2=D_j^2-d_h^2$，则

$$D_0=\sqrt[3]{\frac{4\times60}{\pi^2}\times\sqrt{2}\times\frac{k_2}{\psi_1\eta_v k_1}}\sqrt[3]{\frac{Q}{n}}=k_0\sqrt[3]{\frac{Q}{n}}$$

式中：Q 为泵的流量，对双吸泵取 $Q/2$，m^3/s。

根据统计资料，对大多数泵 $k_0=3.5\sim4.0$。进一步增加 k_0，会改善大流量下的工作条件，提高泵的抗汽蚀性能。考虑效率和汽蚀，k_0 的选用范围如前所述。

（2）叶轮出口直径 D_2 的计算。叶轮出口直径 D_2 和叶片出口角 β_2 等出口几何参数，是影响泵扬程的最重要因素。另外，影响扬程的几个参数之间又互为影响，因此必须在假定某些参数为定值的条件下，求解叶轮出口直径 D_2。下面推导叶轮出口直径的计算公式。

因为压水室的水力损失大致和叶轮出口的绝对速度的平方成正比，为了减小压水室的水力损失，应当减小叶轮出口的绝对速度。因此，可以把满足设计参数下使叶轮出口绝对速度最小作为确定 D_2 的出发点。由叶轮出口速度三角形可得

$$v_2^2=v_{m2}^2+v_{u2}^2$$

叶轮出口轴面速度 v_{m2} 和圆周速度 v_{u2} 均与叶轮出口直径有关，D_2 大则 v_{u2} 大，v_{m2} 减小，必有一个 D_2 对应的 v_2 为最小值，现将 v_2 表示为 $D_2(u_2)$ 的函数。以直锥形吸入室（$v_{u1}=0$）为例，基本方程式为

$$v_{u2}=\frac{gH}{u_2\eta_h}$$

由出口速度三角形可得

$$v_{m2}=(u_2-v_{u2})\tan\beta_2,\quad v_2^2=\left(u_2-\frac{gH}{u_2\eta_h}\right)^2\tan^2\beta_2+\left(\frac{gH}{\eta_h u_2}\right)^2$$

经整理，得

$$v_2^2=\left(\frac{gH}{\eta_h u_2}\right)^2(1+\tan^2\beta_2)+u_2^2\tan^2\beta_2-\frac{2gH}{\eta_h}\tan^2\beta_2$$

在上式中，扬程 H 是给定的参数，β_2 和 η_h 的变化范围小，可以认为不随 v_2 而变化，作为常数来处理。这样，v_2 只是出口圆周速度 u_2 的函数，为求 v_2 最小时的 $u_2(D_2)$，v_2 对 u_2 取导数，令 $\dfrac{dv_2^2}{du_2^2}=0$，即

$$\frac{dv_2^2}{du_2^2}=-\left(\frac{gH}{u_2^2\eta_h}\right)^2(1+\tan^2\beta_2)+\tan^2\beta_2=0$$

则有

$$u_2^4=\frac{(gH)^2(1+\tan^2\beta_2)}{\eta_h^2\tan^2\beta_2}$$

因为

$$\frac{1+\tan^2\beta_2}{\tan^2\beta_2}=\frac{1+\dfrac{\sin^2\beta_2}{\cos^2\beta_2}}{\dfrac{\sin^2\beta_2}{\cos^2\beta_2}}=\frac{1}{\sin^2\beta_2}$$

所以

$$u_2^4=(2gH)^2\frac{1}{(2\eta_h\sin\beta_2)^2},\quad u_2=\sqrt{2gH}\frac{1}{\sqrt{2\eta_h\sin\beta_2}} \tag{8.1}$$

将 $u_2=\dfrac{D_2\pi n}{60}$ 代入式（8.1），得

$$D_2=\frac{60}{\pi\sqrt{2\eta_h\sin\beta_2}}\frac{\sqrt{2gH}}{n}\text{或}D_2=k_D\frac{\sqrt{2gH}}{n} \tag{8.2}$$

根据统计资料：

$$k_D=\frac{60}{\pi\sqrt{2\eta_h\sin\beta_2}}=19.2\left(\frac{n_s}{100}\right)^{1/6}$$

如果用流量和转速求出直径 D_2，则有

$$k_D=19.2\left(\frac{n_s}{100}\right)^{1/6}\frac{\sqrt{2gH}}{n}\sqrt[3]{\frac{n}{Q}}=19.2\left(\frac{n_s}{100}\right)^{1/6}\sqrt{2g}\left(\frac{100}{3.65}\right)^{-2/3}\left(\frac{3.65n\sqrt{Q}}{100H^{3/4}}\right)^{-2/3}$$

即

$$D_2=k_D\sqrt[3]{\frac{Q}{n}},\quad k_D=9.35\left(\frac{n_s}{100}\right)^{-1/2}\quad\text{（未考虑修正系数 }k_{D2}\text{）}$$

由以上的推导可知，计算 D_2 的系数是建立在统计资料基础上的，是 n_s 的函数，所以该公式实际上是经验公式。

（3）叶轮出口宽度 b_2 的计算和选择。叶轮出口宽度 b_2 可以表示为

$$b_2=\frac{Q}{\eta_v D_2\pi\psi_2 v_{m2}} \tag{8.3}$$

如果把上面求得的最佳叶轮出口直径 D_2 和最佳叶轮出口轴面速度 v_{m2} 代入上式，算得的 b_2 也应当是最佳值。

由叶轮出口速度三角形可得

$$v_{m2}=(u_2-v_{u2})\tan\beta_2$$

由基本方程式和最佳 u_2 的表达式（8.1），得

$$v_{m2}=\frac{gH}{\eta_h u_2}=\frac{gH}{\eta_h}\frac{\sqrt{2\eta_h\sin\beta_2}}{\sqrt{2gH}}=\sqrt{\frac{\sin\beta_2}{2\eta_h}}\sqrt{2gH}$$

这时，v_{m2} 可以写成

$$\begin{aligned}v_{m2}&=\left(\frac{1}{\sqrt{2\eta_h\sin\beta_2}}-\sqrt{\frac{\sin\beta_2}{2\eta_h}}\right)\sqrt{2gH}\tan\beta_2=\frac{1-\sin\beta_2}{\sqrt{2\eta_h\sin\beta_2}}\frac{\sin\beta_2}{\cos\beta_2}\sqrt{2gH}\\&=\frac{1-\sin\beta_2}{\cos\beta_2}\sqrt{\frac{\sin\beta_2}{2\eta_h}}\sqrt{2gH}\end{aligned} \tag{8.4}$$

现将按压水室水力损失最小求得的 D_2 的式（8.2）和式（8.4）代入式（8.3），即可求出最佳 b_2 的公式，即

$$b_2=\frac{Q}{\eta_v\pi\dfrac{60}{\pi\sqrt{2\eta_h\sin\beta_2}}\dfrac{\sqrt{2gH}}{n}\psi_2\dfrac{1-\sin\beta_2}{\cos\beta_2}\sqrt{\dfrac{\sin\beta_2}{2\eta_h}}\sqrt{2gH}}$$

整理得

$$b_2=\frac{2\eta_h\cos\beta_2}{\eta_v 60\psi_2(1-\sin\beta_2)2g}\frac{nQ}{H} \tag{8.5}$$

由比转速公式得

$$Q=\frac{n_s^2 H^{\frac{3}{2}}}{3.65^2 n^2}$$

将上式代入式（8.5），并同时乘以、除以$\sqrt{2g}$得

$$b_2=\frac{2\eta_h \cos\beta_2 n_s^2}{\eta_v 60\psi_2(1-\sin\beta_2)(2g)^{\frac{3}{2}}3.65^2}\frac{\sqrt{2gH}}{n}$$

或

$$b_2=k_b\frac{\sqrt{2gH}}{n} \tag{8.6}$$

其中

$$k_b=\frac{2\eta_h \cos\beta_2 n_s^2}{\eta_v 60\psi_2(1-\sin\beta_2)(2g)^{\frac{3}{2}}3.65^2}$$

根据统计资料：

$$k_b=1.3\left(\frac{n_s}{100}\right)^{\frac{3}{2}}$$

如果用流量和转速计算 b_2，则有

$$k_b=1.3\left(\frac{n_s}{100}\right)^{\frac{3}{2}}\frac{\sqrt{2gH}}{n}\sqrt[3]{\frac{n}{Q}}=1.3\left(\frac{n_s}{100}\right)^{\frac{3}{2}}\sqrt{2g}\left(\frac{3.65}{100}\right)^{\frac{2}{3}}\left(\frac{100H^{\frac{3}{4}}}{3.65n\sqrt{Q}}\right)^{\frac{2}{3}}$$

即

$$b_2=k_b\sqrt[3]{\frac{Q}{n}}，\quad k_b=0.64\left(\frac{n_s}{100}\right)^{\frac{5}{6}}\ （未考虑修正系数 k_{b2}）$$

4. 用速度系数计算叶轮主要尺寸的曲线

用斯捷潘诺夫（Stepanoff）速度系数来计算叶轮主要设计尺寸，其关系如图 8.12 所示。

图 8.12 中 k_{us} 表示关死点扬程的速度系数，D_m 表示叶轮出口有效平均直径（均方根直径），各系数关系及计算式为

$$D_m=\sqrt{\frac{D_{2a}^2+D_{2h}^2}{2}}$$

$$u_m=k_u\sqrt{2gH}，\quad u_{2a}=k_{u2a}\sqrt{2gH}$$

$$v_{m1}=k_{m1}\sqrt{2gH}，\quad b_1=\frac{Q}{D_{1v}\pi v_{m1}}$$

$$v_{m2}=k_{m2}\sqrt{2gH}，\quad b_2=\frac{Q}{(D_{2v}\pi-Zs_{u2})v_{m2}}$$

$$D_{2v}=\frac{D_{2a}+D_{2h}}{2}，\quad D_{1v}=\frac{D_{1a}+d_h}{2}$$

式中：D_{1v}、D_{2v} 为叶轮叶片进、出口平均直径，m；s_{u2} 为叶片出口圆周厚度，m；d_h 为叶轮轮毂直径，m。

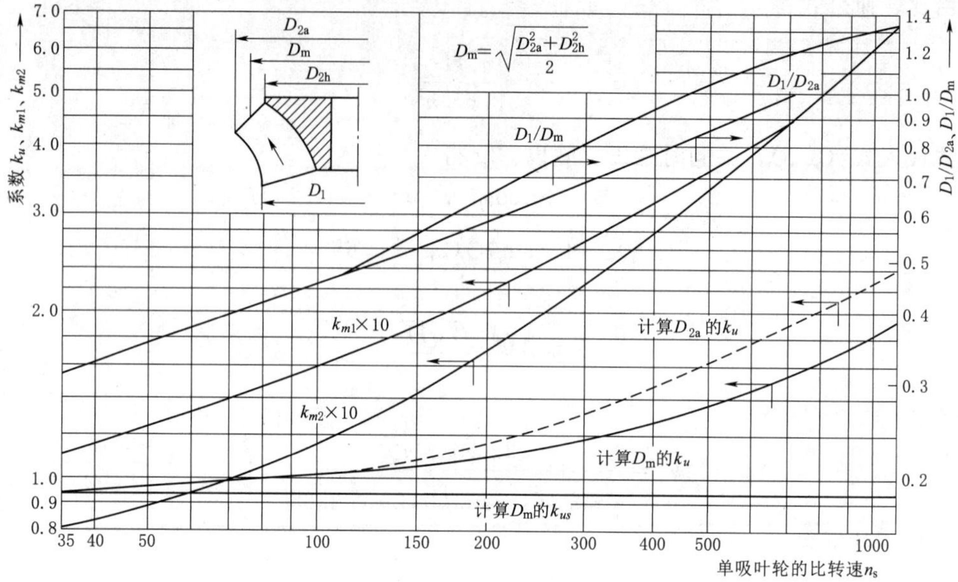

图 8.12　计算叶轮主要设计尺寸的系数（斯捷潘诺夫速度系数）关系曲线

8.3.3　精算叶轮出口直径或叶片出口角

前面介绍了一些利用经验系数确定叶轮尺寸的方法，因为这些系数来源于实践，在一般情况下是比较可靠的。但速度系数多是按一般情况（如 $\beta_2=22.5°$等）得出的。设计泵时，在保证相同性能情况下，可以选用不同的几何参数组合，这样就增加了速度系数的近似性。因为叶轮出口直径 D_2 是主要尺寸，在按速度系数法算得叶轮出口直径 D_2 之后，最好以按此算得的叶轮出口直径 D_2 为基础进行理论计算。理论计算是以基本方程式为基础，从理论上讲是比较严格的，但是计算过程中用到的水力效率、有限叶片数修正系数等，也只能用经验公式估算，所以理论计算法实际上也是近似的。实践证明，理论计算结果基本上是可靠的。下面介绍叶轮出口直径 D_2 和叶片出口角 β_2 的精确计算方法。

泵的基本方程式为

$$H_{t\infty}=\frac{u_2 v_{u2\infty}-u_1 v_{u1}}{g}$$

在出口速度三角形中：

$$v_{u2\infty}=u_2-\frac{v_{m2}}{\tan\beta_2}$$

所以

$$H_{t\infty}=\frac{u_2}{g}\left(u_2-\frac{v_{m2}}{\tan\beta^2}\right)-\frac{u_1 v_{u1}}{g}$$

经整理，得

$$u_2^2-\frac{v_{m2}}{\tan\beta_2}u_2-u_1 v_{u1}-gH_{t\infty}=0$$

解上式 u_2 的一元二次方程，得

$$u_2=\frac{v_{m2}}{2\tan\beta_2}+\sqrt{\left(\frac{v_{m2}}{2\tan\beta_2}\right)^2+gH_{t\infty}+u_1v_{u1}} \tag{8.7}$$

式中的 $H_{t\infty}$ 可用普弗莱德尔（Pfleidorer）等方法求得。

用斯托道拉（Stodola）滑移系数，可表示为

$$u_2=\frac{v_{m2}}{2\sigma\tan\beta_2}+\sqrt{\left(\frac{v_{m2}}{2\sigma\tan\beta_2}\right)^2+\frac{1}{\sigma}(gH_t+u_1v_{u1})}$$

其中

$$\sigma=\frac{u_2-\Delta v_{u2}}{u_2}=1-\frac{\pi}{Z}\sin\beta_2$$

由 u_2 求得

$$D_2=\frac{60u_2}{\pi n}$$

用上式求叶轮出口直径 D_2 时，必须知道 v_{m2}，计算 v_{m2} 要用到 D_2，故必须先假定一个 D_2 值。为此，最好用相似法或速度系数法确定的 D_2 作为第一次近似值进行计算。如果算得的 D_2 与假定的 D_2 相同，说明假定的 D_2 即为准确的值；如果求得的 D_2 与假定的 D_2 不同，则同一个方程对应两个不同的 D_2，说明求得的 D_2 是建立在不正确的基础上的。这种情况下，需用求得的 D_2 或假定一个 D_2（此 D_2 值为求得 D_2 和前次假定的 D_2 之间），按上述步骤，重新进行计算，直至求得的 D_2 与假定的 D_2 相同或相近。这种方法称为逐次逼近法。如果计算叶片出口角 β_2，也应先假定 β_2 进行逐次逼近计算。有关参数的计算如下：

（1）轴面速度。

$$v_{m2}=\frac{Q}{\eta_v D_2\pi b_2\psi_2},\quad \psi_2=1-\frac{Zs_{u2}}{D_2\pi},\quad s_{u2}=\delta_2\sqrt{1+\cot^2\beta_2/\sin^2\lambda_2}$$

式中：s_{u2} 为叶片出口圆周厚度，mm；ψ_2 为叶片出口排挤系数，在计算时可假定 $\psi_2=0.8\sim0.9$；λ_2 为叶轮出口轴面截线与流线的夹角，(°)，通常取 $\lambda_2=70°\sim90°$；δ_2 为叶片出口真实厚度，mm。

（2）理论扬程。

$$H_t=\frac{H}{\eta_h}$$

（3）无限叶片数下的理论扬程 $H_{t\infty}$。在叶片式流体机械研究过程中，为了研究方便，曾引入无限叶片数假定，但实际叶片数是有限的（通常为 5～8 个）。液体在有限叶片数叶轮和无限叶片数叶轮中的流动状态差别很大，从而影响设计泵的扬程指标。而叶轮出口直径对泵的性能指标影响很大，在精算叶轮出口直径时，需要修正设计泵的理论扬程，从而需要确定无限叶片数下的理论扬程 $H_{t\infty}$，其修正方法主要有斯托道拉方法、威斯奈尔（Weisner）方法和普弗莱德尔方法。

常见的普弗莱德尔方法如下：

$$H_t=\frac{H_{t\infty}}{1+P}=\mu H_{t\infty},\quad \mu=\frac{1}{1+P}$$

式中：P 为有限叶片数理论扬程修正系数，0.30～0.45；μ 为滑移系数。

$$P=\psi\frac{R_2^2}{Zs}$$

式中：R_2 为叶轮外圆半径；Z 为叶片数；ψ 为经验系数，$\psi=a\left(1+\frac{\beta_2}{60}\right)$；$a$ 为与泵结构形式有关的经验系数，对导叶式压水室，$a=0.6$，对蜗壳式压水室，$a=0.65\sim0.85$，对环形压水室，$a=0.85\sim1.0$，当雷诺数小、粗糙度大、叶片数少时取 a 范围中的大值；s 为叶片轴面投影图中线对旋转轴的静矩（图 8.13）。

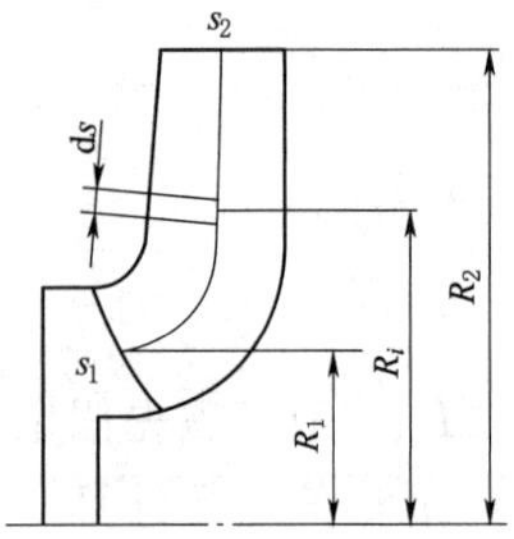

图 8.13 叶片的静矩

s 按下式计算：

$$s=\int_{s_1}^{s_2}R\,\mathrm{d}s=\sum_{i=1}^{n}\Delta s_iR_i$$

在具体计算时，可把中线分成若干段，然后把 Δs_iR_i 相加，以近似值代替真实值。

对于低比转速叶轮，可以近似地认为 $\mathrm{d}s=\mathrm{d}R$，则上式变为

$$s=\int_{s_1}^{s_2}R\,\mathrm{d}R=\frac{R_2^2-R_1^2}{2}$$

这时，P 值的表达式为

$$P=2\frac{\psi}{Z}\frac{R_2^2}{R_2^2-R_1^2}$$

或

$$\mu=\frac{1}{1+P}=\frac{1}{1+\frac{a}{Z}\left(1+\frac{\beta_2}{60}\right)\frac{R_2^2}{s}}$$

对于低比转速叶轮：

$$\mu=\frac{1}{1+\frac{a}{2}\left(1+\frac{\beta_2}{60}\right)\frac{2}{1-(R_1/R_2)^2}}$$

（4）进口绝对速度在圆周上的分量 v_{u1}。v_{u1} 和泵吸水室结构形式有关。直锥形吸水室，由于水沿周壁流入，无旋转，$v_{u1}=0$。半螺旋形吸水室，叶轮进口液流有旋，进口绝对速度在圆周上的分量为

$$v_{u1}=\frac{m\sqrt[3]{Q^2n}}{R_1}$$

式中：R_1 为相应流线进口半径；m 为系数，$m=0.055\sim0.08$，n_s 大者取大值；Q 为流量，$\mathrm{m^3/s}$；n 为转速，r/min。

装反导叶时，反导叶进、出口圆周分速度（图 8.14）为

$$v_{u6}=v_6\cos\alpha_6$$

式中：α_6 为反导叶出口安放角，一般 $\alpha_6=60°\sim90°$；v_6 为反导叶出口绝对速度，一般 $v_6=(0.85\sim1.0)v_j$；v_j 为叶轮进口速度，m/s。

离心泵一般是先选择叶片出口安放角 β_2，精算叶轮出口直径 D_2。混流泵和有的离心

泵叶片由于出口边是倾斜的，各流线的外径不同，为了得到相同的扬程，D_2 小的流线应选用大的出口安放角 β_2。在这种情况下，可根据速度系数法算得的尺寸，先画出出口边，然后按下式计算叶片各流线的出口角，即

$$\tan\beta_2=\frac{u_2 v_{m2}}{u_2^2-H_{t\infty}g-u_1 v_{u1}}$$

或

$$\tan\beta_2=\frac{u_2 v_{m2}}{\sigma u_2^2-H_t g-u_1 v_{u1}} \tag{8.8}$$

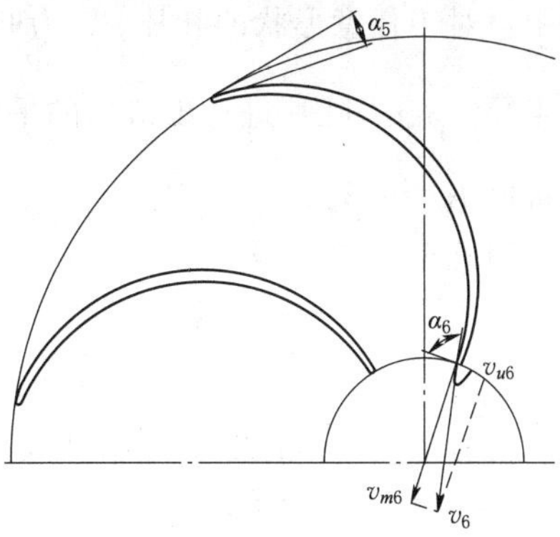

图 8.14　反导叶进、出口角度示意图

8.4　叶片数的计算和选择

叶片数对泵的扬程、效率、汽蚀性能都有一定的影响。选择叶片数，一方面考虑尽量减少叶片的排挤和表面的摩擦，另一方面又要使叶道有足够的长度，以保证液流的稳定性和叶片对液体的充分作用。要满足上述要求，叶片的有效长度 L 和叶道宽度 a_m 应当有合适的比例，即$\dfrac{L}{a_m}=c$，下标 m 表示叶片的中间值。叶片数与流道形状的关系如图 8.15 所示，设叶片节距为 t_m，由图可得

$$a_m=t_m\sin\beta_m=\frac{2\pi R_m}{Z}\sin\beta_m$$

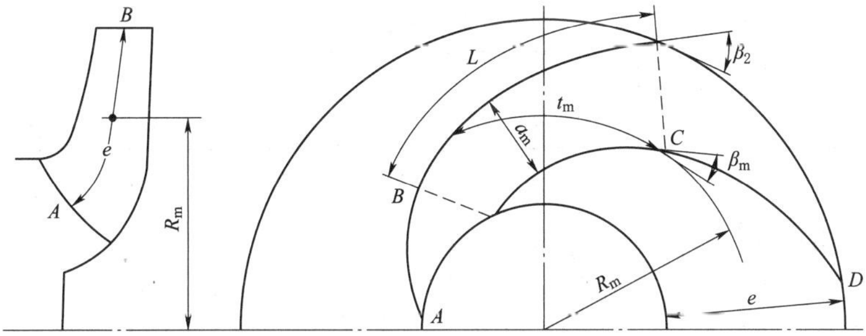

图 8.15　叶片数与流道形状的关系

如果去掉叶片间流道的进、出口部分 AB 和 CD，可近似认为叶片的有效长度 L 等于轴面流道长度，即 $L=e$。于是

$$\frac{e}{\dfrac{2\pi R_m}{Z}\sin\beta_m}=c,\quad Z=2\pi c\,\frac{R_m}{e}\sin\beta_m$$

用常数 K 表示常数 πc，则

$$Z=2K\,\frac{R_m}{e}\sin\beta_m$$

式中：对于任意形状的叶片，e 为叶轮流道轴面投影内中线的展开长度；R_m 为该中线重心半径；β_m 为叶片进、出口角的平均值，即 $\beta_m=\frac{\beta_1+\beta_2}{2}$；$K$ 为经验系数，对一般铸造叶轮可取 $K=6.5$。

因此有

$$Z=13\frac{R_m}{e}\sin\frac{\beta_1+\beta_2}{2}$$

常取 $D_1=0.8D_j$，对于低比转速离心式叶轮，$R_m=\frac{1}{2}(R_1+R_2)$，$e=R_2-R_1$，则

$$Z=6.5\frac{R_2+R_1}{R_2-R_1}\sin\frac{\beta_1+\beta_2}{2}$$

设计时通常采用的叶片数 Z 为 5～7 个；当叶片数少时，可适当加大叶片包角。

叶片数 Z 在选择时也可以根据泵的比转速按表 8.18 确定。

表 8.18　　叶片数 Z 与比转速 n_s 的关系

n_s	30～45	45～80	80～120	120～300	300
Z	8～10	7～8	6～7	4～6	3～5

但叶片数 Z 是与叶轮出口直径 D_2、叶片出口安放角 β_2、叶片出口宽度 b_2、叶片包角 φ 等其他叶轮几何参数一起互相关联地影响着泵的性能，因此，为满足泵 $H-Q$ 曲线形状的要求，设计时为使叶片间流道的扩散度能取得最佳值，Z 与 φ 的乘积值 $Z\varphi$ 也可参照表 8.19 确定。

表 8.19　　$Z\varphi$ 与 n_s 的关系

n_s	30～50	55～70	80～120	130～220	230～280
$Z\varphi/360°$	2.3～2.1	2.1～1.9	1.9～1.7	1.8～1.5	1.65～1.4

8.5　叶轮轴面投影图的绘制

1. 轴面投影图的绘制

叶轮各部分的尺寸确定之后，可画出叶轮轴面投影图。画图时最好选择 n_s 相近、性能良好的叶轮图作为参考，再结合需要设计泵的具体情况加以改进。轴面投影图的形状对泵的性能十分关键，应经过反复修改，力求光滑通畅。同时应考虑到：①前后盖板出口保持一段平行或对称变化；②流道弯曲不应过急，在轴向结构允许的条件下，以采用较大的曲率半径为宜。

2. 轴面流道过水断面面积变化检查

在画好轴面投影图之后，应检查流道的过水断面变化情况（图 8.16）。

图 8.16 中的曲线 AEB 和各轴面流线相垂直，是过水断面形成线，其作图方法如下：在轴面投影图内，作两流线的内切圆，切点为 A、B。将 A、B 与圆心 O 连成三角形 AOB，再把三角形高 OD 分为 OE、EC、CD 三等份。过 E 点且和轴面流线相垂直的曲

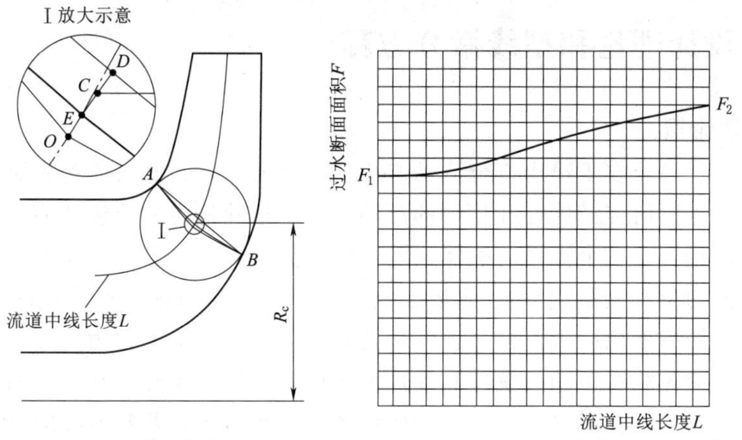

（a）过水断面　　（b）F-L曲线

图 8.16　过水断面及其变化规律

线 AEB 是过水断面的形成线。其长度 b 用软尺量得，也可近似按下式计算：

$$b=\frac{2}{3}(s+\rho)$$

式中：s 为内切圆弦 AB 的长度；ρ 为内切圆半径。

过水断面形成线的重心近似认为和三角形 AOB 的重心重合（C 点），重心半径为 R_c。因为轴面液流过水断面必须与轴面流线垂直，液体从叶轮四周流出，所以轴面液流过水断面是以过水断面形成线为母线绕轴线旋转一周所形成的抛物面。其面积 F 按下式计算：

$$F=2\pi R_c b$$

需要说明的是，所得面积是形成线上各点轴面液流的过水断面面积，而不是重心或圆心处的面积。形成线在有的情况下是直线，这时 b 是直线长度，R_c 是圆心点的半径。如低比转速泵叶轮出口的过水断面面积为 $F_2=2\pi R_2 b_2$。

沿流道求出一系列过水断面面积之后，便可作出过水断面面积沿流道中线（内切圆圆心的连线）的变化曲线（图 8.16），该曲线应当是平直或光滑的线。考虑汽蚀性能，一般是进口部分凸起的曲线。如果曲线形状不良，应修改轴面投影形状，直至满足要求。一般的修改方法是：固定叶片后盖板流线，修改前盖板流线出口处的倾斜角度、转弯半径、单段圆弧不能满足要求修改为多段圆弧（保证圆弧与直线等相切）。

不同 n_s 叶轮轴面投影图的形状如图 8.17 所示。

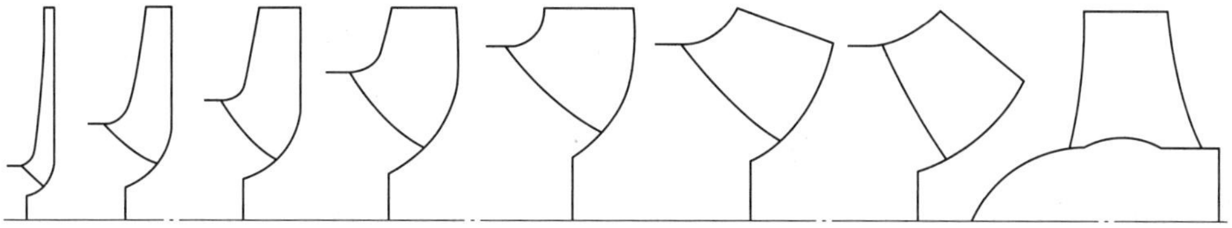

(a) $n_s=30$　(b) $n_s=80$　(c) $n_s=120$　(d) $n_s=200$　(e) $n_s=280$　(f) $n_s=350$　(g) $n_s=500$　(h) $n_s=1000$

图 8.17　不同 n_s 叶轮轴面投影图的形状

8.6　叶片设计理论和型线微分方程

8.6.1　设计理论概述

设计叶片的任务，在于给出符合流动规律的叶片形状，为此，应首先研究液体在叶轮中的运动规律。为了研究液体在叶轮中的流动规律，把叶轮内的液流从前盖板到后盖板分成若干层，每层相当于一个流面。液体只沿着每层流动，层与层的液体不相互混杂。这样就把研究叶轮内的流动问题简化为研究几个流面上的流动问题。每个流面的流动可能不同，但处理问题的方法相同，这样又进一步把研究叶轮的流动简化为研究一个流面上的流动问题。流面上液体相对运动的轨迹和叶片表面形状一致，即叶片和流面的交线是相对运动流线。两叶片间有很多相对运动流线，假设叶片数无穷多，这些流线的形状都相同，这时只研究每个流面上的一条流线即可，这条流线就是叶片表面的一条型线。叶片表面和每个流面都有一条交线（相对运动的流线），若把几个流面和叶片的交线按一定规律（如进、出口边在同一轴面上等）串起来，就成为一个叶片的表面，加上厚度则得叶片的两个表面。可见，设计叶片其实就是画相对运动流线。

相对运动流线和给定的叶轮内部流动规律有关，实际上叶轮内的流动是很复杂的。在设计中，对叶轮内的流动作了一系列假设，用具有不同规律的流动代替叶轮内复杂的流动，这就是所谓一元理论、二元理论和三元理论设计叶片方法的基础。

为说明一元理论、二元理论和三元理论，取三个坐标轴，即轴面流线方向 s、正交线（过水断面与轴面交线）方向 n、圆周方向 θ，如图 8.18 所示。

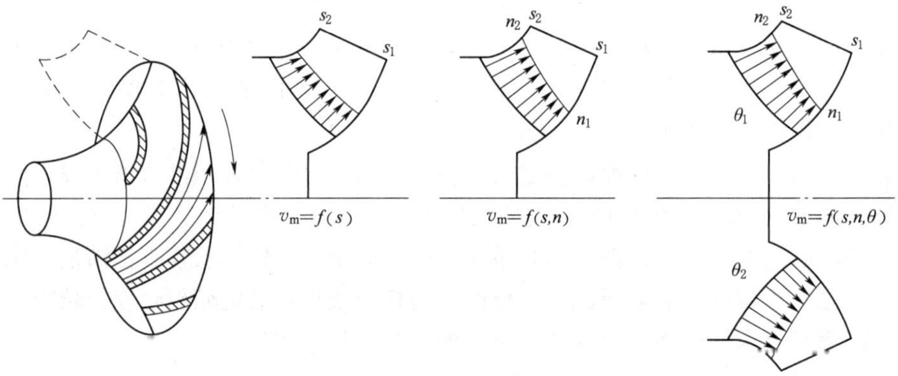

（a）一元理论　　（b）二元理论　　（c）三元理论

图 8.18　一元理论、二元理论和三元理论假设流动情况

一元理论假设流动是轴对称的，即每个轴面上的流动均相同。在同一个过水断面上轴面速度均匀分布，因而轴面速度只随轴面流线这一个坐标变化。二元理论同样假设流动是轴对称的，但轴面速度沿同一个过水断面不是均匀分布的。这样，轴面速度随轴面流线和过水断面形成线两个坐标而变化。可见，一元理论和二元理论都是以无限叶片数假设为基础。三元理论是以有限叶片数为基础，假设流动不是轴对称的，每个轴面的流动各不相同，且沿同一过水断面轴面速度也是不均匀分布的。这样，轴面速度随轴面、轴面流线和

过水断面形成线三个坐标而变化。

目前对于离心泵，大都按一元理论设计，但是研究叶轮中的运动规律，常采用二元理论和三元理论进行分析。本节主要介绍一元理论设计方法，在 8.10 节中将详细介绍二元理论设计方法。

8.6.2 一元理论轴面流线的绘制

轴面流线是流面和轴面的交线，也就是叶片和流面交线的轴面投影。一条轴面流线绕轴线旋转一周形成的回转面是一个流面，所以要分流面，也就是把流道分成几个小流道。每个小流道通过的流量相等，且通过各小流道的流量 ΔQ 从进口到出口不变。流量一定，其流道的宽窄（面积）与其中的速度分布有关。按一元理论，速度沿同一个过水断面均匀分布，这样只要把总的过水断面分成 3～5 个相等的小过水断面即可。

在具体分流线时，可先分叶轮进、出口。出口边一般平行轴线（如果出口边是倾斜的，可延长一部分流线使出口与轴线平行），只要大致等分出口边线段即可。对进口边流线，可适当延长使之与轴线平行，按每个圆环面积相等确定分点（图 8.19）。

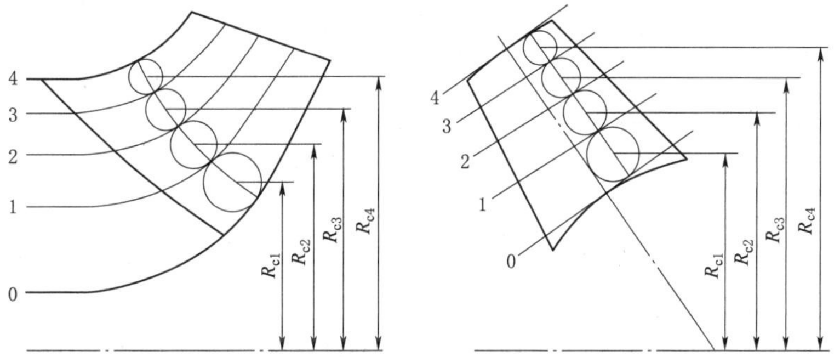

图 8.19 轴面流线的绘制

假设分成 n 个小流道，每个小流道的面积为$\dfrac{R_{\mathrm{j}}^2-R_{\mathrm{h}}^2}{n}$；有 $n+1$ 条流线，设 i 是从轴线侧算起待求的流线序号（第 1 条流线为 0，第 2 条为 1……），可以写成

$$\frac{i(R_{\mathrm{j}}^2-R_{\mathrm{h}}^2)}{n}=R_i^2-R_{\mathrm{h}}^2$$

则进口分点半径为

$$R_i=\sqrt{\frac{i(R_{\mathrm{j}}^2-R_{\mathrm{h}}^2)}{n}+R_{\mathrm{h}}^2} \tag{8.9}$$

如果中间分一条流线，中线半径 $R_{中}$ 为

$$R_{中}=\sqrt{\frac{R_{\mathrm{j}}^2+R_{\mathrm{h}}^2}{2}} \tag{8.10}$$

图 8.19 中，中间的流线序号为 $i=2$，所分的流道 $n=4$。

有了进、出口分点，凭经验画出各条轴面流线。画流线时，应力求光滑准确，以减少修改的工作量。然后，沿整个流道取若干组过水断面，检查同一过水断面上的两相邻流线间的小过水断面面积是否相等。如不相等则修改到全部相等或误差在3%之内为止。小过水断面面积的计算方法和前述的轴面液流过水断面计算方法相同，小过水断面按小内切圆过公切点依次作出。小过水断面的面积为

$$\Delta F_i = 2\pi R_{ci} b_i$$

沿同一过水断面应满足：

$$R_{ci} b_i = \text{const}$$

分的流道较多时，可列表计算（表8.20）。将同一过水断面上各小流道的过水断面面积相加，得 $\sum_{i=1}^{n} R_{ci} b_i$；$\sum_{i=1}^{n} R_{ci} b_i$ 除以流道数，得平均值 $R_{ci} b_i$；而后将平均值除以各小流道的半径 R_{ci} 得到各小流道较准确的宽度 b_i，以此修正流线。

表8.20　　分轴面流线计算表

过水断面号	流道	b_i	R_{ci}	$R_{ci} b_i$	$\Sigma R_{ci} b_i$	$(R_{ci} b_i) = \frac{\Sigma R_{ci} b_i}{n}$	$b_i = \frac{(R_{ci} b_i)}{R_{ci}}$
1	0－1						
	1－2						
	2－3						
	3－4						
2							

8.6.3　叶片型线微分方程

叶片绘型的基本问题是在各计算流面上求出液体质点的运动轨迹——空间流线。流线在空间的形状需要有两个投影（轴面投影和平面投影）来确定，为此应当建立轴面流线长度 s 和轴面角 θ（等于平面图上的相应角）之间的关系，即 $s = f(\theta)$，式中的 θ 是轴面流线上某点所在的轴面和起始轴面间的夹角。

在图8.20中，将轴面流线微元段 $\mathrm{d}s$ 用圆锥母线上的相应 $\mathrm{d}R$ 代替并展开。液体质点沿轴面流线移动 $\mathrm{d}s$，相应在锥面上移动的圆周长度为 $\mathrm{d}u$。设流线段的展开长度（实际流面上的长度）为 $\mathrm{d}L$，在平面图上相应转过的轴面角为 $\mathrm{d}\theta$，由图8.20可得

$$\tan\beta = \frac{\mathrm{d}s}{\mathrm{d}u}$$

因为流面上的圆弧长度应等于平面图上相应的圆弧长度，即 $\mathrm{d}u = r\mathrm{d}\theta$，因此

$$\tan\beta = \frac{\mathrm{d}s}{r\mathrm{d}\theta}$$

由速度三角形可知：

$$\tan\beta = \frac{v_m}{u - v_u}$$

所以

$$\frac{\mathrm{d}s}{r\mathrm{d}\theta} = \frac{v_m}{u - v_u},\quad \mathrm{d}s = \frac{v_m}{u - v_u} r\mathrm{d}\theta$$

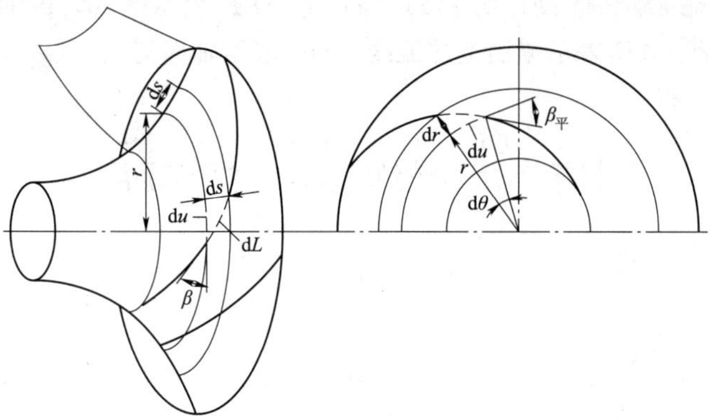

（a）流面　　（b）平面

图 8.20　流面和平面投影中参数的关系

或

$$d\theta=\frac{u-v_u}{v_m r}ds=\frac{\omega r^2-v_u r}{v_m r^2}ds=\frac{ds}{r\tan\beta} \tag{8.11}$$

式（8.11）表示液体质点在叶轮中运动时，沿轴面流线上的位移和平面角位移的关系，称为液体质点运动微分方程式。积分此方程则可得到液体质点在叶轮中运动轨迹的空间形状，从而决定叶片的形状，所以又称此方程为叶片型线微分方程。

对式（8.11）积分，必须给出 v_m 和 $v_u r$ 沿流线的变化规律，再以图解或数值积分求解，求得轴面流线 s 和 θ 的关系。因为相应 s 各点的半径 r 已知，则可作出流线的平面投影。

由图 8.20 可知，$\tan\beta=\frac{ds}{du}$，$\tan\beta_平=\frac{dr}{du}$，只有在轴面流线垂直轴线时，即 $dr=ds$ 时，流面上的叶片角 β 才等于平面图上的叶片角 $\beta_平$，当轴面流线倾斜时，$\beta\neq\beta_平$。

8.7　叶片角度和厚度及其几何关系

8.7.1　叶片角度

1. 角度之间的关系

与叶片有关的各种角度具有以下关系：

$$\tan\varphi=\tan\beta\sin\lambda \text{ 或 } \cot\beta=\cot\varphi\sin\lambda \tag{8.12}$$

$$\cot\gamma=\cot\lambda\cos\beta \text{ 或 } \tan\lambda=\tan\gamma\cos\beta \tag{8.13}$$

$$\tan\beta_平=\tan\beta\cos\delta \text{ 或 } \cot\beta=\cot\beta_平\cos\delta \tag{8.14}$$

式中：φ 为垂直叶片的面与叶片的交线和圆周方向的夹角；β 为叶片安放角（叶片与流面的交线和圆周方向的夹角）；γ 为叶片和流面（盖板表面）间的真实夹角，即垂直于叶片和流面的面与两者交线间的夹角；$\beta_平$ 为在平面投影图上流线和圆周方向的夹角；δ 为在轴面投影图中的流线切线和垂直于叶轮轴线的平面间的夹角。

下面近似地证明前述的三个关系：

(1) $\tan\varphi=\tan\beta\sin\lambda$。假设在图 8.21 (a) 中 AEF 表示叶片，N 面表示垂直叶片的面，DEF 表示轴面，AE 表示流面上的流线，DE 表示轴面流线。

由图 8.21 (a) 得

$$\tan\varphi=\frac{DF}{AD},\quad \tan\beta=\frac{ED}{AD},\quad \sin\lambda=\frac{DF}{DE}$$

则

$$\tan\varphi=\tan\beta\sin\lambda$$

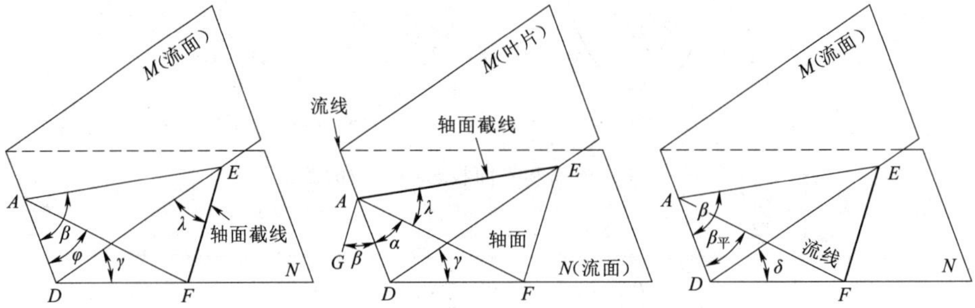

(a) $\tan\varphi=\tan\beta\sin\lambda$　(b) $\cot\gamma=\cot\lambda\cos\beta$　(c) $\tan\beta_{平}=\tan\beta\cos\delta$

图 8.21　叶片各种角度之间的关系说明

(2) $\cot\gamma=\cot\lambda\cos\beta$。假设在图 8.21 (b) 中，$AF$ 表示轴面流线，AD 表示流面上的流线，AG 表示与轴面垂直的圆周方向，DEF 表示垂直于叶片和流面的面。

由图 8.21 (b) 得

$$\cot\lambda=\frac{AF}{EF},\quad \cot\gamma=\frac{DF}{EF},\quad \cos\beta=\cos(90°-\alpha)=\sin\alpha=\frac{DF}{AF}$$

则

$$\cot\gamma=\cot\lambda\cos\beta$$

(3) $\tan\beta_{平}=\tan\beta\cos\delta$。假设在图 8.21 (c) 中，$N$ 面表示垂直轴线的平面，AEF 表示叶片，DEF 表示轴面，AF 表示流线 AE 在平面 N 上的投影。

由图 8.21 (c) 得

$$\tan\beta=\frac{ED}{AD},\quad \tan\beta_{平}=\frac{DF}{AD},\quad \cos\delta=\frac{DF}{ED}$$

则

$$\tan\beta_{平}=\tan\beta\cos\delta$$

2. 角度关系在设计中的应用

(1) 已知在平面图（叶片剪裁图）中流线与圆周方向的夹角 $\beta_{平}$，求叶片的实际安放角（在空间流面上流线与圆周方向的夹角）。

无论是空间扭曲叶片还是圆柱形叶片，只有在轴面流线与轴线相垂直（$\delta=0°$）时，$\beta_{平}=\beta$。在一般情况下，因 $\delta<90°$，$\cos\delta<1$，所以 $\beta_{平}<\beta$。

例如，在图 8.22 中，$\beta_{平A}=20°$，$\delta_A=45°$，实际上点 A 的叶片安放角计算如下：

$$\cot\beta_A=\cot\beta_{平A}\cos\delta_A=\cot20°\cos45°=1.943$$

$$\beta_A = 27°14'$$

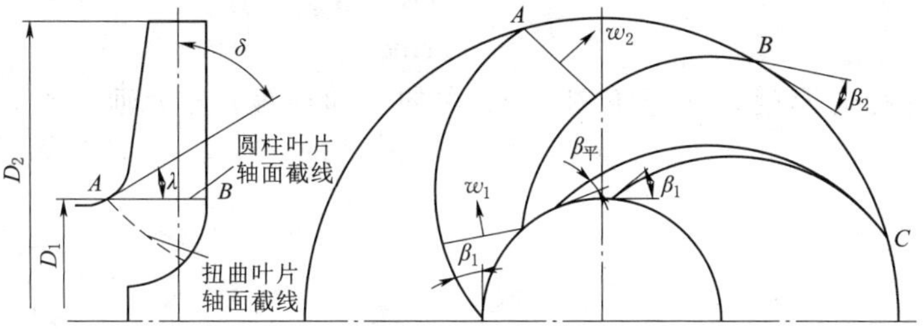

图 8.22　平面叶片角 $\beta_平$ 和流面叶片角 β 的关系

因此即使是圆柱形叶片，一般也不宜采用在平面图上用圆弧法绘叶片。如果前、后盖板流线与轴线倾斜，尽管在平面图上 $\beta_平$ 变化很好，但因 δ 变化的影响，β 的变化不会很好。叶片进口部分 δ 角大，然后逐渐变小，所以进口部分 β 变大，且变化不均匀。因此，盖板倾斜的叶轮，即使是圆柱形叶片，也应采用画扭曲叶片的方法进行绘型，否则必然要产生误差。

(2) 求叶片表面和流面的真实夹角。一般希望叶片表面与盖板（流面）的夹角接近 90°，以满足大壁角的原则。如图 8.22 中，$\lambda = 45°$，在点 A 处叶片和盖板的夹角 γ_A 计算如下：

$$\cot\gamma_A = \cot\lambda\cos\beta_A = \cot 45°\cos 27°14' = 0.889$$

$$\gamma_A = 48°21'$$

该 γ_A 角偏小。如采用圆柱形叶片，因轴面截线和轴线平行，AB 线不会改变，λ 角也不会改变，所以这一缺点是不能改变的。想要改变这一缺点必须采用扭曲叶片，使在点 A 处轴面截线和流线的夹角 λ 大致等于 90°。

如果进口设计成扭曲叶片 $\lambda = 80°$，则 $\gamma_A = 81°$。

8.7.2　叶片厚度

由于叶片表面是不规则的空间曲面，其厚度难以精确定义和证明，为了便于在设计中应用，这里近似地定义各种厚度，并利用近似几何关系加以证明。所谓近似性，就是以局部平面代替曲面、直线代替曲线等。

图 8.23 所示为一流面，其上的阴影部分表示叶片和流面的交面。如把流面之局部用锥面代替并展开成平面，其上叶片工作面和背面间的距离 AC 为流面厚度，用 s 表示；流面上叶片在圆周方向的长度 AB 为圆周厚度，用 s_u 表示。在流面的展开图上，可以同时表示流面厚度 s、轴面厚度 s_m 和圆周厚度 s_u。在轴面投影图中，叶片微段沿流线方向的切线长度（或近似地用流线长度表示）应等于轴面厚度 s_m（图 8.24）。因为流面上的圆线在平面上的投影为相同的圆，所以圆周厚度在流面、流面展开面及平面投影图上的值都相等。比如图 8.23 中的 s_u 应等于图 8.25 和图 8.26 中的 s_u。

由图 8.23 和图 8.24 可知：

$$s_u = \frac{s}{\sin\beta}$$

$$s_m = \frac{s}{\cos\beta} \tag{8.15}$$

$$s_r = s_m \sin\varepsilon \tag{8.16}$$

式中：s_r 为叶片径向厚度，它等于图 8.25 中的径向厚度；ε 为轴面流线与水平方向的夹角。

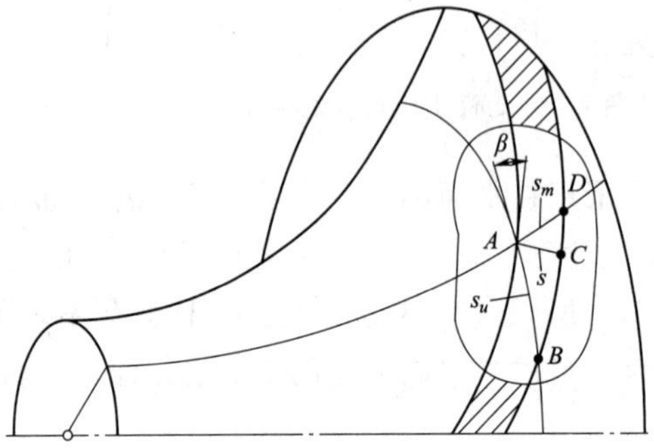

图 8.23 叶片在流面上的厚度

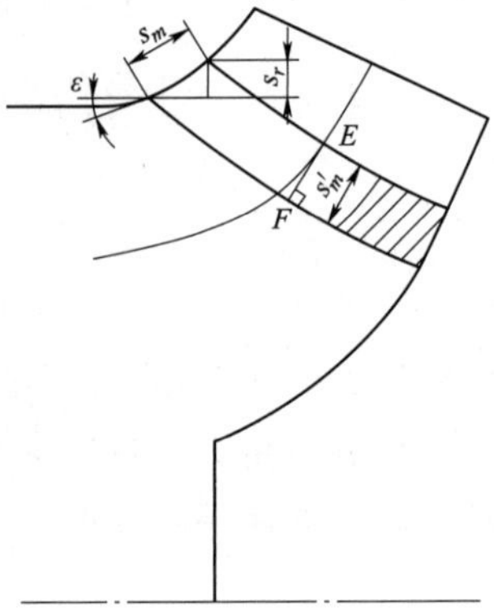

图 8.24 叶片在轴面上的厚度

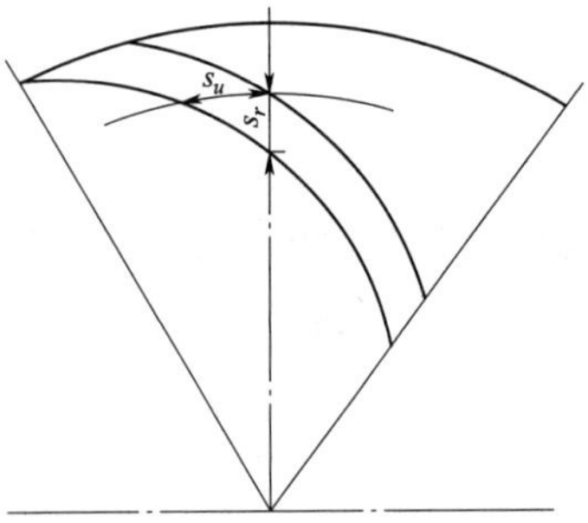

图 8.25 叶片在平面图上的厚度

流面厚度直接反映对流动的影响情况，除了方格网保角变换绘型外，如用扭曲三角形法、锥面展开法等方法绘制叶片时，均可按给定的流面厚度变化规律在流面展开图上直接加厚，然后再返回到平面图和轴面图上。但是叶片是空间曲面，一般情况下并不和流面相垂直，流面截叶片所得的流面厚度不等于垂直叶片所截得的真实厚度。在考虑最小铸造允许厚度、强度时，应采用真实厚度。下面研究真实厚度 δ 和其他厚度之间的关系。

用一个垂直轴面截线的 EF 线（图 8.24）为母线的锥面去截叶片，并展开在平面上（图 8.26）。因为该面垂直于叶片在此位置的轴面截线，所以其上反映叶片的真实厚度 δ，并且此圆锥面上的圆周方向的厚度应等于流面上的圆周厚度，由图 8.26 可知：

$$s_u = \frac{\delta}{\sin\varphi}, \quad s_m' = \frac{\delta}{\cos\varphi} \tag{8.17}$$

式中：φ 为垂直叶片的面和叶片交线与圆周方向的夹角。

s_m' 和圆周方向相垂直，一定在轴面上，又在 EF 锥面上，因为 EF 线和轴面截线相垂直，所以 s_m' 是叶片工作面和背面轴面截线间的垂直距离（图 8.24）。为了和沿轴面流线切向方向的厚度相区别，称 s_m' 为轴面垂直厚度。

为了得到真实厚度和流面厚度的关系，用一与叶片和盖板交线相垂直的面去截叶片，并将其局部展开（图 8.27）可得

$$s = \frac{\delta}{\sin\gamma} \tag{8.18}$$

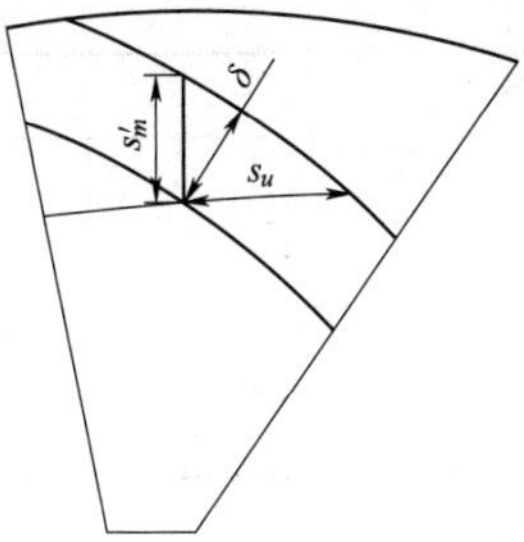

图 8.26 *EF* 锥面展开图上的厚度

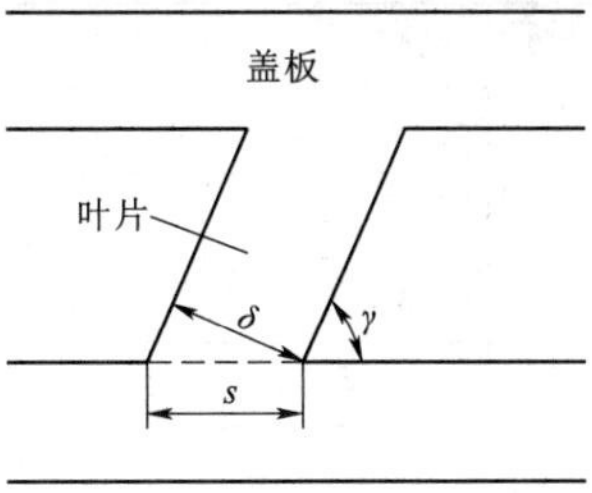

图 8.27 流面厚度和真实厚度的关系

为了便于在设计中使用，利用式（8.12）～式（8.14）的角度关系，给出厚度的各种表达式。由式（8.15）和式（8.18）得

$$s_u=\frac{s}{\sin\beta}=\frac{\delta}{\sin\beta\sin\gamma} \tag{8.19}$$

由式（8.15）、式（8.16）、式（8.18）和图 8.25 得

$$s_r=s_m\sin\varepsilon=\frac{s}{\cos\beta}\sin\varepsilon=\frac{\delta}{\cos\beta}\frac{\sin\varepsilon}{\sin\gamma}=s_u\tan\beta \tag{8.20}$$

由式（8.13）、式（8.18），考虑到三角关系 $\sin\gamma=\dfrac{1}{\sqrt{1+\cot^2\gamma}}$，则

$$s=\frac{\delta}{\sin\gamma}=\delta\sqrt{1+\cot^2\lambda\cos^2\beta} \tag{8.21}$$

由式（8.15）、式（8.21）得

$$\begin{aligned}s_u&=\frac{s}{\sin\beta}=\delta\sqrt{\frac{\sin^2\beta+\cos^2\beta+\cot^2\lambda\cos^2\beta}{\sin^2\beta}}=\delta\sqrt{1+\cot^2\beta\left(1+\frac{\cos^2\lambda}{\sin^2\lambda}\right)}\\&=\delta\sqrt{1+\cot^2\beta\left(\frac{\sin^2\lambda+\cos^2\lambda}{\sin^2\lambda}\right)}=\delta\sqrt{1+\frac{\cot^2\beta}{\sin^2\lambda}}\end{aligned} \tag{8.22}$$

$$\begin{aligned}s_m&=\frac{s}{\cos\beta}=\delta\sqrt{\frac{1+\cot^2\lambda\cos^2\beta}{\cos^2\beta}}=\delta\sqrt{\frac{\sin^2\beta+\cos^2\beta+\cot^2\lambda\cos^2\beta}{\cos^2\beta}}\\&=\delta\sqrt{1+\cot^2\lambda+\tan^2\beta}\end{aligned} \tag{8.23}$$

在设计时，叶片的真实厚度 δ 可根据下式近似求得：

$$\delta=AD_2\sqrt{\frac{H}{Z}}$$

式中：H 为单级扬程，m；Z 为叶片数；D_2 为叶轮出口直径，m；A 为系数，其值根据比转速和材料由表 8.21 选取。

上式中求得的 δ 为叶片的最大厚度 δ_{max}。当上式计算的值小于所用材料的工艺允许值时，应取工艺允许值为 δ_{max}。叶片的进口段厚度，一般离进口为叶片全长 1/3～1/2 处的 δ_{max}，向前均匀减薄到进口厚度 δ_1，对铸造叶轮，δ_1 应尽可能取铸造工艺允许的最小值。叶片出口厚度 $\delta_2\leqslant\delta_{max}$。

表 8.21　　常用材料的 A 值

材料	n_s							
	40	60	70	80	90	130	190	280
	A							
铸铁、铜	3.2	3.5	3.8	4.0	4.5	6.0	7.0	10.0
钢	3.0	3.2	3.3	3.4	3.5	5.0	6.0	8.0

现将叶片各种厚度的计算公式及其计算方法列于表 8.22。

表 8.22　　叶片各种厚度的计算公式及其计算方法

厚　度	计　算　公　式	计　算　方　法
真实厚度	δ	给定其变化规律、计算出其他厚度
流面厚度	$s=\delta/\sin\gamma=\delta\sqrt{1+\cot^2\lambda\cos^2\beta}$	在展开图上加厚叶片
圆周厚度	$s_u=\dfrac{s}{\sin\beta}=\dfrac{\delta}{\sin\varphi}=\delta\sqrt{1+\cot^2\beta/\sin^2\lambda}$	在平面图上加厚叶片
轴面厚度	$s_m=\dfrac{s}{\cos\beta}=\delta\sqrt{1+\cot^2\lambda+\tan^2\beta}$	在轴面图上加厚叶片
轴面垂直厚度	$s_m'=\dfrac{\delta}{\cos\varphi}=\delta\sqrt{1+\tan^2\beta\sin^2\lambda}$	在轴面图上加厚叶片
径向厚度	$s_r=s_m\sin\varepsilon=\dfrac{s}{\cos\beta}\sin\varepsilon=\dfrac{\delta}{\cos\beta}\dfrac{\sin\varepsilon}{\sin\gamma}=\delta\sqrt{1+\tan^2\beta+\cot^2\lambda}\sin\varepsilon$	在平面图或轴面图上加厚叶片

8.8　叶片进、出口安放角的选择和计算

8.8.1　叶片进口冲角的选择及进口角的计算

1. 叶片进口冲角和进口速度三角形

叶片进口处的冲角如图 8.28 所示。叶片进口角通常大于液流角，即 $\beta_1>\beta_1'$。其正冲角为 $\Delta\beta=\beta_1-\beta_1'$，正冲角的范围通常为 3°～15°。采用正冲角能提高抗汽蚀性能，并且对效率影响不大，其原因如下。

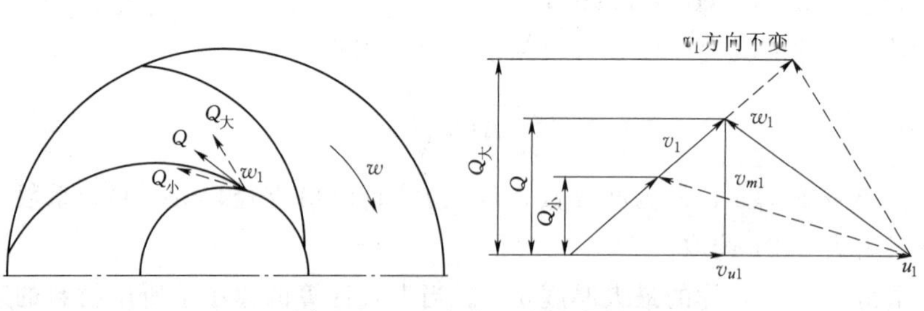

图 8.28　叶片进口处的冲角

（1）采用正冲角能增大叶片进口角，减小叶片的弯曲，从而增加叶片进口过流面积，减小叶片的排挤，进而减小叶片进口的 v_1 和 w_1。

(2) 在设计流量下采用正冲角，液体在叶片进口背面产生脱流。因为背面是叶道的低压侧，在这里形成的漩涡不易向高压侧扩散，所以漩涡是稳定的、局部的，对汽蚀的影响较小。反之，采用负冲角时，液体在叶片进口的工作面产生脱流。该处是叶道的高压侧，漩涡易于向低压侧扩散，因而漩涡是不稳定的，对汽蚀的影响较大。

(3) 采用正冲角，能改善在大流量下的工作条件。若泵经常在大流量下运转，应选较大的冲角。

2. 叶片进口角的计算

在计算叶片进口角之前，应先画出叶片进口边。确定叶片进口边的原则如下：

(1) 进口边和前后盖板流线大致成 90°（叶片进口边不放在同一轴面上除外）。

(2) 前后盖板流线长度不要相差很多。

(3) 进口边适当向吸入口延伸。叶片向进口延伸，使液体提早受到叶片作用，可以减小叶轮外径，从而减少圆盘摩擦损失；增加叶片的重叠程度，减少流道的扩散；减小叶片进口的相对速度，从而减少进口的撞击损失。这些对于提高抗汽蚀性能和减小特性曲线的驼峰也是有利的。但是延伸程度应适当，否则容易造成堵塞。如果铸造质量不良，或是圆柱形叶片，叶片进口边应少向吸入口延伸为宜。

叶片进口边有时和过水断面形成线重合，有时不重合。重合时三点过水断面相同，不重合时（图 8.29）进口边与三条流线的交点 a、b、c 三点的过水断面不同。图中的虚线是 a、b、c 三点过水断面的形成线。要计算某点的过水断面，过水断面的形成线应过该点。叶片液流角按下式计算：

$$\tan\beta_1' = \frac{v_{m1}}{u_1 - v_{u1}} \tag{8.24}$$

式中：u_1 为计算点液体的圆周速度；v_{u1} 为计算点液体绝对速度的圆周分速度；v_{m1} 为计算点液体绝对速度的轴面分速度。

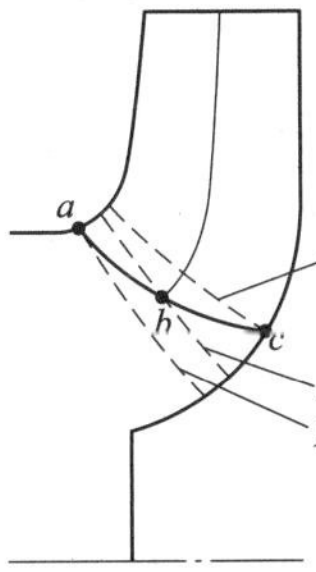

（a）进口边过水断面线

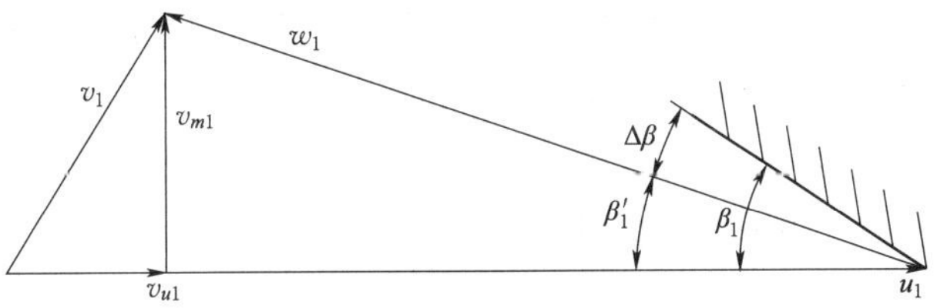

（b）速度三角形

图 8.29 过水断面形成线和叶片进口边

v_{u1} 由吸入室（多级泵的反导叶出口角）结构确定。对于直锥形吸水室，$v_{u1}=0$；对于螺旋形吸水室，可按经验公式确定 v_uR，而后按 $v_uR=$常数确定各流线的 v_u 值，经验公式为

$$K = v_uR = m\sqrt[3]{Q^2 n}$$

式中：m 为经验系数，$m=0.055\sim0.08$，n_s 小者取小值；Q 为流量，m^3/s。

叶片进口轴面速度按下式确定：

$$v_{m1}=\frac{Q}{\eta_v F_1 \psi_1} \tag{8.25}$$

式中：F_1 为计算点的过水断面面积（过水断面形成线应过该点）；ψ_1 为计算点的叶片排挤系数。

$$\psi_1=1-\frac{Zs_{u1}}{D_1\pi}=1-\frac{Zs_1}{D_1\pi\sin\beta_1}=1-\frac{\delta_1 Z}{D_1\pi}\sqrt{1+\left(\frac{\cot\beta_1}{\sin\lambda_1}\right)^2} \tag{8.26}$$

式中：Z 为叶片数；D_1 为计算点的直径；s_{u1} 为计算点叶片的圆周厚度；s_1 为计算点叶片的流面厚度；δ_1 为计算点叶片的真实厚度；β_1 为计算点叶片的进口角；λ_1 为计算点轴面截线和轴面流线的夹角，一般 $\lambda_1=60°\sim90°$。

算出各流线的液流角，加上冲角，则得相应的叶片进口角 β_1。但是要确定叶片的角度，首先得计算液流角，而计算液流角要用到叶片进口角以便计算排挤系数。因此，要预先假定 β_1 或排挤系数，使最终确定的叶片角或排挤系数与假定的值相等或相近。否则重新假定，进行逐次逼近计算。考虑到加叶片进口冲角的范围较大，一般可不进行重复计算。

实践表明，加稍大的冲角为好。冲角的加法不一，可供参考的常用加冲角方法有：①各流线加相同的冲角；②冲角从前盖板流线到后盖板流线递减或递增；③选定一条流线的冲角，确定 β_1 之后，其他流线按“$R\tan\beta=$常数”确定。

8.8.2 叶片出口角的选择和计算

叶片出口角 β_2 是叶轮的主要几何参数之一，对泵的性能参数、水力效率和特性曲线的形状有重要影响。常用 β_2 的范围是 22°～30°。

选择 β_2 应考虑下列因素：

(1) 低比转速泵，选择大的 β_2 以增加扬程，减小 D_2 从而减少圆盘摩擦损失，提高泵的效率。

(2) 增大 β_2，在相同流量下叶轮出口速度 v_2 增加，压水室的水力损失增加，并且在小流量下冲击损失增加，容易使特性曲线出现驼峰。因此，为获得下降的特性曲线，不宜选过大的 β_2。

(3) β_2 大，叶片间相对流动扩散严重。

$$w_1=\frac{v_{m1}}{\sin\beta_1},\quad w_2=\frac{v_{m2}}{\sin\beta_2},\quad \frac{w_2}{w_1}=\frac{v_{m2}}{\sin\beta_2}\frac{\sin\beta_1}{v_{m1}}$$

泵中 $w_2<w_1$，相对液流是扩散的，在一定流量下 β_2 越大，w_2 越小，流动扩散损失越严重。

(4) 为获得平坦的（有极值）功率曲线，使泵在全扬程范围运行，β_2 可小于 15°。

(5) 叶轮出口边平行轴线的叶轮，通常叶轮出口各流线选用相同的出口角。叶轮出口边倾斜时，为使叶轮出口的扬程相同，β_2 从大直径向小直径递增，而且通常按自由漩涡理论（$v_u R=$常数）进行计算。也可以选择一条流线的出口角（如中间流线），其他流线的叶片出口角按“$\tan\beta_{2i}D_i=$常数”确定，如图 8.30 所示。

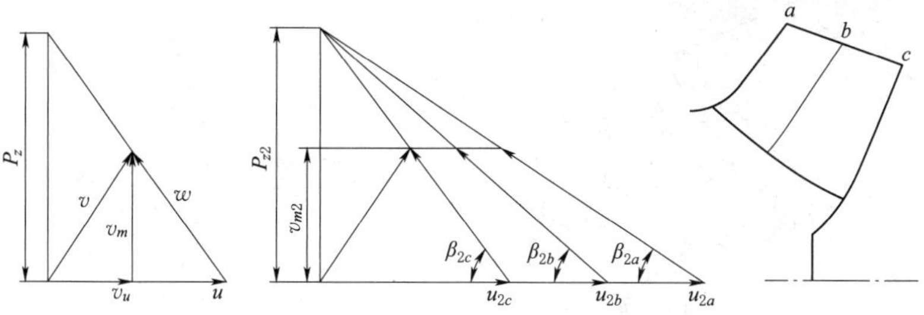

图 8.30 按“$\tan\beta_{2i}D_i$＝常数”确定其他流线的叶片出口角

8.9 叶片绘型原理及方法

离心泵、混流泵常见的叶片绘型方法有方格网保角变换法、扭曲三角形法和逐点计算法等，本节主要介绍利用这三种叶片绘型方法对离心泵和混流泵叶轮叶片进行绘型。

8.9.1 方格网保角变换法叶片绘型

所谓叶片绘型就是画叶片。在几个流面上画出叶片（叶片骨线），然后按一定的规律把这些骨线串起来，就是无厚度叶片。画叶片有作图法和解析法两种方法，因为解析法也要结合作图进行，所以先介绍作图法的原理和步骤。

流面是个空间曲面，直接在流面上画流线，不容易表示流线形状和角度的变化规律，因此，要设法把流面展开成平面，在展开的平面上画出流线，而后按预先做好的记号返回到相应的流面上。通常，这种作图是借助特征线利用插入法进行的。下面介绍方格网保角变换法绘型的原理、步骤和例题。

8.9.1.1 绘型原理

图 8.31（a）所示为一流面，其上有一条流线，现用一组夹角为 $\Delta\theta$ 的轴面和一组垂直轴线的平面 1、2……去截流面，使之在流面上构成小扇形格网，并且令小扇形的轴面流线长度 Δs 和圆周方向的长度 Δu 相等，即 $\Delta s=\Delta u$。当所分的这些小扇形足够小时，则可以把流面上的曲面扇形近似地看作平面上的小正方形。尽管流面上的小扇形从进口到出口逐渐增大，但保角变换，顾名思义，就是保证空间流面上流线与圆周方向的角度不变的变换。在平面上展廾流线只要求其与圆周方向的夹角和空间流线的角度对应相等，展开流线的长度和形状可能不同。因为旨在相似，而不追求相等，所以可以设想把流面捏成圆柱面，如图 8.31（b）所示，然后将圆柱面沿母线切开，展成平面，如图 8.31（c）所示。由图可见，空间流线穿过流面上小扇形，将扇形两边截成两段，相应的流线在平面方格网上也把正方形两边分别截出成比例的两段。由相似关系可知对应的角度相等，即保持角度不变。设计叶片和上述过程相反，是把在平面展开图上绘制的流线，借助特征线，保持角度不变变换到流面（平面和轴面投影）上。因为所有绘型扭曲叶片的方法，均适用于绘型圆柱形叶片，故以扭曲叶片为例进行叙述。

8.9.1.2 绘型步骤

1. 沿轴面流线分点

分点的实质就是在流面上画特征线，组成扇形格网。因为流面是轴面流线绕中心线旋

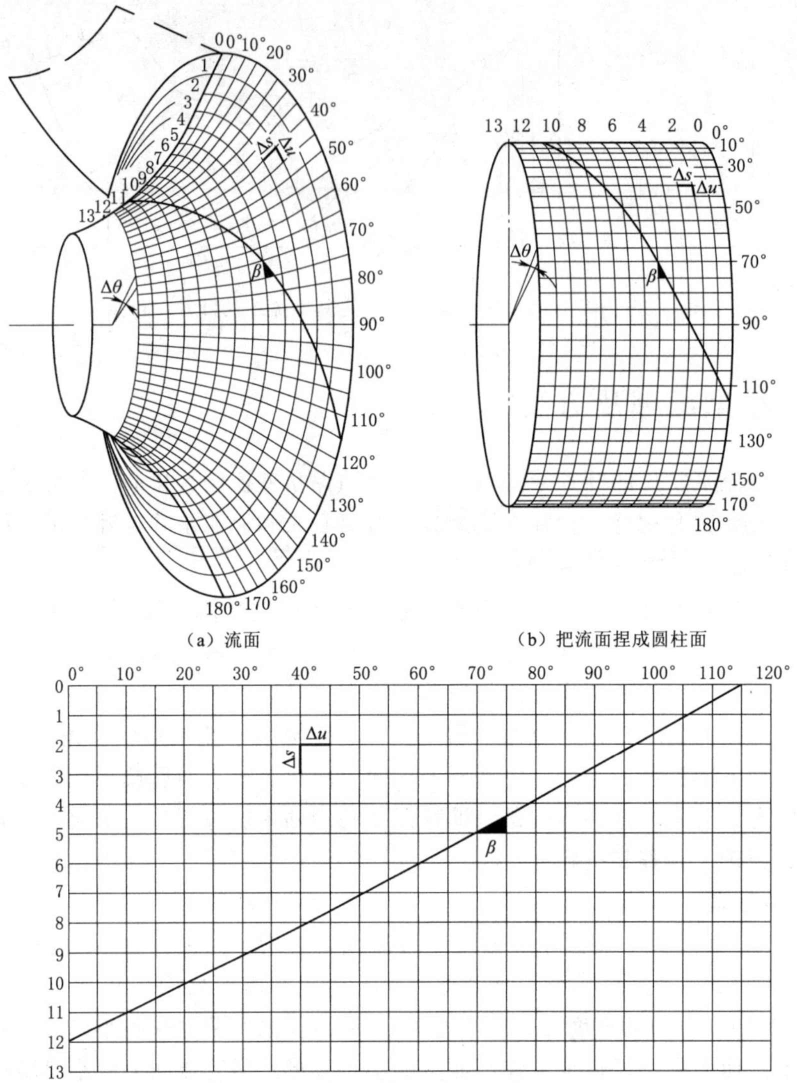

（a）流面

（b）把流面捏成圆柱面

（c）把圆柱面展开成平面

图 8.31 方格网保角变换法绘型原理

转一周所得的曲面，一个流面上的全部轴面流线均相同，所以只要分相应的 条轴面流线，就等于在整个流面上绘出了方格网。

流线分点的方法很多，现介绍如下。

(1) 逐点计算法。由上述绘型原理，流面的每个扇形应近似为正方形，即 $\Delta s=\Delta u$，由图 8.32 可知：

$$\Delta u=\frac{\Delta\theta}{360}2\pi R \tag{8.27}$$

式中：$\Delta\theta$ 为任取的两轴面间的夹角，一般取 $\Delta\theta=3^\circ\sim5^\circ$，$\Delta\theta$ 取值越小，分的点越多；R 为流面上小扇形中心（轴面流线两分点中间）的半径。

分点的方法是从叶轮出口沿轴面流线任取 Δs，量出 Δs 中点半径 R，按式 (8.27) 计

算 Δu，如果算得的 Δu 等于预取的 Δs，分点是正确的。若 Δu 不等于 Δs，重新取 Δs，再算 Δu，直至两者相等。然后，从分得的点起分第 2 点、第 3 点……这种方法的缺点是容易产生积累误差。

(2) 作图分点法。在轴面投影图旁，画两条夹角等于 $\Delta\theta$ 的射线（图 8.32），这两条射线表示夹角 $\Delta\theta$ 的两轴面。与逐点计算法相同，一般取 $\Delta\theta=3^\circ\sim5^\circ$，从出口开始，沿轴面试取长度 Δs，若 Δs 中点半径对应的两射线间的弧长 Δu，与试取的 Δs 相同，则分点是正确的，如果不等，另取 Δs，直至 $\Delta s=\Delta u$。第 1 点确定后，用同样的方法分第 2 点、第 3 点……当流线平行轴线时，Δu 不变，用对应的 Δs 截取等长即可。值得注意的是，Δs 是轴面流线长度，而不是射线间的垂直长度（只是在轴面流线垂直轴线时两者相等）。由图可见，分完一条轴面流线，就等于在整个流面上画满了方格网。

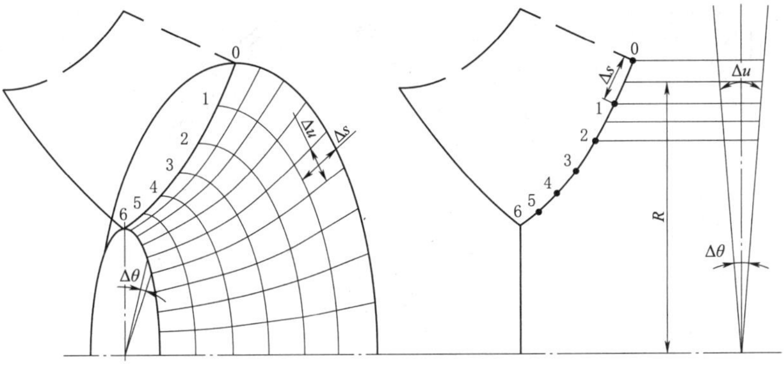

图 8.32 在轴面流线上分点

(3) 图解积分法。图解积分法对轴面流线分点如图 8.33 所示，又因 $\Delta u=\Delta s$，由图可知：

$$\Delta u=\frac{\Delta\theta}{360}2\pi R,\quad \Delta\theta=\frac{360}{2\pi}\frac{\Delta u}{R}$$

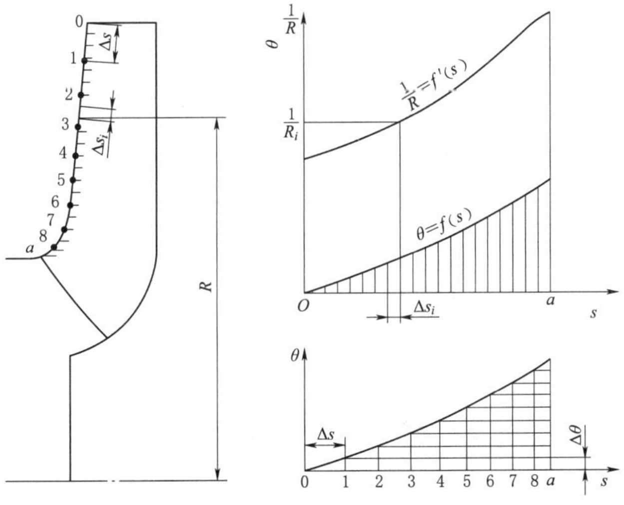

图 8.33 图解积分法对轴面流线分点

因 $\Delta u=\Delta s$，则

$$\theta=\int_{0}^{\theta}\Delta\theta=\frac{360}{2\pi}\int_{0}^{s}\frac{\mathrm{d}s}{R}\approx\frac{360}{2\pi}\sum\frac{\Delta s_i}{R_i}$$

以每条流线为始点，取一系列计算点，量出各点的半径 R_i 和各间隔的轴面流线长度 Δs_i。以 s 为横坐标，作出 $\theta=f(s)$ 曲线，然后用选定的 $\Delta\theta$，从出口开始截取纵坐标，过各分点作水平线和 $\theta=f(s)$ 曲线相交，从各交点向横坐标引垂线，得第 1 点、第 2 点、第 3 点……按各分点 s 长度，在轴面流线上截取相应分点。

2. 画展开流面（平面方格网）并在其上绘制流线

画展开流面（平面方格网）并在其上绘制流线，如图 8.34 所示。因为方格网保角变

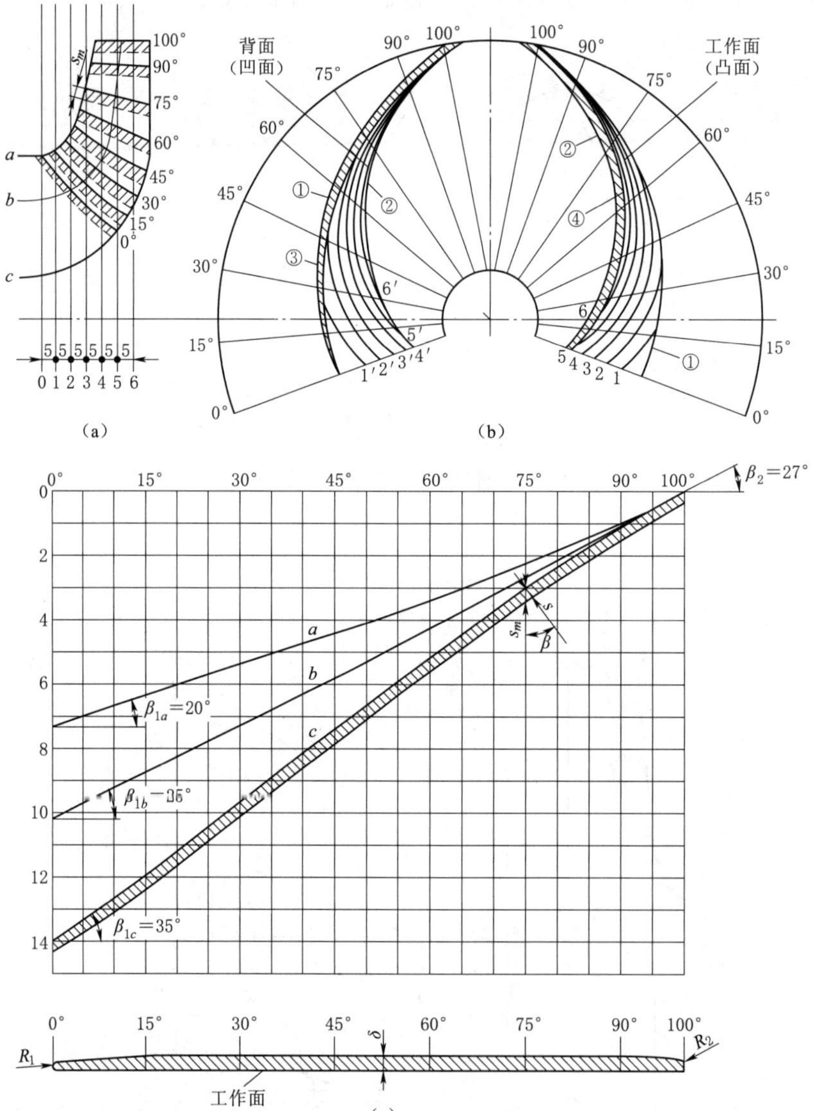

图 8.34　叶片绘型

换法是基于局部相似，而不是局部相等，所以几个流面可以用一个平面方格网绘流线，平面方格网方格的大小可任意选取。方格网竖线表示轴面流线相应分点，横线表示夹角等于所用 $\Delta\theta$ 的轴面。

画完方格网（或用方格纸）后，便可在其上绘制流线。通常先画中间流线，流线进、出口在方格网上的位置应与轴面投影流线的分点对应，包角（$\Delta\theta$—格数）可自行选取，首先过进、出口点作角度等于计算的叶片进、出口安放角的直线，然后作光滑曲线（用曲线尺、钢板尺、三角尺画曲线）与进、出口角度线相切。有些情况下，可在保证进、出口安放角的条件下随意画出型线。其他流线可用类似的方法绘出。型线应满足三点：①光滑平顺；②单向弯曲，不要出现 S 形状，以平直稍凸为好；③各型线有一定的对称性。

型线的形状极为重要，不理想时应坚决修改。必要时可以适当改变进口安放角，叶片进口边位置，叶片包角，叶片进、出口边不布置在同一轴面上等，重新绘制。

3. *在轴面投影图中画轴面截线*

方格网上画出的三条相对流线，就是叶片表面的三条型线。用轴面（方格网中的竖线）截三条流线，相当于用轴面去截叶片，所得三点的连线是叶片的轴面截线。把方格网中每隔一定角度的竖线（表示轴面）和三条流线的交点，按相对应分点（编号 1、2、3……）的位置用插入法，分别点到轴面投影图三条流线上，然后连成光滑曲线，即为叶片的轴面截线。轴面截线应光滑并有规律变化，并尽量使轴面截线与轴面流线的夹角 λ 接近 90°，一般不应小于 60°。λ 角太小，盖板和叶片的实际夹角过小，会带来排挤严重，且会造成铸造困难、过水断面形状不良（湿周增加）等问题。

盖板和叶片真实夹角 γ 与 λ 的关系为

$$\cot\gamma=\cot\lambda\cos\beta$$

4. *叶片加厚*

轴面截线表示无厚度的叶片，实际叶片是有厚度的，所以必须进行叶片加厚。叶片可以在展开流面上、轴面和平面图上加厚。这里先介绍通常使用较多的在轴面投影图上加厚方法，其他加厚方法留在后面介绍。

在轴面投影图上加厚方法如下：以保角变换得到的轴面截线为骨线向两边加厚，或者以此为工作面向背面加厚。轴面投影图上的轴面厚度（沿轴面流线方向）按下式计算：

$$s_m=s/\cos\beta=\delta\sqrt{1+\tan^2\beta+\cot^2\lambda}$$

式中：s 为流面厚度；δ 为真实厚度。

叶片厚度可按流线长度（如轴面截线）给定（图 8.34），通常最大厚度在离进口为叶片全长 1/3～1/2 处，进、出口部分应尽量减薄。一般小泵叶片进口流面厚度（或根据工艺允许的真实厚度算出流面厚度）约为 2mm，最大厚度为 4～5mm。

给定了真实厚度 δ（或流面厚度 s）之后，可以列表计算各点的轴面厚度 s_m。其中的 β 角从方格网展开图上的对应点量取，λ 角从轴面投影图上轴面截线对应点量取。其他流线厚度可以类似算出。

小泵各流线可以取相同的厚度，大泵应考虑拔模，从后盖板向前盖板厚度递减，因为叶片通常向后盖板方向拔模，厚度可按表 8.23 计算。

表 8.23　各流线对应的轴面厚度计算

轴面角度/(°)		0	10	20	30	40	50	60	…
流面厚度 s/mm									
前流线	β/(°)								
	$\cos\beta$								
	$s_m=s/\cos\beta$/mm								

列表计算厚度，量角度的误差很大，而且麻烦。为了避免这一缺点，可以按给定的流面厚度 s，沿方格网展开图流线直接加厚。s 为垂直型线方向的流面厚度，在竖直方向量得 s_m 就是轴面厚度，可将其直接加在轴面投影图相应点上（沿轴面流线方向加厚）。因为凸面是工作面，凹面是背面，所以背面轴面截线在工作面轴面截线下面，如图 8.34 所示。

应当指出，方格网上的流线是利用局部相似原理作出的，流线的长度并不等于真实流线的长度，沿此流线的厚度变化也和实际情况不同。但就各轴面处的厚度数值而言和列表计算相同，因而这种方法简单而且精确。

5. 画叶片剪裁图（木模图）

如图 8.34 所示，用一组等距（或不等距）的轴垂面去截叶片，每一个截面和叶片有两条交线（工作面和背面），把各截面和叶片工作面与背面的交线分别画在平面图中，即为木模截线，其具体作图如下：

(1) 画一组垂面，并编号 0、1、2、3、4……

(2) 在平面图中，画出相应轴面截线角度的轴面（一组射线）并按射线角度编号 0°、10°、20°、30°……

(3) 由于叶片向凸面（工作面）方向旋转，去掉后盖板（从后面看）能看见叶片工作面，从前面（去掉前盖板）能看见叶片凹面（背面），这两条原则决定工作面（背面）在侧视图中的位置。如在图 8.34 (b) 右侧，画出后盖板与叶片交面（后盖板进口半径小），是工作面的木模截线，左侧画出前盖板与叶片的交面（前盖板进口半径大），是背面的木模截线。该叶片从后面去看（工作面）为顺时针方向旋转，从前面去看（背面）为逆时针方向旋转。

(4) 作叶片平面投影轮廓线。图 8.34 (b) 中曲线①是叶片工作面与前盖板的交线，它是把轴面投影图中各工作面截线和前盖板流线的交点，以相等的半径画到平面图相应轴面的射线上所得点的连线。同样可以作出曲线②叶片背面和后盖板的交线、曲线③叶片背面和前盖板的交线、曲线④叶片工作面和后盖板的交线。

(5) 画工作面、背面的木模截面。把木模截面（轴垂面）与工作面轴面截线（背面轴面截线）的交点，按相等半径移到平面图中相应的轴面射线上，并将所得的点连接，得工作面木模截线 1、2、3 等和背面木模截线 1′、2′、3′等。木模截面与前后盖板流线交点的半径（轴面图）应和平面图木模截线的始（终）点半径相等，从而确定了木模截线的始（终）点在圆周上的所在角度。木模截线应为光滑曲线。

木模截线是制作叶片的依据，为了避免描图引起型线变形，最好对每个截线与轴面交点给出坐标，见表 8.24。

表 8.24　　木模截线径向坐标（工作面或背面）

木模截面	轴面										
	0°	10°	20°	30°	40°	50°	60°	70°	80°	90°	…
	径向坐标										
前盖板流线											
0											
1											
2											
⋮											
后盖板流线											

8.9.1.3　叶片绘型质量检查

1. 叶片间流道扩散情况检查

两叶片间流道面积变化情况，尤其是两叶片间流道有效部分出口面积 $F_{出}$ 和进口面积 $F_{进}$ 之比，对性能有非常重要的影响，推荐：

$$\frac{F_{出}}{F_{进}}=1.0\sim1.3 \tag{8.28}$$

除低比转速泵外，该比值一般不要大于 1.3，否则流道扩散严重，效率下降。

流道间面积按下式计算：

$$F_i=a_ib_i$$

式中：a_i 为平面图两叶片间的宽度；b_i 为轴面图叶片宽度。

对于圆柱形叶片，检查可按图 8.35 所示的方法进行。

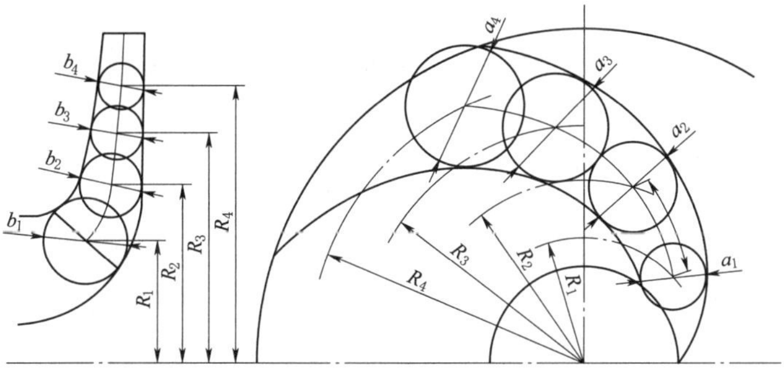

(a) 圆柱形叶片检查方法

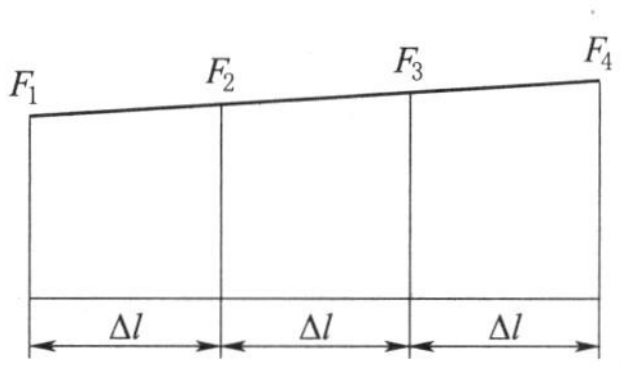

(b) 流道面积变化曲线

图 8.35　相邻叶片间流道面积检查

对于扭曲叶片，可按下列步骤进行检查（图 8.36）：

(1) 在平面图中画出两个相邻叶片的轮廓线和中间流线，从一个叶片进口边 A、B、C 向另一叶片对应流线引垂线交于 A'、B'、C'三点。

(2) 将 A'、B'、C'点投影到轴面投影图相应流线上并连线 A'、B'、C'。

(3) 将平面图上 AA'(BB') 分成数等分，过分点引垂线。在轴面图中引直线

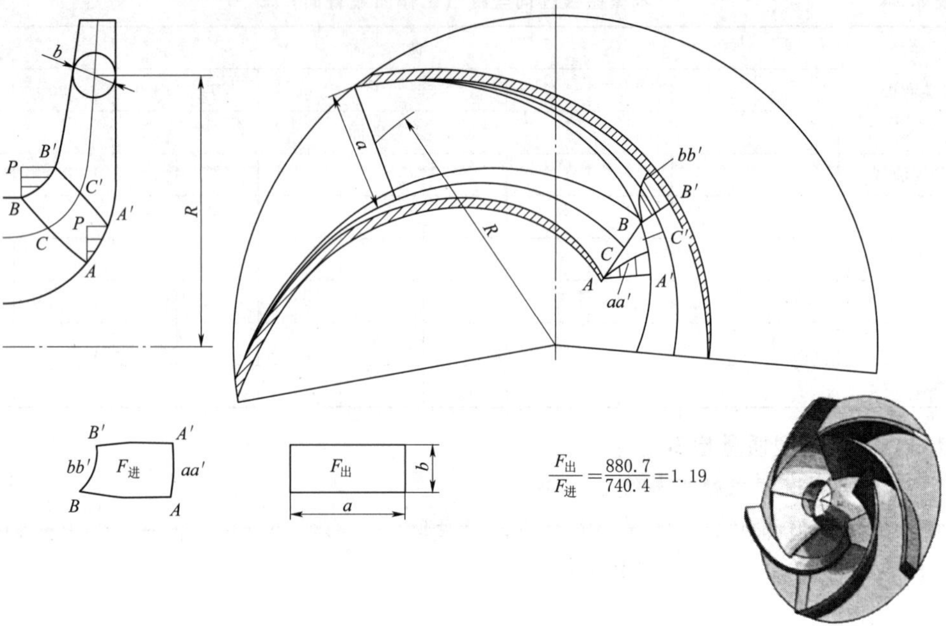

图 8.36 扭曲叶片相邻叶片间流道面积检查法和三维造型的进、出口面积

$OP(BP)$，把轴面图中的 $AA'(BB')$ 分成对应的等分，将分点到 $OP(BP)$ 的距离移到平面图的相应垂线上，则得 $aa'(bb')$。出口部分叶片如是扭曲的，和进口作图方法相同，如是圆柱形叶片，与前述的圆柱形叶片法相同。

轴面图中的 AB、$A'B'$ 和平面图的 aa'、bb' 四条线围成的面积为 $F_{进}$，在围成面积时，使 $A'B'$ 与 bb'、AB 与 aa' 的夹角大致等于相应处轴面截线与流线的夹角 λ。在本例中 $F_{出}/F_{进}=1.19$。

前面介绍了两相邻叶片进口面积的求法。实际上用类似的方法可以求出相邻叶片间各处的面积，得出从进口到出口的面积变化规律。

用三维水力设计软件设计，可直接给出此面积比，十分方便。

2. 速度变化情况检查

叶片设计完成之后，可以检查相对速度 w 和速度矩 v_uR 沿流线的变化规律。各流线可分别列表进行计算，其中 Δs 是轴面流线分段长度，从轴面流线上量，β 角从方格网流线上量，w 和 v_uR 沿真实流线长度 L 应当光滑有规律变化。计算过程见设计例题。对于工程设计，此项可不检查。

8.9.1.4 型线在方格网上的形式

方格网上各型线进口点位于同一条竖线上，表示叶片进口边在同一轴面上，在设计中叶片进口边和出口边都位于同一轴面上的情况较多，但是为了得到理想的型线和轴面截线的形状，进、出口边均可不放在同一轴面内。图 8.37 表示方格网上型线的几种不同布置形式。

8.9.1.5 叶轮设计计算实例

设计参数：流量 $Q=180\text{m}^3/\text{h}$，扬程 $H=45\text{m}$，转速 $n=2900\text{r/min}$，输送介质为常

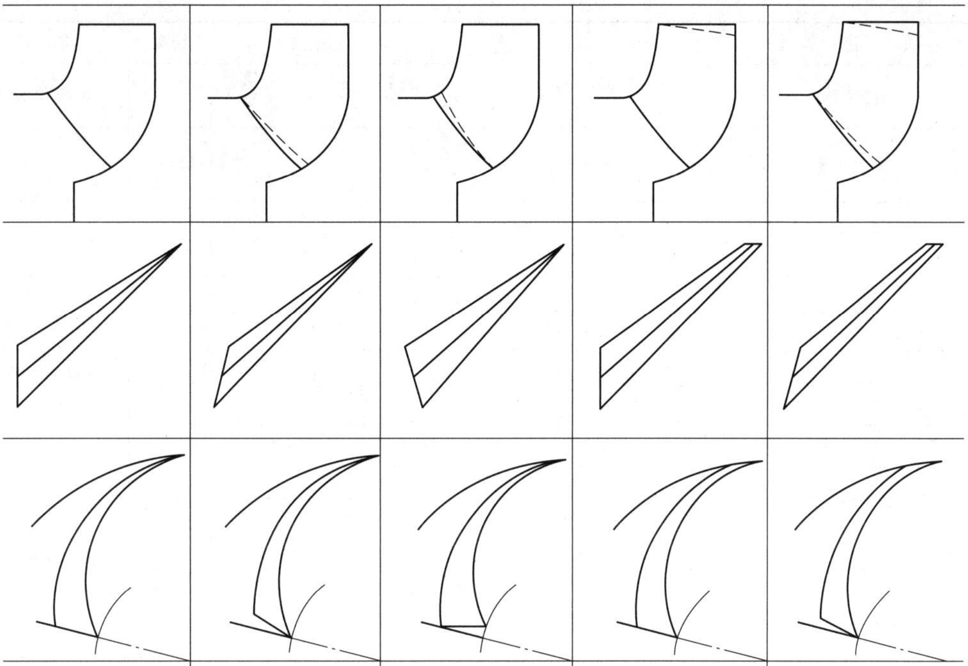

进口边在同一轴面上 出口边在同一轴面上	进口边不在同一轴面上 外缘进口边后掠	进口边不在同一轴面上 外缘进口边前掠	出口边不在同一轴面上	进口边不在同一轴面上 出口边不在同一轴面上

图 8.37 方格网上型线的布置形式

温清水，$\frac{p_v}{\rho g}=0.24\text{m}$，装置汽蚀余量 $NPSH_a=7.5\text{m}$。

叶轮设计计算见表 8.25，a 流线厚度计算见表 8.26，a 流线速度变化规律检查见表 8.27，叶片绘型如图 8.38 所示。

表 8.25　　叶轮设计计算

项目		公式	计算过程	结果	备注
确定泵进、出口直径	泵进口直径/mm	$D_s=K_s\sqrt[3]{\frac{Q}{n}}$	$D_s=5\times\sqrt[3]{\frac{180/3600}{2900}}$	129.2 取 125	取 $K_s=5$
	泵出口直径/mm	$D_d=K_d\sqrt[3]{\frac{Q}{n}}$	$D_d=4\times\sqrt[3]{\frac{180/3600}{2900}}$	103.3 取 100	取 $K_d=4$
	泵进口速度/(m/s)	$v_s=\frac{4Q}{D_s^2\pi}$	$v_s=\frac{4\times0.05}{0.125^2\times\pi}$	4.07	
	泵出口速度/(m/s)	$v_d=\frac{4Q}{D_d^2\pi}$	$v_d=\frac{4\times0.05}{0.1^2\times\pi}$	6.37	
汽蚀计算	泵安装高度/m	$h_g=\frac{p_a}{\rho g}-h_c-\frac{p_v}{\rho g}-NPSH_a$	$h_g=10.33-0.5-0.24-7.5$	2.09	取 $h_c=0.5$
	泵汽蚀余量/m	$NPSH_r=NPSH_a/1.3$	$NPSH_r=7.5/1.3$	5.77	取安全系数 1.3
	汽蚀比转速	$C=\frac{5.62n\sqrt{Q}}{NPSH_r^{3/4}}$	$C=\frac{5.62\times2900\sqrt{0.05}}{5.77^{0.75}}$	979	

续表

项目		公式	计算过程	结果	备注
泵结构	比转速	$n_s=\frac{3.65n\sqrt{Q}}{H^{3/4}}$	$n_s=\frac{3.65\times2900\times\sqrt{0.05}}{45^{0.75}}$	136.2	单吸单级式
确定效率	水力效率	$\eta_h=1+0.08351\lg\sqrt[3]{\frac{Q}{n}}$	$\eta_h=1+0.08351\lg\sqrt[3]{\frac{0.05}{2900}}$	0.867	
	容积效率	$\eta_v=\frac{1}{1+0.68n_s^{-2/3}}$	$\eta_v=\frac{1}{1+0.68\times136.2^{-2/3}}$	0.975	
	圆盘损失效率	$\eta'_m=1-0.07\frac{1}{(n_s/100)^{7/6}}$	$\eta'_m=1-0.07\times\frac{1}{(136.2/100)^{7/6}}$	0.951	
	机械效率	$\eta_m=\eta'_m-$轴承、填料损失	$\eta_m=\eta'_m-0.02$	0.931	取轴承、填料损失为2%
	总效率	$\eta=\eta_m\eta_v\eta_h$	$\eta=0.931\times0.975\times0.867$	0.787	
确定功率	轴功率/kW	$P=\frac{\rho gQH}{1000\eta}$	$P=\frac{9.81\times0.05\times45}{0.787}$	28.05	
	电机功率/kW	$P_g=\frac{k}{\eta_t}P$	$P_g=1.2\times28.05$	33.7 取37	电机直联结构
确定轮毂直径	扭矩/(N·m)	$M_n=9550\frac{P_c}{n}$	$M_n=9550\frac{37}{2900}$	121.8	
	最小轴径/mm	$d=\sqrt[3]{\frac{M_n}{0.2[\tau]}}$	$d=\sqrt[3]{\frac{121.8}{0.2\times450\times10^5}}$	23.8 取28	取$[\tau]=450\times10^5$
	装叶轮处轴径 d_B/mm	d_B根据泵轴结构定			
	轮毂直径 d_h/mm	$d_h=(1.2\sim1.4)d_B$（本例为悬臂式叶轮，d_h值仅在结构设计时使用，水力设计时取$d_h=0$）			
初步计算叶轮主要尺寸	进口当量直径/mm	$D_0=k_0\sqrt[3]{\frac{Q}{n}}$	$D_0=4.5\times\sqrt[3]{\frac{0.05}{2900}}$	116	取$k_0=4.5$
	进口直径/mm	$D_j=\sqrt{D_0^2+d_h^2}$	$D_j=\sqrt{116^2+30^2}$	120	取$d_h=30$
	叶轮外径/mm	$k_D=9.35k_{D2}\left(\frac{n_s}{100}\right)^{-1/2}$ $D_2=k_D\sqrt[3]{\frac{Q}{n}}$	$k_D=9.35\times0.995\left(\frac{136.2}{100}\right)^{-0.5}$ $D_2=7.97\times\sqrt[3]{\frac{0.05}{2900}}$	7.97 206	查表8.12得$k_{D2}=0.995$
	出口宽度/mm	$k_b=0.64k_{b2}\left(\frac{n_s}{100}\right)^{5/6}$ $b_2=k_b\sqrt[3]{\frac{Q}{n}}$	$k_b=0.64\times0.997\left(\frac{136.2}{100}\right)^{5/6}$ $b_2=0.825\times\sqrt[3]{\frac{0.05}{2900}}$	0.825 21.3 取22	查表8.13得$k_{b2}=0.997$
	叶片出口安放角/(°)	β_2		取27°	
	叶片数	$Z=6.5\frac{(D_2+D_1)}{(D_2-D_1)}\sin\frac{\beta_1+\beta_2}{2}$	$Z=6.5\times\frac{286}{126}\times\sin\frac{25+27}{2}$	6.5 取6	取$D_1=80$ $\beta_1=25°$
确定叶片厚度	真实厚度/mm	$\delta=AD_2\sqrt{\frac{H}{Z}}$			根据材料确定δ
	进口厚度/mm	δ_1		2	
	出口厚度/mm	δ_2		4	

续表

	项　目	公　式	计算过程	结果	备　注
精算叶轮外径第一次	理论扬程/m	$H_t=\dfrac{H}{\eta_h}$	$H_t=\dfrac{45}{0.867}$	51.9	
	修正系数	$\psi=\alpha\left(1+\dfrac{\beta_2}{60}\right)$	$\psi=0.7\times\left(1+\dfrac{27}{60}\right)$	1.015	取 $\alpha=0.7$
	静距/m^2	$s=\sum\limits_{i=1}^{n}\Delta s_iR_i$	$s=5\times(44.5+47.4+51.0+55.1+59.5+64.3+69.2+74.1+79.1+84.1+89.1+94.0+99.0)\times10^{-6}+1.5\times102.3\times10^{-6}$	4.71×10^{-3}	按初步确定尺寸画轴面投影图后再计算
	有限叶片数修正系数	$P=\psi\dfrac{R_2^2}{Zs}$	$P=1.015\times\dfrac{0.103^2}{6\times0.00471}$	0.381	
	无穷叶片数理论扬程/m	$H_{t\infty}=(1+P)H_t$	$H_{t\infty}=(1+0.381)\times51.9$	71.67	
	叶片出口排挤系数	$\psi_2=1-\dfrac{Z\delta_2}{\pi D_2}\times\sqrt{1+\left(\dfrac{\cot\beta_2}{\sin\lambda_2}\right)^2}$	$\psi_2=1-\dfrac{6\times4}{\pi\times206}\times\sqrt{1+\left(\dfrac{\cot27°}{\sin90°}\right)^2}$	0.918	取 $\delta_2=4$ $\lambda_2=90$
	出口轴面速度/(m/s)	$v_{m2}=\dfrac{Q}{\pi D_2b_2\psi_2\eta_v}$	$v_{m2}=\dfrac{0.05}{\pi\times0.206\times0.022}\times\dfrac{1}{0.918\times0.975}$	3.92	
	出口圆周速度/(m/s)	$u_2=\dfrac{v_{m2}}{2\tan\beta_2}+\sqrt{\left(\dfrac{v_{m2}}{2\tan\beta_2}\right)^2+gH_{t\infty}}$	$u_2=\dfrac{3.92}{2\times\tan27°}+\sqrt{\left(\dfrac{3.92}{2\times\tan27°}\right)^2+9.81\times71.67}$	30.64	泵进口有旋时应加上 u_1v_{u1} 项
	出口直径/mm	$D_2=\dfrac{60u_2}{\pi n}$	$D_2=\dfrac{60\times30.64}{\pi\times2900}$	201.8	与假定不符，取 $D_2=202$ 进行计算
精算叶轮外径第二次	叶片出口排挤系数	$\psi_2=1-\dfrac{Z\delta_2}{\pi D_2}\times\sqrt{1+\left(\dfrac{\cot\beta_2}{\sin\lambda_2}\right)^2}$	$\psi_2=1-\dfrac{6\times4}{\pi\times202}\times\sqrt{1+\left(\dfrac{\cot27°}{\sin90°}\right)^2}$	0.917	
	出口轴面速度/(m/s)	$v_{m2}=\dfrac{Q}{\pi D_2b_2\psi_2\eta_v}$	$v_{m2}=\dfrac{0.05}{\pi\times0.202\times0.022}\times\dfrac{1}{0.917\times0.975}$	4.01	
	出口圆周速度/(m/s)	$u_2=\dfrac{v_{m2}}{2\tan\beta_2}+\sqrt{\left(\dfrac{v_{m2}}{2\tan\beta_2}\right)^2+gH_{t\infty}}$	$u_2=\dfrac{4.01}{2\times\tan27°}+\sqrt{\left(\dfrac{4.01}{2\times\tan27°}\right)^2+9.81\times71.67}$	30.74	假定 P 不变
	出口直径/mm	$D_2=\dfrac{60u_2}{\pi n}$	$D_2=\dfrac{60\times30.74}{\pi\times2900}$	202.4 取为 202	与假定接近，不再重新计算

续表

项　目		公　式	计算过程	结果	备　注
叶轮出口速度	出口轴面速度/(m/s)	$v_{m2}=\dfrac{Q}{\pi D_2 b_2 \psi_2 \eta_v}$	$v_{m2}=\dfrac{0.05}{\pi\times0.202\times0.022}\times\dfrac{1}{0.917\times0.975}$	4.01	
	出口圆周速度/(m/s)	$u_2=\dfrac{v_{m2}}{2\tan\beta_2}+\sqrt{\left(\dfrac{v_{m2}}{2\tan\beta_2}\right)^2+gH_{t\infty}}$	$u_2=\dfrac{4.01}{2\times\tan27^\circ}+\sqrt{\left(\dfrac{4.01}{2\times\tan27^\circ}\right)^2+9.81\times71.67}$	30.74	
	出口圆周分速度/(m/s)	$v_{u2}=\dfrac{gH_t}{u_2}$	$v_{u2}=\dfrac{9.81\times51.9}{30.74}$	16.56	
	无穷叶片数出口圆周分速度/(m/s)	$v_{u2\infty}=\dfrac{gH_{t\infty}}{u_2}$	$v_{u2\infty}=\dfrac{9.81\times71.67}{30.74}$	22.87	
叶轮进口轴面速度	叶轮进口圆周速度/(m/s)	$u_{1a}=\dfrac{\pi D_{1a}n}{60}$	$u_{1a}=\dfrac{\pi\times0.120\times2900}{60}$	18.22	分两条流线由轴面投影图得 D_{1a}、D_{1b}、D_{1c}、D_{1d}
		$u_{1b}=\dfrac{\pi D_{1b}n}{60}$	$u_{1b}=\dfrac{\pi\times0.1017\times2900}{60}$	15.44	
		$u_{1c}=\dfrac{\pi D_{1c}n}{60}$	$u_{1c}=\dfrac{\pi\times0.0814\times2900}{60}$	12.36	
		$u_{1d}=\dfrac{\pi D_{1d}n}{60}$	$u_{1d}=\dfrac{\pi\times0.0592\times2900}{60}$	8.99	
叶轮进口轴面速度	叶片进口轴面液流过水断面面积/m^2	$F_{1a}=2\pi R_a b_a$	$F_{1a}=2\pi\times0.0446\times0.0337$	0.0106	R、b 由叶轮轴面投影图得
		$F_{1b}=2\pi R_b b_b$	$F_{1b}=2\pi\times0.0426\times0.040$	0.0107	
		$F_{1c}=2\pi R_c b_c$	$F_{1c}=2\pi\times0.0411\times0.0427$	0.0110	
		$F_{1d}=2\pi R_d b_d$	$F_{1d}=2\pi\times0.0397\times0.0454$	0.0113	
	C 流线叶片进口角/(°)	$v_{m1c}=\dfrac{Q}{\eta_v F_{1c}\psi_{1c}}$	$v_{m1c}=\dfrac{0.05}{0.975\times0.011\times0.85}$	5.48	假定 $\psi_{1c}=0.85$
		$\tan\beta'_{1c}=\dfrac{v_{m1c}}{u_{1c}}$	$\tan\beta'_{1c}=\dfrac{5.48}{12.36}$	23.9°	
		$\beta_{1c}=\beta'_{1c}+\Delta\beta_{1c}$	$\beta_{1c}=23.9^\circ+1.1^\circ$	25°	
	校核 ψ_{1c}	$\psi_{1c}=1-\dfrac{Z\delta_1}{\pi D_{1c}}\times\sqrt{1+\left(\dfrac{\cot\beta_{1c}}{\sin\lambda_{1c}}\right)^2}$	$\psi_{1c}=1-\dfrac{6\times2}{\pi\times81.4}\times\sqrt{1+\left(\dfrac{\cot25^\circ}{\sin85^\circ}\right)^2}$	0.846	取 $\lambda_{1c}=85^\circ$ 与假定相近

注　表中各系数取值应根据具体情况查取。

表 8.26　　***a* 流线厚度计算**

轴面角度/(°)	0	10	20	30	40	50	60	70	80	90	100	110	120	130
s/mm	2.0	2.5	2.9	3.2	3.5	3.7	3.7	3.8	3.8	3.9	3.9	3.9	4.0	4.0
β/(°)	14.0	14.1	14.2	14.3	14.4	14.5	14.6	14.8	16.1	17.7	19.6	21.9	24.5	27.0
$s_m=\dfrac{s}{\cos\beta}$/mm	2.10	2.60	3.00	3.30	3.60	3.80	3.82	3.93	3.96	4.09	4.14	4.20	4.40	4.49

表 8.27　　a 流线速度变化规律检查表

轴面速度/(°)	0	10	20	30	40	50	60	70	80	90	100	110	120	130
Δs/mm	0.00	3.07	2.83	2.73	2.64	2.74	2.81	3.15	3.44	3.98	4.67	5.51	6.63	8.11
β/(°)	14.0	14.1	14.2	14.3	14.4	14.5	14.6	14.8	16.1	17.7	19.6	21.9	24.5	27
$\Delta L=\frac{\Delta s}{\sin\beta}$/mm	0.0	11.4	11.3	11.4	11.3	11.7	11.6	12.3	12.4	13.1	13.9	14.8	16.0	17.9
$L=\sum\Delta L$/mm	0.0	11.4	22.7	34.1	45.4	57.1	68.7	81.0	93.4	106.5	120.4	135.2	151.2	169.1
s/mm	2.0	2.5	2.9	3.2	3.5	3.7	3.7	3.8	3.8	3.9	3.9	3.9	4.0	4.0
$s_u=\frac{s}{\sin\beta}$/mm	7.0	9.3	11.6	13.4	15.0	15.7	15.1	14.9	13.7	12.8	11.6	10.5	9.6	8.8
R/mm	60.0	60.2	60.8	61.9	63.2	64.9	67.0	69.7	72.9	76.7	81.2	86.5	93.0	101.0
$\psi=1-\frac{Zs_u}{2\pi R}$	0.89	0.85	0.82	0.79	0.77	0.77	0.78	0.80	0.82	0.84	0.86	0.88	0.90	0.92
$F/\times10^{-3}\text{m}^2$	11.9	11.7	11.7	11.8	11.9	12.1	12.4	12.6	12.9	13.0	13.2	13.4	13.7	14.0
$v_m=\frac{Q}{\psi F\eta_v}$/(m/s)	4.8	5.1	5.4	5.5	5.6	5.5	5.3	5.1	4.9	4.7	4.5	4.3	4.2	4.0
$w=\frac{v_m}{\sin\beta}$/(m/s)	16.8	19.1	21.4	23.0	23.8	23.4	21.6	20.0	17.5	15.4	13.4	11.6	10.0	8.8
$u=\frac{2\pi Rn}{60}$/(m/s)	18.2	18.3	18.5	18.8	19.2	19.7	20.3	21.2	22.1	23.3	24.7	26.3	28.2	30.7
$v_u=u-\frac{v_m}{\tan\beta}$/(m/s)	2.1	−0.1	−2.3	−3.5	−4.0	−3.0	−0.5	1.8	5.3	8.6	12.0	15.5	19.1	22.8
v_uR/(m/s)	0.13	0.00	−0.14	−0.22	−0.25	−0.20	−0.04	−0.13	0.39	0.66	0.98	1.34	1.78	2.30

注　Δs—沿轴面流线量；β—从方格网流线上量；L—流线真实长度（图 8.19）；R—从轴面流线上量；F—由轴面图计算得。

8.9.1.6　由叶片剪裁图画方格网流线

有了叶片剪裁图便可以制作叶片，但是从剪裁图看不出叶片角度（速度）的变化情况。为此可以反向作图，由剪裁图求出方格网上叶片型线，从而可看出叶片角度变化，进而可计算速度沿流线的变化。反向画图步骤：①分中间流线；②轴面流线分点；③根据剪裁图木模截线作轴面截线；④作方格网并根据轴面截线对应轴面流线分点的位置在方格网上画出各流线。

8.9.1.7　用方格网保角变换法绘型圆柱形叶片

用方格网保角变换法绘型圆柱形叶片（图 8.39），既简单又能保证角度的合理变化，是一种理想的绘型方法，其步骤如下：

（1）在轴面图上分一条中间流线（也可以不分中间流线）。

（2）中间流线分点，如果不分中间流线，就对后盖板流线分点。

（3）根据确定的进、出口安放角 β_1、β_2 在方格网上画出一条流线。

（4）作轴面截线，进而画平面流线。也可不作轴面截线，根据方格网型线和轴面（方

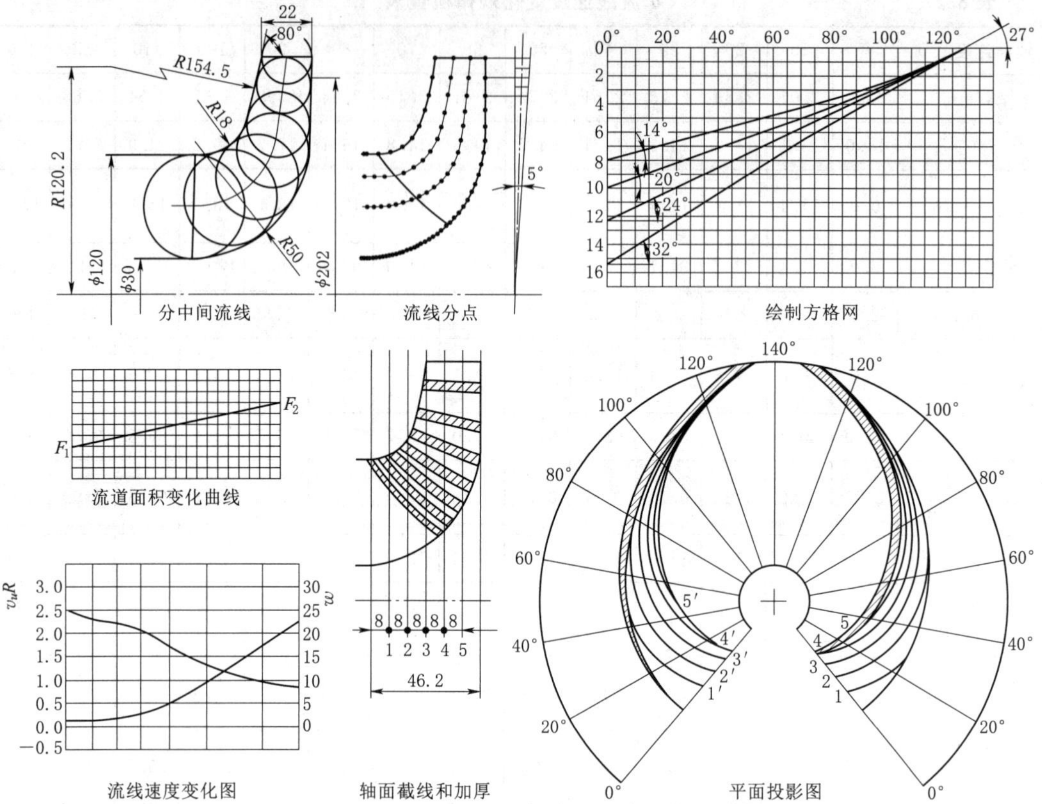

图 8.38 用方格网保角变换法绘型扭曲叶片

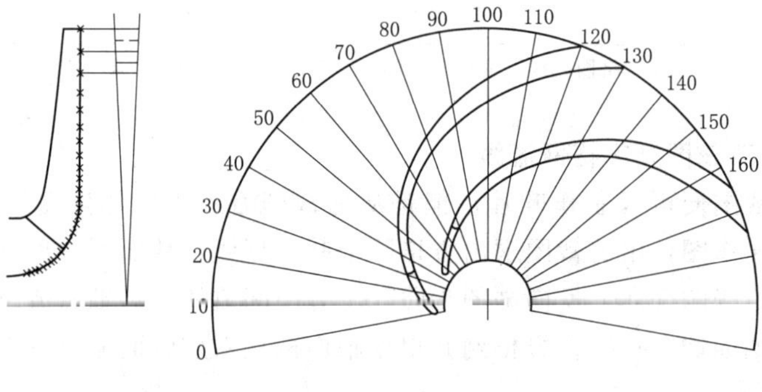

图 8.39 用方格网保角变换法绘型圆柱形叶片

格网竖线）交点，对应轴面流线分点的半径，在平面图射线上画出各点，光滑连接，即是叶片型线。然后直接在平面图上加厚，并标出型线径向坐标。

8.9.2 扭曲三角形法叶片绘型

8.9.2.1 绘型原理

在图 8.40（a）流面上有一条流线，现用两组相互垂直的平面（轴面和垂直轴线的平面）去截这条流线。这两组平面和流面的交线和原来的流线在流面上组成一系列小直角三角形。因为流面是空间曲面，所以这些小三角形都是扭曲的曲面三角形。

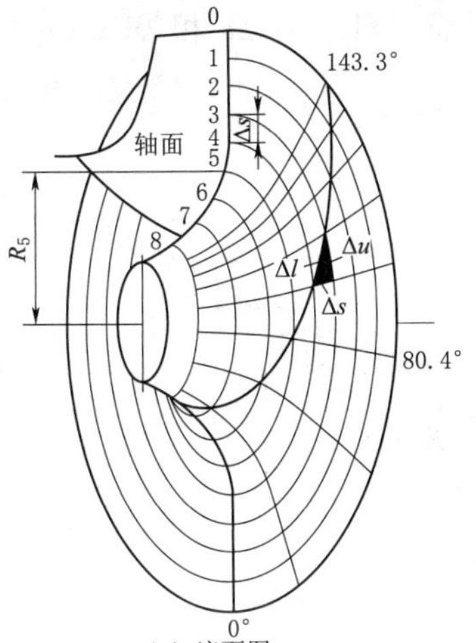

(a) 流面图

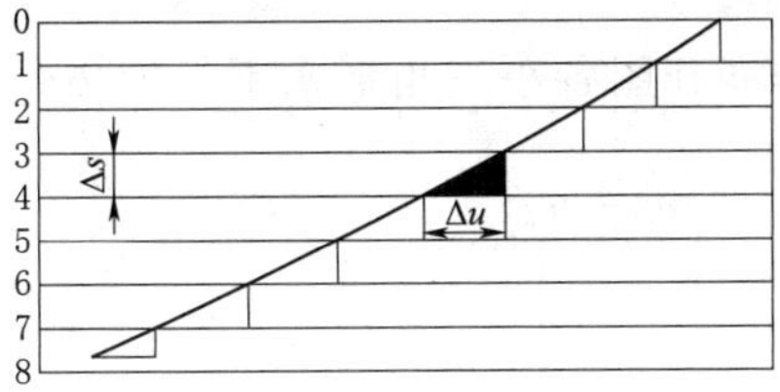

(b) 展开图

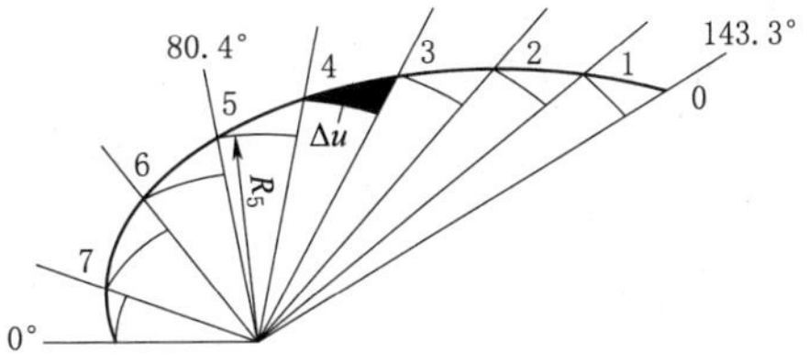

(c) 平面图

图 8.40 扭曲三角形绘型原理

当空间流线截成的单元长度 Δl 和相应的轴面流线长度（轴面与流面交线的长度）Δs、圆周弧长 Δu 构成的小三角形足够小时，则可近似地看作平面小三角形。既然是平面小三角形，就可以在平面上画出。把这些小三角形首尾相接地画在平面上，并保持直角边相互平行，如图 8.40（b）所示。这相当于把各小三角形剪下来，然后依次摆在平面上，显然平面上的小三角形和流面上对应的小三角形是近似全等的，如图 8.40（c）所示。这样，就把空间流面上的流线用局部全等的办法表示在平面上，实质是把空间流面展开成了平面。在画叶片时，与上述过程相反，是在平面展开图上，根据设计要求画出流线，然后把所画的流线返回到流面（平面和轴面投影）上。展开图上的竖线段长度 Δs 等于轴面流线预先分段的展开长度。因为流面图、展开图和平面图上相应的圆弧长度 Δu 相等，轴面图和平面图各点的对应半径相等。据此，由展开图和轴面投影图可作出流线的平面投影。由几条流线的平面投影，可作出叶片的轴面截线，完成叶片的设计。

8.9.2.2 绘型步骤

（1）作轴面投影图［图 8.41（a）］，分流线，初定叶片进口边。

（2）在轴面投影图上从各流线出口开始分点，得 0、1、2……为了作图方便，所分线段的曲线展开长度取为相等，这样三条流线可共用一个展开图。

（3）作平面展开图。相应流线分点，画间距等于轴面流线分点间曲线展开长度的平行线，并编号 0、1、2……

（4）在展开图上绘流线，所画流线进、出口点应和轴面流线位置相对应，进、出口角度和预先确定的值相对应。包角（水平方向的长度）可以灵活掌握。为了减少修改的工作量，可事先大致估算一下包角。其方法是以轴面流线离进口大约全长 2/5 处的半径作圆，使中心角大致等于流线平面图的包角，使对应中心角的圆周长度等于展开流线的水平长度 $L=\dfrac{2\pi R}{360}\varphi$，$\varphi$ 为预先估算的包角（三条流线包角对应的水平长度应分别确定）。三条流线可画在一张展开图上，当然也可以每一条流线画一张图，出口边都从 0 开始，如图 8.41（b）所示。

（5）根据展开图各小三角形水平长度 Δu 与平面图对应的 Δu 相等（Δu 不变）和轴

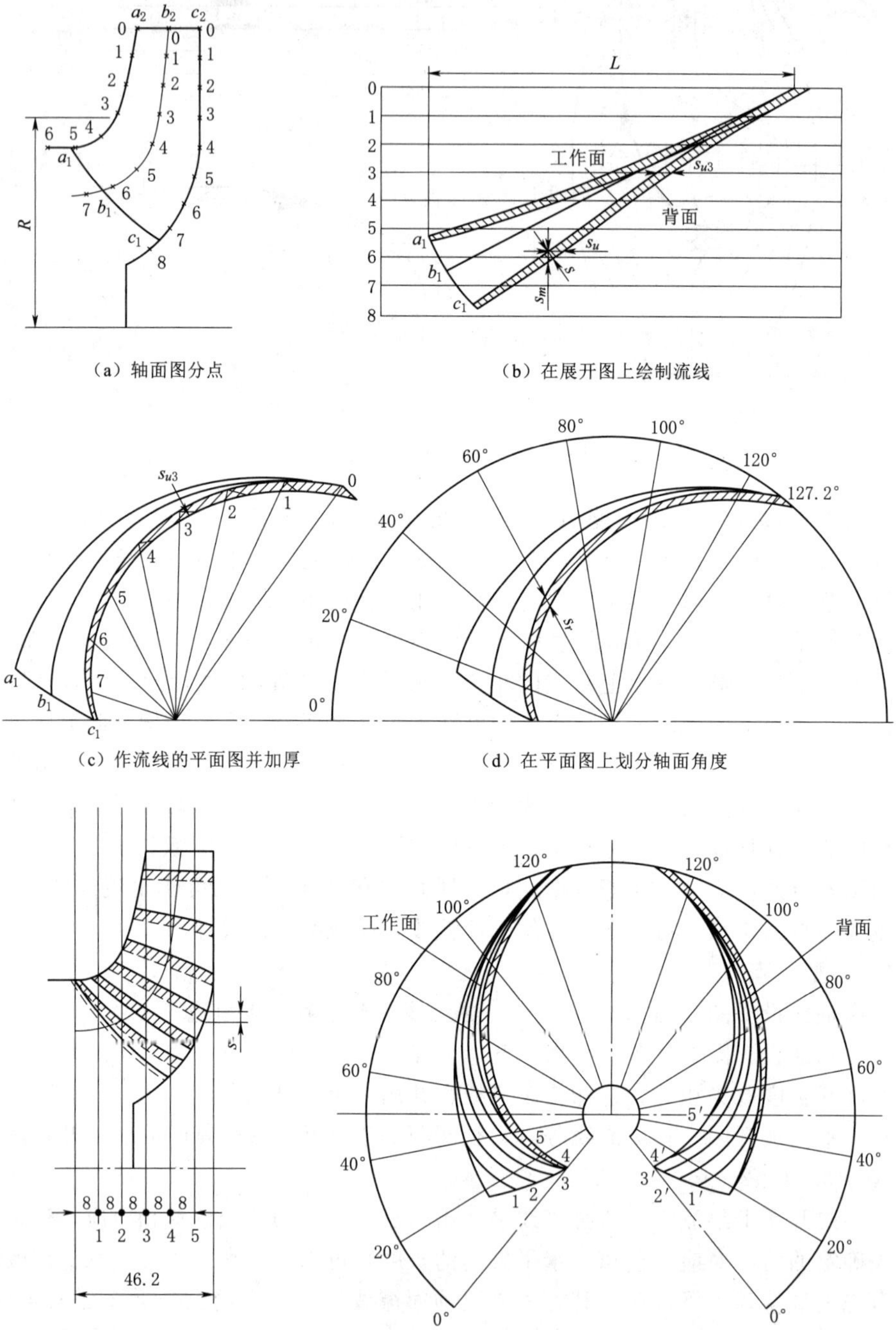

（a）轴面图分点　（b）在展开图上绘制流线

（c）作流线的平面图并加厚　（d）在平面图上划分轴面角度

（e）作轴面截线　（f）作木模截线

图 8.41　扭曲三角形法叶片绘型图例

面流线分点半径与平面图半径相等（R 相等），逐点作圆，作出各流线的平面投影，如图 8.41（c）所示。各流线在平面图上相互位置的关系，可以酌情组合，如是否把进、出口边放在同一轴面上等。型线不理想时应进行修改，直到满意为止。作平面图时从出口开始向进口比较方便。

（6）作轴面截线。在平面图上作一定夹角的射线（相当于轴面），并编号 0°、20°、40°……把各射线和平面流线的交点按相同的半径移到相应的轴面流线上，光滑连接所得点的连线，就是轴面截线，如图 8.41（e）所示。

（7）叶片加厚。有了轴面截线，可按方格网保角变换法绘型加厚。但是扭曲三角形法作图是建立在局部全等的基础上，展开的流线和空间的流线相似，且近似相等。因此可以在展开流线上直接按给定的流面厚度变化规律进行加厚。垂直流线方向的厚度为流面厚度 s，水平方向长度为圆周方向厚度 s_u，竖直方向长度为轴面厚度 s_m。由此可有两种加厚方法：其一，把 s_m 按相应点移到轴面流线上，连接所得点即是背面轴面截线；其二，把 s_u 沿平面图圆周方向移到相应点上，连接所得点即是背面流线的平面投影，然后再移到轴面截线上，得到背面轴面截线。这样加厚应对三条流线分别进行，为简便可对前后盖板两条流线加厚，而后按变化趋势光滑连接轴面截线。

（8）作叶片剪裁图和绘型质量检查与方格网保角变换法相同。绘型过程及结果如图 8.41 所示。

8.9.2.3 用扭曲三角形法绘型圆柱形叶片

与方格网保角变换法相同，可以用扭曲三角形法绘型圆柱形叶片（图 8.42），既简单，又能保证型线合理变化。其步骤如下：

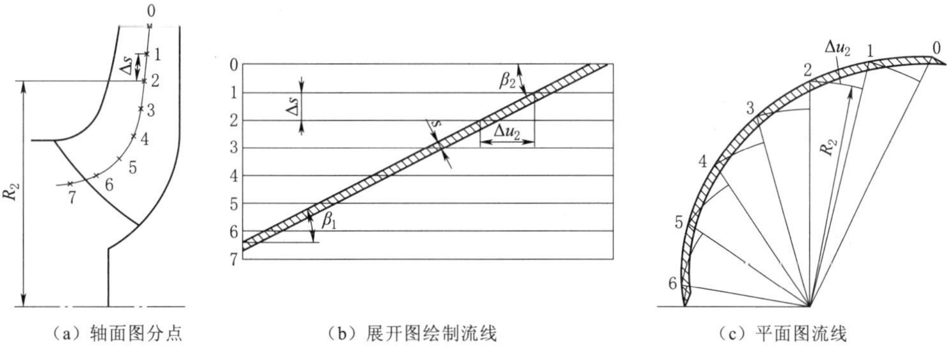

图 8.42　扭曲三角形法绘型圆柱形叶片

（1）在轴面图上分一条中间流线（也可不分中间流线）。

（2）对中间流线分点（按相等曲线长度或不等均可），如果不分中间流线，就对后盖板流线分点。

（3）根据确定的叶片进、出口角在流面展开图上画一条流线。

（4）根据展开图和平面图 Δu 不变、半径 R 相等的原理，作流线的平面投影。

（5）在流面展开图上加厚（流面厚度 s），然后将水平方向 Δu 移到平面图相应点圆弧上，连接所得点，得背面平面流线。为简单也可直接在平面图上加厚。

(6) 在平面图上按一定角度给出叶片工作面、背面径向坐标。

8.9.3　逐点计算法叶片绘型

8.9.3.1　绘型原理

逐点计算法是利用叶片型线微分方程，按给定的速度（角度）变化规律，逐点计算出对应轴面角 $\Delta\theta$ 流线的半径 R，进而作出流线的平面投影。轴面流线各点对应的平面角度 $\mathrm{d}\theta$ 为

$$\mathrm{d}\theta=\frac{u-v_u}{v_m}\frac{\mathrm{d}s}{R\tan\beta}=\frac{\mathrm{d}s}{R\tan\beta}$$

设 $s=s_1$ 时，$\theta_1=0$，由 s_1 积分到 s 得

$$\theta=\int_{s_1}^{s}\frac{\mathrm{d}s}{R\tan\beta}\approx\sum\frac{\Delta s_i}{R_i\tan\beta_i}$$

$$\theta=\frac{180}{\pi}\int_{s_1}^{s}\frac{\mathrm{d}s}{R\tan\beta}\approx\frac{180}{\pi}\sum\frac{\Delta s_i}{R_i\tan\beta_i} \tag{8.29}$$

因为半径 R 随轴面流线 s 的变化规律可从轴面流线图得到，若给定 β 角随轴面流线长度 s 的变化规律，则上式可以求解。得到各点 R 和 θ 角的关系，即可作出流线的平面投影（如果是扭曲叶片，每条流线分别求解）。其具体方法如下：

由速度三角形：

$$w=\frac{v_m}{\sin\beta}$$

则

$$\sin\beta=\frac{v_m}{w}$$

式中：β 为叶片角，(°)；v_m 为考虑叶片排挤的轴面速度，m/s；w 为相对速度，m/s。

引入排挤系数：

$$w=\frac{v'_m}{\sin\beta\psi}=\frac{v'_m}{\sin\left(1-\frac{Zs_u}{D\pi}\right)}=\frac{v'_m}{\sin\beta\left(1-\frac{s}{t\sin\beta}\right)}$$

$$\sin\beta\left(1-\frac{s}{t\sin\beta}\right)=\frac{v'_m}{w} \tag{8.30}$$

$$\sin\beta=\frac{v'_m}{w}+\frac{s}{t}$$

式中：v'_m 为未考虑叶片排挤的轴面速度，m/s；s 为叶片流面厚度，m；t 为叶片节距，m。

通常叶片角 β 和轴面流线半径 R 随轴面流线 s 的变化而变化，没有固定的解析函数式，但是当给定了 w、v'_m 的变化规律时，可以逐点计算 $\frac{1}{R\tan\beta}$，并画出随 s 的变化曲线。

这样式（8.29）可以用图解积分或数值积分求解。

设

$$B=\frac{1}{R\tan\beta}$$

则

$$\Delta\theta_i=\frac{B_i+B_{i+1}}{2}\Delta s_i$$

各 $\Delta\theta_i$ 之和为

$$\theta=\sum_{i=1}^{n}\frac{B_i+B_{i+1}}{2}\Delta s_i$$

式中：$\Delta\theta_i$ 为平面图中心角增量；Δs_i 为轴面流线微段长度（在轴面流线上量得）（图 8.43）；B_i、B_{i+1} 为轴面流线微段 Δs_i 始点和终点的$\frac{1}{R\tan\beta}$值。

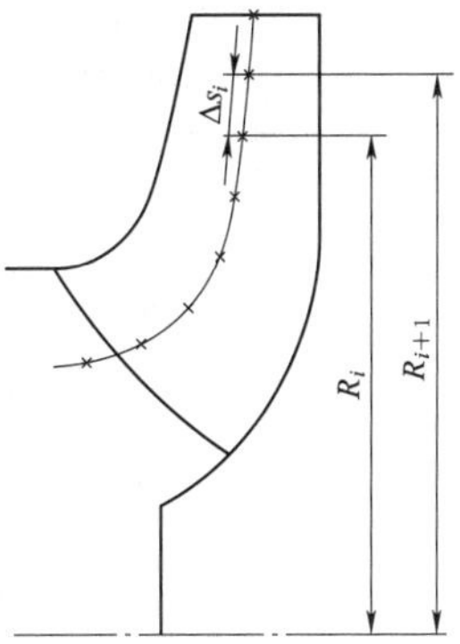

图 8.43　符号 Δs_i 的意义

由此求得 θ 角和 s（也就是半径 R）的关系，作出流线的平面投影。有了各流线的平面投影之后，作轴面截线、加厚、画剪截图等，和前述绘型方法相同。

8.9.3.2　设计步骤

（1）沿轴面流线分点，为方便 Δs_i 取相等的值。

（2）给定流面厚度或排挤系数沿轴面的变化规律 $\psi=f(s)$，进、出口的 ψ 值可以根据进、出口参数计算。

（3）通过计算和选定的进、出口角，绘出 β 沿流线的变化规律曲线 $\beta=f(s)$，查出各点的 β。

（4）根据轴面投影图算出 v_m'，绘出 $v_m'=f(s)$ 曲线。

（5）由 $v_m'=f(s)$ 曲线得出相对速度变化规律 $w=f(s)$。

（6）计算 B，求得 θ 和 R 的关系。

对每条流线可列表计算（表 8.28）。

表 8.28　逐点计算叶片绘型计算表

序号	R	Δs	β	v_m	ψ	v_m'	w	$B=\frac{1}{R\tan\beta}$	$\Delta\theta_i=\frac{B_i+B_{i+1}}{2}\Delta s_i$	$\sum\Delta\theta_i$	$\theta=\frac{180}{\pi}\sum\Delta\theta_i$
1											
⋮											

（7）按照前面给出的方法绘制平面投影图，并对轴面截线加厚，得到的平面图和加厚示例如图 8.44 所示。

根据设计的叶轮木模图，通过相应的三维造型软件即可生成叶片及叶轮的三维模型图，提供给后续的流场分析及结构强度计算。同时制造企业也根据木模图生产叶轮及进行叶轮维修后的质量检查。其三维模型及实物示例如图 8.45 和图 8.46 所示。

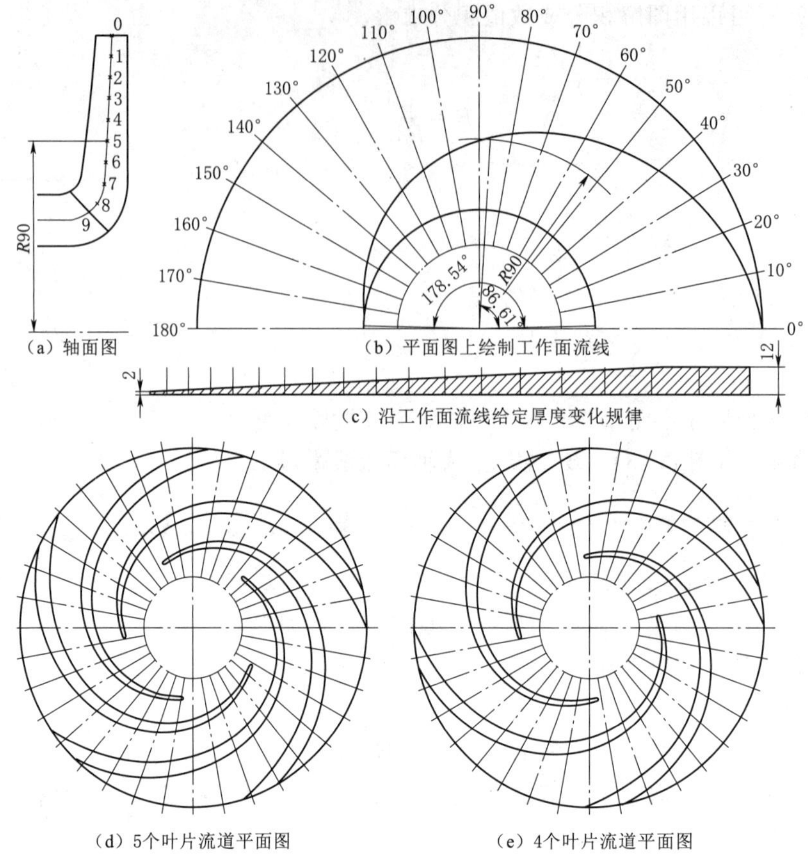

图 8.44 绘制平面图和加厚示例

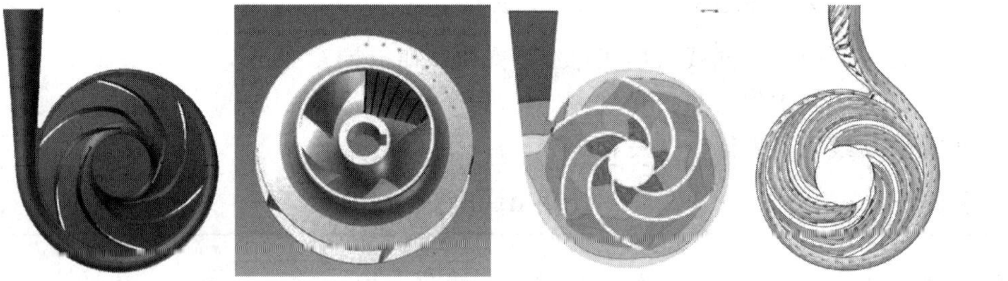

图 8.45 叶轮三维水力模型及流场计算

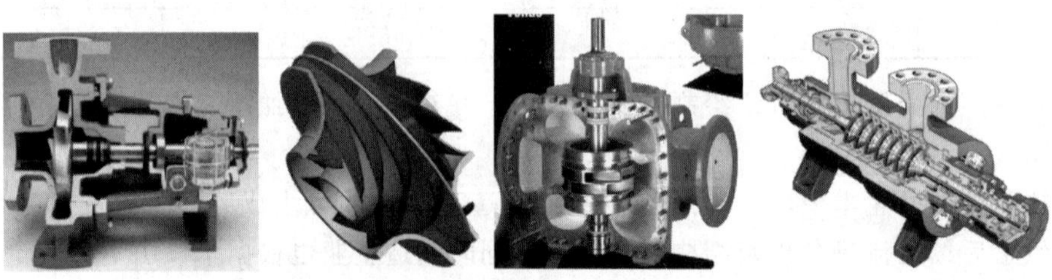

图 8.46 叶轮三维实体模型及泵体结构

8.10 二元理论泵叶片设计

二元理论方法认为轴面速度 v_m 沿着过水断面是不均匀的，即轴面液流为二元流动。$\omega_u=0$ 的二元理论方法认为轴面上的流动为有势流动。二元理论实际应用不多，但理论上比一元理论方法完善，适合于设计高比转速混流泵叶片。

8.10.1 轴对称流动涡线方程及其特性

由流体力学理论可知，叶片对液流作用，可以用分布在叶片翼型上的速度环量来代替。漩涡特性如图 8.47 所示，假定翼型两面的相对速度为 w' 和 w''，则机翼 ds 线段上的速度环量为

$$\mathrm{d}\Gamma=(w''-w')\mathrm{d}s$$

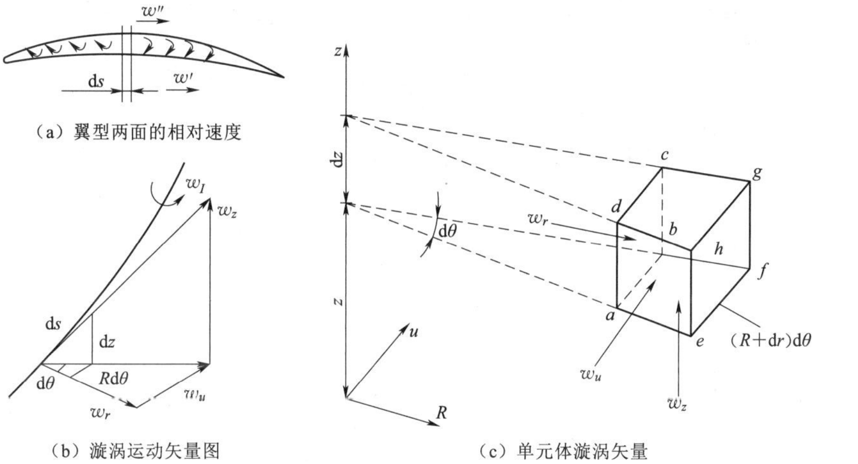

图 8.47 漩涡特性

如果用强度等于 dΓ 的漩涡来代替 ds 段机翼，使它与某一平行流动合成的结果相同于机翼两个表面上的速度 w' 和 w''，就可以把叶片看成是位于叶片表面的一组涡带（漩涡面），它对液流的作用与叶片相同。

漩涡运动角速度矢量 $\vec{\omega}$ 和涡线相切，它在各坐标轴上的投影互成比例。由流体力学理论，若采用圆柱坐标 $f(z、R、u)$，涡线的方程为

$$\frac{\mathrm{d}z}{\omega_z}=\frac{\mathrm{d}R}{\omega_r}=\frac{R\,\mathrm{d}\theta}{\omega_u} \tag{8.31}$$

式中：z、R 为泵的轴线方向和半径方向；u 为圆周方向；ω_z、ω_r、ω_u 为漩涡角速度在 z、R、u 方向的投影。

在液流中取单元体作为研究对象，如图 8.47（c）所示，计算各表面的面积和封闭围线的速度环量。由斯托克斯定理可得

$$\mathrm{d}\Gamma=2\omega\,\mathrm{d}F$$

旋度 Ω 等于角速度的 2 倍，即 $\Omega=2\omega$。现对单元体各表面封闭围线求旋度，在三个

坐标上的分量分别为 Ω_r、Ω_u、Ω_z，为此先求单元体各表面的环量，即

$$\left.\begin{aligned}
\mathrm{rot}_r v = \Omega_r = 2\omega_r &= \frac{\int_{abcd} v\,\mathrm{d}s}{R\,\mathrm{d}\theta\,\mathrm{d}z} = \frac{\dfrac{\partial v_z}{R\partial\theta}R\,\mathrm{d}\theta\,\mathrm{d}z - \dfrac{\partial v_u}{\partial z}\mathrm{d}zR\,\mathrm{d}\theta}{R\,\mathrm{d}\theta\,\mathrm{d}z} = \frac{\partial v_z}{R\partial\theta} - \frac{\partial v_u}{\partial z}\\
\mathrm{rot}_u v = \Omega_u = 2\omega_u &= \frac{\int_{adhe} v\,\mathrm{d}s}{\mathrm{d}R\,\mathrm{d}z} = \frac{\dfrac{\partial v_r}{\partial z}\mathrm{d}R\,\mathrm{d}z - \dfrac{\partial v_z}{\partial R}\mathrm{d}z\,\mathrm{d}R}{\mathrm{d}R\,\mathrm{d}z} = \frac{\partial v_r}{\partial z} - \frac{\partial v_z}{\partial R}\\
\mathrm{rot}_z v = \Omega_z = 2\omega_z &= \frac{\int_{aefb} v\,\mathrm{d}s}{\mathrm{d}RR\,\mathrm{d}\theta} = \frac{\dfrac{\partial(Rv_u)}{R\partial R}R\,\mathrm{d}R\,\mathrm{d}\theta - \dfrac{\partial v_r}{R\partial\theta}R\,\mathrm{d}\theta\,\mathrm{d}R}{\mathrm{d}RR\,\mathrm{d}\theta} = \frac{\partial(Rv_u)}{R\partial R} - \frac{\partial v_r}{R\partial\theta}
\end{aligned}\right\} \tag{8.32}$$

其中

$$\Gamma_{abcd} = v_u R\,\mathrm{d}\theta + \left(v_z + \frac{\partial v_z}{\partial\theta}\mathrm{d}\theta\right)\mathrm{d}z - \left(v_u + \frac{\partial v_u}{\partial z}\mathrm{d}z\right)R\,\mathrm{d}\theta - v_z\,\mathrm{d}z$$

$$\Gamma_{adhe} = v_z\,\mathrm{d}z + \left(v_r + \frac{\partial v_r}{\partial z}\mathrm{d}z\right)\mathrm{d}R - \left(v_z + \frac{\partial v_z}{\partial R}\mathrm{d}R\right)\mathrm{d}z - v_r\,\mathrm{d}R$$

$$\Gamma_{aefb} = v_r\,\mathrm{d}R + \left(v_u + \frac{\partial v_u}{\partial R}\mathrm{d}R\right)(R + \mathrm{d}R)\mathrm{d}\theta - \left(v_r + \frac{\partial v_r}{\partial\theta}\mathrm{d}\theta\right)\mathrm{d}R - v_u R\,\mathrm{d}\theta$$

对于轴对称流动 $\dfrac{\partial v_r}{\partial\theta}=0$、$\dfrac{\partial v_z}{\partial\theta}=0$，则式（8.32）可写成

$$\left.\begin{aligned}
\Omega_r &= 2\omega_r = -\frac{\partial v_u}{\partial z} = -\frac{\partial(v_u R)}{R\partial z}\\
\Omega_u &= 2\omega_u = \frac{\partial v_r}{\partial z} - \frac{\partial v_z}{\partial R}\\
\Omega_z &= 2\omega_z = \frac{\partial(Rv_u)}{R\partial R}
\end{aligned}\right\} \tag{8.33}$$

在轴面内，涡线方程变为

$$\frac{\mathrm{d}z}{\omega_z} = \frac{\mathrm{d}R}{\omega_r},\quad \omega_z\,\mathrm{d}R - \omega_r\,\mathrm{d}z = 0 \tag{8.34}$$

将式（8.33）的 ω_z 和 ω_r 代入式（8.34），得

$$\frac{\partial(Rv_u)}{R\partial R}\mathrm{d}R + \frac{\partial(v_u R)}{R\partial z}\mathrm{d}z = 0$$

上式左边可以写成全微分的形式，即

$$\mathrm{d}(v_u R) = 0$$

则 $v_u R$＝常数。

由此可以得出结论，假设漩涡矢量在圆周方向的投影等于 0（$\omega_u=0$），则轴面流动为有势流动，沿轴对称流动涡线上的速度矩保持常数，这就是二元理论假定 $\omega_u=0$ 设计方法中的重要性质。

8.10.2　轴面有势流动的特点

（1）涡线是平面曲线，而且在轴面上（$\omega_u=0$），所以 $\omega=\omega_m=\omega_r+\omega_z$。

（2）由上可知，沿轴面涡线 v_uR＝常数。

（3）轴面涡线就是叶片轴面截线，因为假设叶片表面是由一系列涡线组成的涡面。所以涡面等于叶片表面，轴面和涡面的交线（轴面涡线）也就是轴面和叶片表面的交线——轴面截线。

（4）在轴面涡线上 v_uR＝常数，所以在同一轴面截线上 v_uR＝常数。由此，给定一条流线的 v_uR 变化规律：$v_uR=f(s)$，则其他流线亦相应地被确定。

8.10.3 二元理论轴面流线的绘制

二元理论和一元理论分轴面流线，虽然都是按每个小单元流道通过一定且不变的流量，但因假定轴面速度分布规律不同，所分出的流线形状不同。把整个流道分成几个通过相等流量的单元流道，那么，假定 v_m 大的地方，所分的流道就窄。

二元理论分流线，是把进、出口流线适当延长（各流线趋于平行），进、出口可按一元理论分好，并凭经验画出各中间流线，按轴面液流为有势流动的特点，作一系列与流线垂直的等势线（图 8.48）。从流体力学理论可知，有势流动必存在势函数 Φ，Φ 对轴面流线的导数等于轴面流速 v_m，即

$$v_m=\frac{\mathrm{d}\Phi}{\mathrm{d}s}$$

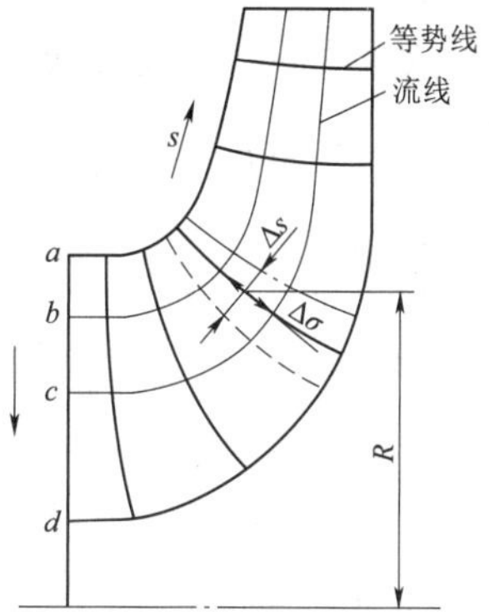

图 8.48 轴面流线和等势线

实际应用时，以有限小增量代替微分。其处理方法是以原有的等势线（可按一元理论作出）为中线，在两侧作两条尽可能接近的等势线（图中的虚线），三条等势线形成等势线组，中间的一条称为等势中线，两侧的等势线和轴面流线形成方格网。所以，上式可以写成

$$v_m=\frac{\Delta\Phi}{\Delta s}$$

式中：v_m 为格网中点的轴面速度；$\Delta\Phi$ 为格网两侧的两条等势线的势差；Δs 为两条等势线间轴面流线的长度。

根据通过每个小单元流道的流量相等，则通过两条相邻轴面流线间的流量为

$$\Delta Q=v_m2\pi R\Delta\sigma=\frac{Q}{n}=\mathrm{const}$$

或

$$\Delta Q=2\pi R\,\frac{\Delta\Phi}{\Delta s}\Delta\sigma=2\pi\frac{R}{\Delta s}\Delta\Phi\Delta\sigma=\mathrm{const}$$

即

$$\frac{R}{\Delta s}\Delta\Phi\Delta\sigma=\mathrm{const}$$

式中：n 为流道数；$\Delta\sigma$ 为两条轴面流线间的等势线长度。

因为势函数沿等势线为常数，所以两条相邻等势线的势差 $\Delta\Phi$ 亦为常数，于是

$$\frac{R}{\Delta s}\Delta\sigma=B\qquad(B=\text{常数})$$

用上式沿各条等势线对每个格网逐个检查，直至算得的 B 值相等为止。否则应修改流线和等势线，重新检查。具体检查时，可对每条等势线算出 B 值的平均值，即

$$\overline{B}=\frac{\sum B}{n}$$

按 $\overline{B}$ 计算各段较准确的 $\Delta\sigma$：

$$\Delta\sigma=\frac{\overline{B}}{\dfrac{R}{\Delta s}}$$

各段的修正值为

$$\delta(\Delta\sigma)=\frac{\overline{B}-B}{R/\Delta s}$$

这种修正应反复几次，分点误差应满足 $\dfrac{\delta(\Delta\sigma)}{\Delta\sigma}\times100\%\leqslant4\%$。

上述计算可列表进行（表 8.29）。

表 8.29　　绘制轴面流线数据计算表

等势线号	流线	R 量取	Δs 量取	$\dfrac{R}{\Delta s}$	$\Delta\sigma$ 量取	$B=\dfrac{R}{\Delta s}\Delta\sigma$	$\overline{B}=\dfrac{\sum B}{n}$	$\Delta\sigma=\dfrac{\overline{B}}{\frac{R}{\Delta s}}$	$\delta(\Delta\sigma)$	$\dfrac{\delta(\Delta\sigma)}{\Delta\sigma}$/%
	a b c d									

通过叶轮的总流量为

$$Q=2\pi\Delta\Phi\sum\frac{R}{\Delta s}\Delta\sigma$$

由此

$$\Delta\Phi=\frac{Q}{2\pi\sum\dfrac{R}{\Delta s}\Delta\sigma}$$

求得 $\Delta\Phi$ 之后，可计算流网各交点的轴面速度，即

$$v_m=\frac{\Delta\Phi}{\Delta s}$$

画出 v_m 沿各流线的变化曲线（4 条流线 a、b、c、d），如图 8.49 所示。

8.10.4　二元理论泵叶片绘型

分好轴面流线之后，便可着手叶片绘型。轴面有势流动二元理论叶片绘型是通过叶片型线微分方程进行数值积分完成的。主要步骤如下：

(1) 计算第一条流线（可选中间流线）骨线形状 $\theta=f(s)$。叶片型线微分方程为

$$\mathrm{d}s=\frac{v_mR^2}{\omega R^2-v_uR}\mathrm{d}\theta,\quad \mathrm{d}\theta=\frac{\omega R^2-v_uR}{v_mR^2}\mathrm{d}s$$

v_m 沿流线的变化规律 $v_m=f(s)$，在绘制轴面流线时已求出。给定 v_uR 沿这条流线

的变化规律 $v_u R = f(s)$，于是可用上式逐点计算得出对应的 Δs 的 $\Delta\theta$，即得 $\theta = f(s)$。

（2）计算其他各条流线的骨线形状。$\omega_u = 0$ 的二元理论中，沿叶片轴面截线上速度矩 $v_u R =$ 常数。因此，在进行叶片绘型时只需要求出第一条流线的 $v_u R = f(s)$ 变化规律曲线。再求其他流面骨线时，应利用这一曲线，以保证同一轴面截线上 $v_u R =$ 常数的要求。

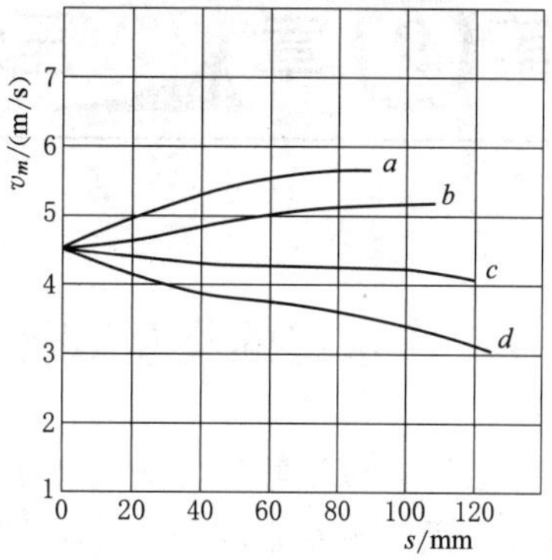

图 8.49 v_m 沿各流线的变化曲线

在求其他流面上叶片骨线形状 $\theta = f(s)$ 时，应采用逐次逼近方法进行。即先在出口取一小段 Δs 作第一次近似值，将这一小段中点 $\frac{1}{2}\Delta s$ 的 $R^2\omega$、$v_m R^2$ 和第一条流线的 $\Delta\theta$、$v_u R$ 值代入上述方程，求出 Δs，直至求得的 Δs 和假定值相等或相近为止。继而求 2、3 等分点。各流线对应点的连线即是轴面截线。

在 $\omega_u = 0$ 的二元理论设计中，进、出口边都应是轴面截线，即在同一轴面上。由上面的讨论可知，按轴面有势流动 $\omega_u = 0$ 计算叶片的型线，从理论上来说较一元理论叶片绘型严格。但是，给定什么样的 $v_u R$ 变化规律，目前尚无成熟经验。

第 9 章 压水室、吸水室和过渡流道的水力设计

9.1 压水室的类型和作用原理

吸水室位于叶轮之前，压水室（蜗壳）位于叶轮之后，它们和叶轮一起构成泵的过流部件。因为吸水室和压水室是固定的过流部件，研究其中的流动时，一般不引入相对速度。绝对速度的大小和过水断面面积有关，方向与其几何形状有关。绝对速度 v 可分解成圆周分量 v_u 和轴面分量 v_m 两个分量，即 $v=v_u+v_m$。

通常所说的压水室是指螺旋形压水室（涡室）、环形压水室和导叶等的总称。

流出叶轮的液体，绝对速度 v_3 值很大，且具有很大的旋转分量 v_{u3}。但液体通过压水室以后，绝对速度变小，旋转分量等于 0 或是很小的值，因而压水室是转换能量的过流部件。

1. 压水室的作用

（1）收集从叶轮中流出的液体，并输送到排出口或下一级叶轮吸入口。

（2）保证流出叶轮的流动是轴对称的，从而使叶轮内具有稳定的相对运动，以减少叶轮内的水力损失。

（3）降低液流速度，使速度能转换成压能。

（4）消除液体从叶轮流出的旋转运动，以避免由此造成的水力损失。

压水室主要有下列三种基本形式，如图 9.1 所示。从水力方面看，螺旋形压水室中的流动比较理想，适应性强，高效率范围宽；但流道不能机械加工，尺寸形状、表面光洁度直接靠铸造来保证。叶片式压水室（导叶）一般可以单独制造，并可以进行机械加工，但水力方面不如螺旋形压水室理想。螺旋形压水室（涡室）主要用于单级泵和中开式多级泵，叶片式压水室主要用于多级泵，而加导叶的压水室，因能消除径向力，主要用于大型单级泵。

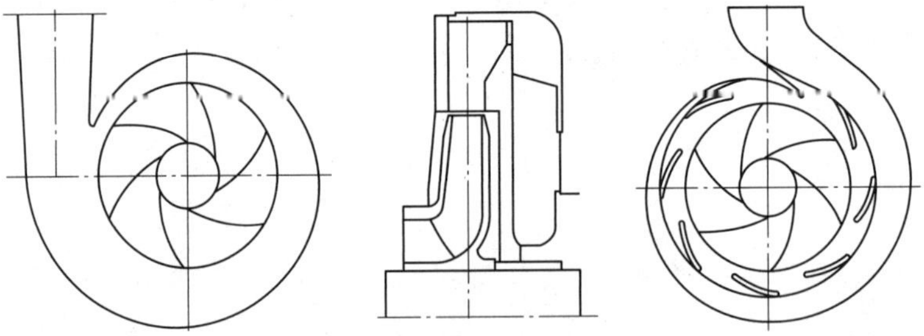

（a）螺旋形压水室　（b）叶片式压水室　（c）加导叶的压水室

图 9.1　压水室的基本形式

2. 压水室的作用原理

现以图 9.2 所示的螺旋形压水室为例，说明压水室的工作原理。

如果液体从叶轮流出后，进入两个平行的平板之间，当忽略液体的黏性摩擦力时，这种液流不受任何外力作用，应遵从速度矩保持性定理，即

$$v_u R = K_2 (\text{常数})$$

压水室的形状，按理应符合这种流动规律。下面用数学公式来表示这种流动的迹线（液体质点在不同时间走过的路径），得到液体流动的轨迹之后，按此轨迹加做固体壁，就做出了符合流动的压水室。由图 9.2 可知

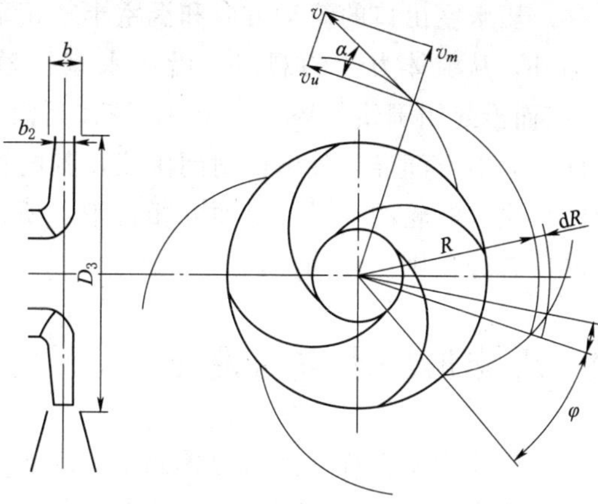

图 9.2　压水室工作原理

$$\tan\alpha = \frac{v_m}{v_u} = \frac{\dfrac{Q}{2\pi R b}}{\dfrac{K_2}{R}} = \frac{Q}{2\pi b K_2} = \text{const}$$

因 Q、b、K_2 为常数，所以流动的液流角保持不变，即液体从叶轮流出的迹线是一条对数螺旋线，液体流动方向和圆周方向的夹角 α 保持不变，这就是螺旋形压水室名称的由来。

图中螺旋线上任意点的坐标可以表示为

$$\tan\alpha = \frac{dR}{R\,d\varphi}, \quad \frac{dR}{R} = \tan\alpha\, d\varphi$$

设 $R=R_3$ 时，$\varphi=0$，$D=D_3$，积分得

$$\int_{R_3}^{R} \frac{dR}{R} = \tan\alpha_3 \int_0^{\varphi} d\varphi, \quad \ln R - \ln R_3 = \tan\alpha_3 \varphi$$

$$\ln\frac{R}{R_3} = \tan\alpha_3 \varphi, \quad R = R_3 e^{\tan\alpha_3 \varphi}$$

利用叶轮出口稍后的速度三角形求得 $\tan\alpha_3$，给定不同的 φ 角（rad），可求得相应的半径 R，从而可作出这条对数螺旋线。

实践中所用的螺旋形压水室，为了减小径向尺寸，压水室宽度 b 多是扩散的，这样可减小 v_m 和 α 角，从而达到减小径向尺寸的目的。

这种螺旋形压水室，能够满足压水室的基本要求。

（1）压水室布置在叶轮出口外周，能够把从叶轮流出的液体收集起来。

（2）在设计工况下液体符合自由流动，是轴对称的，从而保证了叶轮内相对流动的稳定性。

（3）压水室随着收集流量的增加，半径向排出口逐渐增加，v_u 减小，由图 9.2 速度三角形可知，v 亦减小，从而实现了动能向压能的转换。这种转换和涡室的尺寸有关，高扬程泵，v_u 大，v_m 小，α 角小，涡室的径向尺寸较小，断面面积小，所以转换的程度较小。反之，低扬程泵在压水室内有很大一部分动能转换为压能。为了完全实现动能的转换，螺旋形压水室后面接扩散管。

(4) 压水室出口的流动方向和涡室半径相垂直，这种结构保证了消除流动的旋转分量 v_u。另外，从流体力学的观点，沿压水室扩散管壁的封闭围线，其中不存在涡（叶片等），因而沿封闭围线的环量等于 0，液体是没有旋转的。

此外，沿空间导叶外壁的封闭围线，其内存在叶轮叶片，按理是有旋的，但导叶叶片造成的环量和叶轮的环量相反而互相抵消，所以也是无旋的。在这种情况下，如无导叶，液体的旋转分量则不能消除。

9.2　螺旋形压水室的设计

螺旋形压水室简称涡室，分单涡室、双涡室、环形涡室等。

单涡室设计工况下，周围压力分布均匀，没有径向力，非设计工况下，则有很大的径向力。

双涡室由两个单涡室对称布置组成，使得径向力在任何工况下都保持平衡。试验表明，在扩散管处的内外流道不完全对称，仍有径向力，此径向力很小，在正常工作范围可以认为径向力等于 0。双涡室的效率和单涡室的效率接近，在设计工况点双涡室的效率比单涡室低 1%～1.5%，非设计工况点双涡室的效率比单涡室高 2%左右。因此，双涡室的高效范围广，另外双涡室的强度比单涡室好，厚度可以比单涡室小 25%。

环形涡室在关死点工况径向力最小，随着流量的增加，压力和速度沿叶轮圆周不均匀性增加。因此，在最优工况下环形涡室的水力损失比普通涡室的大。但是，低比转速泵（$n_s \approx 40$）中，由于环形涡室便于铸造和加工，经常使用。

9.2.1　涡室的主要结构参数

1. 基圆直径

切于第 8 断面螺旋线起点（或切于隔舌头部）的圆称为基圆，以 D_3 表示，如图 9.3 所示。D_3 应稍大于叶轮外径 D_2，使隔舌和叶轮间有一适当的间隙。该间隙过小，容易因液流阻塞而引起噪声和振动，还可能在隔舌处发生汽蚀。间隙增大，能减小叶轮外周流动的不均匀性，降低振动和噪声，并使效率稍有提高。但间隙过大除增加径向尺寸外，因间隙处存在旋转的液流环，消耗一定的能量，泵的效率（尤其是小流量区域）下降，通常取

$$D_3 = (1.03 \sim 1.08) D_2$$

高比转速和尺寸较小的泵取大值，反之取小值。

2. 涡室进口宽度

涡室进口宽度 b_3 通常大于包括前后盖板的叶轮出口宽度 B_2，至少应有一定的间隙，以补偿转子的串动和制造误差。目前，有的涡室 b_3 取得相当宽，这样使叶轮前后盖板旋转的液体可通畅地流入压水室，回收一部分圆盘摩擦功率，提高泵的效率。另外可适应不同宽度的叶轮，提高产品的通用性。在确定 b_3 时，还应兼顾第 8 断面的形状，使其不要太扁或太长，一般为接近圆形或方形。通常取

$$B_2 = b_2 + \delta_{前盖板} + \delta_{后盖板}$$

$$b_3 = B_2 + (5 \sim 10),\ b_3 = B_2 + 0.05 D_2 \text{ 或 } b_3 = (1.6 \sim 2) b_2$$

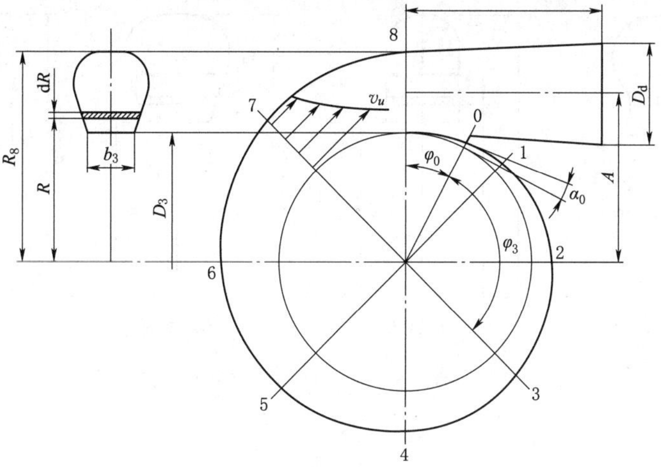

图 9.3 涡室的几何参数

3. 涡室隔舌安放角

隔舌位于涡室螺旋部分的始端或始端稍后，将螺旋线部分与扩散管隔开。习惯称过隔舌头部的断面为 0 断面，隔舌和第 8 断面的夹角为隔舌安放角，用 φ_0 表示。φ_0 的大小应保证螺旋线部分与扩散管光滑连接，并尽量减小径向尺寸。高 n_s 的泵，v_m 大，α 大，涡室外壁向径向的扩展较大，因而取较大的 φ_0 角，以使形状协调。表 9.1 列出了 φ_0 和 n_s 的关系。

表 9.1　　隔舌安放角 φ_0 和比转速 n_s 的关系

比转速 n_s	40～60	60～130	130～220	220～360
隔舌安放角 φ_0/(°)	0～15	15～25	25～38	38～45

4. 隔舌螺旋角

隔舌螺旋角 α_0 是在涡室第 8 断面的 0 点（即涡室螺旋线的起点）处，螺旋线的切线与基圆切线间的夹角，或近似认为隔舌螺旋角是隔舌处内壁切线与圆周方向的夹角。为了符合流动规律，减小液流的撞击，隔舌螺旋角应等于叶轮出口稍后的绝对液流角 α_3。

$$\tan\alpha_3=\frac{v_{m3}}{v_{u2}}$$

5. 涡室断面形状和断面面积

涡室断面形状有矩形、梨形、梯形和圆形等（图 9.4）。通过同一叶轮在 D_3、b_3 和面积及最大外壁尺寸相同的矩形涡室和梨形涡室中试验表明，矩形涡室设计点的效率比梨形涡室低 0.8%。由此可见，涡室截面形状对性能影响不大，可根据结构和制造方便来选择。

为便于计算和绘图，涡室通常取 8 个彼此成 45°的断面，即用 8 个轴面切割涡室，求得各断面的形状和面积。设计时先计算第 8 断面，其他断面以第 8 断面为基础进行确定。各种形状的第 8 断面可用解析法确定，但实际设计中大多用速度系数法确定。

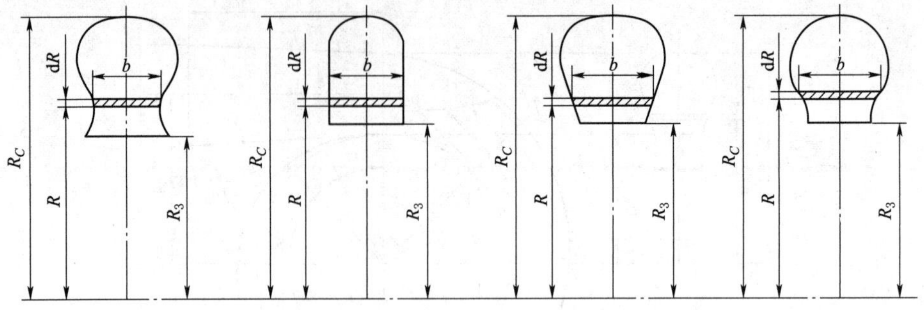

图 9.4 涡室的断面形状

(1) 解析法。

假设：①涡室内流动符合 $v_u R=K_2\left(K_2=\dfrac{gH_t}{\omega}\right)$；②通过各断面的流量与从隔舌算起的包角 φ 成正比，即液体从叶轮周围均匀流出。

$$Q_\varphi=\frac{\varphi}{2\pi}Q(\varphi\text{ 的单位为 rad}),\quad Q_\varphi=\frac{\varphi}{360}Q(\varphi\text{ 的单位为}^\circ)$$

另外，通过包角为 φ 的任意断面的流量等于速度和过水断面之积，如图 9.4 (a) 所示。

$$Q_\varphi=\int_{R_3}^{R_C}v_u b\,\mathrm{d}R=K_2\int_{R_3}^{R_C}\frac{b}{R}\mathrm{d}R$$

即

$$\frac{\varphi}{360}Q=K_2\int_{R_3}^{R_C}\frac{b}{R}\mathrm{d}R$$

$$\frac{\varphi}{360}\frac{Q}{K_2}=\int_{R_3}^{R_C}\frac{b}{R}\mathrm{d}R$$

上式是计算涡室的基本方程式。其左方用 A' 表示，右方用 A 表示，则 $A'=A$。

根据给定泵的设计参数，可求得 A'，所以设计涡室关键在于计算 A 值（A 值不是面积），只要计算 A 等于 A'，即满足设计要求。通常 A' 与 A 值相差不超过 3%～5%即可。

下面计算不同涡室的 A 值。

1) 矩形涡室。矩形涡室如图 9.4 (b) 所示。宽度 b=常数，有

$$A=\int_{R_3}^{R_C}\frac{b}{R}\mathrm{d}R=b(\ln R_C-\ln R_3)=b\ln\frac{R_C}{R_3}$$

任意 φ 角断面的 R 为

$$\frac{\varphi}{360}\frac{Q}{K_2}=b\ln\frac{R_C}{R_3}$$

则

$$R_C=R_3\mathrm{e}^{\frac{\varphi Q}{360K_2 b}}$$

这种情况与前述的对数螺线公式一致，只是上式中的 φ 用度表示。

2）梯形涡室。梯形涡室如图 9.4（c）所示。当梯形两边交于中心线时，$b=aR$（a=常数），有

$$A=\int_{R_3}^{R_C}\frac{b}{R}\mathrm{d}R=\int_{R_3}^{R_C}\frac{aR}{R}\mathrm{d}R=a(R_C-R_3)$$

任意 φ 角断面的半径 R 为

$$R_C=R_3+\frac{\varphi Q}{360K_2a}$$

3）圆形涡室。由图 9.4（d）得

$$\left(\frac{b}{2}\right)^2=\rho^2-(R-a)^2$$

则

$$b=2\sqrt{\rho^2-(R-a)^2},\qquad A=\int_{R_3}^{R_C}\frac{b}{R}\mathrm{d}R=\int_{a-\rho}^{a+\rho}\frac{2\sqrt{\rho^2-(R-a)^2}}{R}\mathrm{d}R$$

积分得

$$A=2\pi(a-\sqrt{a^2-\rho^2})$$

由 $A'=A$，则有

$$\frac{\varphi Q}{360K_2}=A=2\pi(a-\sqrt{a^2-\rho^2})$$

因 $a=R_3+\rho$，则

$$\frac{\varphi Q}{360K_2}=2\pi[R_3+\rho-\sqrt{(R_3+\rho)^2-\rho^2}]$$

$$\frac{\varphi Q}{360\times2\pi K_2}=R_3+\rho-\sqrt{R_3(R_3+2\rho)}$$

令 $B=\dfrac{\varphi Q}{360\times2\pi K_2}$，则

$$B-a=-\sqrt{R_3(R_3+2\rho)}$$

$$\rho^2-2\rho B-2R_3B+B^2=0$$

解得

$$\rho=B+\sqrt{2R_3B}$$

给定不同的断面位置角 φ(°)，用上式可求出相应断面的半径 ρ。实际应用时，考虑液体的摩擦力影响，采用较大的 ρ' 值，即

$$\rho'=\rho+\Delta\rho,\quad \Delta\rho=0.025R_3\frac{\varphi}{360}$$

4）任意形状断面涡室的确定。

$$A=\int_{R_3}^{R_C}\frac{b}{R}\mathrm{d}R$$

任意形状断面，b 和 R 之间的关系不能用函数表示，因而上式不能进行积分。在这种情况下，可以利用图解积分法或数值积分法求解。

a. 数值积分法。如图 9.5（a）所示，先画出第 8 断面的形状，面积大小可按速度系

数法确定，即

$$A=\int_{R_3}^{R_C}\frac{b}{R}\mathrm{d}R,\quad \frac{\varphi Q}{360K_2}=\int_{R_3}^{R_C}\frac{b}{R}\mathrm{d}R$$

令$\frac{b}{R}=B$，则

$$\Delta A=\frac{B_i+B_{i+1}}{2}\Delta R_i,\quad A=\sum_{i=1}^{n}\frac{B_i+B_{i+1}}{2}\Delta R_i$$

式中：ΔR_i 为涡室微元面积半径之差；B_i、B_{i+1} 为 ΔR_i 段起始和终点的 b/R 值。

$$B_i=\frac{b_i}{R_i},\quad B_{i+1}=\frac{b_{i+1}}{R_{i+1}}$$

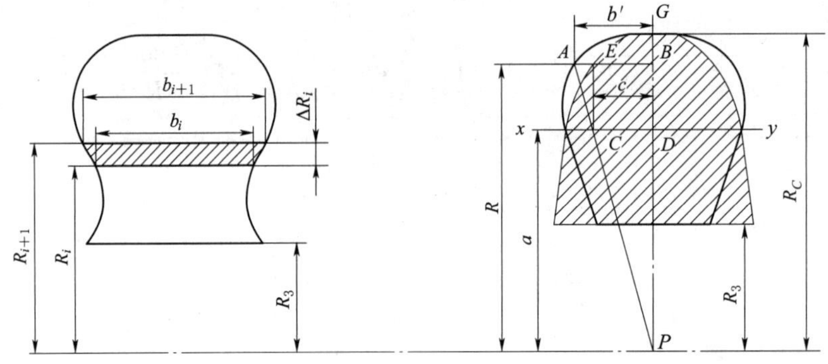

图 9.5 确定涡室断面

计算时，先分 ΔR_i 然后列表计算，算得的第 8 断面的 A 值应等于 $\varphi_8 Q/(360K_2)$。列表计算见表 9.2。

表 9.2 **第 8 断面数值计算**

序号	R/mm	b/mm	B/mm	ΔR_i/mm	$\frac{B_i+B_{i+1}}{2}$/mm	$\frac{B_i+B_{i+1}}{2}\Delta R_i$/mm^2	$A=\sum_{i=1}^{n}\frac{B_i+B_{i+1}}{2}\Delta R_i$ /mm^2
1	135	38	0.281	5			
2	140	38	0.272	5	0.277	1.382	1.382
3	145	42	0.290	5	0.281	1.400	2.782

其他断面可进行类似的计算，也可以只用上述方法确定第 8 断面，其他断面按等速度确定。这样，可根据下式求其他断面的面积：

$$F_{\varphi}=\frac{\varphi}{\varphi_8}F_8$$

b. 图解积分法。图解积分法如图 9.5（b）所示。与数值积分法相同，画出第 8 断面图形，然后作对称轴 PG，在大约图形中部作水平线 xy，与 PG 交于点 D。xy 线到泵轴线的距离称为极距，用 a 表示。在第 8 断面边界上取一点 A，过点 A 作平行泵轴线的直线，交 PG 于点 B，连接 AP 交 xy 线于点 C，过点 C 作平行 PG 的直线和 AB 线交于点

E。在第 8 断面边界上取许多点，重复上述步骤得到许多点（E_1、E_2、E_3……），将这些点连接起来，得到图中阴影图形。用方格纸或求积仪求出影线图形的面积 F，则

$$A=\int_{R_3}^{R_C}\frac{b}{R}\mathrm{d}R=\frac{F}{a}$$

现证明 A 值就等于影线面积 F 除以极距 a。设 $AB=b'$，$CD=c$，由三角形 PAB 与三角形 PCD 相似，则有

$$\frac{b'}{R}=\frac{c}{a}$$

因为 $b=2b'$,则

$$\frac{b}{R}=\frac{2b'}{R}=\frac{2c}{a}$$

$$A=\int_{R_3}^{R_C}\frac{b}{R}\mathrm{d}R=\frac{2}{a}\int_{R_3}^{R_C}c\,\mathrm{d}R=\frac{2}{a}\frac{F}{2}=\frac{F}{a}$$

如果算得的 A 等于 A' $[A'=\varphi_8 Q/(360K_2)]$，则说明原画的第 8 断面图形是准确的，如果不等，应修改第 8 断面图形，直至 $A=A'$。

(2) 速度系数法。速度系数法是一种广义的相似换算法，它是根据统计的性能良好的速度系数进行设计的，和叶轮速度系数类似。

$$v_3=k_3\sqrt{2gH}$$

式中：v_3 为涡室断面的平均速度；H 为泵的单级扬程；k_3 为速度系数，k_3 值可按图 9.6 查取。

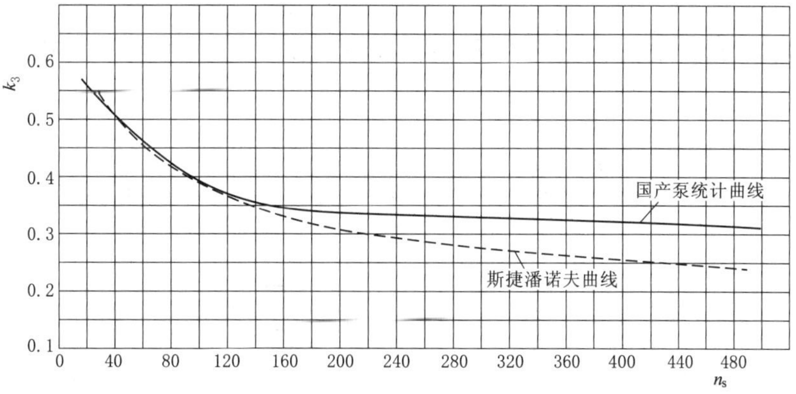

图 9.6 螺旋形压水室速度系数（对导叶可近似取 $0.8k_3$）

图 9.6 中同时给出了斯捷潘诺夫 k_3 曲线，比转速大于 120，k_3 变小，泵体尺寸要大许多。

通过第 8 断面的流量和泵流量相差不大，取稍大的涡室面积并无坏处，因而可用泵总流量计算第 8 断面的面积，即

$$F_8=\frac{Q}{v_3}$$

其他断面的面积按涡室各断面速度相等确定，即

$$F_{\varphi}=\frac{\varphi}{360}F_{8}$$

6. 涡室扩散管的设计计算

扩散管的作用在于降低速度，转换为压力能，同时减少排出管路中的损失。扩散管的进口可以近似认为是涡室的第 8 断面，出口是泵的排出口，扩散管的主要结构参数是：①排出口径 D_d，应符合经济流速和标准直径，其取值见叶轮设计部分；②扩散管高度 L，在保证扩散角和安装要求的条件下，应尽量取小值，以减小泵的尺寸；③扩散角 θ，常用范围为 $\theta=7°\sim13°$。

因扩散管的进口（F_8）不是圆形断面，为此将 F_8 变为当量的圆形面积，计算当量角：

$$\tan\frac{\theta}{2}=\frac{D_{出}-D_{进}}{2L}=\frac{D_{出}-\sqrt{\frac{4F_{8}}{\pi}}}{2L}$$

其中

$$F_{8}=\frac{\pi}{4}D_{进}^{2}$$

式中：$D_{进}$ 为扩散管进口当量直径。

9.2.2　涡室绘型步骤

（1）画第 8 断面（图 9.7）。根据确定的 b_3、D_3，参考相同 n_s 性能良好的涡室形状，并参考关系 $\frac{h}{H}=0.35\sim0.5$、$\gamma=15°\sim25°$ 进行画图。解析法（任意形状）也应参考上述画出断面的图形。按速度系数法设计时，所画的断面面积应等于计算的第 8 断面面积。

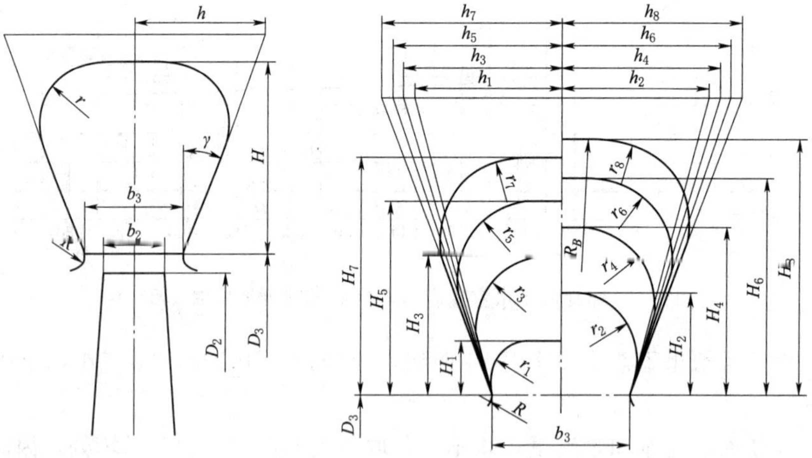

（a）第8断面　　（b）其他断面

图 9.7　绘制涡室断面

（2）画其他断面。其他断面一般画在同一平面上，相当于各断面的轴面投影，即用轴面截涡室的断面，圆弧投影到一个轴面上。各断面的面积应等于计算的面积，圆弧半径等各种尺寸应当有规律变化。

试验表明，各断面用相同的倾角和渐变的倾角，泵的性能没有差别，但前者制作简单。

(3) 画涡室平面图（图 9.8）。根据所画的各断面轴面图中的高度 H_i，在平面图上相应的射线上点出，然后光滑连接所得各点，得涡室平面图上的外壁线。应当说明，各点应当用圆弧光滑连接，即后一段圆弧的圆心应当在前一段圆弧终点半径延长线上，也可每三点用一圆弧连接。同时画出扩散管外形。如果涡室为中心出口，第 8 断面应转过 45°或任意一角度，并从第 8 断面和隔舌向出口用圆弧光滑连接。

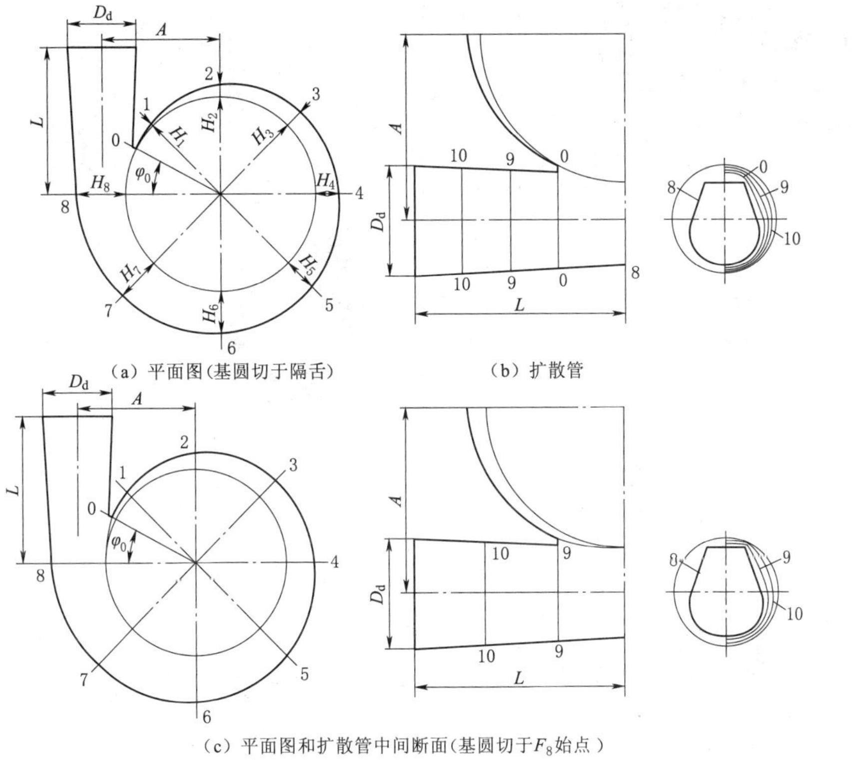

图 9.8 涡室平面图的绘制

(4) 扩散管中间断面的绘制。如图 9.8 (c) 所示，扩散管出口是圆形断面，进口断面 F_8 是不规则形状的断面，从进口过渡到出口，其间的断面应逐渐变化，以保证整个壁面光滑，为此可按下述方法制图和检查。

将进口断面 F_8 画在出口圆形断面内，并作若干条射线，将扩散管沿长度等分为几等份，然后将进口断面间的射线段对应等分，光滑连接所得各点，则得中间断面的几何形状，这样能保证整个壁面是光滑的。

(5) 隔舌和基圆的关系。有两种设计方法：①基圆切于隔舌，涡室螺旋线从隔舌作起；②基圆切于第 8 断面内壁，涡室螺旋线从第 8 断面内壁作起。第二种方法作出的涡室型线比第一种方法光滑通顺，推荐采用第二种方法设计。在进行设计时，涡室的断面编号有时也采用罗马数字表示，如图 9.9 所示。

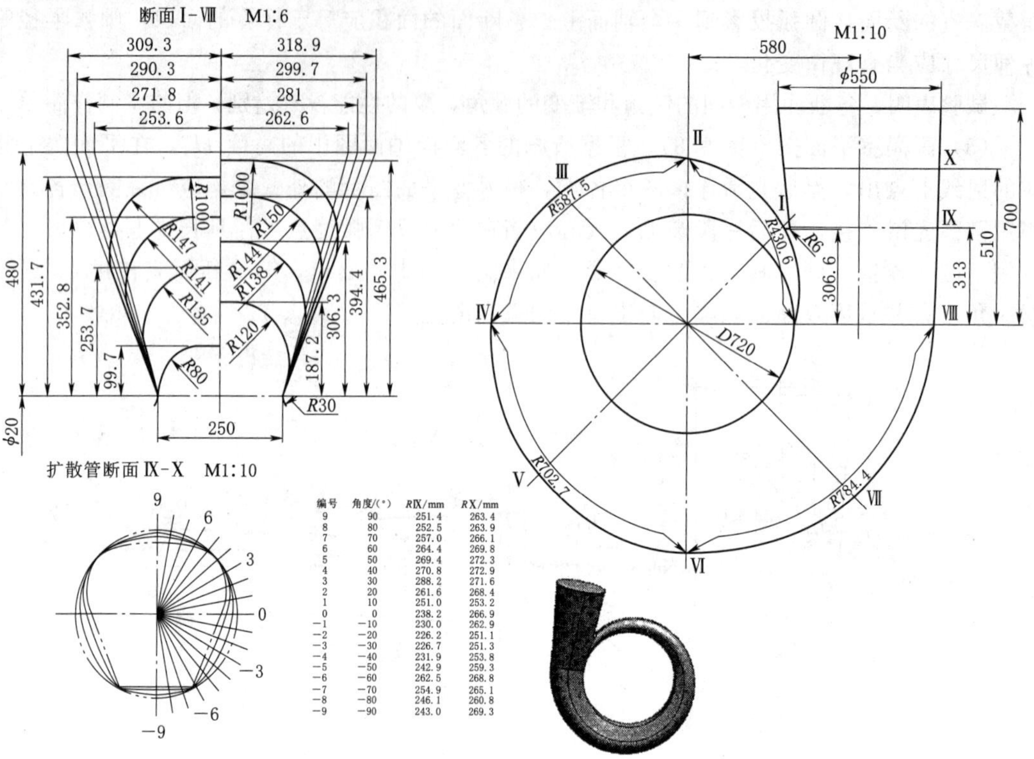

编号	角度/(°)	RⅨ/mm	RⅩ/mm
9	90	251.4	263.4
8	80	252.5	263.9
7	70	257.0	266.1
6	60	264.4	269.8
5	50	269.4	272.3
4	40	270.8	272.9
3	30	288.2	271.6
2	20	261.6	268.4
1	10	251.0	253.2
0	0	238.2	266.9
−1	−10	230.0	262.9
−2	−20	226.2	251.1
−3	−30	226.7	251.3
−4	−40	231.9	253.8
−5	−50	242.9	259.3
−6	−60	262.5	268.8
−7	−70	254.9	265.1
−8	−80	246.1	260.8
−9	−90	243.0	269.3

（a）平行第8断面出口

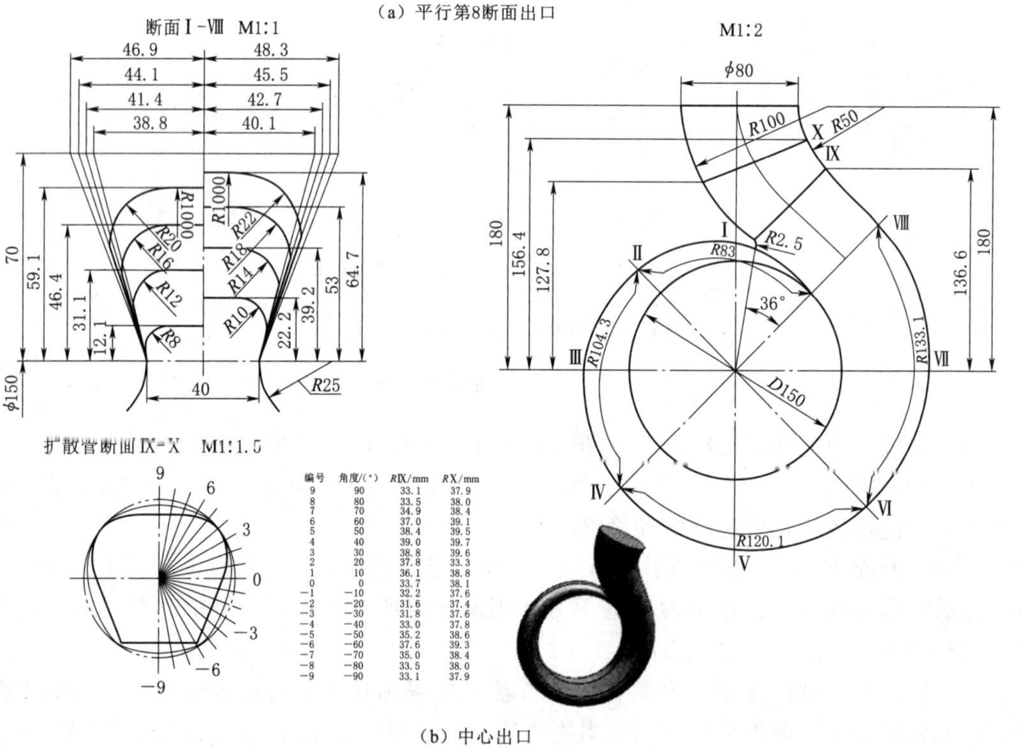

编号	角度/(°)	RⅨ/mm	RⅩ/mm
9	90	33.1	37.9
8	80	33.5	38.0
7	70	34.9	38.4
6	60	37.0	39.1
5	50	38.4	39.5
4	40	39.0	39.7
3	30	38.8	39.6
2	20	37.8	33.3
1	10	36.1	38.8
0	0	33.7	38.1
−1	−10	32.2	37.6
−2	−20	31.6	37.4
−3	−30	31.8	37.6
−4	−40	33.0	37.8
−5	−50	35.2	38.6
−6	−60	37.6	39.3
−7	−70	35.0	38.4
−8	−80	33.5	38.0
−9	−90	33.1	37.9

（b）中心出口

图 9.9 涡室设计图例

9.3 环形和准环形压水室的设计

螺旋形压水室，涡室的断面面积按旋转方向向出口逐渐扩大以保证其中的流速均匀。所谓环形压水室，是一种各个断面的面积相等的压水室。环形压水室中的流速向出口方向逐渐增加，从叶轮中流出的液体的速度是不变的，因此两股液流发生相互碰撞，损失很大，而且在设计工况下会产生很大的径向力，但结构对称、简单。

(1) 环形压水室主要用于以下几个方面：

1) 杂质泵，因为这种结构隔舌的间隙很大，不易造成杂质的堵塞，而且在工艺方面便于施行衬胶等措施。用于杂质泵的环形压水室的断面通常是半圆形或矩形的（图 9.10）。

2) 多级泵的末级导叶之后，也多采用环形压水室，因为这样结构对称，便于布置穿杠，且使热变形均匀。

3) 小流量低比转速（$n_s<40$）泵，压水室的流速很高，摩擦水力损失很大。由于环形压水室便于机械加工和打磨，泵效率有可能高于不加工处理的螺旋形压水室。

环形压水室第 8 断面计算和螺旋形压水室相同，各个断面的面积相同，都等于第 8 断面的面积。

(2) 准环形压水室。根据具体情况，有时采用介于螺旋形压水室和环形压水室之间的准环形压水室（图 9.11）。

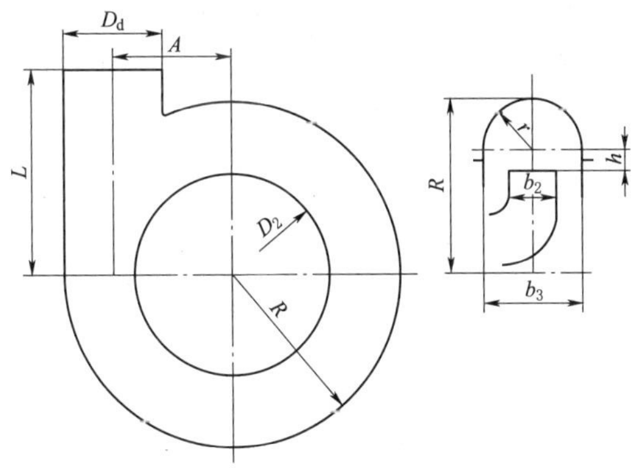

图 9.10 环形压水室

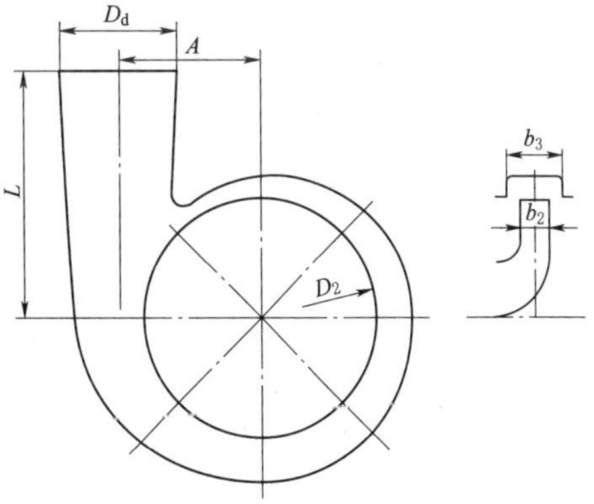

图 9.11 准环形压水室

第 8 断面的面积等于计算的面积，其他断面面积适当减小。

如果没有通过能力要求，一般 $D_3=(1.15\sim1.2)D_2$，若加做隔舌，可减小环流造成的水力损失，并使径向力下降 20%。

9.4 吸水室的设计

吸水室指泵进口法兰到叶轮进口的过流部分。吸水室的功能是把液体按要求的条件引入叶轮。吸水室中的速度较小，因而水力损失和压水室相比要小得多，但是吸水室中的流动状态，直接影响叶轮中的流动情况，对泵的效率也有一定的影响，尤其对泵的汽蚀性能影响较大。对于低扬程泵，损失的绝对值不大，但占扬程比例较大，因而对效率的影响比高扬程泵相对要大得多。

对吸水室的要求是：保证叶轮进口有要求的速度场，如速度分布均匀，大小适当，方向（环量）符合要求，水力损失最小。吸水室的形状如图 9.12 所示。

1. 直锥形吸水室

直锥形吸水室如图 9.12（a）所示，其结构简单，性能优良。其中液体在直锥形收缩管中流动，流速渐增，速度分布均匀，水力损失小，保证叶轮进口有均匀的速度场。由于结构限制，这种吸水室多用于单级悬臂式泵。

吸水室进口直径 D_s 通常取为

$$D_s=(1.0\sim1.15)D_j$$

式中：D_j 为泵叶轮进口直径。

吸水室进口直径，也就是泵进口法兰处内径，应采用标准直径，通常吸入口的流速为 3m/s 左右。直锥形吸水室的长度视泵的总体结构而定，并无特殊要求。

2. 环形吸水室

环形吸水室是形状和断面面积相同的吸水室，因结构简单对称，常用于杂质泵和多级泵，如图 9.12（b）所示。

在环形吸水室中不能保证叶轮进口具有轴对称均匀的速度场。由图可见，液体以突然扩大的形式进入环形空间，之后又以突然收缩的形式转为轴向进入叶轮，液体在此过程中的损失很大，且流动不均匀。显然，在上半部进入叶轮的流速较下半部大。另外，下半部液体从两侧向中间合拢，出现方向相反的旋转运动，因而速度是很不均匀的。

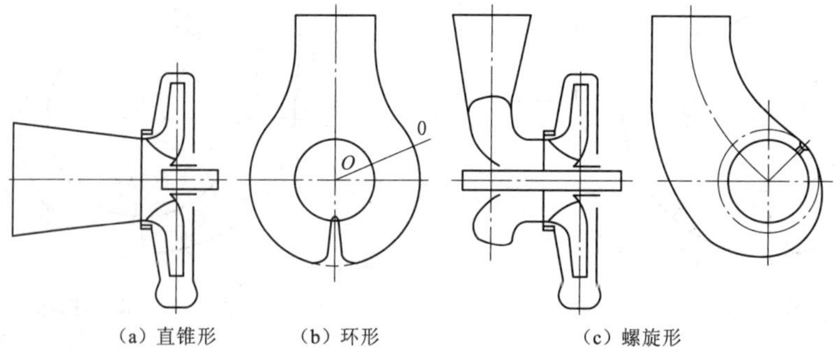

（a）直锥形　　（b）环形　　（c）螺旋形

图 9.12　吸水室的形状

环形吸水室设计要点如下：

（1）环形吸水室的进口，即泵的进口，吸水室进口直径应采用标准直径。

（2）环形吸水室的 0－0 断面，认为有一半流量流过，其他断面的大小应和 0－0 断面相同。具体结构形状根据泵的总体结构确定。

在图 9.12（b）所示环形吸水室下部加隔舌，能改善流动均匀性。

3. 准螺旋形吸水室

环形吸水室从进口向隔舌，面积逐渐适当减小，可做成介于环形和半螺旋形之间的准螺旋形吸水室，准螺旋形吸水室的水力性能优于环形吸水室，图 9.13 所示为 AY 油泵的准螺旋形吸水室。

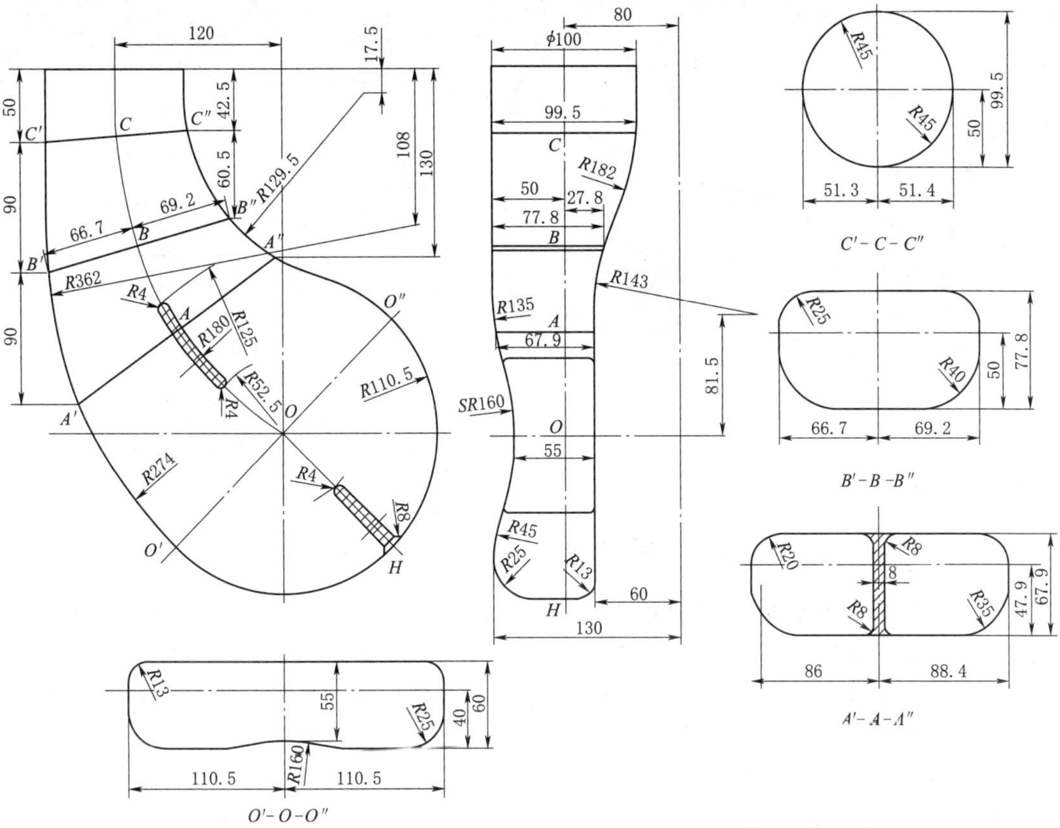

图 9.13 准螺旋形吸水室

4. 半螺旋形吸水室

鉴于液体流过吸水室断面的同时，有一部分液体进入叶轮，断面是从大到小逐渐变化，外壁是螺旋形的。半螺旋形吸水室和环形吸水室相比，有利于改善流动条件，能保证在叶轮进口得到均匀的速度场。

如图 9.14 所示，半螺旋形吸水室的平面图和轴面投影图，通常以隔舌所在的断面作为 0 断面，轴面图上表示了各断面的形状和大小。平面图的外形线是根据轴面图外壁到轴线的距离转移到平面图的相应射线上画出来的。吸水室断面的一般变化情况如图 9.14 所示，隔舌通常位于与水平线成 45°处，有时增大到 90°，对泵的性能影响不大，如果再增加其夹角，性能变坏。

半螺旋形吸水室从 0°（隔舌）起，顺时针转到 360°各处的速度变化情况：轴面速度 v_m 从 0°到 180°（8 断面）基本是均匀的；从 180°到 360°因液体从吸水室直接进入叶轮，所以 v_m 值较大，但还是比较均匀的。液体旋转速度 v_u 在隔舌处受到阻挡，其值等于 0。

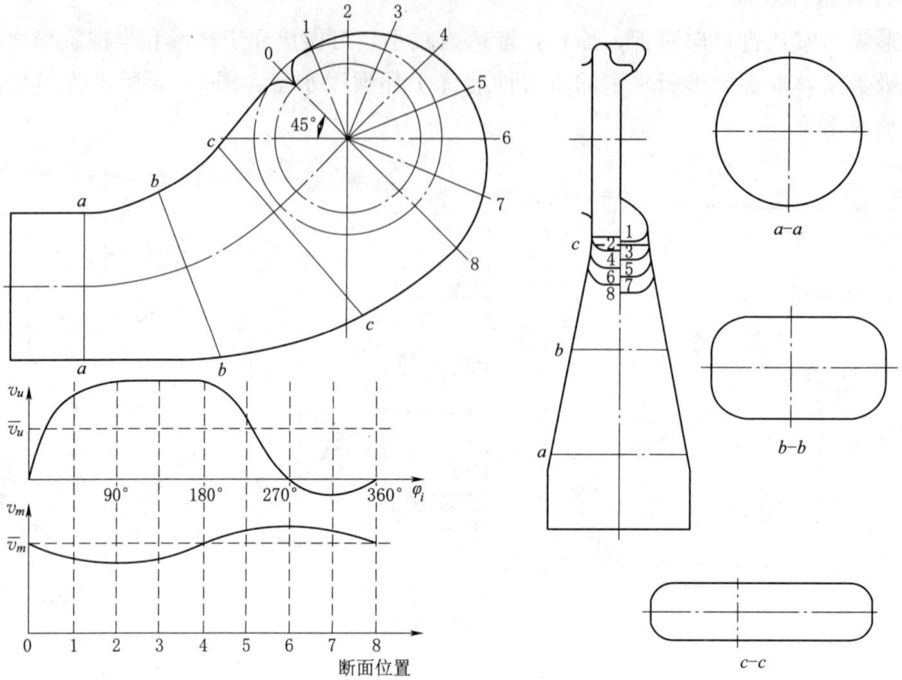

图 9.14 半螺旋形吸水室和断面的速度变化曲线

从 0°到 180°因隔舌的影响 v_u 逐渐增加，过 180°之后，液体直接进入叶轮，v_u 逐渐减小，到 270°之后，因液体的旋转方向相反，出现反方向的 v_u 运动。可见 v_u 是不均匀的，尽管这样，由于半螺旋形吸水室有稳定液流的隔舌，并能造成一定的环量，如果设计得当，水力性能并不次于直锥形吸水室。

半螺旋形吸水室的设计如下：

（1）确定入口直径 D_s。

（2）确定 0～8 断面的液体平均流速，该流速按下式计算：

$$v=(0.7\sim0.85)v_j$$

式中：v_j 为叶轮进口流速。

（3）确定 0～8 断面面积，认为有 $Q/4$ 的流量通过第 8 断面，故

$$F_8=\frac{Q}{4v}$$

其他断面面积与第 8 断面成正比例地减小。

$$F_\varphi=\frac{\varphi}{\varphi_8}F_8$$

$$F_7=\frac{\varphi_7}{\varphi}F_8,\quad F_6=\frac{\varphi_6}{\varphi}F_8,\quad F_5=\frac{\varphi_5}{\varphi}F_8,\quad F_4=\frac{\varphi_4}{\varphi}F_8,\quad F_3=\frac{\varphi_3}{\varphi}F_8,\quad F_2=\frac{\varphi_2}{\varphi}F_8,\quad F_1=\frac{\varphi_1}{\varphi}F_8$$

（4）绘型。

1）画各断面轴面投影图，形状根据结构确定，如单级泵轴向可以宽些，多级泵为压缩轴向尺寸，可适当增加径向尺寸。通常先画第 8 断面，然后再画其他断面，各断面的面

积应等于计算面积，形状和各部分尺寸应有规律变化。

面积应从隔舌算起，因为隔舌外的环形空间的液体做旋转运动，计算面积可不包括在内，隔舌的形状可酌情确定，但不应妨碍泵体的加工和装配。在可能的条件下，可适当向下延伸，以减小泵的体积。

2）画平面图，将各断面的顶点转移到相应断面的射线上，以圆弧连接各点，即得螺旋形部分的轮廓线。

3）画进口到第 8 断面的过渡部分的轮廓线时，应考虑泵的总体结构和流动的通顺。其中间断面面积如 9－10、12－12、13－13 等应从第 8 断面逐渐过渡到进口的圆形断面，绘图和检查方法与压水室相同。

双吸泵半螺旋形吸水室绘型图例如图 9.15 所示。

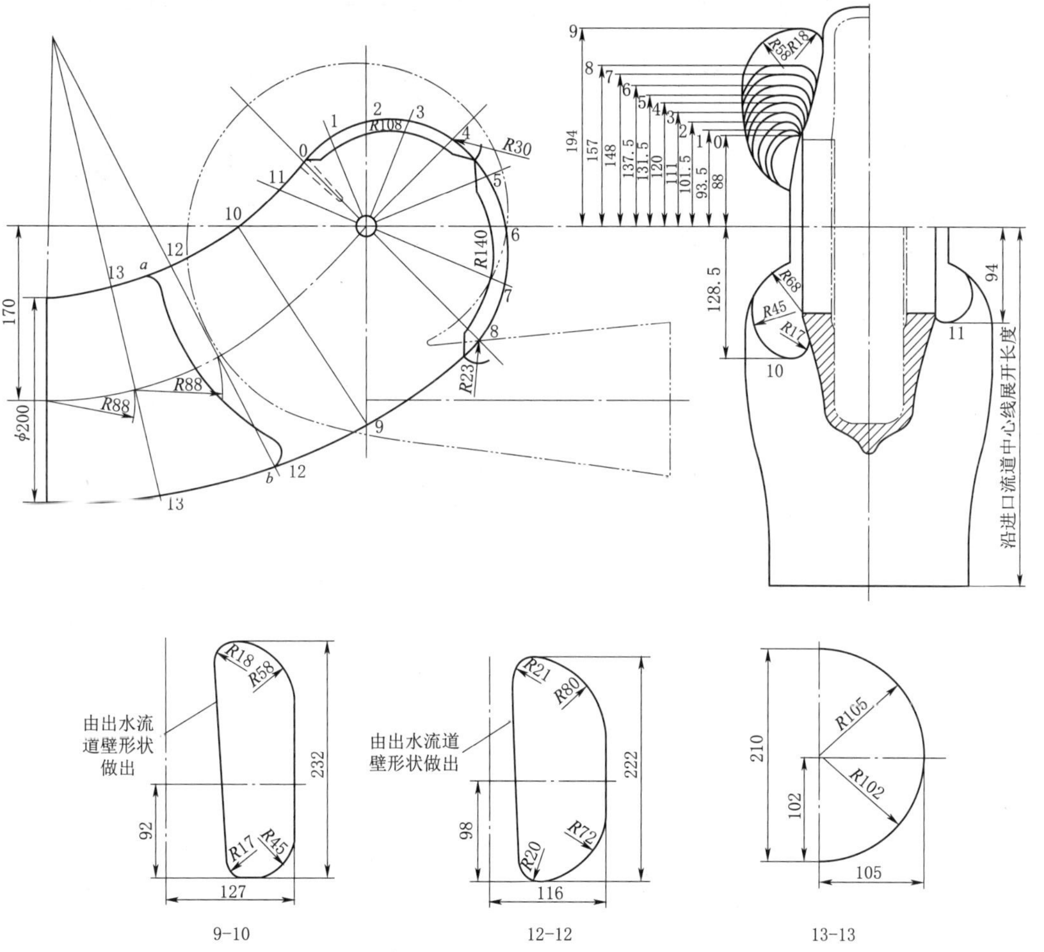

图 9.15　双吸泵半螺旋形吸水室绘型图例

绘型说明：①平面图中画有压水室和吸水室的交线 ab，此线按吸水室和压水室配合位置的压水室外壁的径向尺寸画出；②轴面图中画有吸水室进水流道沿中线的展开图；③吸水室进口流道部分的断面面积，应考虑向进口光滑过渡并去掉压水室所占的面积。

一般双吸泵吸水室如图 9.16 所示。

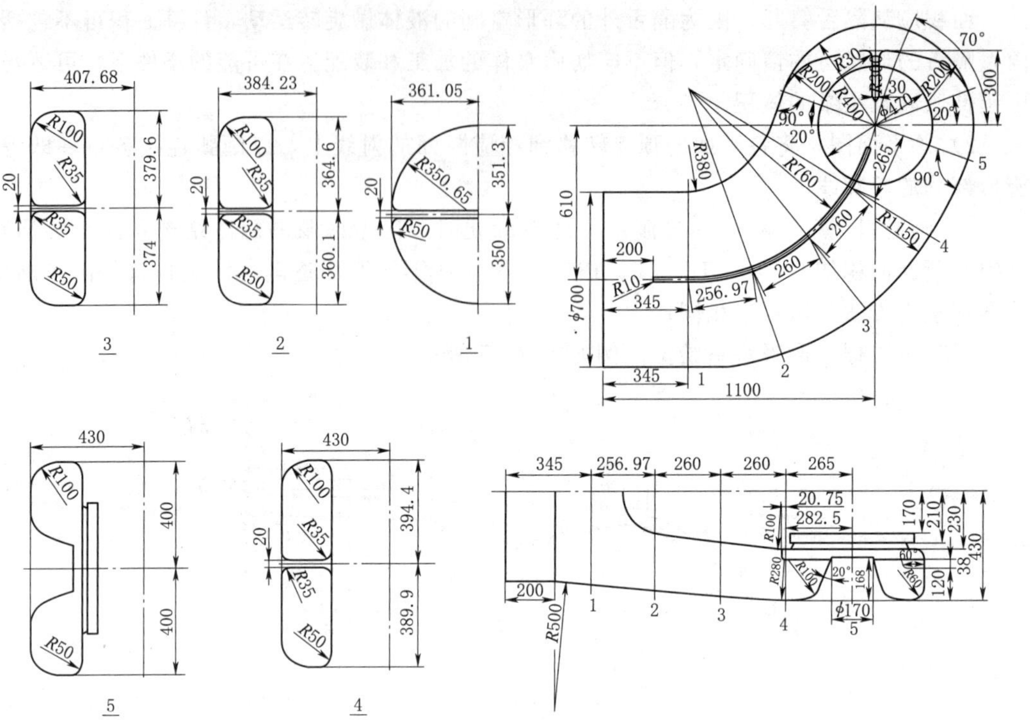

图 9.16　双吸泵吸水室

9.5　双涡壳及过渡流道的设计

9.5.1　双涡壳

两个单独的流道对称布置，两个对称的喉部面积之和等于单涡壳的喉部面积（第 8 断面），如图 9.17 所示。

1. 双涡壳的特点

（1）径向力基本保持平衡，泵运行平稳。

（2）双涡壳泵的效率和单涡壳相近，在最优工况比单涡壳低 1%～1.5%，在非设计工况比单涡壳高约 2%，高效范围广。

（3）双涡壳由于是双层流道，铸造困难，在流量小于 $90m^3/h$ 时，不宜采用双涡壳流道。

2. 双涡壳的设计要点

（1）涡壳断面计算方法与单涡壳相同，壁厚可适当减小。

（2）外流道面积逐渐增加，隔板末端两侧面积相等。

（3）矩形涡室的外流道宽度应等于或大于内涡室的宽度；梯形涡室的外流道宽度应为内流道的延续，如图 9.18 所示。

9.5.2　过渡流道

由第一级涡壳喉部通向下一级叶轮（相邻或不相邻）入口的流道称为过渡流道，如图

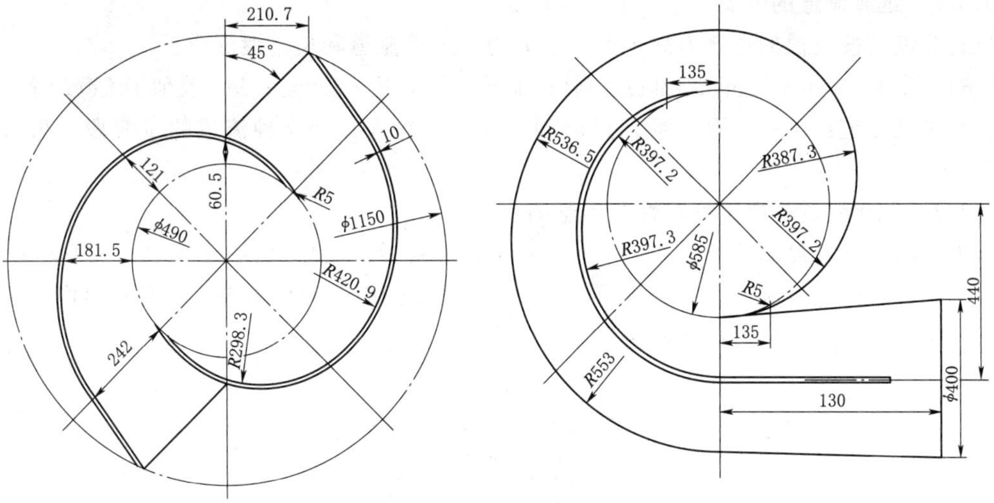

（a）双涡壳双出口　　（b）双涡壳单出口

图 9.17　双涡壳的布置形式

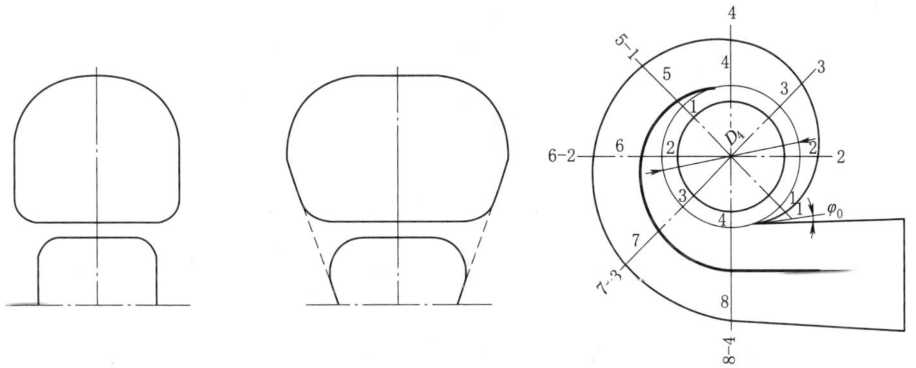

（a）矩形流道(外流道加宽)　　（b）梯形流道　　（c）平面图

图 9.18　双涡壳流道断面形状及平面图

9.19 所示。过渡流道主要用于多级涡壳式泵，其功能是：①将一级压水室出口引到另一级叶轮入口，液体流动方向转过 180°或 270°；②以最小的水力损失将涡壳喉部的速度能转换为压力能；③为下一级叶轮进口提供均匀的速度场。

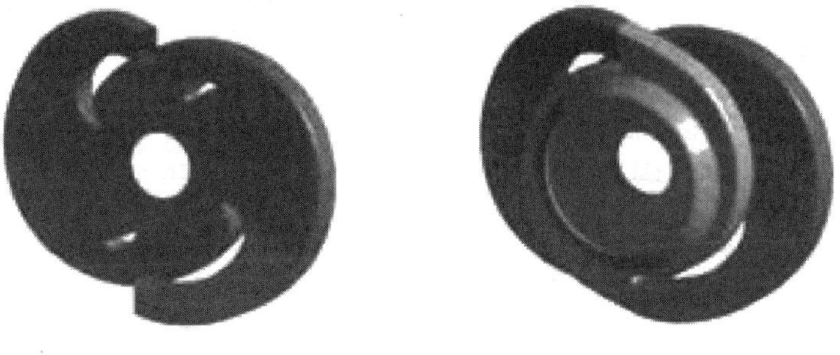

图 9.19　过渡流道的三维造型

9.5.2.1 过渡流道的分类

过渡流道按流道的过渡方式不同一般分为短过渡流道和长过渡流道。

短过渡流道：由一级涡壳喉部过渡到相邻同向布置的下一级叶轮入口，类似于流道式导叶。

长过渡流道：由一级涡壳喉部过渡到不相邻叶轮入口，这种流道的过渡段一般都比较长。

9.5.2.2 过渡流道径向长度对性能的影响

大径向长度过渡流道的效率比小径向长度过渡流道的效率高约2%，图9.20表示大、中、小三种不同过渡流道，三种流道 A、B、C 三个断面的面积相等，在吸水室内装有导向板，喉部与弯头入口的扩散角为7°。

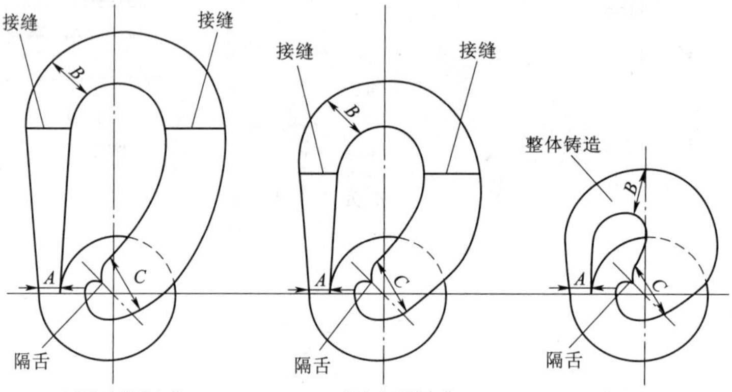

图9.20 过渡流道形式不同对性能的影响

试验表明，大流道的最高效率比小流道的最高效率高2%～4%。小流道的效率偏低，但采用体内过渡，结构比较紧凑，随着铸造工艺的提高，应用日益增多。

9.5.2.3 过渡流道径向扩散和斜向扩散对性能的影响

径向扩散流道和斜向扩散流道（图9.21）的效率相差不大。

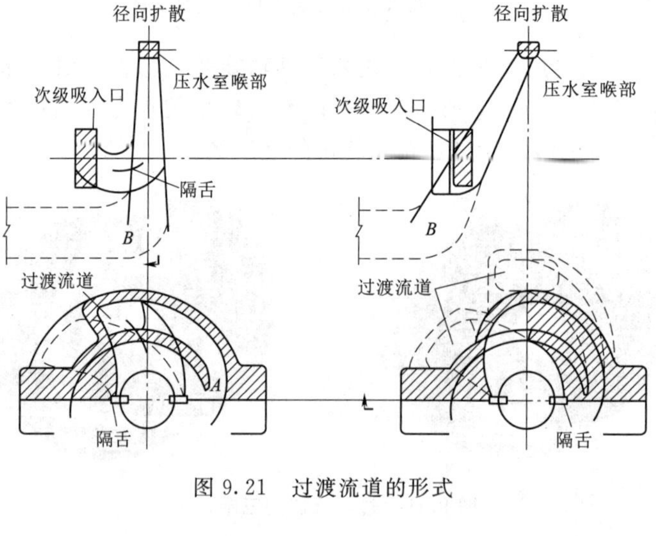

图9.21 过渡流道的形式

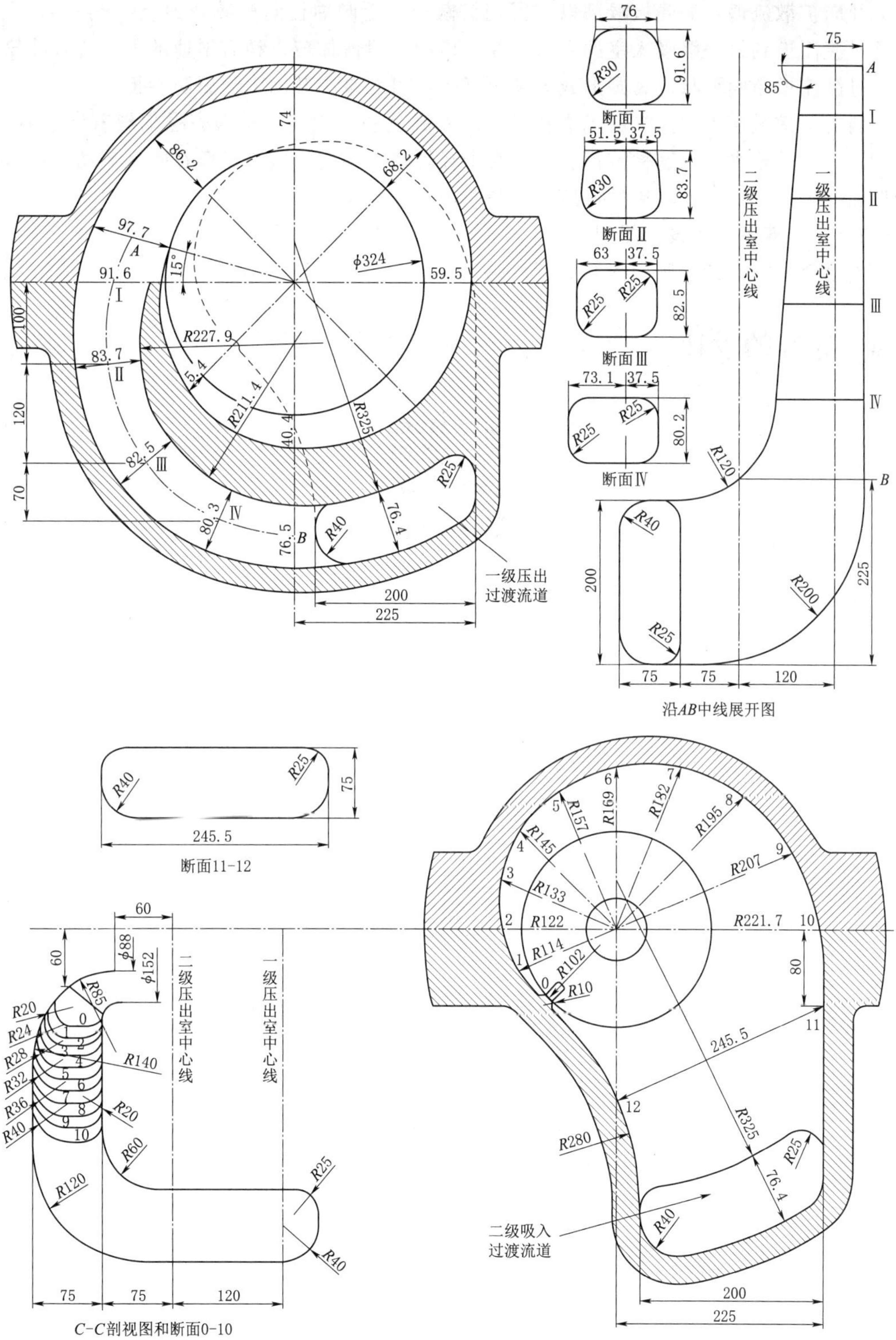

图 9.22 过渡流道的设计图例

径向扩散流道：涡壳从喉部以 7°圆周扩散角，沿圆周径向扩散到 B 点，再通过 U 形管或过渡流道到另一级吸入室的入口，在入口前一段液体应以稍有增速的方式流入叶轮进口。过渡流道断面形状应为圆形或大圆角矩形，可在泵中开面上安置防旋板。

斜向扩散流道：斜向扩散流道和径向扩散流道基本相同。从涡壳喉部斜着穿过泵体，通到下一级叶轮进口，这种流道有一个大半径转弯，斜向扩散流道存在螺旋流动，水力损失增加，泵效率低于径向扩散流道，但径向尺寸比较小。

9.5.2.4　过渡流道的设计图例

过渡流道的设计图例如图 9.22 所示。

9.6　导叶的设计

第10章 轴流泵叶轮设计

轴流泵也是叶片泵的一种，它的叶片单元为一系列翼型围绕轮毂构成圆柱叶栅。由于流过叶轮的流体微团的迹线理论上位于与转轴同心的圆柱面上，经过导叶消旋后可以认为其出流沿着轴向流出，所以这种泵称为轴流泵。轴流泵的流量较大，可达 $60m^3/s$；单级扬程较低，通常为1～25m。因此，轴流泵的比转速较高，其范围通常在500～1600之间。

轴流泵的优点：①结构简单，在给定工作参数条件下，横截面积（垂直于转轴的平面）和重量较其他类型的叶片泵小；②不论是在停机状态还是运行状态，都可以通过改变叶片安放角而很容易地改变流量；③轴流泵通常都是立式结构，因此其占地面积小，另外还可以露天安装。

轴流泵的缺点：①自吸能力有限；②单级扬程低；③效率曲线陡，高效区比较窄，如果没有叶轮叶片安放角的调节装置，当偏离设计工况运行时经济性差。

轴流泵广泛应用于灌溉、给排水、内河航道疏浚、动力工程以及其他需要输送流量大而扬程要求不高的领域，在核电工程、船舶推进领域也有应用。

与离心泵设计理论不同，轴流泵的设计理论多种多样，各有特点。本章对轴流泵设计中通常采用的基于单个翼型的升力法、基于无厚度叶栅理论的圆弧法以及在一元理论基础上发展而来的流线法予以重点介绍。

10.1 设计理论

10.1.1 液体在叶轮中的运动分析

液体在轴流泵叶轮内的流动，是一种复杂的空间运动。任何一种空间运动都可以认为是三个互相垂直运动的合成。研究水流在轴流式叶轮中的运动时，为了方便起见，采用圆柱坐标系（R，u，z），其中，R 为半径方向，u 为圆周方向，z 为泵的轴线方向。通常用圆柱层无关性假设来分析和设计轴流泵叶片。

1. 圆柱层无关性假设

液体质点在以泵轴线为中心线的圆柱面上流动，且相邻各圆柱面上的液体质点的运动互不相关。即在叶轮的流域中，不存在径向速度（$v_r=0$）。显然，圆柱面即是流面。

根据圆柱层无关性假设，可以把叶轮内复杂的运动简化为研究圆柱面上的流动。在叶轮内可以作出很多个这种圆柱流面，每个流面上的流动可能不同，但研究的方法是相同的，因而只要研究透彻一个流面的流动，其他流面的流动也就类似地得到解决。圆柱面沿母线割开后，可以展开在平面上。圆柱面和各叶片相交，其截面（翼型剖面或翼型）在平面上构成一组轴流泵叶栅（图10.1），并具有以下特点：①可以展开在平面上，即属于平面叶栅；②平面上叶栅列线（叶栅中翼型各相应点的连线）为直线，即属于直列叶栅；③叶栅中各翼型的间距相等，液体绕流每个翼型的作用均相同，分不出边界翼型，即属于无限叶栅。

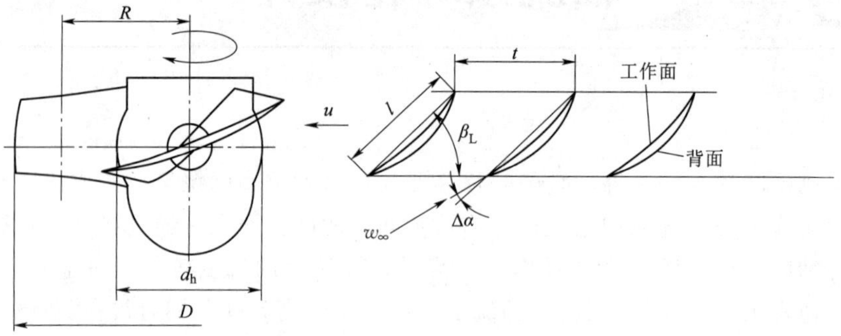

（a）圆柱流面　　（b）圆柱流面展开

图 10.1　轴流泵叶片平面叶栅

综上所述，这组叶栅是无限平面直列叶栅。只要研究绕流叶栅中一个翼型的流动就代表了整个叶栅的流动。于是把研究轴流泵叶轮内的流动，简化为研究对应几个圆柱流面的叶栅中翼型的流动。几个圆柱流面上的翼型组合起来，便得到轴流泵叶片。

叶轮叶栅的主要几何参数有：D—叶轮直径；l—翼型弦长；d_h—叶轮轮毂直径；β_L—叶弦安放角；Z—叶片数；t—栅距（$t=\dfrac{2\pi R}{Z}$）；R—圆柱层流面半径；$\Delta\alpha$—冲角（无穷远来流方向与弦间的夹角）。

2. 轴流泵叶轮内速度三角形

和离心泵一样，液体在轴流泵叶轮中圆柱流面上的流动是一种复合运动，$v=w+u$。v、w、u 三个速度均与圆柱流面相切，也就是速度三角形组成的平面和圆柱面相切。圆周速度 u 沿着旋转的圆周方向，w 的方向和叶片翼型表面方向有关，如果假设叶片数无穷多，则 w 方向与翼型表面相切，绝对速度 v 按平行四边形法则确定。为研究方便起见，把绝对速度分解为两个互相垂直的分量 v_u 和 v_m。v_u 是沿圆周方向的分量，称为绝对速度的圆周分量，其值和泵的扬程有关；v_m 是轴面上的分量，称为轴面速度，其值和泵的流量有关。v_m 是 v 的分量，也必然和圆柱流面相切，同时又在轴面上，所以 v_m 的方向沿着轴面和圆柱面交线方向，即轴向，又称为轴向速度，并用 v_z 表示。

实际中常用的是叶轮进、出口速度三角形，这两个三角形在给定充分的条件下均可作出。设计叶片时，通常按 $u(n)$、$v_m(Q)$、$v_u(H)$ 作速度三角形，以确定相对速度的方向（叶片安放角）；分析问题时，通常按 u、w 的方向和 v_m 或 v_u 画速度三角形（图 10.2）。

（1）进口速度三角形。

圆周速度为

$$u_1=\frac{D_1\pi n}{60}$$

进口前轴面速度为

$$v_{m0}=\frac{4Q}{\pi(D^2-d_h^2)\eta_v} \tag{10.1}$$

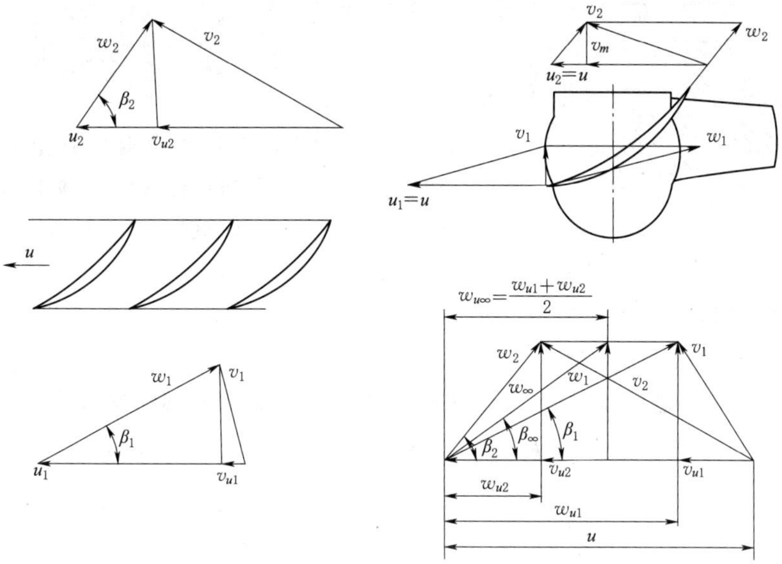

图 10.2 轴流泵进、出口速度三角形

式中：D_1 为研究圆柱流面的直径，m；η_v 为容积效率，$\eta_v=0.96\sim0.99$。

圆周速度 v_{u1} 由吸入条件决定，通常 $v_{u1}=0$。

(2) 出口速度三角形。通常

$$u_2=u_1=u,\quad v_{m2}=v_{m1}=v_m,\quad v_{u2}=\frac{gH_t+uv_{u1}}{u}$$

由于轴流式叶轮叶栅的进、出口圆周速度 u 相等，可以把栅前和栅后的速度三角形重合在一起。栅前和栅后的相对速度的几何平均速度称为无穷远来流的相对速度或相对速度的几何平均值，用 w_∞ 表示。由速度三角形可知：

$$w_\infty=\sqrt{v_m^2+\left(\frac{w_{u2}+w_{u1}}{2}\right)^2}=\sqrt{v_m^2+\left(u-\frac{v_{u2}+v_{u1}}{2}\right)^2} \tag{10.2}$$

当 $v_{u1}=0$ 时

$$w_\infty=\sqrt{v_m^2+\left(u-\frac{v_{u2}}{2}\right)^2} \tag{10.3}$$

w_∞ 的方向为

$$\tan\beta_\infty=\frac{v_m}{u-\frac{v_{u2}}{2}}$$

如果考虑叶片的排挤（图 10.3），则轴面速度 v'_m 为

$$v'_m=\frac{v_m}{\psi},\quad \psi=\frac{F-f}{F}=\frac{tl\sin\beta_L-f}{tl\sin\beta_L}$$

式中：ψ 为叶片排挤系数；f 为翼型面积，近似取 $f=\frac{2}{3}\delta_{max}l$；$\delta_{max}$ 为翼型最大厚度。

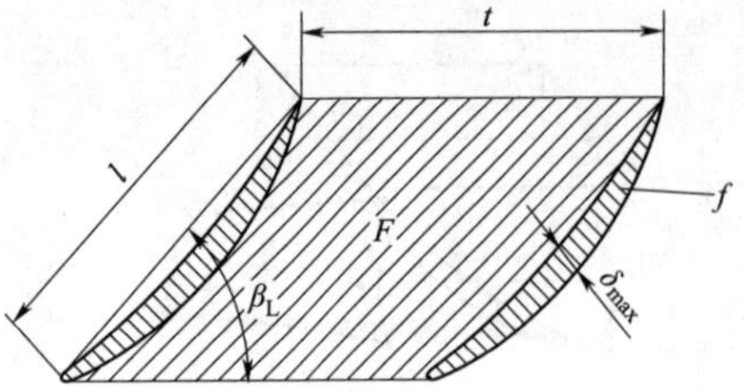

图 10.3　叶片排挤系数

因此

$$\psi=1-\frac{2}{3}\frac{\delta_{\max}}{t\sin\beta_L} \tag{10.4}$$

考虑叶片轮缘到轮毂对应翼型最大厚度 $\delta_{\max}$ 和 β_L 的变化，不同直径处的 ψ 应对每个流面单独计算，ψ 取值范围一般是 0.85～0.95，从外缘到轮毂依次减小。

10.1.2　轴流泵设计基本理论

1. 叶轮出口流动微分方程

对于轴流叶轮的进口和出口，根据能量守恒，不考虑叶片间的摩擦损失，则有

$$\frac{p_1}{\rho g}+\frac{v_1^2}{2g}+\frac{u_2 v_{u2}}{g}=\frac{p_2}{\rho g}+\frac{v_2^2}{2g}$$

由速度三角形 $v_1^2=v_{m1}^2$，$v_2^2=v_{m2}^2+v_{u2}^2$，代入上式可得

$$\frac{p_1}{\rho g}+\frac{v_{m1}^2}{2g}=\frac{p_2}{\rho g}+\frac{v_{m2}^2}{2g}-\frac{v_{u2}(2r_2\omega-v_{u2})}{2g}$$

将上式对 r 微分，则有

$$0=\frac{1}{\rho}\frac{\mathrm{d}p_2}{\mathrm{d}r_2}+v_{m2}\frac{\mathrm{d}v_{m2}}{\mathrm{d}r_2}-\omega v_{u2}-\frac{\mathrm{d}v_{u2}}{\mathrm{d}r_2}(r_2 w-v_{u2}) \tag{10.5}$$

叶轮出口液流的离心力和压力互相平衡，即

$$\frac{\mathrm{d}p_2}{\mathrm{d}r_2}=\frac{\gamma}{g}\frac{v_{u2}^2}{r_2} \tag{10.6}$$

将式（10.5）和式（10.6）消去 p_2 后，则有

$$v_{m2}\frac{\mathrm{d}v_{m2}}{\mathrm{d}r_2}=\left(\frac{\mathrm{d}v_{u2}}{\mathrm{d}r_2}+\frac{v_{u2}}{r_2}\right)(r_2\omega-v_{u2}) \tag{10.7}$$

式（10.7）是泵出口流速的微分方程，如果知道 v_{m2} 和 v_{u2} 的关系，则能求解。

2. 自由漩涡和强制漩涡

(1) 出口流动为自由漩涡形式，即

$$v_{u2}r_2=\text{const}$$

上式两边对 r_2 进行微分，则

$$\mathrm{d}v_{u2}r_2+v_{u2}\mathrm{d}r_2=0$$

$$\frac{\mathrm{d}v_{u2}}{\mathrm{d}r_2}=-\frac{v_{u2}}{r_2}$$

将上式代入式（10.7），得

$$v_{m2}\frac{\mathrm{d}v_{m2}}{\mathrm{d}r_2}=\left(-\frac{v_{u2}}{r_2}+\frac{v_{u2}}{r_2}\right)(r_2\omega-v_{u2})$$

因为 $v_{m2}\neq 0$，则

$$\frac{\mathrm{d}v_{m2}}{\mathrm{d}r_2}=0$$

$$v_{m2}=\text{const}$$

因为 $v_u r=\text{const}$，所以

$$H_{\text{th}\infty}=\frac{u_2 v_{u2}}{g}=\frac{\omega v_{u2} r_2}{g}=\text{const}$$

可知，在自由漩涡的场合，欧拉扬程沿出口均匀分布，轴面速度相同。

(2) 出口流动为强制漩涡形式：

$$\frac{v_{u2}}{r_2}=\text{const} \tag{10.8}$$

上式对 r_2 微分，则

$$\frac{\mathrm{d}v_{u2}}{r_2}-\frac{v_{u2}}{r_2^2}\mathrm{d}r_2=0$$

$$\frac{\mathrm{d}v_{u2}}{\mathrm{d}r_2}=\frac{v_{u2}}{r_2}=\text{const}$$

将上式代入式 (10.7)，得

$$v_{m2}\frac{\mathrm{d}v_{m2}}{\mathrm{d}r_2}=2C_1(r_2\omega-v_{u2})=2C_1 r_2\left(\omega-\frac{v_{u2}}{r_2}\right)=C_2 r_2$$

设 $2C_1\left(\omega-\frac{v_{u2}}{r_2}\right)=C_2$，则

$$\int v_{m2}\mathrm{d}v_{m2}=C_2\int r_2\mathrm{d}r_2+C_3$$

$$\frac{v_{m2}^2}{2}=\frac{C_2}{2}r_2^2+C_3$$

$$v_{m2}=\sqrt{C_2 r_2+2C_3} \tag{10.9}$$

$$H_{\text{th}\infty}=\frac{u_2 v_{u2}}{g}=\frac{\omega v_{u2} r_2}{g}=\frac{C_1\omega r_2^2}{g} \tag{10.10}$$

可见，在强制漩涡场合，欧拉扬程沿出口宽度不是均匀分布的，而是与 r_2 的平方成正比，从轮毂到轮缘逐渐增加；轴面速度也随着 r_2 而增加，即轮毂侧小，外缘侧大。自由漩涡的叶片和强制漩涡的叶片相比，轮毂侧的叶片角度大，轮缘侧的叶片角度小，整个叶片的扭曲变大。

3. 用速度环量表示欧拉方程

由速度环量定义得：叶片出口速度环量 $\Gamma_2=2\pi v_{u2}R_2$，叶片进口速度环量 $\Gamma_1=2\pi v_{u1}R_2$。

由流体力学可知，绕叶轮出口和进口的环量之差，等于绕各叶片环量 Γ_Z 之和（图 10.4），则有

$$\Gamma_2-\Gamma_1=Z\Gamma_Z$$

泵的基本方程可以写成

$$H_t=\frac{u_2 v_{u2}-u_1 v_{u1}}{g}=\frac{u}{g}(v_{u2}-v_{u1})=\frac{\omega}{g}\frac{\Gamma_2-\Gamma_1}{2\pi}=\frac{\omega}{g}\frac{Z\Gamma_Z}{2\pi}$$

当 $\Gamma_1=0$ 时：

$$\Gamma_2=\frac{2\pi g H_t}{\omega},\quad \Gamma_Z=\frac{2\pi g H_t}{Z\omega}$$

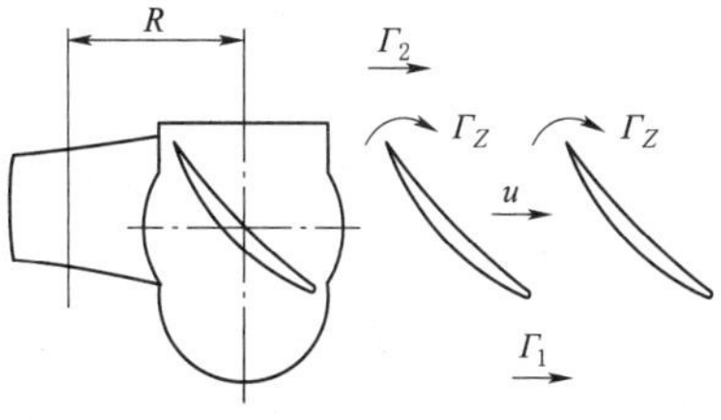

图 10.4 绕叶片的速度环量

式中：Γ_Z 为单叶片的环量；Z 为叶片数。

4. 常见的轴流泵叶轮设计方法

根据圆柱层无关性假设对无限平面直列叶栅流动解析方法的不同，有不同的轴流泵设计理论。

第一种设计理论认为在叶轮叶栅中的流体流动接近于单个机翼的绕流，叶轮叶栅中翼型互相作用对绕流特性影响不大。据此把轴流式叶轮叶栅中的每一个翼型看作是孤立的，并应用在风洞中进行的单个翼型的试验结果来设计叶片。但是上述假定具有一定的近似性，为此在设计中，需要对流体绕流叶栅与单独机翼的差别进行修正。所以，这种方法在很大程度上依赖于试验数据，是一种半理论半经验的方法。这种方法又称为升力法。

第二种设计理论是将薄圆弧（即不考虑叶栅翼型厚度）组成的直列叶栅的研究结果，在考虑叶片冲角的条件下，修正到具有一定厚度叶片的直列叶栅。这种方法又称为圆弧法。

升力法和圆弧法都来自空气动力学理论，都需要在经验公式基础上进行修正，经验性很强。近年来又出现了第三种轴流泵设计方法，即流线法。该方法实际上是用于离心泵设计的传统一元设计理论在轴流泵领域的拓展，也就是根据进、出口速度三角形确定叶轮叶片进、出口安放角，并不特别关心叶轮叶片从进口到出口的变化过程。这是流线法与前述两种空气动力学理论最大的不同之处。本章后续章节将分别讨论这三种设计理论和方法。

10.2　轴流泵叶轮结构参数的确定

10.2.1　叶轮直径

依据流量相似公式，设 $nD=K$，则

$$\frac{Q}{Q_{\mathrm{M}}}=\frac{n}{n_{\mathrm{M}}}\left(\frac{D}{D_{\mathrm{M}}}\right)^3=\frac{nD}{n_{\mathrm{M}}D_{\mathrm{M}}}\left(\frac{D}{D_{\mathrm{M}}}\right)^2=\frac{K}{n_{\mathrm{M}}D_{\mathrm{M}}}\left(\frac{D}{D_{\mathrm{M}}}\right)^2$$

式中：带下标 M 的为模型泵，不带下标的为实型泵。根据上式则有

$$D=D_{\mathrm{M}}\sqrt{\frac{n_{\mathrm{M}}D_{\mathrm{M}}Q}{KQ_{\mathrm{M}}}}$$

通常模型泵的 $D_{\mathrm{M}}=0.3\mathrm{m}$，$n_{\mathrm{M}}=1450\mathrm{r/min}$，$Q_{\mathrm{M}}=0.35\sim0.38\mathrm{m^3/s}$，则可近似写为

$$D=10.5\sqrt{\frac{Q}{K}} \tag{10.11}$$

式中：K 为 nD 值，一般取 350～415。

由给定 K 算出叶轮直径后，再选择合适的电机转速，调整叶轮直径。

10.2.2　轮毂比

轮毂用来固定叶片，在结构和强度上应保证安装叶片和调节叶片的要求。从水力性能上讲，减小轮毂比 $\overline{d}=d_{\mathrm{h}}/D$，可以减少水力摩擦损失，增加过流面积，有利于抗汽蚀性能的改善。但是过分地减小轮毂比，会增加叶片的扭曲，当偏离设计工况时，会造成液体流动的紊乱，在叶轮出口形成二次回流，使泵的效率下降，高效范围变窄。其原因可简述如下：

图 10.5 所示是叶片的轮毂、中间和轮缘的三个截面的翼型和速度三角形。设计时，因为 $u_c > u_b > u_a$，为使各截面得到相同的扬程，则 $v_{u2c} < v_{u2b} < v_{u2a}$，结果 $\beta_c < \beta_b < \beta_a$。轮毂比越小，各流线的角度差越大，叶片越扭曲。当流量小于设计流量时，轴面速度减小，即 $v'_m < v_m$。另外，当流量小到一定程度，会出现 $v'_{u2c} < v'_{u2b} < v'_{u2a}$，与设计工况时的变化趋势正好相反，并且 $v'_{u2c}R_c \gg v'_{u2b}R_b \gg v'_{u2a}R_a$，破坏了 $v_u R$ 沿半径分布的规律。叶片出口部分的液流拥挤到外缘区域，轮毂出口部分液流不足，出现空位，使流出叶轮出口的液流向此处回流，形成叶片出口的二次回流。出口外缘处的液流拥挤，使得相应外缘进口的液流难以进入，加之冲角的变化，在叶片进口部分也产生二次回流。比转速越高，这种情况越严重。所以近年来 $n_s = 500$ 的轴流泵一般都设计成导叶式斜流泵；比转速小于 700 的轴流泵叶轮，轮毂带有一定的锥度，也可以改善上述流动情况。

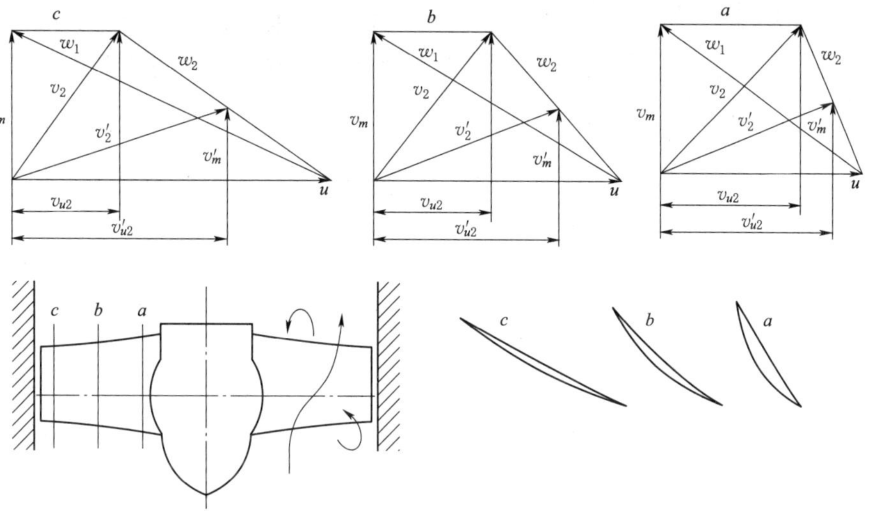

图 10.5　轮毂比对叶轮内流动的影响

图 10.6 所示是江苏大学系列模型采用的轮毂比 $\overline{d}$ 统计结果，可供设计时参考。

10.2.3　叶栅稠密度

叶栅稠密度 l/t 是轴流泵叶轮的重要几何参数，它直接影响泵的效率，也是决定汽蚀性能的重要参数。减小 l/t，表示叶轮叶片总面积减小，叶片两面的压差增加，将使汽蚀性能变坏。但是，摩擦面积减小，可以提高效率。因为叶轮内的水力损失与 w_∞ 成正比，外缘上的 w_∞ 大，过流量大，对泵的效率起到重要作用。另外，相对速度最大的外缘处，也是最容易发生汽蚀的部位。所以，对于轴流泵而言，重点是确定外缘的 l/t。

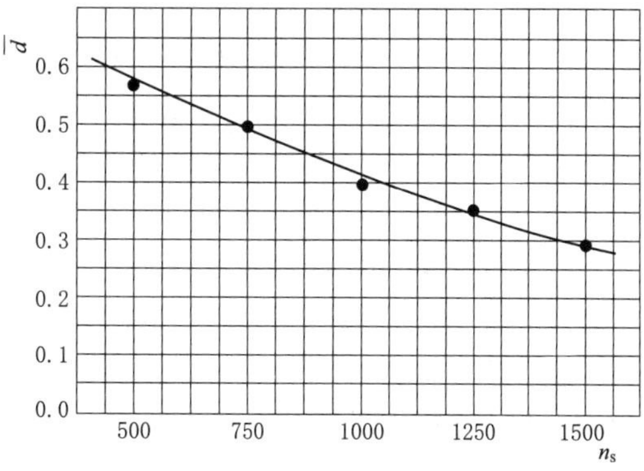

图 10.6　轮毂比和比转速的关系曲线

在选择 l/t 时，应考虑以下三点：

（1）从能量转换和汽蚀性能角度考虑，不论叶片数多少，叶片都应当有一定的长度，用以形成理想的通道，所以选择 l/t 还应当考虑叶片数的多少。根据试验研究，推荐以下几组外缘处的 l/t 值，供设计时参考：$Z=3$，$\frac{l}{t}=0.65\sim0.75$；$Z=4$，$\frac{l}{t}=0.75\sim0.85$；$Z=5$，$\frac{l}{t}=0.84\sim0.94$。

（2）适当减小外缘侧的 l/t，增加轮毂侧的 l/t，以减小内外侧翼型的长度差，均衡叶片出口扬程。

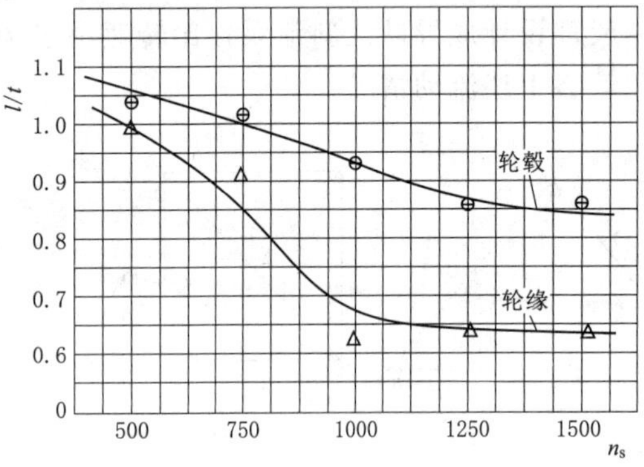

图 10.7　叶栅稠密度 l/t 和比转速 n_s 的关系

因为只有确保叶片出口 v_uR 等于常数，才可能消除径向流动，减少损失，提高效率。但是，通常的轴流泵叶片根部很短，外缘长，相差大约 1.7 倍。一般文献推荐的轮毂翼型叶栅稠密度和轮缘叶栅稠密度的关系是 $\left(\frac{l}{t}\right)_h=(1.20\sim1.25)\left(\frac{l}{t}\right)_0$。这样，叶片根部翼型本来工作条件不佳，加之很短，实际上保证不了和外缘翼型相同程度的能量转换，造成叶片出口扬程 v_uR 不均，从而引起径向流动。因而推荐轮毂和轮缘之间各截面的 l/t 按直线规律变化，其值为 $\left(\frac{l}{t}\right)_h=(1.3\sim1.4)\left(\frac{l}{t}\right)_0$。图 10.7 所示是江苏大学系列模型用的叶栅稠密度 l/t 和比转速 n_s 的关系，可供设计时参考。

（3）修圆叶片进口外缘部分，以提高叶片的抗汽蚀性能。

由泵汽蚀余量公式：

$$NPSH_r=\frac{v_0^2}{2g}+\lambda\frac{w_0^2}{2g}$$

可知，相对速度 w_0 大的叶片外缘进口处是汽蚀危险区。闪频观测证明，气泡总是在此部位首先发生。叶片外缘进口部分修圆以后，流进叶轮的液体先与根部叶片接触，然后获得能量的液体的一部分向外缘流动，使外缘处正待流入叶片的液体旋转分量增加（w_0 减小），压力增高，从而推迟外缘气泡的过早发生，提高叶片的抗汽蚀性能。图 10.8 所示是修圆外缘和一般转轮叶片平面图的比较。为了减小轮毂和轮缘截面叶片长度之差，外缘出口处也适当修圆。

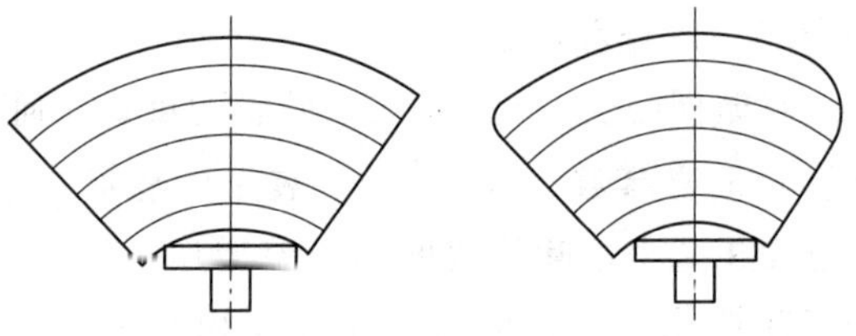
（a）常规叶片　　（b）修圆叶片

图 10.8　叶片进、出口边形状

10.2.4　叶片数

叶片数通常按比转速 n_s 选取，表 10.1 是轴流泵系列模型使用的叶片数 Z，供设计时参考。

表 10.1　　叶片数 Z 和比转速 n_s 的关系

n_s	500	600	700	850	1000	1250	1500
Z	5	5	4	4	3	3	3

10.2.5　翼型厚度

轮毂处的翼型厚度按强度条件确定。通常按下式粗略估算：

$$\delta_{\max}=(0.012\sim0.015)D\sqrt{H} \tag{10.12}$$

式中：D 为叶轮直径，m；H 为泵扬程，m。

厚度与弦长 l 有关，通常轮毂截面的相对厚度 $\bar{\delta}_h$ 为

$$\bar{\delta}_h=\frac{\delta}{l}=10\%\sim15\%$$

轮缘截面的厚度按工艺条件确定，通常轮缘截面的相对厚度 $\bar{\delta}_0$ 为

$$\bar{\delta}_0=\frac{\delta}{l}=2\%\sim5\%$$

几何参数对泵的性能有十分重要的影响，应参考性能优良的模型，根据具体条件，慎重确定。

10.3　轴流泵汽蚀及 *nD* 值

10.3.1　汽蚀基本方程

由图 10.9 可知：

$$\frac{p_s}{\rho g}=\frac{p_c}{\rho g}-h_g-\frac{v_s^2}{2g}-h_{c-s} \tag{10.13}$$

如图 10.10 所示，对泵进口 S 点和叶片稍前 O 点，列绝对运动伯努利方程：

$$Z_s+\frac{p_s}{\rho g}+\frac{v_s^2}{2g}=Z_o+\frac{p_o}{\rho g}+\frac{v_o^2}{2g}+h_{o-s} \tag{10.14}$$

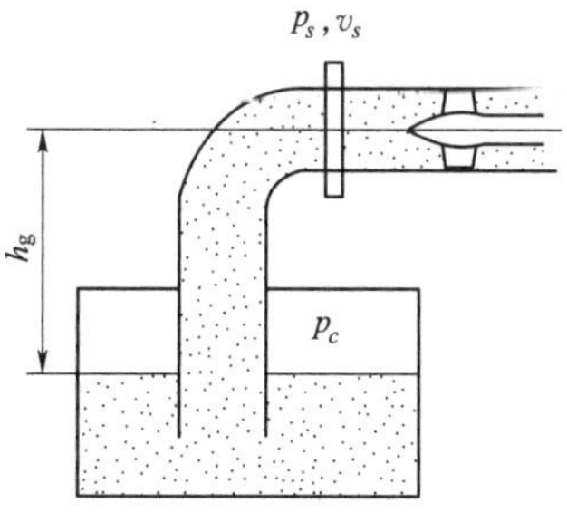

图 10.9　轴流泵汽蚀

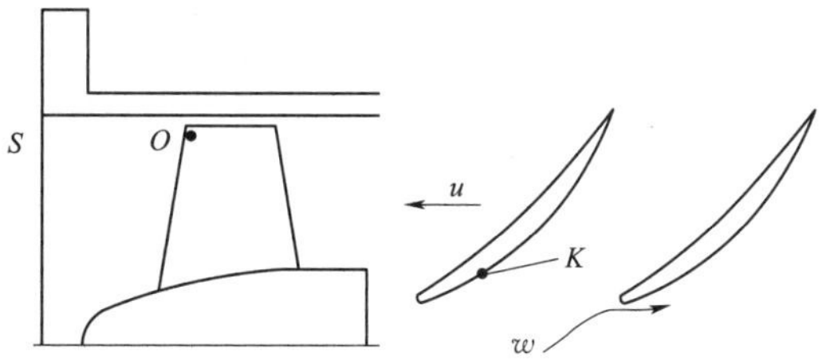

图 10.10　轴流泵汽蚀位置

对 O 点和 K 点，列相对运动伯努利方程：

$$Z_o+\frac{p_o}{\rho g}+\frac{w^2}{2g}-\frac{u_o^2}{2g}=Z_k+\frac{p_k}{\rho g}+\frac{w_k^2}{2g}+\frac{u_k^2}{2g}+h_{o-k} \tag{10.15}$$

由式（10.15）求得 $Z_o+\frac{p_o}{\rho g}$，代入式（10.14），得

$$\frac{p_s}{\rho g}+\frac{u_s^2}{2g}-\frac{p_k}{2g}=(Z_k-Z_s)+\frac{v_o^2}{2g}+\frac{w_k^2-w_o^2}{2g}-\frac{u_o^2-u_k^2}{2g}+h_{s\text{-}k}$$

从泵进口 S 点到 K 点的压力降为

$$\frac{p_s-p_k}{\rho g}=(Z_k-Z_s)+\frac{v_0^2-v_s^2}{2g}+\frac{w_o^2}{2g}\left[\left(\frac{w_k}{w_o}\right)^2-1\right]-\frac{u_o^2-u_k^2}{2g}+h_{s\text{-}k}$$

令 $\lambda=\left(\frac{w_k}{w_o}\right)^2-1$，并称之为叶片进口绕流压降系数。

由此可知，从泵进口到最容易发生汽蚀的 K 点的压力降是由下列因素造成的：

（1）v_o 和 v_s 之差，如 v_o 大于 v_s 造成压力下降，反之则压力升高。

（2）叶片进口绕流引起压降 $\lambda\frac{w_o^2}{2g}$。

（3）O 点与 K 点的圆周速度不同，引起压力变化，因相差很小，可忽略不计。

（4）泵进口 S 点到 K 点水力损失引起的压降，因很小，通常不考虑。

设 K 点的液体开始发生汽蚀，即 $p_k=p_v$，则上式变为

$$\frac{p_s}{\rho g}+\frac{v_s^2}{2g}-\frac{p_v}{\rho g}=\frac{v_o^2}{2g}+\lambda\frac{w_o^2}{2g} \tag{10.16}$$

左边三项为汽蚀余量，用 $NPSH$ 表示，是单位质量液体在泵进口处能量超过汽化压力水头的剩余能量。

右边两项称为泵的汽蚀余量，用 $NPSH_r$ 表示，即

$$NPSH_r=\frac{v_o^2}{2g}+\lambda\frac{w_o^2}{2g} \tag{10.17}$$

$NPSH_r$ 和泵内的流动情况有关，是由泵本身决定的，表明泵进口压力降的程度，压力下降越小，K 点的压力越高，不容易发生汽蚀，因而泵汽蚀余量越小，表示泵的抗汽蚀性能好。

10.3.2 *nD* 值和汽蚀的关系

由汽蚀比转速公式：

$$C=\frac{5.62n\sqrt{Q}}{NPSH_r^{3/4}}$$

对几何相似，运动相似的泵有

$$\frac{Q}{nD^3}=K_Q$$

则

$$Q=K_QnD^3$$

将 Q 的值代入，并将 K_Q 中转速 n 的单位变成 r/s，则

$$C=\frac{5.62n\sqrt{K_QnD^3/60}}{NPSH_r^{3/4}}=\frac{5.62(nD)^{3/2}\sqrt{K_Q}}{\sqrt{60}\,NPSH_r^{3/4}}$$

即

$$nD=\left(\frac{\sqrt{60}}{5.62}\right)^{2/3}\frac{C^{2/3}NPSH_{\mathrm{r}}^{1/2}}{K_{Q}^{1/3}}=1.24\frac{\sqrt[3]{C^{2}}\sqrt{NPSH_{\mathrm{r}}}}{\sqrt[3]{K_{Q}}}\tag{10.18}$$

由此可知，nD 值和泵的汽蚀比转速 C、$NPSH_{\mathrm{r}}$ 和 K_Q 有关。

因为 C 和 $NPSH_{\mathrm{r}}$ 对既定的泵是一定的，所以 nD 值和泵汽蚀与否密切相关。对一定流量系数 K_Q 的泵，nD 值大到超过 C 值和 $NPSH_{\mathrm{r}}$ 的规定值，泵则要发生汽蚀。

通常 $v_0=v_m$，因叶片外缘的相对液流角较小，所以 $w_0\approx u_0$，则由式（10.17）得

$$NPSH_{\mathrm{r}}=\frac{v_m^2}{2g}+\lambda\frac{u_0^2}{2g}\tag{10.19}$$

目前，我国轴流泵模型转轮直径和转速通常为：$D=300\mathrm{mm}$，$n=1450\mathrm{r/min}$，nD 的值等于 435。这时外缘的 $u_0=\frac{\pi Dn}{60}=22.78\mathrm{m/s}$，设模型的流量 $Q=0.35\mathrm{m^3/s}$，$v_0=5\mathrm{m/s}$，设 $\lambda=0.26$，汽蚀比转速 $C=1000$，则泵的 $NPSH_{\mathrm{r}}=8.14\mathrm{m}$。

10.4 轴流泵效率的计算和选择

轴流泵效率也可表示为

$$\eta=\eta_{\mathrm{m}}\eta_{\mathrm{v}}\eta_{\mathrm{h}}$$

式中：η_{m} 为机械效率，$\eta_{\mathrm{m}}=0.95\sim0.97$；$\eta_{\mathrm{v}}$ 为容积效率，$\eta_{\mathrm{v}}=0.96\sim0.99$；$\eta_{\mathrm{h}}$ 为水力效率。

图 10.11 是江苏大学系列轴流泵模型泵效率和比转速的关系（模型试验中已经扣除机械效率 η_{m}）。

$$\eta=\eta_{\mathrm{v}}\eta_{\mathrm{h}}$$

计算得到水力效率 η_{h} 为叶片平均效率，实际上轮毂效率要低，轮缘效率偏高。计算各个截面时，需要以中间截面为平均效率，轮毂修正 $-0.2\%\sim-0.1\%$，轮缘修正 $0.1\%\sim0.2\%$。

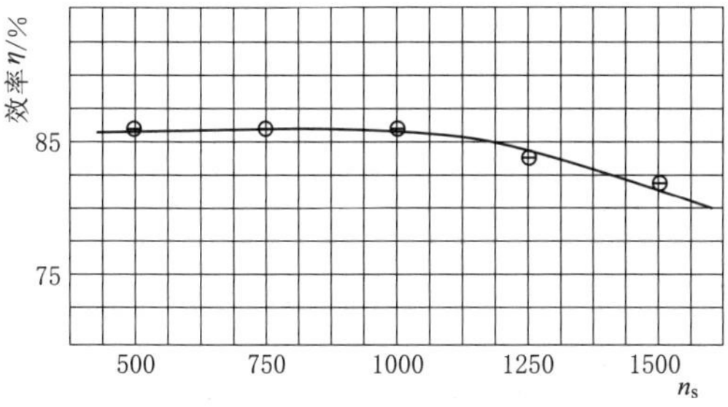

图 10.11 泵效率和比转速的关系
（$D=300\mathrm{mm}$，$n=1450\mathrm{r/min}$）

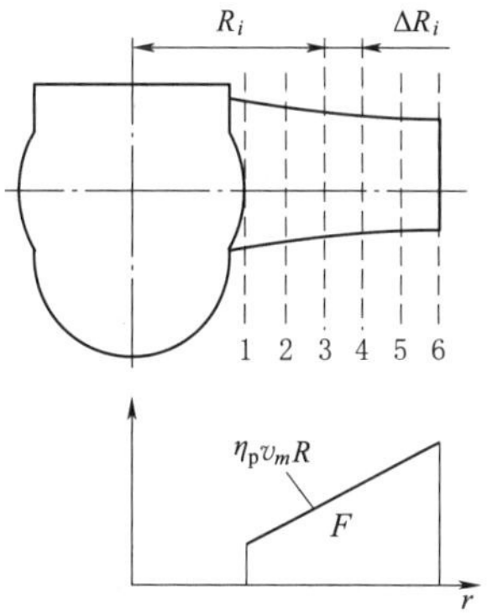

图 10.12 图解积分法求叶轮水力效率

10.4.1 叶片水力效率

微元叶栅对液体所做的功率为 $R_u uZ$，液体流过微元叶栅，克服迎面压力 P_x 在单位时间消耗的能量为

$$\mathrm{d}P_x = P_x w_\infty Z$$

式中：P_x 为作用在微元叶栅上的迎面阻力（其值等于微元叶栅对液体的阻力）。

叶栅效率为

$$\eta_\mathrm{p} = \frac{\mathrm{d}P - \mathrm{d}P_x}{\mathrm{d}P} = 1 - \frac{P_x w_\infty Z}{R_u uZ} = 1 - \left(\frac{w_\infty}{u}\right)\frac{R\sin\lambda}{R\sin(\beta_\infty + \lambda)}$$

或

$$\eta_\mathrm{p} = 1 - \left(\frac{w_\infty}{u}\right)\frac{\sin\lambda}{\sin(\beta_\infty + \lambda)}$$

叶轮叶片是由若干组微元叶栅组成的，欲求叶轮水力效率，必须先求各组叶栅的效率。考虑到各组叶栅效率的不同，所以叶轮水力效率应按上式求得的各截面的效率乘以截面间速度 v_m 和过流面积 $2\pi R\Delta R$（得到通过各小流道的流量），而后相加并除以总流量来确定，即

$$\eta_\mathrm{h} = \frac{\int_{R_\mathrm{h}}^{R} \eta_\mathrm{p} 2\pi R v_m \mathrm{d}R}{Q} = \frac{F}{Q}$$

或

$$\eta_\mathrm{h} = \frac{\sum \eta_\mathrm{p} 2\pi R_i \Delta R_i v_m}{Q}$$

上式可用数值积分法或图解积分法求解（图 10.12）。

10.4.2 轴流泵水力效率估算

轴流泵水力效率可以用以下两个公式进行计算选择：

$$\eta_\mathrm{h} = \sqrt{\eta} - (0.02 \sim 0.03)$$

或

$$\eta_\mathrm{h} = 1 - \frac{0.42}{(\lg D - 0.172)^2} \tag{10.20}$$

式中：D 为叶轮外径，mm。

10.5 轴流泵叶轮水力设计方法

10.5.1 升力法设计轴流泵叶轮

1. 翼型及其特性

升力法是最早用来设计轴流泵叶轮叶片的方法。升力法设计叶片的假定是：叶轮叶片数很少，在叶轮叶栅中的流体绕流接近于绕单个机翼的绕流，因而叶轮叶栅中翼型互相作用对绕流特性影响不大。

根据上述假定，可以把轴流式叶轮叶栅中的每一个翼型看作是孤立的，并应用在风洞

中进行单个翼型的试验结果来设计叶片。但是上述假定具有一定的近似性，为此在设计中，需要对流体绕流叶栅与单独机翼的差别进行修正。

两者升力系数的差别，通常按平板直列翼型试验资料进行修正：

$$p_{yl}=\frac{p_y}{L} \tag{10.21}$$

式中：p_{yl} 为单个机翼翼型的升力系数；p_y 为栅中翼型的升力系数；L 为修正系数。

在采用升力法设计叶片的过程中，要用到一些翼型的基本概念和流体动力特性，下面就此作介绍。

(1) 翼型几何参数。如图 10.13 所示，骨线为翼型上下两边中点的连线；翼弦为通过翼型后端点 D 和翼型中线与前端交点 C 的连线，l 称为弦长；厚度为在垂直弦线方向翼型上下边间的距离，用 δ 表示，相对厚度用 $\overline{\delta}=\frac{\delta}{l}$ 表示，δ 通常指最大厚度；拱度为翼型骨线与弦线间的距离，用 h 表示，相对拱度用 $\overline{h}=\frac{h}{l}$ 表示，$\overline{h}$ 通常指最大相对拱度；冲角为无穷远来流（未受翼型扰动影响）方向与弦线间的夹角，用 $\Delta\alpha$ 表示；曲率角为翼型末端中线的切线与弦线间的夹角，用 γ 表示。

(2) 翼型动力特性。当实际液体绕流单翼时，在翼型上产生作用力 R，将该力分解为两个互相垂直的力 P_y 和 P_x，如图 10.14 所示。P_y 为升力（垂直于来流方向），P_x 为阻力（平行于来流方向）。

升力和阻力用下式计算：

$$P_y=C_{y1}\rho\frac{v_\infty^2}{2}F,\quad P_x=C_{x1}\rho\frac{v_\infty^2}{2}F \tag{10.22}$$

式中：v_∞ 为无穷远来流速度（未受翼型扰动影响的速度）；ρ 为绕流翼型液体的密度；F 为机翼的最大投影面积（弦长与机翼宽度的乘积）；C_{y1} 为单翼的升力系数；C_{x1} 为单翼的阻力系数。

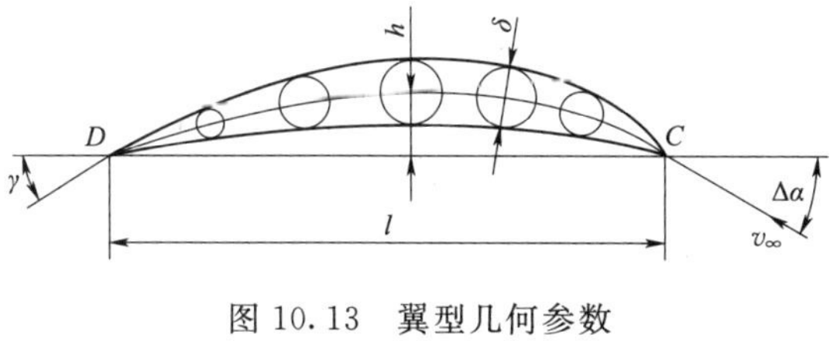

图 10.13 翼型几何参数

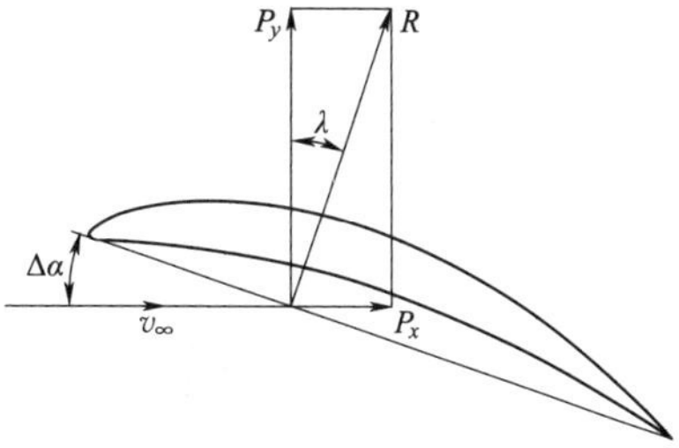

图 10.14 绕流液体对翼型的作用力

C_{y1}、C_{x1} 的大小和翼型几何参数、来流冲角及雷诺数有关。对每一种翼型，这些系数值可通过风洞试验确定，并将试验结果画成 C_{y1}、C_{x1} 与冲角的关系曲线，称为翼型的动力特性曲线，每种翼型均带有本身的特性曲线。

有时将 $C_{y1}=f(\Delta\alpha)$ 和 $C_{x1}=f(\Delta\alpha)$ 曲线综合为一条线，这条曲线纵坐标为升力系数 C_{y1}，横坐标为阻力系数 C_{x1}，称为翼型的极线图，每种翼型也均有本身的极线图。升

力系数 C_{y1} 和阻力系数 C_{x1} 比值最大的区域称为最高质量区，设计时所选的冲角，最好位于最高质量区，以提高效率。合力与升力之间的夹角 λ（图 10.14）称为升力角或滑翔角，此角越小，升力越大，阻力越小，翼型质量越高。

2. 常用翼型资料

设计轴流泵所用的翼型技术资料，大多数系借用航空翼型，也有从水洞试验研究得来的。一般而言，航空翼型的能量性能较好，而汽蚀性能可能较差，且多数都缺乏汽蚀特性资料。由水洞试验得到的翼型，应当说更适合水力机械的特点，除要求能量性能之外，还需要翼型负荷均匀，以提高汽蚀性能。目前常用的翼型资料有哥廷根（Göttingen）翼型、NACA44 翼型、RAF－6 翼型、圆弧骨线翼型。其翼型形状及结构参数可参照相应的设计手册。

3. 升力法设计轴流泵叶片的基本理论及步骤

要保证能量转换，泵的性能参数 Q、H、n 应与叶片的几何参数之间有确定的关系。由于绕流叶栅中翼型的相互影响以及绕流单独翼型的特征不完全相同，栅中翼型的升力、阻力和单翼类似，用下式表示：

$$P_y = C_y \rho \frac{w_\infty^2}{2} F, \quad P_x = C_x \rho \frac{w_\infty^2}{2} F \tag{10.23}$$

式中：w_∞ 为无穷远来流相对速度；C_y 为栅中翼型的升力系数；C_x 为栅中翼型的阻力系数。

如图 10.15 所示，将用 R 和 $R+\mathrm{d}R$ 圆柱面所截的流面层展开成厚度为 $\mathrm{d}R$ 的微元叶栅。在栅中翼型上作用的合力 R（液体对翼型的作用力）可分解为升力 P_y 和阻力 P_x。由于液体对翼型的作用力和翼型对液体的作用力大小相等、方向相反，因此可以用 R 来计算叶栅对液体所做的功。

叶栅单位时间内对液体做的功应当等于流过叶栅的液体单位时间内所获得的能量。单

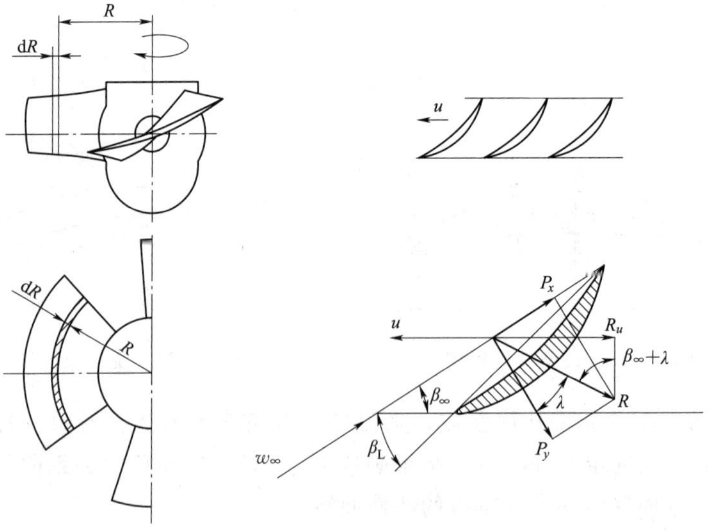

图 10.15 叶栅受力分析

位时间内 dR 微元叶栅对液体所做的功为

$$dP = R_u u Z$$

单位时间内流过微元叶栅的液体所获得的能量为

$$dP = \rho g H_t dQ$$

整理得

$$H_t = \frac{R_u u Z}{\rho g dQ} \tag{10.24}$$

由图 10.15 可知，R_u 是合力 R 的圆周分量，有

$$R_u = R\cos(90° - \beta - \lambda) = R\sin(\beta_\infty + \lambda), \quad R = \frac{P_y}{\cos\lambda}$$

升力 P_y 对于微元叶栅可以写成

$$P_y = C_y \rho \frac{w_\infty^2}{2} l dR, \quad F = l dR$$

由基本方程式得

$$H_t = \frac{u(v_{u2} - v_{u1})}{g} = \frac{u}{g}\Delta v_u \tag{10.25}$$

式中：H_t 为理论扬程。

流过微元叶栅的流量 dQ 可以写成

$$dQ = 2\pi R dR v_m = v_m Z t dR, \quad t = \frac{2\pi R}{Z}$$

将 R_u 和 dQ 表达式代入式（10.23），得

$$H_t = C_y\left(\frac{l}{t}\right)\left(\frac{u}{v_m}\right)\left(\frac{w_\infty^2}{2g}\right)\frac{\sin(\beta_\infty + \lambda)}{\cos\lambda}$$

或

$$C_y\left(\frac{l}{t}\right) = \frac{2gH_t}{w_\infty^2}\left(\frac{v_m}{u}\right)\frac{\cos\lambda}{\sin(\beta_\infty + \lambda)}$$

因 $v_m = w_\infty \sin\beta_\infty$，则上式可整理为

$$C_y\left(\frac{l}{t}\right) = \frac{2\Delta v_u}{w_\infty}\frac{\sin\beta_\infty \cos\lambda}{\sin(\beta_\infty + \lambda)}$$

或

$$C_y\left(\frac{l}{t}\right) = \frac{2\Delta v_u}{w_\infty}\frac{1}{1 + \dfrac{\tan\lambda}{\tan\beta_\infty}} \tag{10.26}$$

式（10.26）是升力法设计叶片的基本方程，它是根据能量转换关系而推得的。方程式表示叶栅特性 C_y、l/t、λ 等和液体运动参数 β_∞、w_∞、Δv_u 之间的关系。因为泵的性能参数 Q、H、n 是泵内运动参数的外部表现形式，所以基本方程式的实质是泵性能参数和叶栅几何参数之间的关系式。

设计轴流泵叶轮叶片，必须满足此方程方能保证能量转换，但是可以用不同叶栅的参数组合来实现规定的性能，其组合的好坏直接影响叶片的效率和抗汽蚀性能。

升力法设计叶片的一般步骤是：选择 l/t 代入基本方程算出 C_y，将其修正为单翼升力系数 C_{y1}（也可近似认为相等，而不修正）。选择翼型，再根据所选翼型的特性按算得的升力系数 C_{y1} 确定冲角 $\Delta\alpha$，叶片安放角为 $\beta_L=\beta_\infty+\Delta\alpha$。或者与上述相反，给定冲角 $\Delta\alpha$，按翼型特性确定 C_{y1}，并修正到 C_y（可不修正），代入基本方程计算 l/t。两种方法都可以使用，最终只要满足方程式即可。

4. 翼型族和翼型组

翼型可按族来排列，并可进一步细分为组。翼型族由一个基本翼型和由基本翼型的一个或几个参数变化而成的一系列翼型组成。翼型组的各个翼型形状相同，只是其相对厚度值各不相同。

著名的 NACA 翼型族对称翼型的综合性能发表于 NACA 报告第 460 号，如图 10.16 所示。图 10.16（a）表示 l_s/l（l_s 表示翼型最大厚度位置到翼型前端的距离）的值不同时 α_0 与 f/l 的关系，图 10.16（b）表示 $\partial C_L/\partial \alpha_n$ 与 τ_{max}/l 的关系。α_0 为零升力时的冲角，α_n 表示有限翼展机翼的冲角。λ_{max}/l 的值不宜超过 0.18，否则会有发生汽蚀的可能。

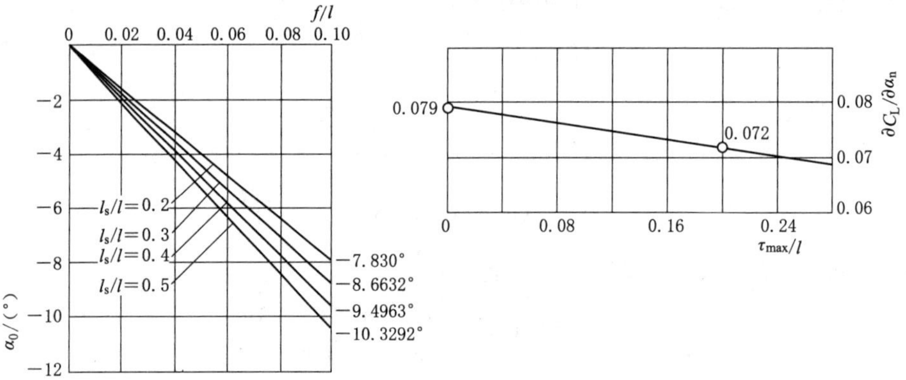

（a）α_0 与 f/l 的关系　　（b）$\partial C_L/\partial \alpha_n$ 与 τ_{max}/l 的关系

图 10.16　综合性能曲线

5. 升力法设计轴流泵的计算过程

升力法设计轴流泵的计算过程见表 10.2。

表 10.2　　升力法设计轴流泵的计算过程

序号	计算项目	单位	计算截面				
			E_1-E_2	D_1-D_2	C_1-C_2	B_1-B_2	A_1-A_2
1	D	m	0.135	0.190	0.233	0.268	0.300
2	$u=\frac{\pi D n}{60}$	m/s	10.27	14.45	17.70	20.40	22.80
3	$v_{u2}=\frac{gH_t}{u}$	m/s	5.17	3.66	3.00	2.60	2.33
4	$w_\infty=\sqrt{v_m^2+\left(u-\frac{v_{u2}}{2}\right)^2}$	m/s					

续表

序号	计算项目	单位	计算截面				
			E_1-E_2	D_1-D_2	C_1-C_2	B_1-B_2	A_1-A_2
5	$\tan\beta_\infty=\dfrac{v_m}{u-\dfrac{v_{u2}}{2}}$		0.574	0.349	0.272	0.231	0.208
6	β_∞		29°51′	19°16′	16°13′	13°	11°45′
7	λ（假定）		1°	1°	1°	1°	1°
8	$C_y\left(\dfrac{l}{t}\right)=\dfrac{2\Delta v_u}{w_\infty}\dfrac{1}{1+\dfrac{\tan\lambda}{\tan\beta_\infty}}$		1.128	0.522	0.333	0.246	0.198
9	$\dfrac{l}{t}$（选取）		0.900	0.830	0.770	0.715	0.670
10	C_y		1.250	0.629	0.433	0.344	0.296
11	$C_{y1}=\dfrac{C_y}{L}$ $(L=1)$		1.250	0.629	0.433	0.344	0.296
12	选翼型		387	490	490	490	490
13	$\dfrac{y_{max}}{l}$（选取）		0.1505	0.1100	0.0850	0.0670	0.0600
14	$t=\dfrac{\pi D}{3}$	mm	141	199	244	280	314
15	l	mm	127	166	188	200	209
16	$y_{max}=\dfrac{y_{max}}{l}l$	mm	19.1	18.2	16.0	14.0	12.6
17	y_{max}（取定）	mm	19.1	17.0	15.0	13.5	12.5
18	$\dfrac{y_{max}}{l}$		0.1505	0.1050	0.0800	0.0670	0.600
19	$\tan\lambda=0.012+0.06\dfrac{y_{max}}{l}$		0.0210	0.0183	0.0168	0.0160	0.0156
20	λ		1°12′	1°03′	0°58′	0°55′	0°53′
21	$\Delta\alpha$		6°21′	2°	0°44′	0°32′	0°22′
22	$\beta_e=\beta_\infty+\Delta\alpha$		36°12′	21°16′	15°67′	13°32′	12°07′

6. 传统升力法设计叶片存在的问题

升力法设计轴流泵叶片是半经验、半理论的设计方法，存在以下问题：

（1）轴流泵叶轮叶片是一组叶栅，栅中翼型特性和单独机翼特性的差别，只能凭经验修正，存在误差。

（2）单个机翼特性是在风洞试验中测得的，空气流动和水流有很大的差别。

（3）航空动力翼型，为满足来流的变化，进口部位圆滑肥厚，不适宜用于来流方向变化不大的轴流泵叶片。

（4）按升力法计算的冲角，轮毂侧很大，越到轮缘侧越小，加大了叶片的扭曲，影响泵的效率。

7. 基于间隙流动的改进升力法设计叶片

考虑叶片端部靠近外壳和轮毂等区域的实际流动、静止外壳壁面上的环状边界层流动、转动叶片表面上的边界层及叶片端部和外壳之间的间隙流动等的相互干涉等问题，在进行水力设计的时候引进了叶轮外缘及叶轮轮毂处的边界层及间隙影响的修正系数 $A(R,\delta)$，并对传统的升力法进行了改进，以此来优化间隙流动，进一步提高轴流泵的效率。

具体方法是，考虑到轴流泵叶轮外缘及叶轮轮毂处的边界层及间隙的影响，在传统升力法模型中引入修正系数 $A(R,\delta)$，即

$$C_y\left(\frac{l}{t}\right)=A(R,\delta)\frac{2\Delta v_u}{w_\infty}\frac{1}{1+\tan\lambda/\tan\beta_\infty}$$

$A(R,\delta)$ 由下式确定：

$$A(R,\delta)=\begin{cases}1.15\sim1.25 & R_h\leqslant R\leqslant R_h+\delta_h\\ 1 & R_h+\delta_h<R<R_2-\delta_2\\ 1.25\sim1.35 & R_2-\delta_2\leqslant R\leqslant R_2\end{cases}$$

式中：R 为计算断面半径；δ_h 为叶轮轮毂断面处边界层的厚度；δ_2 为叶轮轮缘断面处边界层的厚度。

δ_h、δ_2 由下式确定：

$$\delta_i(x)=\left[\frac{(3n+1)(2n+1)}{2n}\beta_0\right]^{\frac{n+1}{3n+1}}\left(\frac{w_{\infty,i}x}{\mu/\rho}\right)^{\frac{2n}{3n+1}}x$$

式中：β_0 为叶片安放角；i 为需要确定边界层厚度的位置；μ 为输送液体的动力黏度；ρ 为输送液体的密度；x 为距叶片出口处的计算点；n 为利用粒子图像测速仪（particle image velocimerty，PIV）等测试手段最终确定的轴流泵边界层内速度分布规律的幂指数，影响 n 的因素很多，通过大量研究和试验测试后，常取 $n=7.8$。

这样设计出的叶轮叶片其叶端及叶根部分为加长前倾的扭曲形状，也就是说叶轮叶片骨线从叶轮叶片端部及根部向入口方向倾斜 45°，并使叶轮叶片骨线加长 15%～35%，这样能有效地控制外壳和轮毂表面上的环状边界层的发展及叶片负压面上边界层的分离，同时减少叶片端部载荷，降低间隙流动的影响，使叶片的形状更好地与实际流动相符。

10.5.2　圆弧法设计轴流泵叶轮

圆弧法就是用无限薄的圆弧翼型叶栅代替叶轮的叶片叶栅。借助绕流圆弧翼型叶栅积分方程的解来设计轴流泵叶片。也就是用积分方程对一系列不同几何参数（t/l、β_s 和 κ）的叶栅进行计算，求得栅前、栅后的流动情况（几何平均相对速度 w_∞ 和绕单个翼型的环量 Γ），而后作出栅前、栅后流动情况和几何参数的关系图表。设计时，根据给定的性能参数算出流动参数，从图表中查出几何参数。但是计算栅前、栅后的流动，必须已知叶栅的几何参数，而后者正是设计所要求的。因此，这种方法需要用逐次逼近的方法进行。

1. 圆弧叶栅参数及轴流泵叶轮设计所需要的数据图表

圆弧叶栅可单独地用下述三个参数确定：叶栅的过流能力 t/l，叶片安放角 β_s 和圆弧弯曲角 κ，如图 10.17 所示。图 10.18 所示为根据一系列圆弧叶栅的试验研究得到的量纲

一的叶片系数 $\xi_p=\frac{\Gamma_p}{\kappa l w_\infty}$ 与 t/l 和 β_s 的关系。图 10.19 所示为 $t/l=0.75\sim3$ 情况下冲角 α 与圆弧弯曲角 κ 的关系。

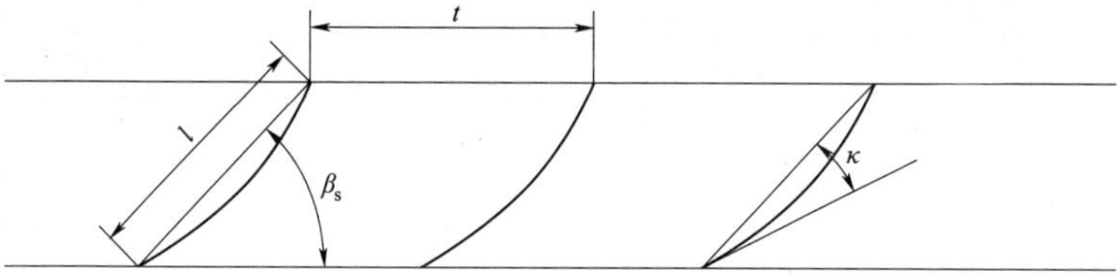

图 10.17 圆弧叶栅

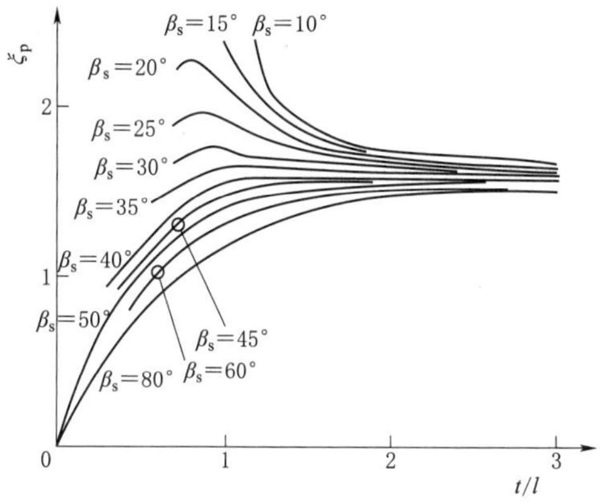

图 10.18 辅助曲线 $\xi_p=f(t/l,\ \beta_s)$

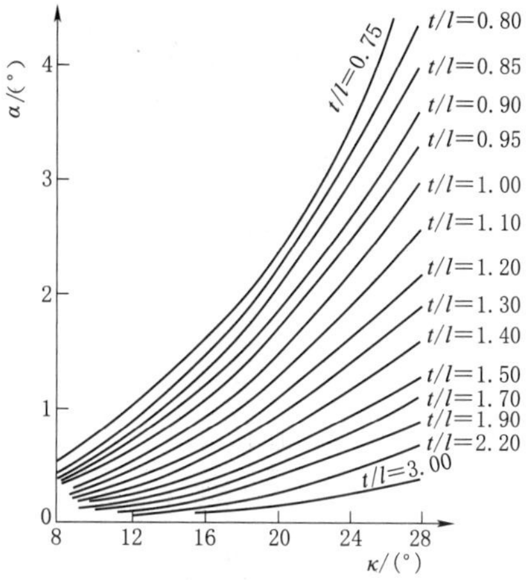

图 10.19 辅助曲线 $\alpha=f(t/l,\ \kappa)$

轴流泵叶轮的圆弧法设计计算公式和过程见表 10.3。

表 10.3 圆弧法设计轴流泵叶轮计算公式和过程

序号	参数及计算公式	单位	流线		
			A_1A_2	B_1B_2	C_1C_2
1	r	mm	40	60	75
2	$u=2n\pi r/60$	m/s	14.15	18.22	22.78
3	v_{u1}（取定）	m/s	0	0	0
4	$v_{u2}=\Delta v_u=\Gamma'_Z/(2\pi r)$	m/s	6.28	4.19	3.35
5	$w_{u\infty}=u-\frac{\Delta v_u}{2}$	m/s	9.01	16.13	21.10
6	$w_\infty=\sqrt{v_m^2+w_{u\infty}^2}$	m/s	10.20	16.82	21.64
7	$\tan\beta_\infty=\frac{v_m}{w_{u\infty}}$		0.530	0.296	0.226
8	β_∞		27°56′	16°30′	12°45′

续表

序号	参数及计算公式	单位	流线		
			A_1A_2	B_1B_2	C_1C_2
9	一级近似值 $\beta_1=\beta_\infty$		27°56′	16°30′	12°45′
	β_1		21°28′	14°41′	11°51′
	β_2		39°8′	18°48′	13°49′
10	$\Delta\beta=\beta_2-\beta_1$		17°40′	4°7′	1°58′
11	叶栅扩大系数		大	小	小
12	节距 $t=2\pi r/Z$	mm	62.8	94.2	117.8
13	叶栅稠密度 $s=l/t$ 选取		1.01	0.82	—
14	轮缘叶栅稠密度(图 10.7)				0.71
15	弦长 $l=st$	mm	63.46	77.28	83.64
16	叶栅过流能力 $t/l=1/s$		0.99	1.22	1.41
17	叶片系数 ξ_p(图 10.18)		1.83	2.08	2.05
18	$\kappa=\dfrac{\Gamma'_p}{\xi_p w_\infty l}$	rad	0.333	0.146	0.106
			19°6′	8°22′	6°6′
19	冲角 α(图 10.19)		1.7°	0.2°	0
20	要求的升力系数 C_L		1.066	0.467	0.340
21	最大叶片厚度 τ_{max}	mm	8	6	4
22	τ_{max}/l		0.126	0.078	0.048
23	$\dfrac{f}{l}=\dfrac{1}{2}\tan\dfrac{\kappa}{2}-\dfrac{1}{20}\sin\dfrac{\kappa}{5}$	%	7.58	3.29	2.40
24	冲角 α_0(图 10.16)($l_s/l=0.5$)		−7.83°	−3.40°	−2.47°
25	$\partial C_L/\partial\alpha_n$ (图 10.16)		0.075	0.076	0.077
26	假定 $\alpha_n=0°$时可达到的升力系数 $C_L=\dfrac{\partial C_L}{\partial\alpha_n}(\alpha_n-\alpha_0)$		−0.584 太小	−0.259 太小	0.191 太小
27	取定 $(\alpha_n)_{A=\infty}$		5°	2°	1°
28	诱导冲角 $\alpha_i=3.04C_L$ (第 20 步)		3°15′	1°25′	1°2′
29	翼型冲角 $\alpha_n=(\alpha_n)_{A=\infty}+\alpha_i$		8°15′	3°25′	2°2′
30	可达到的升力系数 $C_L=\dfrac{\partial C_L}{\partial\alpha_n}(\alpha_n-\alpha_0)$		1.20	0.52	0.35
31	叶栅冲角 $\alpha_{np}=\alpha_n-\alpha_i+\alpha$		6°42′	2°12′	1°
32	储备角$=0.2\Delta\beta$ (第 10 步)		3°32′	49′	24′
33	叶弦在叶栅中的倾角 $\beta_s=\beta_\infty+\alpha_{np}+0.2\Delta\beta$		38°10′	19°31′	14°9′
34	叶弦投影 $l'=l\cos\beta_s$	mm	49.89	72.84	81.11

2. 圆弧法设计轴流泵叶轮示例

轴流泵的设计参数为：$Q=200\text{m}^3/\text{h}$，$H=6\text{m}$，$n=2900\text{r/min}$。

初步计算比转速 $n_s=\dfrac{3.65\times2900\times\sqrt{200/3600}}{6^{0.75}}=650.8$，假设容积效率 $\eta_v=0.92$，得到叶轮理论流量 $Q_t=Q/\eta_v=200/(3600\times0.92)=0.06039(\text{m}^3/\text{s})$。

根据 $v_m=(0.06\sim0.08)\sqrt[3]{Q_t n^2}$，取 $v_m=0.06\sqrt[3]{Q_t n^2}$ 计算轴面速度，得到

$$v_m=0.06\times\sqrt[3]{0.06039\times2900^2}=4.787(\text{m/s})$$

则自由轴面的截面积为

$$A_m=Q_t/v_m=12615.43(\text{mm}^2)$$

为了计算叶轮直径 D，应从图 10.6 所示的关系曲线中读取 $\overline{d}$，根据 $u_2=K_{u2}\sqrt{2gH}$（$K_{u2}=n_s/584+0.8$）计算扬程系数 $\psi=gH/u_2^2$ 中的 u_2，即

$$K_{u2}=\frac{n_s}{584}+0.8=\frac{650.8}{584}+0.8=1.914$$

$$u_2=1.914\times\sqrt{2\times9.81\times6}=20.77(\text{m/s})$$

因此

$$D=\frac{60u_2}{2900\pi}=136.8(\text{mm})$$

则可计算扬程系数 $\psi=gH/u_2^2=9.81\times6/20.77^2=0.1364$。于是，根据图 10.6 得到 $\overline{d}=0.5029$，然后就可以精确地计算 D。

叶轮自由过流断面的面积为

$$A_m=\frac{\pi}{4}[D^2-(0.5029D)^2]=0.5868D^2=12615.43(\text{mm}^2)$$

由此得到 $D=146.63\text{mm}$。修正并取 $D=150\text{mm}$，为了降低叶片扭曲并避免叶片表面脱流，取略大的 $\overline{d}$ 值，即取 $\overline{d}=0.53$，因此 $d_h=80\text{mm}$，则 $A_m=12645\text{mm}^2$，$v_{m2}=4.776\text{m/s}$，$\psi=0.113$。计算得到的轮毂处 $\Delta\beta_h=\beta_{2h}-\beta_{1h}=17°41'$（参见表 10.3 第 10 步），叶片角变化仍然过大，不过因数值 $\Delta\beta$ 从轮毂向轮缘迅速下降，因此可以认为这里的值选取已经合理。另外，各流线处叶栅稠密度 s 的选取应尽量保证叶片进口边以及出口边大致位于径向位置（参见表 10.3 第 13 步）。

假设泵总效率 $\eta=0.72$，则根据下式计算水力效率：

$$\eta_h=\sqrt{\eta}-0.02=0.83$$

则理论扬程 $H_t=H/\eta_h=7.23\text{m}$。根据表 10.4 和表 10.5，暂取叶片数 $Z=4$，角速度 $\omega=2n\pi/60=303.7\text{rad/s}$。根据泵基本方程式：

$$H_t=\frac{u_2(v_{u2}-v_{u1})}{g}=\frac{\omega r\Delta v_u}{g}=\frac{\omega}{g}\frac{\Gamma_Z}{2\pi}$$

得到围绕所有叶片的环量为

$$\Gamma_Z=\frac{2\pi gH_t}{\omega}=\frac{2\pi\times9.81\times7.23}{303.7}=1.467(\text{m}^2/\text{s})$$

考虑水的黏度，环量为 $\Gamma'_Z=1.1\Gamma_Z=1.614(\mathrm{m^2/s})$，则围绕一个叶片的环量为 $\Gamma'_p=0.3946\mathrm{m^2/s}$。

表 10.4　　叶片数 Z 与比转速 n_s 的关系

n_s	385	600	800	1000
Z	6	5	4	3

表 10.5　　叶片数 Z 及对应的最高扬程 H_{max}

Z	2	3	4	5	6
H_{max}/m	3	6	10	15	22

将叶轮过流断面分成两个面积相等的圆环，轮毂处为流线 AA_1，分割处为流线 BB_1，轮缘处为流线 CC_1。各性能的进一步计算见表 10.3。

NACA 翼型的标志由三组数字组成，第一组代表中弧线的拱度 h/l（%），第二组代表最大厚度 δ_{max} 处到翼型进口端的距离与弧长 l 的比值（%），第三组表示 δ_{max}/l(%)。本例中采用 791 翼型加厚叶片。因此，从轮毂到轮缘的三个 NACA 翼型分别为 7.58/50/12.6、3.29/50/7.8 和 2.40/50/4.8。叶片轴位于距离进口 $0.45l$ 处。水力模型如图 10.20 所示（图中省略了部分数据标注）。

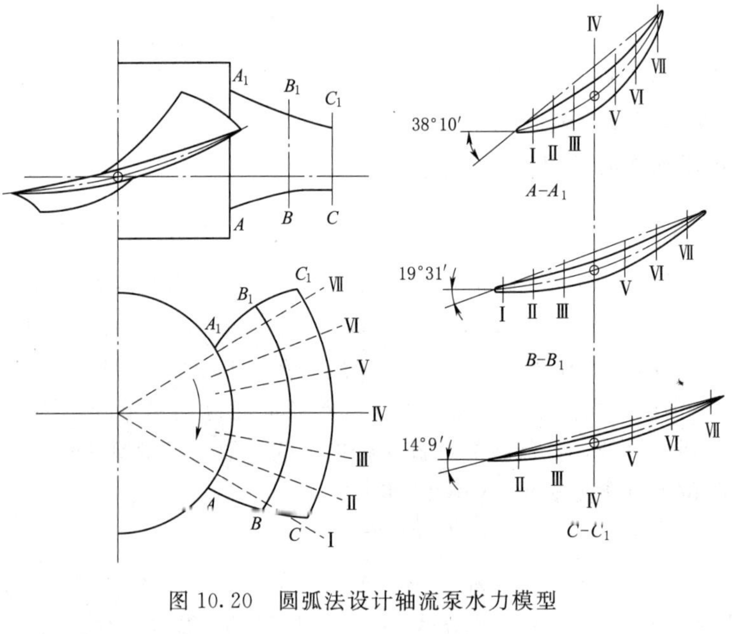

图 10.20　圆弧法设计轴流泵水力模型

10.5.3　环量修正和流线法设计轴流泵叶轮

1. 两种漩涡模式

目前有两种设计轴流泵叶片的理论：叶片出口流动为自由漩涡模式，$v_uR=\mathrm{const}$；叶片出口流动为强制漩涡模式，$\dfrac{v_u}{R}=\mathrm{const}$。这两种理论都存在一定的问题。

(1) 自由漩涡。按自由漩涡算得的相对液流角，轮缘侧小，越到轮毂侧越大，叶片的

扭曲角 $\Delta\beta=\beta_h-\beta_0$ 很大，影响泵的效率，尤其在非设计工况下，泵的效率下降比较快，泵的高效范围窄。

(2) 强制漩涡。按强制漩涡理论，叶片外缘的 v_u 大，轮毂侧的 v_u 小，并造成泵出口轴面速度 v_m 也是外缘侧大，轮毂侧小。这种不均匀分布的轴面速度，使泵很难得到好的性能。

鉴于两种漩涡模式均有缺点，基于对优秀模型几何参数的统计分析计算，提出了一种线性修正环量的分布规律，用流线法设计轴流泵叶片。

2. 线性修正的环量分布规律的理论分析

(1) 叶片外缘与转轮室、内缘与轮毂的间隙影响。叶片轮毂随叶片一起旋转，有带动液体一起旋转的作用，增加了轮毂侧液体的旋转分量，设计时有必要减小此区域的 v_u 值。

轮缘外壁是固定的，外缘间隙有减小液体旋转的作用。另外，经外缘间隙向进口的回流以及工作面向背面的回流，减小了叶片工作面和背面的压差，降低了出口扬程，由此，在设计叶片时需增加叶片轮缘侧出口的环量。

(2) 通常外缘侧翼型厚度薄、平直、拱度小，而且按通常的设计方法，此处冲角很小，有时是负冲角，可见其做功的本领不强，这种情况和外缘翼型所处的位置很不相适应。反之，轮毂侧翼型很厚、拱度大，按常规设计方法，又加很大的冲角，使得叶片的扭曲度非常大，在设计工况，性能尚可，一旦进入非设计工况，效率下降较快，高效范围很窄。

(3) 轴流泵叶轮内的水力损失，由 $\eta_h=1-\dfrac{0.42}{(\lg D-0.172)^2}$ 和速度三角形可知，在相同流速 v_m 下，增加相应的液流角 β_∞ 可减小相对速度 w_∞。β_∞ 的增加和 w_∞ 的减小，均可提高水力效率，因为泵的大部分流量要从叶片外缘侧通过，所以增加外缘的 β_∞ 可提高效率。

(4) 增加外缘翼型的安放角 β_L，是否会降低叶轮的汽蚀性能，从试验结果看，这种影响不明显，这是因为：①外缘进口预旋本身要求较大的叶片进口角与其相适应；②增加叶片进口角，增加了叶片的进口过流面积，减小了进口的轴面速度 v_{m1}；③增加外缘进口角会降低叶片进口的相对速度 w_0。

由汽蚀余量公式 $NPSH_r=\dfrac{v_0^2}{2g}+\lambda\dfrac{w_0^2}{2g}$ 可知，②、③两项因素均可改善抗汽蚀性能。

综上所述，根据不同比转速模型不同出口环量分布试验结果，经优化分析后，给出一种从轮缘到轮毂线性修正环量分布的规律。

这种环量分布是以自由漩涡形式为基础，提高轮缘侧环量，减小轮毂侧环量，修正系数按线性变化。如图 10.21 所示，可用下式表示：

$$v_{u2}=\xi v'_{u2}$$

式中：v'_{u2} 为按 $v'_{u2}R=\text{const}$ 计算的旋转分速度；v_{u2} 为修正后旋转分速度；ξ 为 v'_{u2} 的修正系数，$\xi=0.9\sim1.1$。

3. 轴流泵叶片进口冲角

(1) 叶片进口的预旋。由试验测量可知，轴流泵叶片进口预旋十分明显。曾做过这样的试验，泵进口测压点靠近叶轮与离开一段距离相比，因靠近叶轮时测得的进口压力高，使泵扬程变小，泵效率下降了 3%。叶片进口的预旋是由叶片本身造成的，是叶片的作用

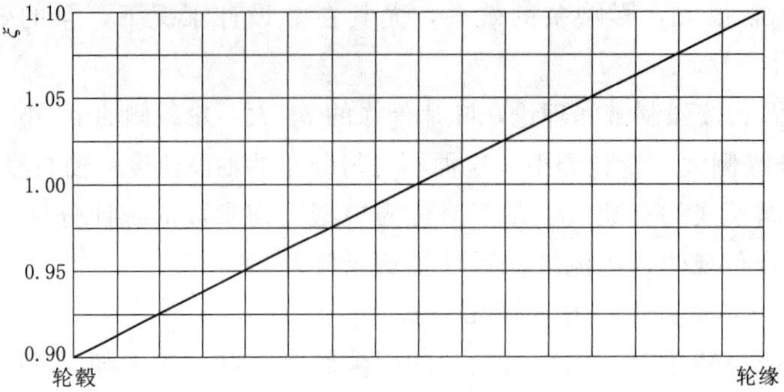

图 10.21 轮毂到轮缘 v'_{u2} 的修正系数

使进口的液体沿旋转方向旋转，其旋转的程度随半径增大而增加，也就是说外缘部分有较大的旋转分量，它对泵进口的流动状态有影响。如图 10.22 所示，外缘处进口速度三角形有了 v_{u1} 之后，液体仍沿阻力最小的方向（叶片进口方向）进入，则 v_m 将减小到 v'_m。为了保持原 $v_m(Q)$ 和预旋 v_{u1} 不变，应使叶片角从 β_1 增加到 β，即增加冲角为 $\Delta\beta$。

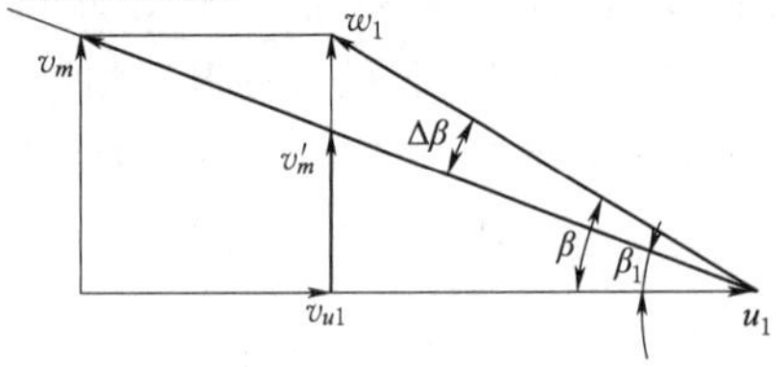

图 10.22 外缘处进口速度三角形

叶片角等于液流角加上冲角，即 $\beta=\beta_1+\Delta\beta$，泵的最终工作情况是由叶片角决定的，因而冲角的确定是非常重要的。

研究分析传统的设计方法。按升力法计算的冲角，从外缘到轮毂逐渐加大，轮毂处的冲角可达到 10°左右，使叶片过度扭曲，工作情况不好。按圆弧法计算冲角，也是从轮缘到轮毂增加，最大有 3°～4°，轮缘侧多是零冲角。

同一个参数，两种设计方法之间的差距如此之大，对这两种方法的准确性，应当提出质疑。轴流泵、混流泵和离心泵，虽然叶片形式有差别，但都属于叶片式泵。流线法设计出许多优秀的离心泵和混流泵，应当说也可以用流线法的思路设计轴流泵，因此，提出用流线法设计轴流泵叶轮叶片。

(2) 冲角的选择原则。

1) 改变自由漩涡和强制漩涡设计轴流泵叶片的不当之处，适当减小轮毂侧的叶片角，增加轮缘侧的叶片角。

2) 轮缘侧间隙的影响，造成轮缘侧液流旋转不足（v_u 下降），因而增加轮缘侧的叶片角，加以补偿。

建议冲角选用 0°～3°，从轮毂到轮缘增加，比转速大者取小值。

4. 型线半径及翼型厚度变化规律

(1) 型线半径 R。叶片型线应是连续的曲线，通常采用单圆弧或抛物线，单圆弧型线如图 10.23 所示。

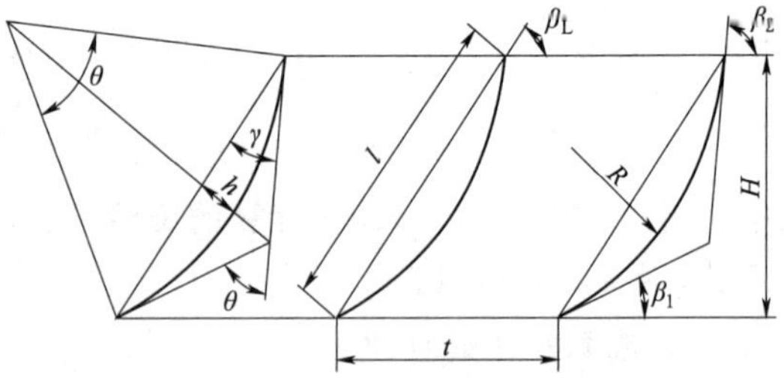

图 10.23 单圆弧型线的形状

β_1、β_2—型线进、出口角；γ—型线曲率角；θ—型线中心角；h—翼型拱度；H—翼型高度；β_L—型线安放角

对于圆弧叶片可知，各角度关系为

$$\beta_L=\beta_1+\gamma,\quad \beta_L=\beta_2-\gamma,\quad \gamma=\theta/2,\quad \beta_L=\frac{\beta_1+\beta_2}{2},\quad \beta_2-\beta_1=\theta$$

型线的高度 H 为

$$H=l\sin\beta_L=l\sin\left(\frac{\beta_1+\beta_2}{2}\right)$$

型线的拱度 h 为

$$h=R-(R-h)\frac{l}{2\sin\gamma}-\frac{l}{2\tan\gamma}=\frac{l}{2}\left(\frac{1-\cos\gamma}{\sin\gamma}\right)$$

型线的半径 R 为

$$R=\frac{l}{2\sin\dfrac{\theta}{2}}=\frac{l}{2\sin\left(\dfrac{\beta_2-\beta_1}{2}\right)}=\frac{H}{\cos\beta_1-\cos\beta_2}\tag{10.27}$$

由图 10.23 可知：

$$R^2=\left(\frac{l}{2}\right)^2+(R-h)^2,\quad R=\frac{1}{8}\left(\frac{l^2}{h}\right)+\frac{h}{2}$$

型线也可以在保证进、出口角的情况下，按任意光滑曲线画出。

(2) 翼型厚度变化规律。可以选择任何一种翼型厚度变化规律进行加厚，现以 791 翼型厚度变化规律为例。791 翼型是研制 791 模型时，采用的厚度变化规律，791 翼型的厚度变化规律如图 10.24 和表 10.6 所示。加厚时，以型线为工作面向背面加厚。

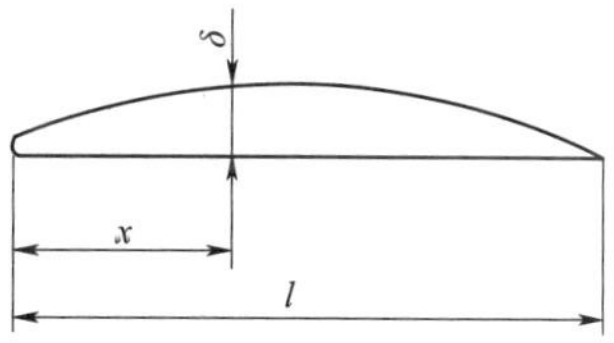

图 10.24　791 翼型的厚度变化

表 10.6　　791 翼型的厚度变化规律

x/l	0.000	0.050	0.075	0.100	0.200	0.300	0.400	0.500	0.600	0.700	0.800	0.900	0.950	1.000
δ/δ_{max}	0.000	0.296	0.405	0.489	0.778	0.920	0.978	1.000	0.883	0.756	0.544	0.356	0.200	0.000

10.6　轴流泵叶轮叶片绘型

(1) 画翼型展开图。按计算得到的各截面翼型安放角 β_L 作出弦线 l，按计算的型线半径画翼型展开图（图 10.25）。

(2) 确定翼型转动中心的位置。

1) 先画外缘翼型型线。

2) 在离进口弦长为 40%～50%处，画一竖线，表示叶片转动中心线在平面图上的投影线。

3）过型线（工作面）与竖直线交点（包括稍上或稍下）作水平线，此水平线表示轴面图上叶片的转动中心线。

其他翼型的画法与外缘相同（图 10.25），只是水平轴线与外缘翼型水平轴线相比，离型线和竖直线交点的距离按一定规律增加，使得叶片表面从外缘向轮毂侧倾斜，以减小径向流动。

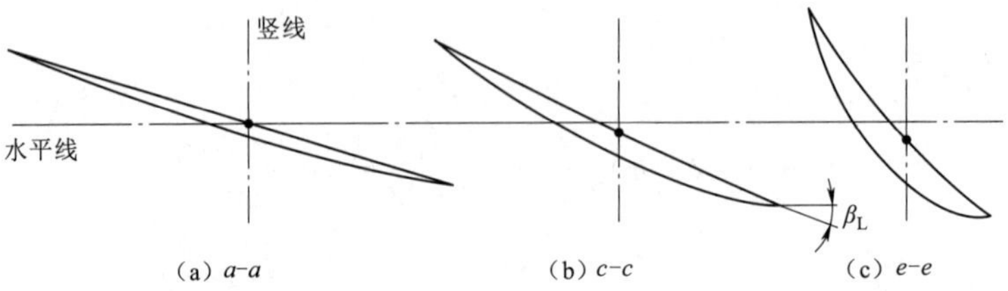

图 10.25　翼型转到中心位置展开图

（3）作叶片的平面投影图、轴面投影图。如图 10.26 所示，在平面图中作出轮毂、轮缘和各截面的弧线，并作出间隔角 $\Delta\theta$ 的射线，$\Delta\theta$ 通常取 5°或 10°。$\Delta\theta$ 角间对应的各截面

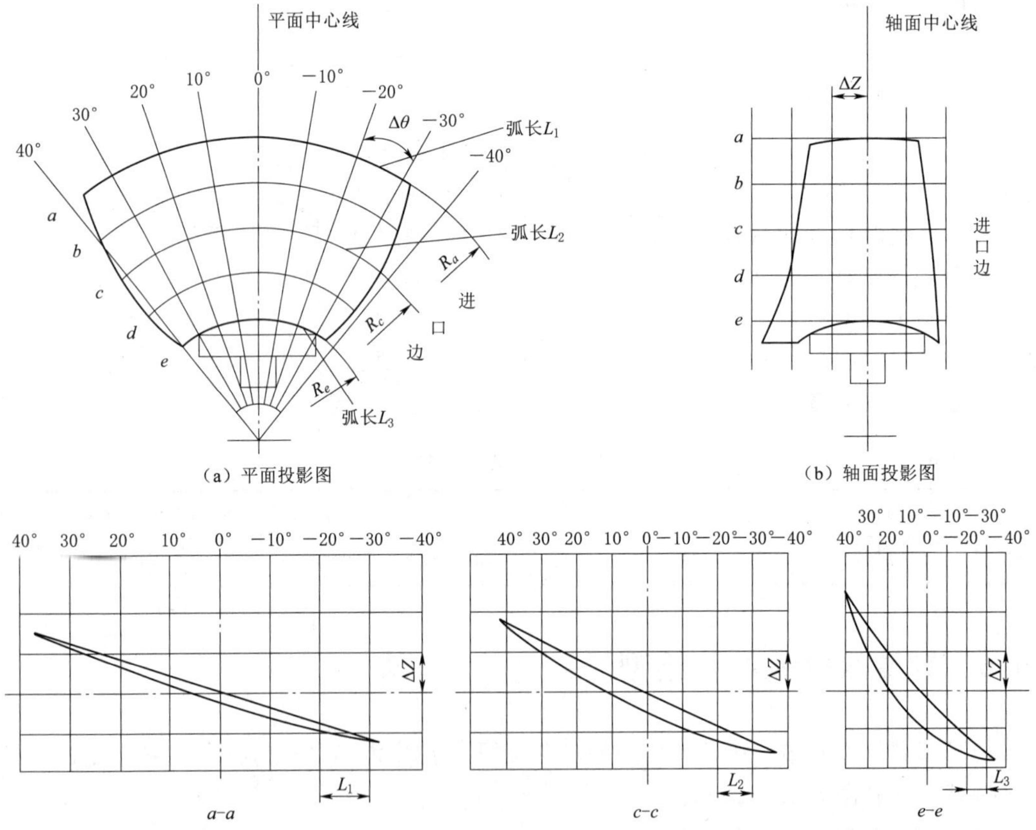

图 10.26　叶片平面投影图和轴面投影图的绘制

弧长 $L=\frac{2\pi R}{360}\Delta\theta$，在翼型展开图中沿竖线（平面轴心线）两侧画出若干条竖线，竖线间的距离等于弧长 L。在翼型展开图中沿水平线（轴面轴心线）上下作出若干条间距相等的横线，假设间距为 ΔZ。在轴面投影图的轴心线（竖线）两侧画出间距等于 ΔZ 的若干条竖线。

（4）在平面图和轴面图中画出进、出口边。将各截面翼型展开图中的进、出口端点，按所在的角度，点到平面图各截面相应角度的位置上，各点连线为进、出口边，此线应光滑。将翼型展开图中各翼型进、出口端点离水平线（轴面轴心线）的距离，投影到轴面投影图相应的截面上，所得点的连线为进、出口边的轴面投影线，此线应光滑。如果平面投影图和轴面投影图中进、出口边不光滑，则应当调整翼型的弦长 l 或转动中心的位置等加以调整。

（5）检查叶片表面的光滑性。

1）水平截面。在翼型展开图［图 10.27（a）］中各翼型的水平截面 1、2、3……分别和各自的工作面（背面）相交，将同一编号水平截面和各翼型工作面（背面）的交点，按所在的角度，投影到平面图相应截面（弧线）的相应位置，连接各点，得到工作面（背面）所对应角度的截线，如图 10.27（b）中所示的 1-1、2-2、3-3 截线。

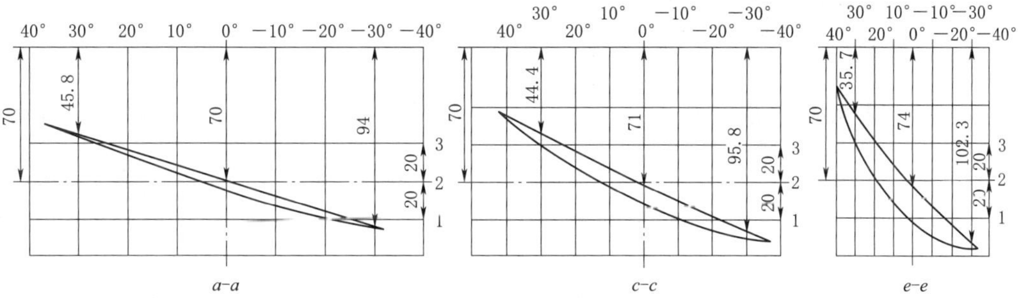

（a）翼型展开图

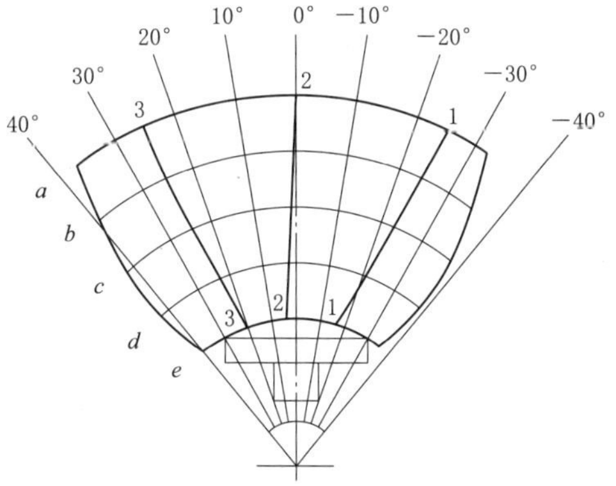

（b）水平截面(工作面)

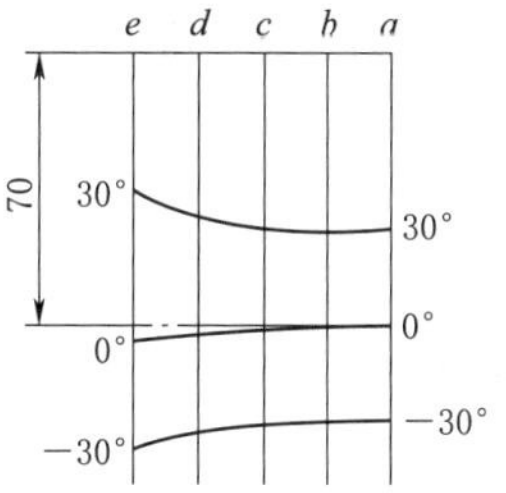

（c）轴向截面(工作面)

图 10.27　叶片水平截面和轴向截面的检查

2）轴向截面。展开图［图 10.27（a）］中各翼型的轴向截面（竖线）如－10°、0°、10°……分别和各自工作面（背面）相交，将同角度截面（如 10°）和各翼型工作面（背面）交点所在的轴向位置，按假设的同一基准投影到轴面图相应截面上，所得各点连线为轴面截线，此线应光滑，如图 10.27（c）中所示的 30°、0°、－30°截线。

（6）旋转方向的判断。画叶片平面图，一般叶片在上方，叶片轴在下方。进口边在右侧，出口边在左侧，叶片左方出口边高，右方进口边低，从上面（出口）看到的是叶片工作面（凹面），因为叶片对水施加推动作用，所以叶片应当顺时针方向旋转，即此叶轮从出口方向看以顺时针方向旋转，从进口方向看以逆时针方向旋转。如果与上述相反布置，则叶轮从出口方向看为逆时针方向旋转。

10.7 轴流泵叶轮水力设计步骤及算例

10.7.1 设计步骤

（1）按给定的设计参数确定转速（有时给定）和确定叶轮直径。

（2）分流面（一般分 5 个），流面间距一般相等，考虑到以后三维实体建模的准确性，轮毂、轮缘可作为两个流面。

（3）选择叶栅稠密度 l/t，计算弦长 $l_i=t_i\dfrac{l}{t}$。

（4）确定容积效率 η_v，各截面的 η_v 可取同一值。

（5）估算各截面的排挤系数 $\psi=1-\dfrac{2}{3}\dfrac{\delta_{max}}{t\sin\beta}$，叶轮直径为 300mm 的轴流泵模型，叶片最大厚度为：轮缘 6mm，轮毂 14mm，其余截面按线性变化。不同叶轮直径泵的厚度按比例变化，轮缘叶弦角一般可近似取 20°，按线性变化到轮毂的叶弦角取 40°。

（6）水力效率，中间截面按 $\eta_h=\sqrt{\eta}-(0.02\sim0.03)$ 确定，从轮缘到轮毂线性变化。

（7）选定 v'_{u2} 的修正系数，计算 $v_{u2}=\xi v'_{u2}$。

（8）计算各截面进口液流角 β'_1，选择冲角 $\Delta\beta_1$，确定叶片进口角 $\beta_1=\beta'_1+\Delta\beta_1$。

（9）计算各截面出口液流角 β'_2，v'_{m2} 认为等于各截面进口轴面速度。

（10）确定叶片出口角 $\beta_2=\beta'_2+\Delta\beta_2$，考虑有限叶片数等因素影响，$\Delta\beta_2$ 的选用范围为 0°～3°。

（11）确定翼型安放角 β_L，计算型线半径 R。

（12）比转速 $n_s=1000$ 的叶轮设计算例见表 10.7。

表 10.7　　比转速 $n_s=1000$ 的叶轮设计算例

项目	公式	单位	e	d	c	b	a
截面	D	mm	120	165	210	255	300
节距	$t=D\pi/z$	mm	125.66	172.79	219.91	267.04	314.16
给定	l/t		0.93	0.81	0.73	0.66	0.60

续表

项目	公式	单位	e	d	c	b	a
弦长	l	mm	116.87	139.96	160.54	176.24	188.50
v'_{m1}	$v'_{m1}=\frac{4Q}{\pi(D^2-d_h^2)\eta_v}$	m/s	6.01 ($\eta_v=0.98$)				
ψ	$\psi=1-\frac{2}{3}\left(\frac{\delta_{max}}{t\sin\beta}\right)$		0.88	0.90	0.92	0.94	0.96
v_{m1}	$v_{m1}=v'_{m1}/\varphi$	m/s	6.83	6.68	6.57	6.39	6.26
u	$u=\frac{D\pi n}{60}$	m/s	9.11	12.53	15.94	19.36	22.78
水力效率	$\eta_h=\sqrt{\eta}=(0.02\sim0.03)$		0.90	0.89	0.88	0.87	0.86
v'_{u2}	$v'_{u2}=\frac{gH_t}{u}=\frac{gH}{u\eta_h}$	m/s	5.48	4.03	3.20	2.67	2.29
修正系数	ξ		0.90	0.95	1.00	1.05	1.10
v_{u2}	$v_{u2}=\xi v'_{u2}$	m/s	4.93	3.83	3.20	2.80	2.52
β'_1	$\beta'_1=\arctan\frac{v_{m1}}{u}$	(°)	36.86	28.06	22.39	18.28	15.37
进口冲角	$\Delta\beta_1$	(°)	0.0	0.4	0.8	1.2	1.6
β_1	$\beta_1=\beta'_1+\Delta\beta_1$	(°)	36.86	28.46	23.19	19.48	16.97
β'_2	$\beta'_2=\arctan\frac{v_{m2}}{u-v_{u2}}$	(°)	58.54	37.51	27.27	21.11	17.18
出门冲角	$\Delta\beta_2$	(°)	1	1	1	1	1
β_2	$\beta_2=\beta'_2+\Delta\beta_2$	(°)	59.54	38.51	28.27	22.11	18.18
β_L	$\beta_L=(\beta_1+\beta_2)/2$	(°)	48.20	33.49	25.73	20.79	17.57
R	$R=\frac{l}{2\sin\left(\frac{\beta_2-\beta_1}{2}\right)}$	mm	297	799	1811	3831	8943

注 给定初始参数为 $Q=350\text{L/s}$，$H=4.58\text{m}$，$n=1450\text{r/min}$，$d_h=120\text{mm}$，$Z=3$，$D=300\text{mm}$。

10.7.2 算例

绘型图例如图 10.28 所示。

根据设计的叶轮木模图，通过三维造型软件 UG、Catia、Pro/Engineer、SolidWorks 等可以生成叶片及叶轮的三维模型图，提供给后续的流场分析及结构强度计算。同时制造企业也根据木模图生产叶轮及进行叶轮维修后的质量检查。其三维模型及实物如图 10.29 和图 10.30 所示。

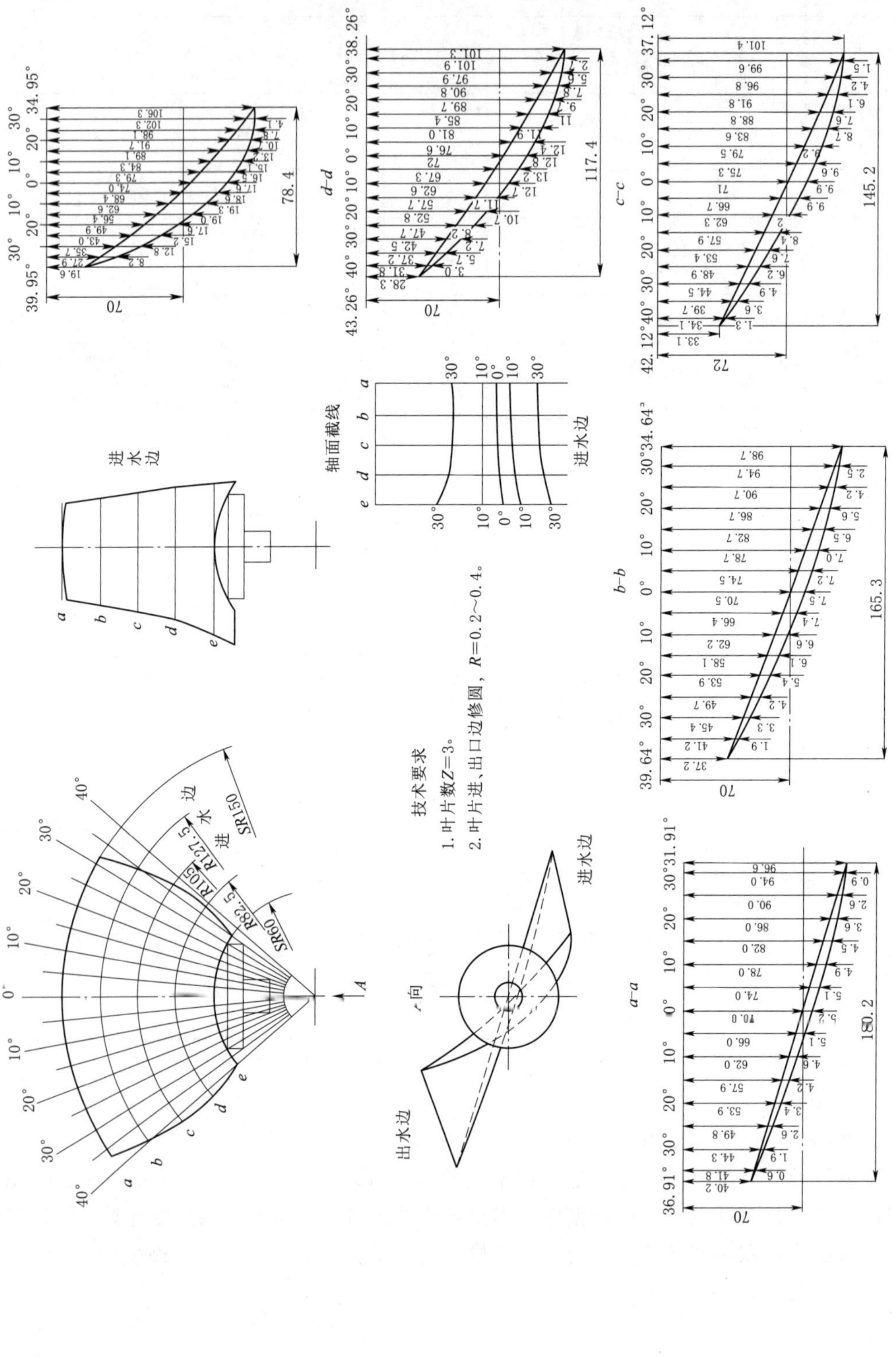
进水边
出水边
A 向
SR150
R127.5
R105
R82.5
SR60
轴面截线
技术要求
1. 叶片数Z=3。
2. 叶片进、出口边修圆，R=0.2～0.4。
a–a
b–b
c–c
d–d
e–e

图 10.28 绘型图例

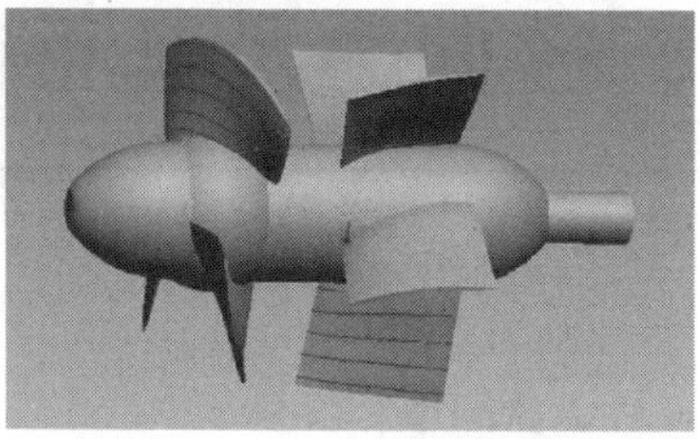

图 10.29 轴流泵叶轮三维模型

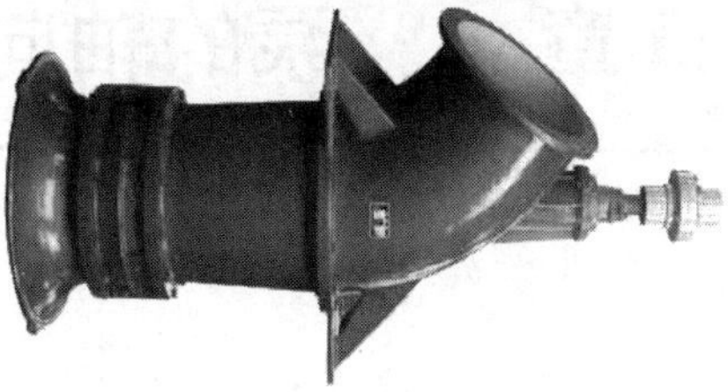

图 10.30 轴流泵叶轮实物

10.8 轴流泵导叶的设计

第11章 泵的轴向力、径向力及其平衡

11.1 轴向力的产生原因及计算

泵在运转中，转子上作用着轴向力，该力将拉动转子轴向移动。因此，必须设法消除或平衡此轴向力，方能使泵正常工作。泵转子上作用的轴向力，由下列各分力组成。

（1）叶轮前后盖板不对称产生的轴向力，此力指向叶轮吸入口方向，用 T_1 表示。

（2）动反力，此力指向叶轮后面，用 T_2 表示。

（3）轴台、轴端等结构因素引起的轴向力，其方向视具体情况而定，用 T_3 表示。

（4）转子重量引起的轴向力，与转子的布置方式有关，用 T_4 表示。

（5）影响轴向力的其他因素。

1. 轴向力 T_1 的计算

（1）闭式离心叶轮轴向力 T_1 的计算。由图 11.1 可知，叶轮前后盖板不对称，前盖板在吸入口前部分没有盖板。另外，叶轮前后盖板像轮盘一样带动前后腔内的液体旋转，盖板侧腔内的液体压力按抛物线规律分布。作用在后盖板上的压力，除口环以上部分与前盖板对称作用的压力相抵消外，口环下部减去吸入压力 P_1 所余压力，产生的轴向力方向指向叶轮入口，此力便是 T_1。

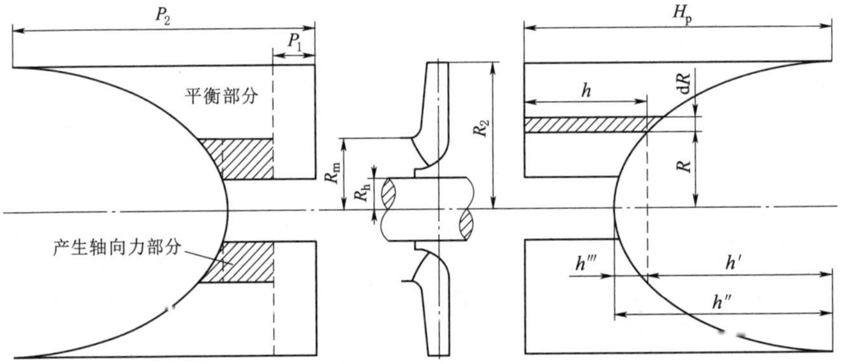

图 11.1　轴向力计算原理

假设盖板两侧腔的液体无泄漏流动，并以叶轮旋转角速度之 $w/2$ 旋转，则任意半径 R 处的压头 h' 为

$$h'=h''-h'''=\frac{\left(\frac{u_2}{2}\right)^2}{2g}-\frac{\left(\frac{u}{2}\right)^2}{2g}=\frac{1}{8g}(u_2^2-u^2)=\frac{w^2}{8g}(R_2^2-R^2) \tag{11.1}$$

当假定 $v_{m1}=v_{m2}$、$v_{u1}=0$ 时，叶轮出口势扬程为

$$H_{\mathrm{p}}=\frac{P_2-P_1}{\rho g}=H_{\mathrm{t}}-\frac{v_2^2-v_1^2}{2g}=H_{\mathrm{t}}-\frac{(v_{m2}^2+v_{u2}^2)-(v_{m1}^2+v_{u1}^2)}{2g}=H_{\mathrm{t}}-\frac{v_{m2}^2}{2g}$$
$$=H_{\mathrm{t}}-\frac{(gH_{\mathrm{t}}/u_2)^2}{2g}$$

即

$$H_{\mathrm{p}}=H_{\mathrm{t}}\left(1-\frac{gH_{\mathrm{t}}}{2u_2^2}\right) \tag{11.2}$$

叶轮前后盖板任意半径处，作用的压头差为

$$h=H_{\mathrm{p}}-h'=H_{\mathrm{p}}-\frac{w^2}{8g}(R_2^2-R^2)$$

将上式两侧乘以液体密度 ρ 和重力加速度 g，并从轮毂直径积分到密封环直径，则得前、后盖板不对称产生的轴向力 T_1 为

$$T_1=\int_{R_{\mathrm{h}}}^{R_{\mathrm{m}}}2\pi R\,\mathrm{d}Rh\rho g=2\pi\rho g\int_{R_{\mathrm{h}}}^{R_{\mathrm{m}}}\left[H_{\mathrm{p}}-\frac{w^2}{8g}(R_2^2-R^2)\right]R\,\mathrm{d}R$$
$$=2\pi\rho gH_{\mathrm{p}}\frac{R_{\mathrm{m}}^2-R_{\mathrm{h}}^2}{2}-\frac{2\pi\rho gw^2R_2^2}{8g}\frac{R_{\mathrm{m}}^2-R_{\mathrm{h}}^2}{2}+\frac{2\pi\rho gw^2}{8g}\frac{R_{\mathrm{m}}^4-R_{\mathrm{h}}^4}{4}$$

即

$$T_1=\pi\rho g(R_{\mathrm{m}}^2-R_{\mathrm{h}}^2)\left[H_{\mathrm{p}}-\frac{w^2}{8g}\left(R_2^2-\frac{R_{\mathrm{m}}^2+R_{\mathrm{h}}^2}{2}\right)\right] \tag{11.3}$$

这部分轴向力也可很方便地按压力体体积来计算。图 11.1 右侧阴影部分的压力体体积的重量，在数值上等于轴向力。这部分压力体体积可划分成圆柱体和抛物体两部分，而抛物体体积等于同底等高圆柱体体积一半，即

T_1＝圆柱体重量＋抛物体重量

$$=(R_{\mathrm{m}}^2-R_{\mathrm{h}}^2)\pi\rho g\left(H_{\mathrm{p}}-\frac{w^2}{8g}R_2^2+\frac{w^2}{8g}R_{\mathrm{h}}^2\right)+\frac{1}{2}(R_{\mathrm{m}}^2-R_{\mathrm{h}}^2)\pi\rho g\,\frac{w^2}{8g}(R_{\mathrm{m}}^2-R_{\mathrm{h}}^2)$$
$$=(R_{\mathrm{m}}^2-R_{\mathrm{h}}^2)\pi\rho g\left[H_{\mathrm{p}}-\frac{w^2}{8g}\left(R_2^2-\frac{R_{\mathrm{m}}^2+R_{\mathrm{h}}^2}{2}\right)\right] \tag{11.4}$$

(2) 半开式叶轮轴向力 T_1 的计算。图 11.2 中作用于后盖板的轴向力（抛物体的重量）F_1 为

$$F_1=(R_2^2-R_{\mathrm{h}}^2)\pi\rho gH_{\mathrm{p}}-\frac{1}{2}(R_2^2-R_{\mathrm{h}}^2)\pi\rho gh$$

其中

$$h=\frac{w^2}{8g}(R_2^2-R_{\mathrm{h}}^2)$$

作用在前侧的轴向力（三角形压力体重量）F_2 为

$$F_2=\frac{1}{2}H_{\mathrm{p}}\rho g(R_2-R_{\mathrm{m}})2\pi\left[R_{\mathrm{m}}+\frac{2}{3}(R_2-R_{\mathrm{m}})\right]$$

总的轴向力为

$$T_1=F_1-F_2=(R_2^2-R_{\mathrm{h}}^2)\pi\rho gH_{\mathrm{p}}-\frac{1}{2}(R_2^2-R_{\mathrm{h}}^2)\pi\rho g\,\frac{w^2}{8g}(R_2^2-R_{\mathrm{h}}^2)$$

$$-\frac{1}{2}H_{\mathrm{p}}\rho g(R_2-R_{\mathrm{m}})2\pi\left[R_{\mathrm{m}}+\frac{2}{3}(R_2-R_{\mathrm{m}})\right] \tag{11.5}$$

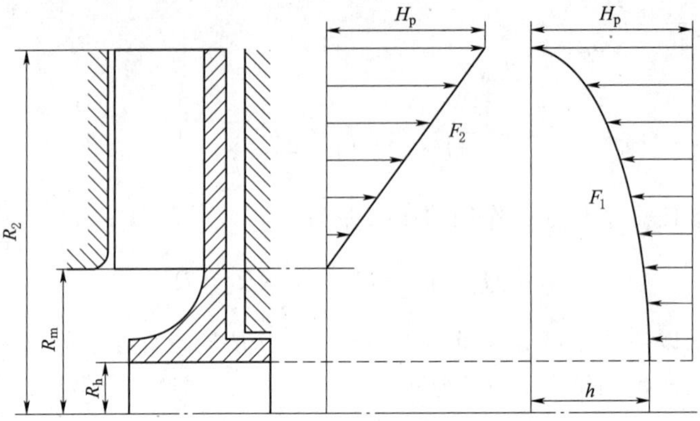

图 11.2 作用在半开式叶轮上的轴向力

半开式叶轮作用在后盖板内侧上的压力按三角形规则变化，作用在闭式叶轮前盖板上的压力按抛物线变化，后者大于前者，因此，半开式叶轮的轴向力（指向进口）比闭式叶轮大。

2. 动反力 T_2 的计算

液体通常沿轴向进入叶轮，沿径向或斜向流出。液流通过叶轮其方向之所以变化，是因为液体受到叶轮作用力的结果，反之，液体给叶轮一个大小相等、方向相反的反作用力，该力即为动反力（图 11.3），指向叶轮后面，由动量定理可得

$$T_2=\rho Q_{\mathrm{t}}(v_{m0}-v_{m3}\cos\alpha) \tag{11.6}$$

式中：ρ 为液体密度，$\mathrm{kg/m^3}$；Q_{t} 为泵理论流量，$\mathrm{m^3/s}$；v_{m0}、v_{m3} 为叶片进口稍前、出口稍后的轴面速度，m/s；α 为叶轮出口轴面速度与轴线方向的夹角。

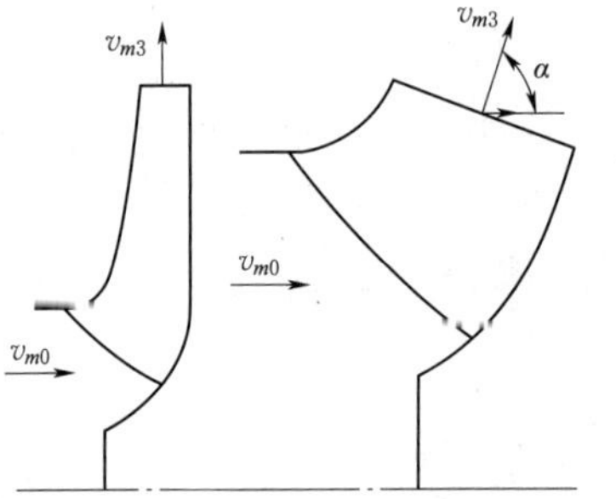

图 11.3 作用在叶轮上的动反力

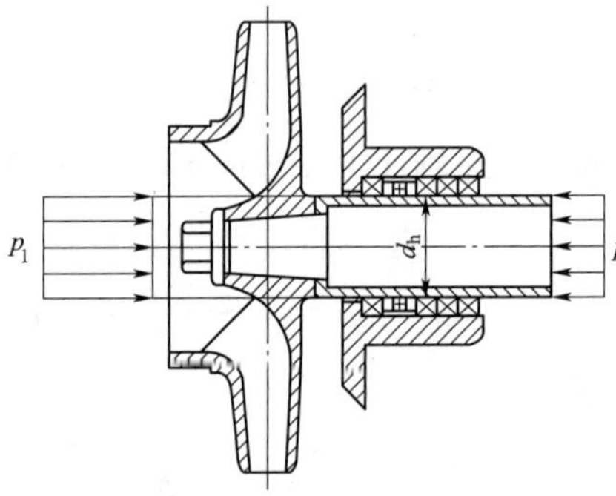

图 11.4 作用在轴头上的轴向力

3. 轮毂轴端等结构引起的轴向力 T_3 的计算

悬臂式叶轮轴头吸入压力和大气压力不同引起的轴向力，如图 11.4 所示。当泵进口压力高时，作用在轴头上的轴向力的值较大，其值为

$$T_3=\frac{d_{\mathrm{h}}^2}{4}\pi(p_1-p_{\mathrm{a}}) \tag{11.7}$$

式中：p_1 为泵进口压力（绝对压力）；p_a 为大气压力；d_h 为填料处的轴径。

4. 立式泵转子（包括其中液体）的重量引起的轴向力 T_4

立式泵转子（包括其中液体）的重量在竖直方向上也构成泵的轴向力。

5. 影响轴向力的其他因素

（1）叶轮前后盖板泵腔内的径向流。前述计算轴向力的公式，是假设泵腔内液体无径向流动的条件下推得的。当有径向流时会改变压力分布，因而影响轴向力的数值。图 11.5 中实线表示无径向流时的压力分布，虚线表示有径向流时的压力分布。在前盖板泵腔，存在内向径向流动，压力分布如左侧的虚线所示。这是因为叶轮出口的压力 p_2 固定不变，液体在流动中要产生附加的压力下降所致。后泵腔中存在外向的径向流时，液体要流动，在轮毂处的压力必须大于无径向流时的压力，到叶轮出口处变为压力 p_2，压力分布如右侧虚线所示。前泵腔总是存在内向的径向流，后泵腔的情况有所不同，一般无平衡孔的单级泵则无径向流，有平衡孔时存在内向的径向流，多级泵因级间泄漏也存在外向的径向流。

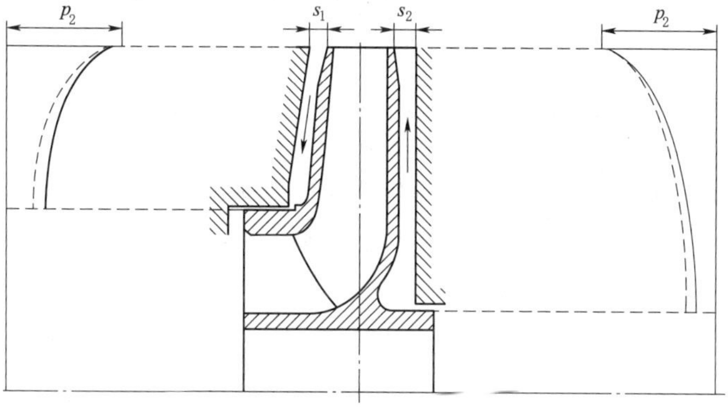

图 11.5 径向流对轴向力的影响

总之，内向流减小作用在盖板上的力，外向流增加作用在盖板上的力，按此对不同结构的泵进行具体分析，如无平衡孔单级泵叶轮，前盖板有内向的径向流，后盖板无径向流，结果指向吸入口的轴向力增加。有平衡孔的单级泵叶轮，前后盖板都有内向的径向流，造成的影响基本抵消。多级泵叶轮，前盖板有内向的径向流，后盖板有外向的径向流，两者都增加了指向吸入口的轴向力。

（2）双吸泵由于结构对称布置，从理论上讲无轴向力作用，如果叶轮两侧密封环间隙、长度、磨损不同时，也会产生指向泄漏大的一侧的附加轴向力。

叶轮对称布置的泵，一般而言，轴向力自动平衡，但由于细部结构不同，仍作用有轴向力。

6. 轴向力的近似计算

$$T = k\rho g H_1 \pi (R_m^2 - R_h^2) i$$

式中：T 为总的轴向力，N；H_1 为泵单级扬程，m；R_m 为叶轮密封环半径，m；R_h 为叶轮有效轮毂半径，m；i 为泵级数；k 为系数，当 $n_s = 30 \sim 100$ 时，$k = 0.6$；当 $n_s = 100 \sim 220$ 时，$k = 0.7$；当 $n_s = 240 \sim 280$ 时，$k = 0.8$。

11.2　轴向力的平衡方法

如果不设法消除或平衡作用在叶轮上（传到轴上）的轴向力，此轴向力将拉动转子在轴向窜动，与固定零件接触，造成泵零件的损坏以致不能工作。设计时可以采用以下手段平衡泵的轴向力。

1. 推力轴承

对于轴向力不大的小型泵，采用推力轴承承受轴向力，通常是简单而经济的方法。即使采用其他平衡装置，考虑到总有一定的残余轴向力，有时也应装设推力轴承。

2. 平衡孔或平衡管

如图 11.6 所示，在叶轮后盖板上附设密封环，密封环所在直径一般与前密封环相等。为了平衡更多的轴向力，密封环所在直径也可以大于前密封环直径。同时在后盖板下部开孔，或设专用连通管与吸入侧连通。由于液体流经密封环间隙的阻力损失，密封下部的液体压力下降，从而减小作用在后盖板上的轴向力。减小轴向力的程度取决于密封环所在直径、密封环间隙、平衡孔的数量和孔径的大小。通常取平衡孔的总面积等于 5～8 倍密封环间隙的面积。需要说明的是，密封环和平衡孔是相辅相成的，只设密封环无平衡孔不能平衡轴向力，只设平衡孔不设密封环，其结果是泄漏量很大，平衡轴向力的程度甚微。采用这种平衡方式可以减小轴封的压力，其缺点是容积损失增加（平衡孔的泄漏量一般为设计流量的 2%～5%）。另外，经平衡孔的泄漏流与进入叶轮的主液流相冲击，破坏了正常的流动状态，会使泵的抗汽蚀性能下降。为此，有的泵在泵体上开孔，通过管线与吸入管连通，但结构变得复杂。

非额定流量下，叶轮入口的流动状态发生变化。小流量状态下，由于预旋的影响，叶轮进口中心部分的压力低于外周的压力，经平衡孔的泄漏增加，尽管泵扬程增加，泵密封环下腔的压力还是很低的，因而轴向力进一步减小。大流量时，由于泵扬程下降，轴向力也变小。

平衡孔泄漏量和平衡程度的计算，如图 11.6 所示。

$$\begin{aligned}H_p &= h_1 + h_2 + h_3 + h_4 \\ &= \frac{1}{8g}(u_2^2 - u_m^2) + \zeta_m \frac{1}{2g}\left(\frac{q}{F_m}\right)^2 + \frac{1}{8g}(u_m^2 - u_B^2) + \zeta_B \frac{1}{2g}\left(\frac{q}{F_B}\right)^2 \\ &= \frac{1}{8g}(u_2^2 - u_B^2) + \frac{q^2}{2g}\left(\frac{\zeta_m}{F_m^2} + \frac{\zeta_B}{F_B^2}\right)\end{aligned}$$

则

$$q = \sqrt{\frac{\left[H_p - \frac{1}{8g}(u_2^2 - u_B^2)\right]2g}{\frac{\zeta_m}{F_m^2} + \frac{\zeta_B}{F_B^2}}} \tag{11.8}$$

式中：H_p 为叶轮势扬程，$H_p = H_t\left(1 - \frac{gH_t}{2{u_2}^2}\right)$；$\zeta_m$ 为密封间隙阻力系数，$\zeta_m = 1.5 + \frac{\lambda L}{2b}$，

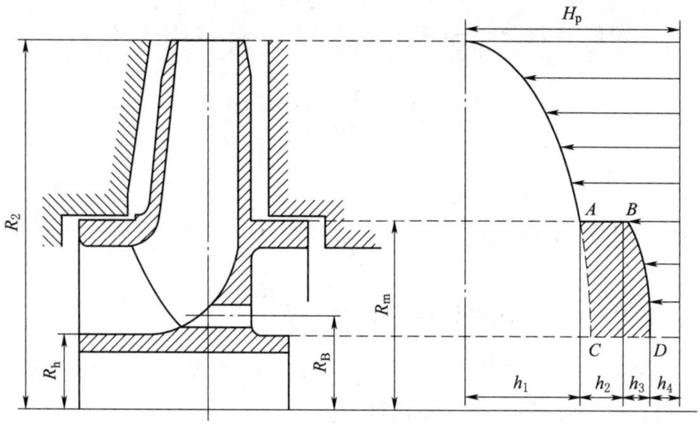

图 11.6 平衡孔平衡程度的计算

$\lambda=0.04\sim0.06$；ζ_B 为平衡孔阻力系数，通常 $\zeta_B=2$；F_m 为密封间隙过流面积，$F_m=D_m\pi b$；F_B 为平衡孔总面积，$F_B=0.25d^2\pi Z$。

平衡轴向力的数值大致等于阴影部分 $ABCD$ 压力体的体积重量，可近似按下式计算：

$$A=\frac{\zeta_m}{2g}\left(\frac{q}{F_m}\right)^2\rho g\pi(R_m^2-R_h^2) \tag{11.9}$$

3. 双吸泵叶轮

双吸泵叶轮由于结构对称，能平衡轴向力，但由于制造误差或两侧密封环磨损不同，亦会存在一定残余的轴向力。

4. 背叶片

未加背叶片右侧压头分布如图 11.7 中的曲线 AGF，左侧的压头分布如曲线 ADF 所示。由于叶轮两侧盖板不对称，产生的轴向力 A_1 按式（11.3）计算。

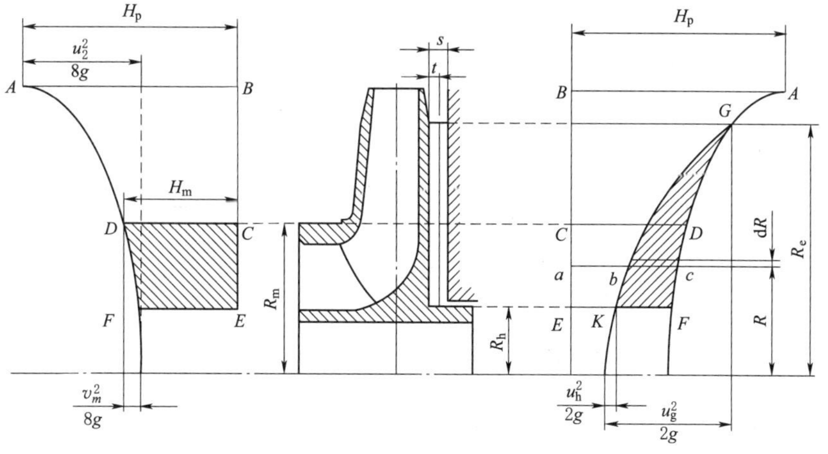

图 11.7 背叶片平衡轴向力原理

当腔中液体以$\frac{w}{2}$速度旋转时，密封环前后压头 H_m 为

$$H_m=H_p-\frac{1}{8g}(u_2^2-u_m^2)=H_p-\frac{w^2}{8g}(R_2^2-R_m^2)$$

$$H_p=H_m+\frac{w^2}{8g}(R_2^2-R_m^2)$$

由此

$$\begin{aligned}A_1&=(A_m-A_h)\rho g\left[H_m+\frac{w^2}{8g}\left(R_2^2-R_m^2-R_2^2+\frac{R_m^2+R_h^2}{2}\right)\right]\\&=(A_m-A_h)\rho g\left(H_m-\frac{w^2}{8g}\frac{R_m^2-R_h^2}{2}\right)\end{aligned}$$

式中：A_m 为以 R_m 为半径的圆面积，$A_m=\pi R_m^2$；A_h 为以 R_h 为半径的圆面积，$A_h=\pi R_h^2$。

斯捷潘诺夫建议 H_m 按下面经验公式计算：

$$H_m=\frac{3}{8g}(u_2^2-u_m^2)=\frac{3}{8g}w^2(R_2^2-R_m^2)$$

加背叶片之后，背叶片强迫液体旋转，液体的旋转角速度增加。后侧的压力水头如曲线 AGK 所示，它和原曲线相差的阴影部分表示背叶片平衡的轴向力。该平衡力可通过积分或压力体体积求得。

由图 11.7 可知，任意半径 R 处的压头为

$$bc=ac-ab$$

$$HG=H_p-\frac{w^2}{8g}R_2^2+\frac{w^2}{8g}R_e^2$$

$$ac=H_p-\frac{w^2}{8g}R_2^2+\frac{w^2}{8g}R^2$$

$$ab=HG-\frac{w^2}{2g}R_e^2+\frac{w^2}{2g}R^2\text{（设液体以 }w\text{ 旋转）}$$

$$bc=\left[H_p-\frac{w^2}{8g}(R_2^2-R^2)\right]-\left[H_p-\frac{w^2}{8g}(R_2^2-R_e^2)\right]+\frac{w^2}{2g}(R_e^2-R^2)$$

将上式从轮毂 R_h 积分到 R_e 得到平衡力 F_1，即

$$\begin{aligned}F_1&=\pi\rho g\int_{R_h}^{R_e}\left\{\left[H_p-\frac{w^2}{8g}(R_2^2-R^2)\right]-\left[H_p-\frac{w^2}{8g}(R_2^2-R_e^2)\right]+\frac{w^2}{2g}(R_e^2-R^2)\right\}2R\,\mathrm{d}R\\&=\frac{3w^2}{8g}2\pi\rho g\int_{R_h}^{R_e}(R_e^2-R^2)R\,\mathrm{d}R=\frac{3w^2}{8g}2\pi\rho g\left(R_e^2\frac{R_e^2-R_h^2}{2}-\frac{R_e^4-R_h^4}{4}\right)\\&=\frac{3}{16}\frac{w^2}{g}\rho g(R_e^2-R_h^2)^2\pi\end{aligned}$$

或

$$F_1=\frac{3}{8}(A_e-A_h)\frac{1}{2g}(u_e^2-u_h^2)\rho g \tag{11.10}$$

上式是在假定背叶片端部和壳体的间隙很小，液体以 w 旋转时推得的计算公式。当间隙大时，斯捷潘诺夫推荐背叶片中液体以下式表示的角速度 w'旋转（背叶片数 4～6 个），且

$$w'=0.5w(1+t/s)$$

式中：t 为背叶片宽度；s 为后盖板和壳体壁的间隙。

用 w' 代替 ab 表达式中的 w，进行积分，则得平衡力的计算公式：

$$\begin{aligned} F_1 &= \frac{1}{8g}[4(w')^2 - w^2]2\pi\rho g\int_{R_h}^{R_e}(R_e^2 - R^2)R\,dR \\ &= \frac{1}{8g}[4(w')^2 - w^2]2\pi\rho g\ \frac{(R_e^2 - R_h^2)(R_e^2 - R_h^2)}{4} \\ &= \frac{\rho g}{16g}[4(w')^2 - w^2](R_e^2 - R_h^2)\pi(R_e^2 - R_h^2) \\ &= \frac{\rho g}{8g}[4(w')^2 - w^2](A_e - A_h)\ \frac{(R_e^2 - R_h^2)}{2} \end{aligned}$$

即

$$F_1 = \frac{w^2}{8}\rho\left[\left(\frac{s+t}{s}\right)^2 - 1\right](A_e - A_h)\frac{(R_e^2 - R_h^2)}{2} \tag{11.11}$$

背叶片除平衡轴向力外，同时能减小轴封前液体的压力。轴封前的压头如图 11.7 中 EK 所示，其值 H_{EK} 为

$$\begin{aligned} H_{EK} &= EK = HG - \frac{(w')^2}{2g}R_e^2 + \frac{(w')^2}{2g}R_h^2 \\ &= H_p - \frac{w^2}{8g}(R_2^2 - R_e^2) - \frac{(w')^2}{2g}(R_e^2 - R_h^2) \\ &= H_p - \frac{w^2}{8g}\left[R_2^2 - R_e^2 + \left(\frac{s+t}{s}\right)^2(R_e^2 - R_h^2)\right] \end{aligned} \tag{11.12}$$

背叶片有防止杂质进入轴封的功能，故常用于抽送杂质的泵。图 11.8 所示是叶轮上装有背叶片的示意。装背叶片的泵其扬程提高 1%～2%，泵的效率下降 2%～3%。

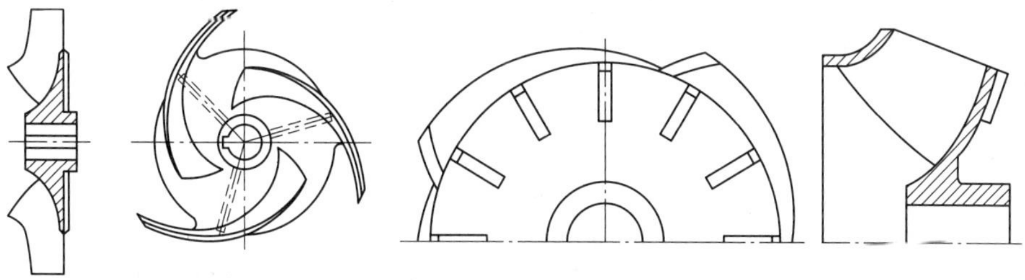

图 11.8　背叶片结构

5. 叶轮对称布置

如图 11.9 所示，多级泵的叶轮半数对半数，面对面或者背靠背地按一定次序排列起来，可使轴向力相互平衡。这种方法主要用于涡壳式多级泵，有时也在节段式多级泵和潜水泵中使用。布置叶轮的规则是：①级间过渡流道不能很复杂，以利于铸造和减少阻力损失；②两端轴封侧应布置低压级，以减小轴封所受的压力；③相邻两级叶轮间的级差不要很大，以减小级间压差，从而减少级间泄漏。节段式泵对称布置可以平衡轴向力，但级间泄漏会增加。

对称布置叶轮，只有在结构完全相同、级间泄漏为 0 的条件下，轴向力才能完全平

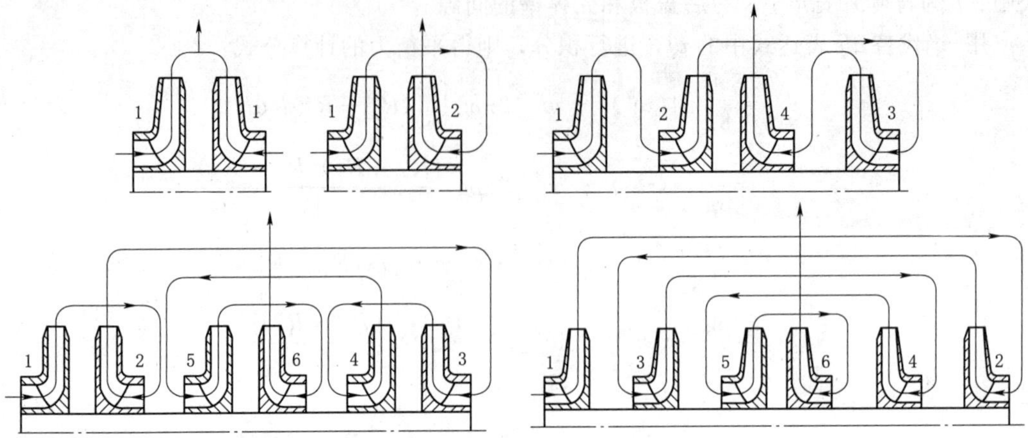

图 11.9　对称布置叶轮形式

衡。当各级的轮毂、轴台不同时，要产生一定的轴向力，级间泄漏为 0 是很难做到的，因而，对称布置叶轮的泵，仍有一定的轴向力，也需要采用推力轴承承受这部分轴向力。

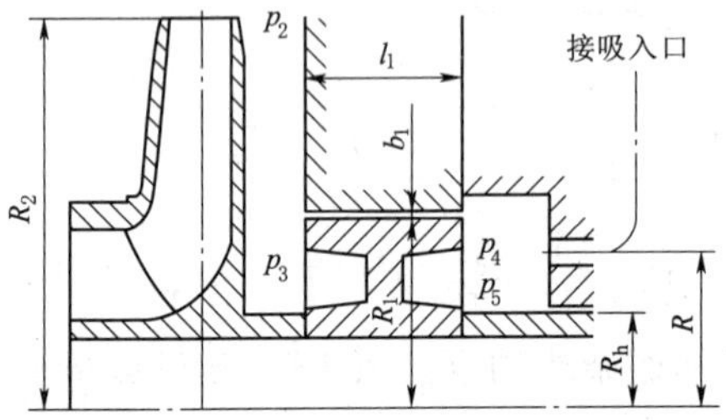

图 11.10　平衡鼓

6. 多级泵中采用平衡鼓或者平衡盘

(1) 平衡鼓。图 11.10 中平衡鼓是个圆柱体，装在末级叶轮之后，随转子一起旋转，平衡鼓外圆表面与泵体间形成径向间隙。平衡鼓前面是末级叶轮的后泵腔，后面是与吸入口相连通的平衡室。这样作用在平衡鼓上的压差形成指向右方的平衡力 F，该力用来平衡作用在转子上的轴向力 T。平衡鼓的设计与计算如下：

叶轮出口处压力 p_2 为

$$p_2=p_1+[H_1(i-1)+H_p]\rho g$$

平衡鼓前面的压力 p_3 为

$$p_3=p_2-\frac{\omega^2}{8g}(R_2^2-R_h^2)\rho g$$

式中：p_1 为第一级叶轮进口压力；H_1 为泵单级扬程；i 为泵的级数；H_p 为末级叶轮势扬程。

平衡鼓后腔的压力为

$$p_5=p_1+\rho gh$$

式中：h 为连通管的水力损失。

平衡鼓前后的压差为

$$\Delta p=p_3-p_5$$

或近似按下式计算：

$$\Delta p=[H-(1-K)H_i]\rho g$$

式中：H_i 为末级叶轮扬程；H 为总扬程；K 为经验系数，通常取 $K=0.6$；ρ 为液体密度。

平衡鼓的尺寸按下式确定：

$$F=\Delta p(R_1^2-R_h^2)\pi$$

式中：R_1 为平衡鼓外半径；R_h 为轮毂半径；F 为平衡力。

由上式可计算出 R_1。通常平衡鼓和平衡盘联合使用，单独使用平衡鼓时，必须配合止推轴承装置，承受由于计算不完全符合实际或工况变化时产生的残余的轴向力。通常按平衡力 $F=(0.9\sim0.95)T$ 设计平衡鼓，其余的轴向力由推力轴承承担。

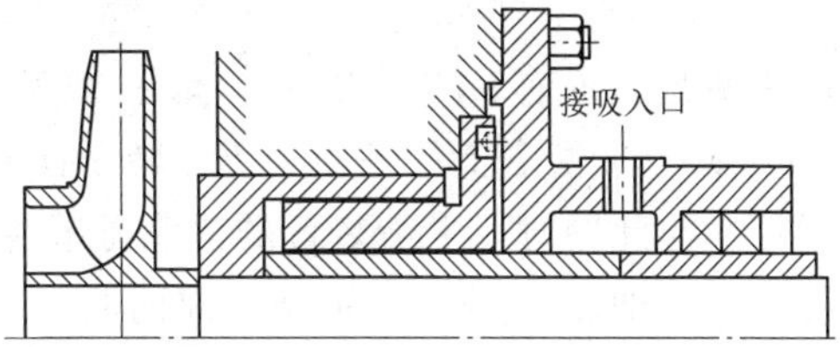

图 11.11 迷宫式平衡鼓

平衡鼓的间隙通常取 0.15～0.3mm。平衡鼓的泄漏量很大（为设计点流量的 5%～25%），为减少泄漏，可采用迷宫式平衡鼓（图 11.11）。平衡鼓泄漏量 q 的计算与密封环的计算相同，即

$$q=\mu F\sqrt{2g\frac{\Delta p}{\rho g}}$$

(2) 平衡盘。

1) 平衡盘的工作原理。平衡盘多用于节段式多级泵，装在末级叶轮之后，随转子一起旋转。平衡盘装置中有两个间隙，一个是由轴套外圆形成的径向间隙 b_1，另一个是平衡盘内端面形成的轴向间隙 b_2，平衡盘后面的平衡室与泵吸入口连通（图 11.12）。

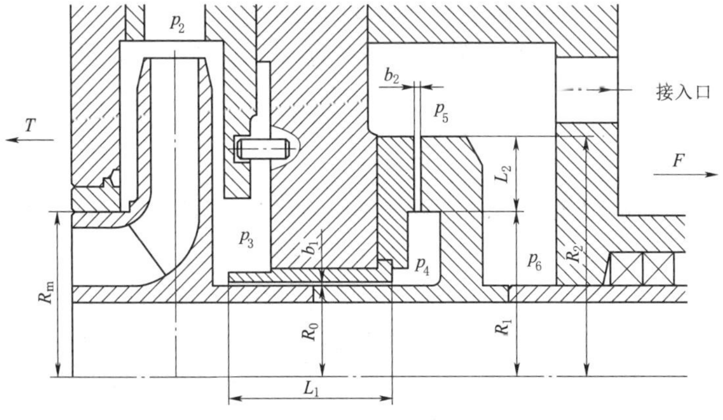

图 11.12 平衡盘工作原理

径向间隙前的压力是末级叶轮后腔的压力 p_3，通过径向间隙 b_1 下降为 p_4，又经过轴向间隙 b_2 下降为 p_5，平衡盘后面的压力为 p_6（稍小于 p_5）。平衡盘前面的压力 p_4 大于后面的压力 p_6，其压差在平衡盘上产生平衡力 F，指向右方，用以平衡作用在转子上的指向左方的轴向力 T。需要说明的是，平衡盘是靠泄漏产生压差工作的，没有泄漏，也就没有平衡力。应设法在最小泄漏下产生大的平衡力，一般泵平衡盘泄漏量为额定流量的 2%～8%。

平衡盘像一个浮动的液体润滑轴承，平衡盘和平衡鼓不同，它能自动平衡轴向力，这是平衡盘两个间隙相辅相成的结果。平衡装置总压差 Δp 等于径向间隙压差 Δp_1 和轴向间隙压差 Δp_2 之和，即

$$\Delta p=\Delta p_1+\Delta p_2,\quad \Delta p=p_3-p_6,\quad \Delta p_1=p_3-p_4,\quad \Delta p_2=p_4-p_6$$

平衡盘装置前后的压力 p_3、p_6 一般是不变的，即 Δp 不变。这样，假设转子上的轴向力 T 大于平衡盘上的平衡力 F，转子向左移动，轴向间隙 b_2 减小，相当于该间隙的阻力增加。与此同时，平衡装置的泄漏量减少，流过径向间隙 b_1 的流速减小，该间隙中的损失减少，即 Δp_1 减小，平衡盘前面的压力 p_4 增加（即 Δp_2 增加），平衡力 F 增加，b_2 增加，转子向右移动，待增加到等于轴向力 T，达到平衡。同样道理，当轴向力小于平衡力时，转子向右移动，同样也能达到平衡。

泵在工作过程中，由于工况点的变化和密封环磨损等原因，轴向力也相应变化，转子做相应移动以到达新的平衡。但是由于惯性，移动的转子不会立即停在平衡位置，要靠惯性向前后移动稍许后，才能停止。此停止位置已经超过了平衡位置，转子要向回运动。可见平衡盘的工作过程是处于运动平衡的过程，平衡是暂时的、相对的。

鉴于平衡盘的工作具有左右移动的特点，一般不配备止推轴承。但是，目前为提高泵的可靠性，有些带平衡盘的泵亦配备止推轴承，这样，虽能平衡轴向力，但在一定程度上限制了平衡盘自动平衡的特点，部分轴向力由推力轴承承受。

泵在运转中，过大的轴向移动是不允许的，否则会使平衡盘磨损，转子发生振动，使转子失去稳定性。为了限制过大的轴向移动，必须在轴向间隙变化不大的情况下，能使平衡力发生显著的变化，这就是平衡盘的灵敏度问题。

2）平衡盘的灵敏度。平衡盘的灵敏度表示为

$$k=\frac{\Delta p_2}{\Delta p}=\frac{\Delta p_2}{\Delta p_1+\Delta p_2} \tag{11.13}$$

k 值越小，平衡盘的灵敏度越高。假设 Δp_1 很小（无径向间隙或节流作用很小），当平衡盘左右移动时，其前后的压力几乎不变，即灵敏度低。反之，当 Δp_1 很大（径向间隙的节流作用很强），当平衡盘移动时，泄漏量变化，引起的 Δp_1 的变化很大。因为 $\Delta p=\Delta p_1+\Delta p_2$ 不变，则 Δp_2 的变化也就很大，即平衡盘的灵敏度高。但是因为平衡力等于 Δp_2 和平衡盘面积的乘积，若 Δp_2 很小，如需平衡一定的轴向力，平衡盘的尺寸增大。因而平衡盘灵敏度和尺寸是矛盾的两个方面。通常取 $k=0.3\sim0.4$。

3）平衡盘的灵敏度分析。设 F_1、Δp_2、k 是设计间隙下的平衡力、压差和灵敏度，加上上标“$'$”表示变化间隙的相应值，其关系式为

$$\frac{F'}{F}\approx\frac{\Delta p'_2}{\Delta p_2}=\frac{k'\Delta p}{k\Delta p}=\frac{k'}{k}$$

当平衡盘关闭时（$b_2=0$），泄漏量 $q=0$，$\Delta p'_2=\Delta p_2$，$k'=\dfrac{\Delta p'_2}{\Delta p_2}=1$。在这种情况下，取不同的 k，查看平衡盘上的平衡力变化情况，见表 11.1。

表 11.1 **k 和平衡力的变化关系**

k	0.1	0.2	0.3	0.4	0.5	0.6	0.7	0.8	0.9	1.0
k'	1	1	1	1	1	1	1	1	1	1
F'/F	10.000	5.000	3.333	2.500	2.000	1.667	1.429	1.250	1.111	1.000

表 11.1 说明：当轴向力大于平衡力，即 $T>F$，转子向左移动，设计间隙从 b_2 变到 0 时，取 $k=0.1$，平衡力增加 10 倍；取 $k=1$，平衡力没增加，转子继续向左移动，使平衡盘研磨。也就是说，当选小的 k 时，轴向间隙变化很小，就产生很大的平衡力，使转子不再继续移动。

为了明确提高灵敏度的具体措施，可以通过灵敏度和平衡盘几何参数的关系式来确定。由通过平衡盘两间隙的泄漏量相等，则

$$\mu_1 b_1 \pi d_h \sqrt{\frac{2g(\Delta p-\Delta p_2)}{\rho g}}=\mu_2 b_2 \pi D_1 \sqrt{\frac{2g\Delta p_2}{\rho g}}$$

可得

$$\Delta p_2=\frac{1}{1+\left(\frac{\mu_2 b_2 D_1}{\mu_1 b_1 d_h}\right)^2}\Delta p$$

即

$$k=\frac{1}{1+\left(\frac{\mu_2 b_2 D_1}{\mu_1 b_1 d_h}\right)^2}$$

由上式可知，欲提高灵敏度，应增加 $\mu_2 b_2 D_1$，减小 $\mu_1 b_1 d_h$。

4）平衡力的计算。平衡盘上作用的压差如图 11.13 中的阴影所示，该压差产生平衡力。为了计算作用在平衡盘上的力，必须首先假定平衡盘表面上压力的变化规律。假定平衡盘前 R_1-R_0 部分作用的压力等于常数 p_4。平衡盘后面作用的压力等于常数 $p_6\approx p_5$。平衡盘间隙中的压力按直线从 $\Delta p_2-\varphi\Delta p_2$ 变化到 p_6。其中 $\varphi\Delta p_2$ 是轴向间隙进口压力降（由进口损失和产生速度头两部分形成），φ 是进口压降系数。

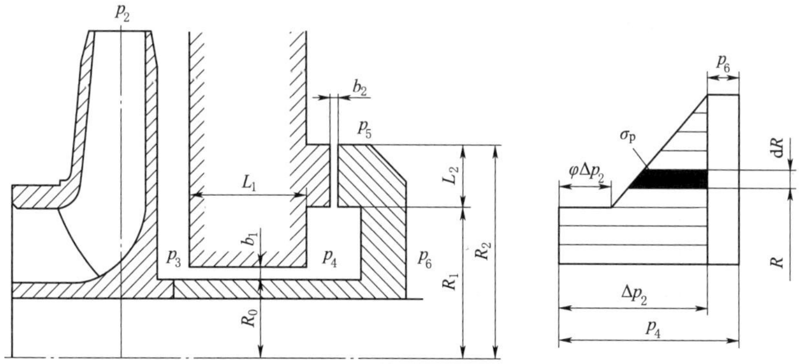

图 11.13　平衡盘计算原理

平衡盘上作用的压差产生的平衡力可按两部分计算，其一是 R_0 至 R_1 部分的作用

力，即

$$F_1=(R_1^2-R_0^2)\pi\Delta p_2$$

其二是 R_1 至 R_2 部分的作用力 F_2。假定平衡盘轴向间隙中的压力按直线规律变化，作用在平衡盘间隙部分任意半径 R 处的压差为 δp，由比例关系得

$$\frac{\delta p}{\Delta p_2-\varphi\Delta p_2}=\frac{R_2-R}{R_2-R_1},\quad \delta p=\Delta p_2(1-\varphi)\frac{R_2-R}{L_2},\quad L_2=R_2-R_1$$

$$\begin{aligned}F_2&=\int_{R_1}^{R_2}\delta p\,2\pi R\,\mathrm{d}R=2\pi\frac{\Delta p_2}{L_2}(1-\varphi)\int_{R_1}^{R_2}(R_2-R)R\,\mathrm{d}R\\&=2\pi\frac{\Delta p_2}{L_2}(1-\varphi)\left[\frac{R_2(R_2^2-R_1^2)}{2}-\frac{R_2^3-R_1^3}{3}\right]\\&=\pi(1-\varphi)\Delta p_2\left[R_2(R_2+R_1)-\frac{2}{3}(R_2^2+R_2R_1+R_1^2)\right]\\&=\pi(1-\varphi)\Delta p_2(R_2-R_1)\frac{3R_2(R_2+R_1)-2(R_2^2+R_2R_1+R_1^2)}{3(R_2-R_1)}\\&=\pi(1-\varphi)\Delta p_2(R_2-R_1)\frac{R_2^2+R_2R_1-2R_1^2}{3(R_2-R_1)}\end{aligned}$$

即

$$F_2=\pi(1-\varphi)\Delta p_2(R_2-R_1)\left(\frac{1}{3}R_2+\frac{2}{3}R_1\right)\tag{11.14}$$

该力也可以利用三角形压力体体积很简便地写出，即

$$\text{压力体体积}=\frac{1}{2}\text{底}\times\text{高}\times 2\pi\times\text{重心半径}$$

$$\begin{aligned}F_2&=\frac{1}{2}(1-\varphi)\Delta p_2(R_2-R_1)\times 2\pi\left[R_1+\frac{1}{3}(R_2-R_1)\right]\\&=\pi(1-\varphi)\Delta p_2(R_2-R_1)\left(\frac{1}{3}R_2+\frac{2}{3}R_1\right)\end{aligned}$$

总的平衡力为

$$\begin{aligned}F&=F_1+F_2=\pi\Delta p_2(R_1^2-R_0^2)+\pi(1-\varphi)\Delta p_2(R_2-R_1)\left(\frac{1}{3}R_2+\frac{2}{3}R_1\right)\\&=\frac{\pi}{3}\Delta p_2\left[3(R_1^2-R_0^2)+3(1-\varphi)\left(\frac{1}{3}R_2^2+\frac{1}{3}R_2R_1-\frac{2}{3}R_1^2\right)\right]\\&=\frac{\pi}{3}\Delta p_2[R_2^2+R_2R_1+R_1^2-3R_0^2-\varphi(R_2^2+R_2R_1-2R_1^2)]\end{aligned}$$

即

$$F=\frac{\pi}{3}\Delta p_2[R_2^2+R_2R_1+R_1^2-3R_0^2-\varphi(R_2^2+R_2R_1-2R_1^2)]\tag{11.15}$$

上式中包括的 k 和 φ 值是平衡装置几何参数的函数，设计时参考相应的设计手册。

11.3　径向力及其平衡

具有螺旋形压水室的泵，在运转中会产生作用于叶轮上的径向力，使轴受交变应力，

产生定向的挠度，在计算泵的强度时应予以适当考虑。

1. 产生径向力的原因

螺旋形压水室是按设计流量设计的，此刻液体在叶轮周围压水室中的速度和压力是均匀的，轴对称的。因为压力是轴对称的，故作用于叶轮上的合力为 0，理论上无径向力作用。

但是，当压水室和叶轮相互协调的条件——设计流量被破坏时，两者出现了尖锐的矛盾，从而破坏了压力沿叶轮轴对称分布的条件，因而产生了径向力，如图 11.14 所示。

当流量小于设计流量时，压水室中的速度从隔舌开始越来越小，相当于在扩散管道中流动，压力逐渐增加。另外，流入压水室的叶轮出口的绝对速度，当流量小于设计流量时反而增加，且方向发生变化，此液流和压水室中的液流相遇时，因速度大小和方向不同产生撞击。结果产生很大的撞击损失，同时，通过撞击，从叶轮内流出的液体速度下降到压水室中的速度，把它的一部分动能转换成压力能，传给压水室中的液体，使压水室内的液体压力上升，另一部分动能则在撞击过程中损失掉。因此，从隔舌开始，到扩散管进口的流动中，压水室的液体在向前运动过程中，不断地受到流出叶轮液体的撞击，不断增加压力，致使压水室内的压力从隔舌开始，不断上升，合力 P 的方向大约与隔舌成 90°，如图 11.14（b）所示。

同样的分析可以说明，在流量大于设计流量时，压水室中液体流动速度不断增加，像在收缩管内流动一样，压力从隔舌开始不断减小，如图 11.14（c）所示。

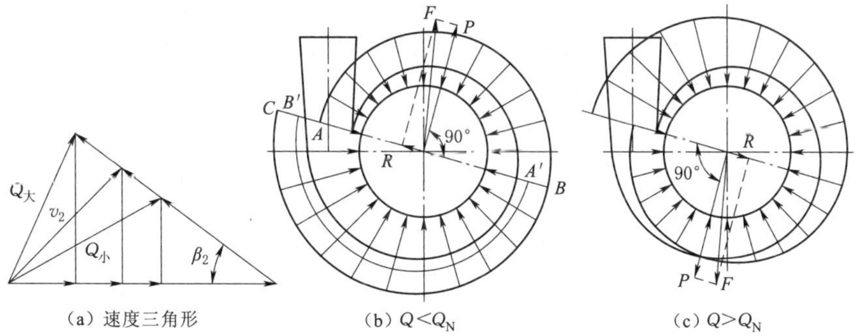

图 11.14　径向力产生的原因

产生径向力的另一个原因是，从叶轮流出液体的动反力对叶轮的作用。叶轮周围压水室中的压力，对液体流出叶轮起阻碍作用。由于压水室的压力不是轴对称的，液体流出叶轮的速度也不是轴对称的，压力大的地方流速小，压力小的地方流速大，方向与叶轮出口绝对速度方向相反，近似与圆周相切，故动反力引起的径向力 R 的方向大致为压力引起的径向力 P 反旋转方向旋转 90°。在小流量时大约指向隔舌，大流量时指向隔舌相反的方向，P 和 R 合成得总的径向力 F。

图 11.15 所示是不同流量时隔舌附近的流动状态，因为有些泵频繁启动或经常在非设计工况下运转，在这种情况下，计算轴的强度、挠度和选取轴承时需要知道径向力的大小和方向，但是目前尚无精确计算公式。下面介绍的经验公式，仅供参考。

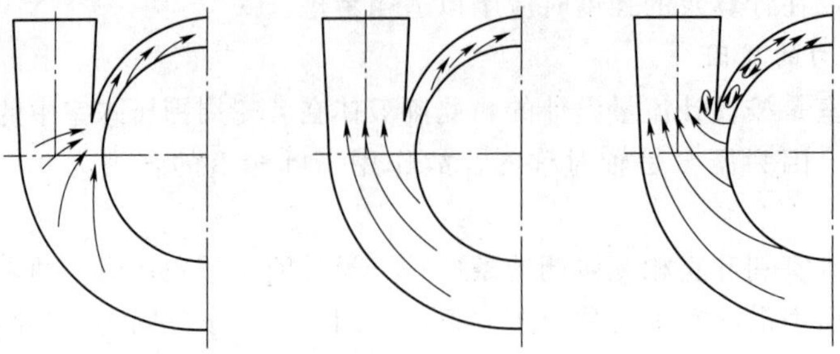

(a) $Q<Q_N$　(b) $Q=Q_N$　(c) $Q>Q_N$

图 11.15 不同工况下隔舌附近的流态

2. 径向力的计算

径向力可按下式计算：

$$F=\rho g K_r H D_2 B_2 \tag{11.16}$$

式中：H 为泵扬程，m；D_2 为叶轮外径，m；B_2 为包括盖板厚度的叶轮出口宽度，m；K_r 为试验系数，可按斯捷潘诺夫公式计算，即

$$K_r=0.36\left[1-\left(\frac{Q}{Q_N}\right)^2\right]$$

对于环形压水室，则有

$$K_r=0.36\frac{Q}{Q_N}$$

用该式计算的值在 $n_s>165$ 范围与试验结果符合程度较好，n_s 小时计算的 K_r 值偏小。式中的 Q_N 是最高效率点的流量。

3. 径向力的平衡

(1) 双涡壳，由于结构对称，能把径向力减小到很小的程度，但双涡壳铸造较复杂，结构如图 11.16 (a) 所示。

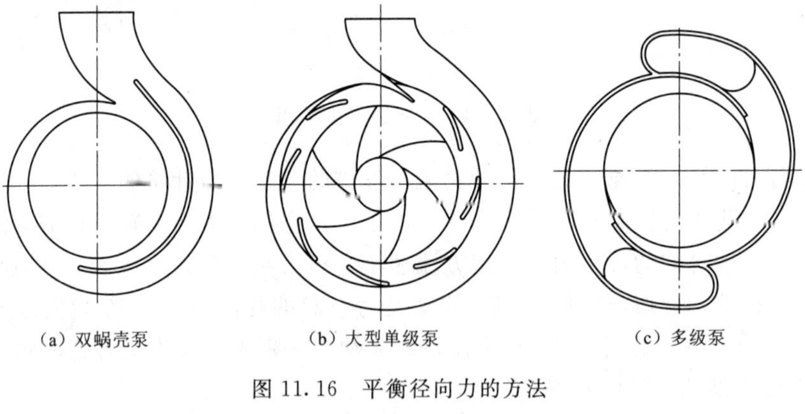

(a) 双蜗壳泵　(b) 大型单级泵　(c) 多级泵

图 11.16 平衡径向力的方法

(2) 大型单级泵，有时采用导叶加涡室的结构来平衡作用于叶轮上的径向力，如图 11.16 (b) 所示。

(3) 在多级泵中，采用将相邻两级螺旋形压水室错开 180°布置来减小径向力，如图

11.16（c）所示。作用在两级叶轮上的径向力的方向相差 180°，互相抵消。但是，因为这两个径向力不在垂直于轴线的同一平面内，故组成一个力偶，其力臂等于两叶轮间的距离。此力偶需由另外两级叶轮组成的力偶来平衡，或由轴承支反力来平衡。由于两级叶轮间的距离和轴承跨距相比很小，故力偶造成的弯矩和轴承支反力不大。

第12章 基于数字化软件水力模型设计

参 考 文 献

[1] 齐学义．流体机械设计理论与方法［M］．北京：中国水利水电出版社，2008.

[2] 许耀铭．水轮机原理及水力设计［M］．北京：机械工业出版社，1965.

[3] 查森．叶片泵原理及水力设计［M］．北京：机械工业出版社，1988.

[4] 张楚华，琚亚平．流体机械内流理论与计算［M］．北京：机械工业出版社，2016.

[5] 郑源，陈德新．水轮机［M］．北京：中国水利水电出版社，2011.

[6] 关醒凡．现代泵理论与设计［M］．北京：中国宇航出版社，2011.

[7] 袁寿其，施卫东，刘厚林，等．泵理论与技术［M］．北京：机械工业出版社，2014.

[8] 袁俊森，万晓丹．水轮机［M］．郑州：黄河水利出版社，2017.

[9] 史广泰，文海罡，吕文娟．机翼与叶栅理论基础［M］．北京：机械工业出版社，2021.

[10] 高建铭，姚志民．水轮机的水力计算［M］．北京：电力工业出版社，1982.

[11] 林汝长．水力机械流动理论［M］．北京：机械工业出版社，1995.

[12] 张永学，张金亚，周鑫．叶片泵流动理论［M］．北京：石油工业出版社，2013.

[13] 丁成伟．离心泵与轴流泵原理及水力设计［M］．北京：机械工业出版社，1981.

[14] 特罗斯科兰斯基，拉扎尔基维茨．叶片泵计算与结构［M］．耿惠彬，译．北京：机械工业出版社，1981.

[15] 赫尔姆特·舒尔茨．泵原理、计算与结构［M］．13版．吴达人，周达孝，译．北京：机械工业出版社，1991.

[16] 关醒凡．斜流泵和轴流泵［M］．北京：中国宇航出版社，2009.

[17] 宋文武．水力机械结构设计及强度计算［M］．北京：科学出版社，2016.

[18] 何小可．流体机械设计理论与数值模拟仿真技术研究［M］．北京：中国水利水电出版社，2020.

[19] 张德胜，张启华，施卫东．叶片泵设计数值模拟基础与应用［M］．北京：机械工业出版社，2016.

[20] 宋文武．水力机械及工程设计［M］．重庆：重庆大学出版社，2005.

[21] 宋文武．水力机械空蚀与泥沙磨损［M］．北京：科学出版社，2020.

[22] 哈尔滨大电机研究所．水轮机设计手册［M］．北京：机械工业出版社，1976.

[23] 罗兴琦．水力机械转轮现代设计理论及应用［M］．西安：西安交通大学出版社，1997.

[24] 张金凤，袁寿其，金实斌．低比转速离心泵内流特性与水力设计［M］．镇江：江苏大学出版社，2021.

[25] 裴吉，王文杰，袁寿其．叶片泵先进优化理论与技术［M］．北京：科学出版社，2019.